科学出版社“十四五”普通高等教育研究生规划教材
西安交通大学研究生“十四五”规划精品系列教材

金属材料宏微观力学行为

张琦　黄科　韩宾　张航　主编

科学出版社
北京

内 容 简 介

本书从金属材料科学基础理论、微观组织与力学行为内在联系出发，系统介绍金属晶体学基础，金属晶体的位错、滑移和孪生，金属塑性变形及其微观组织演变，金属弹塑性力学行为及应用分析，宏微观断裂行为，金属材料微观组织表征，金属的疲劳与蠕变，金属材料强化机制，金属材料力学性能测试等内容。此外，书中还提供了大量的具体材料应用案例，有利于加深学生对金属材料宏微观力学行为的理解。本书在内容上注重系统性、实用性和先进性。

本书可作为普通高等学校机械工程、材料科学与工程等专业高年级本科生和研究生教材，也可作为相关工程技术人员的参考书。

图书在版编目（CIP）数据

金属材料宏微观力学行为 / 张琦等主编. —北京：科学出版社，2024.7
科学出版社“十四五”普通高等教育研究生规划教材　西安交通大学研究生“十四五”规划精品系列教材
ISBN 978-7-03-078046-1

Ⅰ. ①金…　Ⅱ. ①张…　Ⅲ. ①金属材料－材料力学－高等学校－教材　Ⅳ. ①TG14

中国国家版本馆 CIP 数据核字(2024)第 038337 号

责任编辑：朱晓颖　张丽花 / 责任校对：王　瑞
责任印制：师艳茹 / 封面设计：马晓敏

科学出版社出版
北京东黄城根北街 16 号
邮政编码：100717
http://www.sciencep.com
三河市骏杰印刷有限公司印刷
科学出版社发行　各地新华书店经销
*
2024 年 7 月第　一　版　开本：787×1092　1/16
2024 年 7 月第一次印刷　印张：17
字数：413 000

定价：118.00 元
（如有印装质量问题，我社负责调换）

前　言

金属材料是现代文明社会的基础。早在公元前 14 世纪，赫梯帝国因为拥有丰富的矿产而发明了冶铁技术，制作出大量的铁器，赫梯帝国的铁兵器曾使埃及等国家胆寒。而在我国古代，金属铸造技术也达到了较高的水平，在秦始皇陵出土的秦铜马车大而薄的拱形车篷盖，采用了铸锻结合的工艺，先将车盖浇铸成形，再经过加热锻打，其制造技术处于当时世界领先水平。同时，秦青铜剑的铬盐氧化保护技术也曾经轰动世界，经过铬盐氧化处理后，宝剑具有防腐抗锈的良好性能，即使在地下两千余年，仍然保持着极好的韧性。德国于 1937 年才首次掌握了铬盐氧化处理工艺，而我国两千年前就已有应用。

虽然人类在冶炼青铜的基础上逐渐掌握了冶炼铁的技术，但这期间对铁的本质仍然一无所知，直到 18 世纪法国大革命前，英国回转式蒸汽机发明后，才开始知道软铁、钢和铸铁之间的区别是碳含量的不同。1912 年劳厄发现 X 射线衍射以后，1913 年布拉格提出著名的布拉格方程，促进了结晶学的发展，逐渐揭开了金属组织结构的神秘面纱。1932 年，电子显微镜的发明，使得人类可以更微观地观察金属组织，现在已经可以在原子水平上观察组织形貌。随着对材料微观组织的认识，我国研发出先进的工艺及装备，进一步推动航空航天、轨道交通、深海探测、新能源等重点领域的技术进步。

党的二十大报告指出：“教育、科技、人才是全面建设社会主义现代化国家的基础性、战略性支撑。”本书聚焦机械学科先进制造研究方向，内容涵盖航空航天、汽车和能源等制造行业基础研究中必备的金属材料的宏微观特征、力学基础和材料表征方法，属于面向机械领域的材料和力学交叉学科研究生教材。

本书由西安交通大学张琦教授(第 0～2 章、第 10 章)、黄科教授(第 3、9 章)、韩宾副教授(第 4～6 章)和张航副教授(第 7、8 章)共同执笔编写，全书由张琦教授统稿。特别感谢华昺力、牛立群、李浩、田天泰、张宏凯、席乃园、蔡江龙、耿佳乐等研究生对本书素材整理提供的帮助。在编写中作者参考和引用了一些单位及作者的资料、研究成果和图片，在此谨致谢意。

书中部分图片加了二维码链接，读者可以扫描相关的二维码，查看彩色图片。

由于作者学术水平和客观条件有限，书中难免存在疏漏之处，恳请读者批评指正。

作　者

2023 年 6 月于西安交通大学

目 录

第0章 绪 论

0.1 金属材料发展历史

人类的文明已经历了几千年，随着制造金属方法的发现，金属开始取代陶瓷，金属材料为人类文明提供了重要的支撑。人类的发展伴随着金属材料的使用和发展，金属材料是人类生活和生产的物质基础。对金属材料认识和利用的程度，决定着社会的形态和人类生活的质量。开展对金属的宏观及微观力学性能的广泛研究，为现代工业社会的发展奠定了理论基础。

0.1.1 金属材料发展史的四个阶段

金属材料的发展几乎是与人类的文明相互并进的。金属材料发展史可简单地分为以下四个阶段。

1. 金属材料应用起源

公元前4300年，人类就能使用天然的金、铜，并有一些锻打、热加工等形式的工艺，之后又出现了铅、锌的熔炼。人类最早使用的是陨铁，陨铁是从篝火中发现的，铁的熔炼大约出现在公元前2800年。

制铁业兴盛于公元前14世纪的赫梯帝国。赫梯人很早就掌握了冶铁及锻造技术(图0.1)。赫梯帝国灭亡后，制铁技术开始向世界各地扩散。

图0.1 古埃及壁画中的赫梯战车

我国劳动人民创造了灿烂的青铜文化，青铜的冶炼早在夏朝以前就开始了，到商、西周时期已发展到很高的水平，晚商时期出土的后母戊鼎是迄今世界上最古老的大型青铜器[图 0.2(a)]。青铜主要用于制造各种工具、食器、兵器，在当时使用已经非常广泛，秦铜车马的众多构件大多是铸造成形的，在铸造方法上，根据构件的大小、薄厚以及形状的不同，采用不同的铸造方法。一些大型厚壁或长杆型铸件，都采用空心铸造，既减轻重量，节省大量金属，又可以避免铸件疏松、受热产生裂纹等缺陷，改善材质性能。另外，将复杂构件分解成一些简单的构件分别铸造，再把这些简单的构件组合成一个完整的构件，也是秦铜车马铸造工艺中的一个创新[图 0.2(b)]。在秦始皇陵兵马俑坑中，出土了一柄青铜剑，由铜锡合金制成，并含有多种微量金属元素。这把剑在地下埋了两千多年，当场去土锈后，表面光亮如新，剑刃非常锋利[图 0.2(c)]。秦朝大量使用改良合金配比的青铜兵器，把我国青铜冶炼工艺推向了一个新的里程碑。

(a)后母戊鼎

(b)秦铜车马

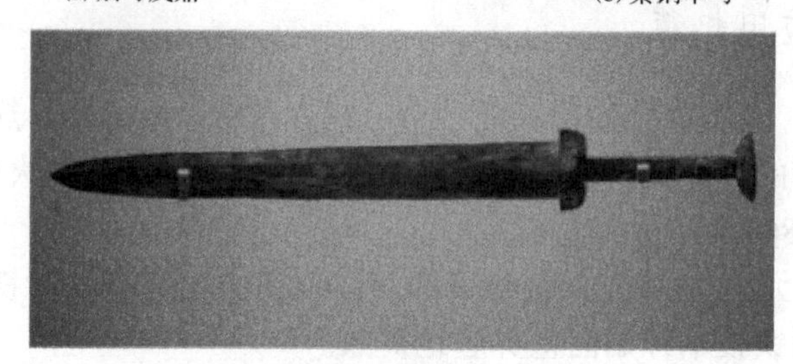

(c)秦青铜剑

图 0.2　古代典型铸造青铜器

西汉时期出现了高炉铸铁法的雏形，铸铁开始大规模地应用于武器和货币的生产制作。最早生产钢的年代难以确定，最初的钢是由熟铁渗碳得到的。在 16 世纪前，我国冶金一直居于世界领先地位，使用自然铜的时间也比西方早。世界古代兵器最著名的有中国的宝剑、印度及中东的大马士革刀和日本的武士剑，古埃及法老图坦卡蒙墓穴中发现一把来自外太空陨铁打造而成的匕首(图 0.3)。

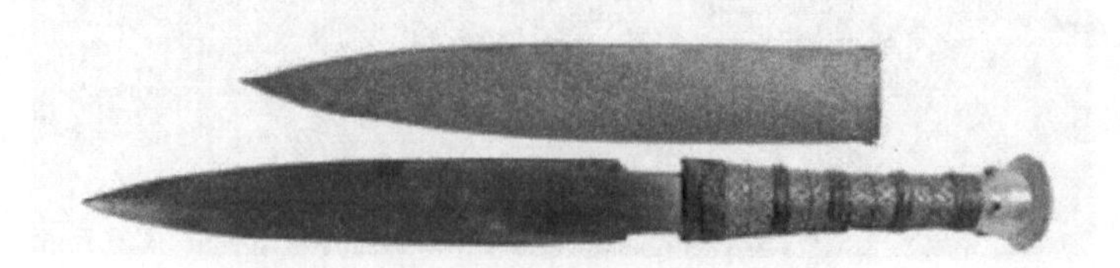

图 0.3　图坦卡蒙墓穴中的陨铁匕首

2. 金属材料科学萌芽

欧洲于15世纪后完善了高炉法，铁器开始被大量生产。18世纪，工业革命带动技术革命，成为产业革命的重要内容和物质基础。铁为人类文明做出了巨大的贡献，如1779年第一座铁桥诞生(图0.4)，1787年第一艘铁船下水，1825年第一条铁路运行。人类对铁的研究与发展构成了金属材料科学的基础。

图0.4 世界上第一座铁桥(已修整)

19世纪，冶金学家和晶体学家的工作对金属材料发展做出了重要的贡献。这一阶段主要是奠定了金属材料学科的基础，如金属学、金相学、相变和合金钢等。

在19世纪，晶体学发展很快。1803年道尔顿(J. Dalton)提出了原子学说，1811年阿伏伽德罗(A. Avogadro)提出了分子论，1830年赫塞尔(J. F. C. Hessel)提出了32种晶体类型。

1863年，索比(H. C. Sorby)第一个对金属进行制片、抛光、腐蚀和照相，诞生了第一张金相组织照片(图0.5)，虽然放大倍数仅9倍，但可看到珠光体中的渗碳体和铁素体的片状组织，还对钢的淬火和回火进行了初步探讨，金相学宣告基本形成，意义重大。索比还是金相显微镜的发明人，所以称索比为“金相之父”。

1827年，卡斯腾(Karsten)从钢中分离出了Fe_3C，一直到1888年阿贝尔(Abel)才证明了这是Fe_3C，它是碳钢中主要的强化相，其形状与分布对钢的性能有很大的影响。俄国契弥诺夫在1861年提出了钢的临界转变温度的概念，使钢的相变及热处理工艺研究迈出了第一步。19世纪末，马氏体研究已成为热点研究领域，钢的硬化理论得到深入研究。在有关合金相组成的发展中，相当重要的里程碑是吉布斯(J. W. Gibbs)推导得到了相律，为相图研究打下了基础。奥斯汀(C. Roberts-Austen)等研究了奥氏体的固溶体特性，之后罗泽博姆(B. Roozeboom)总结了他人的结果，建立了Fe-C合金相图(图0.6)。

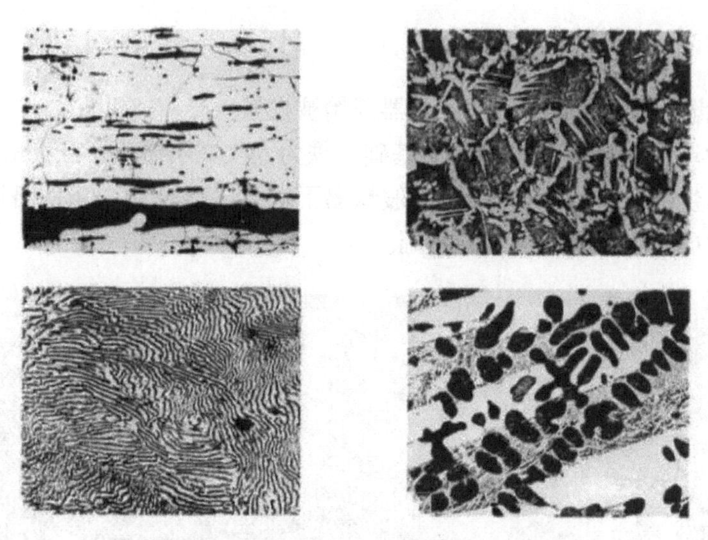

图 0.5　索比在 1863 年制备的钢铁标本

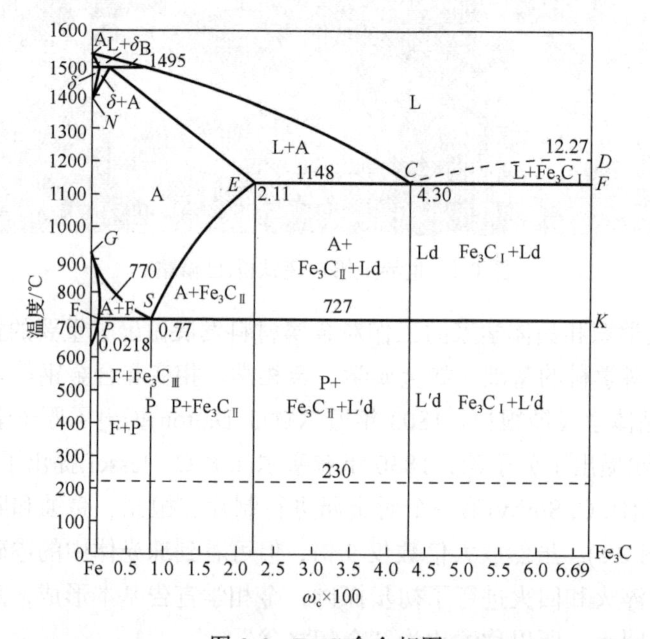

图 0.6　Fe-C 合金相图

对金属学发展有突出贡献的人，分别以他们的名字来命名钢的组织。例如，以英国金属学家 Austen 命名奥氏体(austenite)；为纪念美国科学家 Bain 命名了贝氏体(bainite)；英国科学家 Sorby 发明了金属显微镜，命名索氏体(sorbite)；以德国金属组织学的奠基人 Martens 命名马氏体(martensite)；屈氏体(troostite)是以法国化学家 Troost 命名的；莱氏体(ledeburite)是为了纪念德国学者 Ledebur。

从古代人类开始建筑房屋的时候起，人们就察觉到有必要获得有关材料强度的知识，以便制定确定构件安全的法则。埃及人民通过这些法则建立起伟大的纪念碑、庙宇、金字塔以及方尖塔。文艺复兴时期，达 · 芬奇首先用实验来研究结构材料的强度，在他的笔记

“各种不同长度铁丝的强度实验”中，他写下自己的目的是求一根铁丝所能负担的荷重，可见达·芬奇也许是最先用实验来确定材料强度的人。17世纪伽利略、胡克等对金属力学性能的理论研究和测试实践作出重要贡献。伽利略用施加净重的方法测量木头、金属的弯曲强度，并对强度进行了更加准确的描述，是有记录以来人类第一次用严谨的实验方法计算材料的力学性能(图 0.7)。

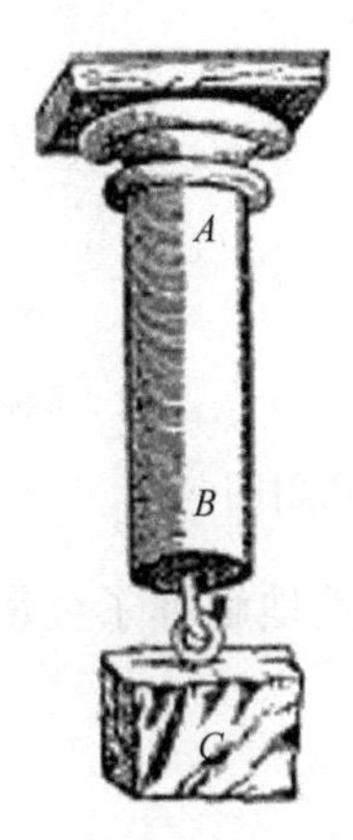

图 0.7　伽利略的拉伸、弯曲实验示意图

在1908年，又生产出螺母、螺杆加载的万能试验机，也就是现在电子万能试验机的雏形。在这些试验机上可进行拉伸、压缩、弯曲、剪切等实验。在20世纪初期，人们为了描述材料局部抵抗硬物压入其表面的能力，定义了硬度。因为规定了不同的测试方法，所以有不同的硬度标准，硬度值的物理意义也不同。

3. 金属材料微观理论前期发展

在1900～1940年，许多国家的大学已经设置了冶金系，工业上也开始了大量的生产与研究。这一时期的主要成就是合金相图、X射线的发现及应用、位错理论的建立。塔曼(Tammann)推导了合金相组成的一般规律，发现了合金相本质，得到了大量的合金相图。1912年劳厄(M. von Laue)发现了X射线衍射(X-ray diffraction，XRD)，布拉格(W. H. Bragg)在1913年提出著名的布拉格方程，促进了X射线衍射法的发展，图0.8为劳厄使用的X射线衍射装置及拍摄的衍射图。不仅成功地测定了NaCl、KCl等的晶体结构，还提出了作为晶体衍射基础的布拉格方程，X射线衍射法促进了结晶学的发展，使得金属的组织结构被逐渐揭开，最终诞生了位错理论。

利用X射线证实了α-Fe、δ-Fe是体心立方结构，γ-Fe是面心立方结构。同时，相似点阵类型、原子尺寸、电化学因素对固溶度的影响也得到了很好的发展。其中，W. 休谟·罗塞里(W. Hume-Rothery)的工作最为出色。韦弗(F. Wever)在1931年发现扩大和缩小γ区的元素，不久拉弗斯(F. Laves)在金属间化合物的研究方面也有了很大的进展。对钢的冷热加工、应力应变及组织变化也进行了大量的研究。

(a)改进的X射线衍射装置

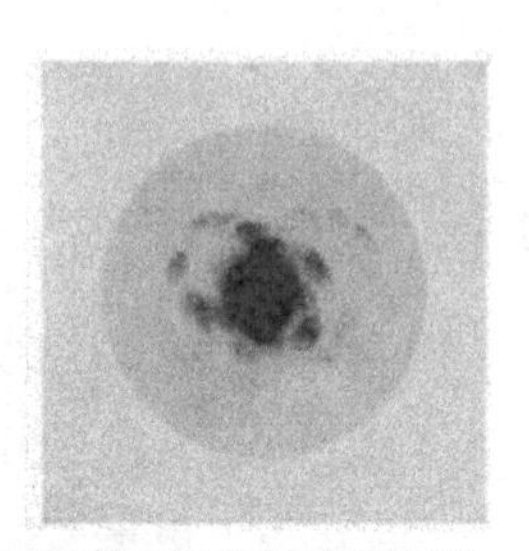
(b)第一张成功的衍射照片

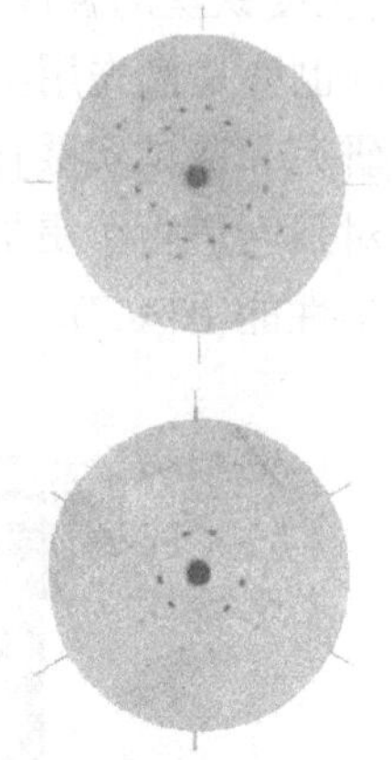
(c)ZnS晶体的X 射线衍射图

图 0.8 X 射线改进装置及拍摄衍射图

1934 年，泰勒等提出的塑性变形位错机制理论，完美地解释了金属会在低应力下变形这一长期困扰人类的问题以及金属的变形与强化机理。

4. 金属材料微观理论研究进展

新科学仪器的不断发明和性能的不断提高很大程度上推动了金属材料微观理论研究的发展。

在 20 世纪 30 年代，电子显微镜首先由德国的卢斯卡(E. Ruska)在实验室研制成功(图 0.9)。后来在 1939 年由西门子公司开始批量生产，正赶上第二次世界大战爆发，因此电子显微镜在金属研究方面的应用在第二次世界大战后才逐渐开展，直到 50 年代中期才兴旺发达。那时金属学已经是一门比较成熟的学科，许多基本的显微结构问题已用 X 射线得到初步解决，并逐步发展成为物理冶金和材料科学。同时，电子显微镜技术本身也有长足发展。这两个学科的发展基本上是同步的，每一种电子显微镜新技术的出现都为材料科学带来新的飞跃。

图 0.9 世界上第一台电子显微镜

从 1940 年开始到现在，许多专家进行了原子扩散的研究，做了许多有色金属方面的试验。这时就提出了扩散驱动力不是浓度梯度，其本质是化学位梯度。大量钢的奥氏体等温转变曲线得到了测定，特别是汉内曼(H. Hanemann)和施拉德(A. Schrader)用不同速度冷却的试样对先共析组成物的形貌进行了研究及分类。贝氏体、马氏体转变理论研究日益深入，已明确知道马氏体是许多无扩散相变的代表，它是通过一种复杂的切变过程而形成的。科恩(M. Cohen)等研究者的许多论文报道了马氏体相变的稳定化、爆发现象、相变临界点、回火过程变化等研究成果。

1944 年，由勒普尔(Le Poole)在一台电子显微镜中加入一个衍射透镜及选区光阑才得以在荷兰代尔夫特大学的应用物理实验室中研制出了全新的 150kV 电子显微镜，而直到1954年才由卢斯卡设计并在西门子公司生产的Elmiskop I电子显微镜中装有这种选区衍射装置。选区衍射在商品电镜中的实现为合金中的晶体结构研究开拓了广阔的应用前景，不但可以在电子显微镜中看到物镜物面上尺寸小到微米甚至纳米的颗粒形貌，还可以得到这个微小颗粒在物镜后焦面上的电子衍射图，从而计算出它的晶胞参数。如果将电子束聚焦在试样上，还可以得到会聚束电子衍射图，据此可以确定该微小晶体的点及空间对称群，这对确定晶体结构是非常重要的。此外，还可以用这些电子衍射方法测定晶体间的取向关系、孪晶关系、晶体相变、畴结构等。从这个角度来看，电子衍射是 X 射线衍射的补充和发展。

1934 年，苏联波拉尼(M. Polanyi)、匈牙利奥罗万(E. Orowan)和英国泰勒(G. I. Taylor)各自独立地提出了位错理论(图 0.10)，用以解释钢的塑性变形。Taylor 在单晶和多晶力学分析方面以及加工硬化方面做了大量工作。Orowan 坚持位错研究，在位错运动与其他位错的交互作用以及晶体内部颗粒对运动位错阻碍的理论分析方面，提出了许多有重大影响的新思想。

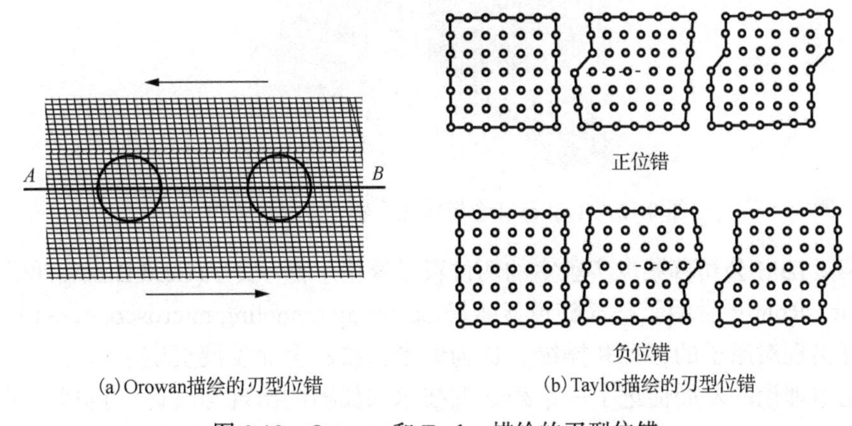

(a) Orowan描绘的刃型位错　　(b) Taylor描绘的刃型位错

图 0.10 Orowan 和 Taylor 描绘的刃型位错

电子显微镜的发明，使人们不仅看到钢中第二相沉淀析出的情况，还看到位错的滑移行为，发现了不全位错、层错、位错墙、亚结构等现象。1947 年，科特雷尔(C. Cottrell)提出溶质原子与位错的交互作用。并以解释低碳钢的屈服现象，第一次成功地利用位错理论解决力学性能的问题，因此完善了位错理论。金属学中许多典型的照片就是在这个时期研究中拍摄的。1950 年，弗兰克(Frank)和里德(Read)同时提出位错增殖机制(图 0.11)。1956 年，门特(J. W. Menter)直接在电子显微镜中观察到了铂钛青花晶体中的位错。同年，赫希(P. B. Hirsch)等应用相衬法在透射电子显微镜(transmission electron microscope，TEM)中直接观察到了晶体中的位错(图 0.12)。

1949 年，第一台电子探针问世，该仪器实质上就是 X 射线光谱仪和电子显微镜这两种仪器的科学组合，用来分析固体物质表面细小颗粒或微小区域。在 Guinier 指导下，Castaing 在 1951 年用一台旧电子显微镜实现微分析，聚焦电子束照射到试样上，激发其中诸原子的初级 X 射线，用一台波谱分光计可以将不同元素的波长不同的特征 X 射线记录下来。微分析在金属材料科学中的用途很广，主要是第二相和界面的成分分析，不但可以测定不同相的成分，还可以测定相图。此外，还可以用微分析方法逐点研究扩散过程，测定扩散系数。

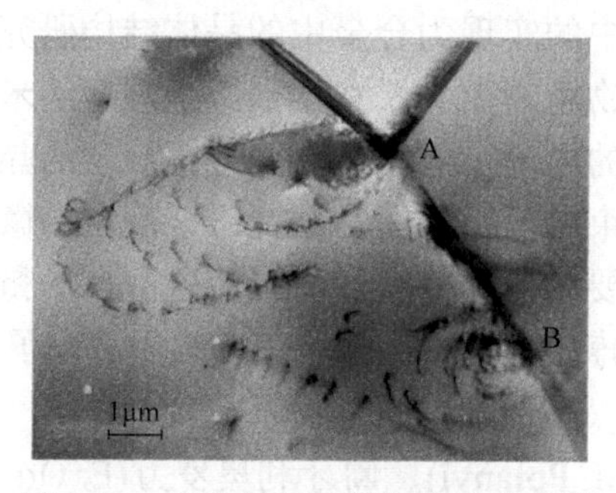

图 0.11 弗兰克和里德位错增殖机制

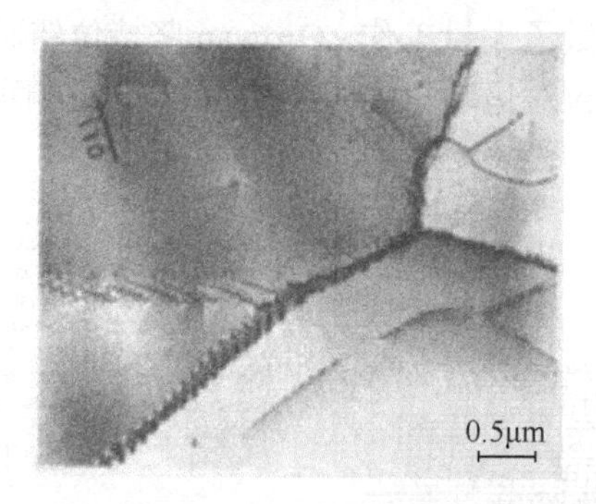

图 0.12 (Ni,Fe)Al 金属间化合物中亚晶界处位错

1983 年，IBM 公司苏黎世实验室的两位科学家格尔德 · 宾宁(Gerd Binnig)和海因希 · 罗雷尔(Heinrich Rohrer)发明了扫描隧道显微镜(scanning tunneling microscope，STM)。扫描隧道显微镜可实现对原子的移动和操纵，这为纳米科技的全面发展奠定了基础。

粒子光学理论的发展促进了一系列新型技术和仪器的出现与改进，包括电子探针显微分析(electron probe micro analysis，EPMA)、扫描透射电子显微镜(scanning transmission electron microscopy，STEM)、扫描隧道显微镜、原子力显微镜(atomic force microscope，AFM)等。从只能粗略观察表面形貌发展到能够获取纳米尺度的形貌、成分、晶体结构等关键信息。提供了大量金属表面和界面的微观结构信息获取手段，形成了不同金属微观组织评价方法，导致了金属表面和界面科学的产生。

0.1.2 我国材料科学家的典型贡献与事迹

在中华人民共和国成立之初，我国致力于由落后的农业国变成先进的工业国。在党的领导下，集中力量进行工业化建设，发展重工业，我国的钢铁冶炼技术有了突破性进展，目前钢产量已经跃居世界首位，钢铁质量也得到显著提高。而这都要归功于我们老一辈的为国奉献的科学家，本节介绍师昌绪院士在高温合金领域的研究成果及事迹，以及周惠久院士在高强度低碳马氏体钢领域的杰出贡献。

师昌绪院士是当代著名的金属学及材料学科学家。1955 年，师昌绪院士面对美国政府阻挠，坚持不懈，冲破阻力，回到了祖国，为国家钢铁工业贡献力量。在高温合金领域，最先提出并攻克了包套挤压工艺难关，为变形高温合金的生产开辟了一条新的途径；在铸造高温合金方面，研究出中国第一代空心气冷铸造镍基高温合金涡轮叶片，使中国成为世界上第二个采用这种叶片的国家；发现了凝固偏析的新规律，总结了低偏析合金技术，推动了高温合金的发展，被美国同行尊称为“中国高温合金之父”。

师昌绪院士在高温合金领域做出了杰出的贡献，特别是铸造空心涡轮叶片和低偏析合金技术两项开创性的研究成果，推动了高温合金的发展，加之师昌绪院士在其他领域的重大成就，为国家重大科技决策及科学发展做出了重大贡献，2010 年被授予“国家最高科学技术奖”。

周惠久是中国科学院院士、著名金属材料专家、西安交通大学教授。“七七事变”后他怀揣救国热忱，在物资匮乏的年代毅然归国，献身工程科学，用自身所学解决了多个机械生产难题。他的一生都在教书育人，为国家培育人才。他先后在 5 所大学任教，最后立身于交通大学。20 世纪 50 年代，为振兴西北高等教育，发展西部经济，他响应党的号召，带头西迁，将交通大学西迁精神“胸怀大局，无私奉献，弘扬传统，艰苦创业”16 个字体现得淋漓尽致，在西安交通大学奋斗终生。

周惠久教授在金属材料强度科学方面造诣极深。他带领课题组的同志，锲而不舍，深耕科研，在多次冲击抗力研究中取得重大突破，在低碳钢等领域取得一系列重大丰硕成果，囊括了国家自然科学奖、国家技术发明奖和国家科技进步奖三大奖，并广泛应用于生产实践。周惠久教授主持筹建了我国最早的金属学热处理专业和铸造专业，组建了我国第一个金属材料及强度研究所，对我国金属材料人才培养做出了卓越贡献。

0.2 金属材料微观组织与力学性能的内在联系

材料的组成与结构、使用效能、性能、合成与制备这四个基本要素对材料有着重要的影响，四个要素直接相互联系、相互影响，可以组成一个材料研究的四面体(图 0.13)。不同化学成分的金属材料，经过各种制备和加工工艺，可获得不同的内部组织结构，可以在很大程度上决定金属材料的性能。迄今为止，改变组织结构是改变金属材料性能的重要方法之一。为此，有必要了解金属材料微观组织与力学性能之间的联系。

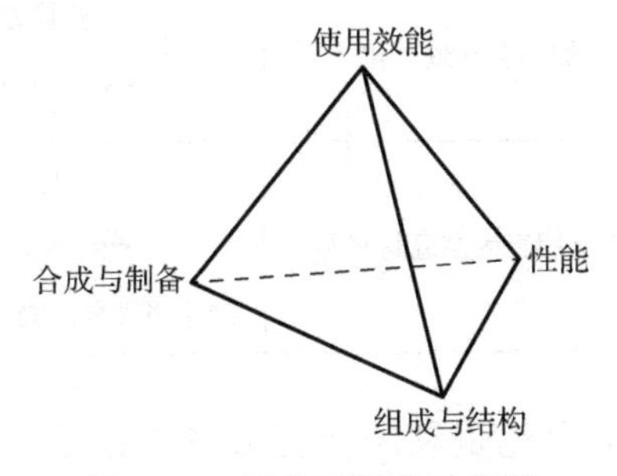

图 0.13 材料四要素示意图

在金相显微镜下观察，可以看到金属材料内部微观组成的形貌，材料内部所有的微观组成总称金属材料微观组织。根据晶体的晶体学点阵特点和晶格摩擦力，可以得到不同晶体结构中滑移面滑移的难易程度，进而通过滑移的难易程度判断材料的塑性和脆性。例如，密排六方的金属只有 1 个密排面，滑移方向有 3 个，因此密排六方的金属只有 3 个滑移系，从而导致该类金属塑性差。面心立方金属的滑移面(密排面)为{111}，共有 4 个，滑移方向为〈110〉，每个滑移面包含 3 个滑移方向，共有 12 个滑移系，因此面心立方金属通常具有良好的塑性。

0.2.1 强化机制对力学性能的影响

不断提高金属材料的强度、韧性等力学性能是现代生产技术发展的需要。然而，在许多情况下，出于经济性、可靠性等方面的考虑，材料的选材范围十分有限。如何在金属材料成分基本固定的情况下有效地提高其力学性能，是金属材料学科的一个重要研究方向。在温度和压力等外部环境改变时，材料内部的原子排列方式、有序程度、局部化学成分等组织结构的变化称为相变，相变过程直接影响金属材料的力学性能。

因此，当金属材料本身的化学成分基本一定时，若要改善金属材料的力学性能，其中一个重要的方法就是改变金属材料的微观组织。对金属材料进行强化，即通过合金化、塑性变形和热处理等手段改变金属材料的微观组织，从而提高金属材料的强度(表 0.1)。

表 0.1 各种金属的强化方法

强化方法	钢铁材料的强化实例	特征	铺装道路 位错 位错 位错	位错和障碍物
固溶强化	Si、P、Mn 合金化	塑性降低较小，强化能力亦较小	凹凸不平道路 	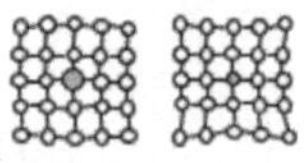
析出强化	NbC、VC、Mo_2C	被广泛使用，但有时对塑性影响较大	河边道路  析出物	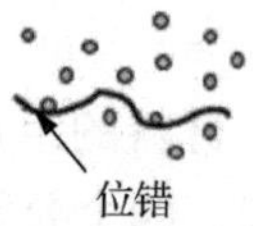 位错
位错强化	冷压加工等	加工成本低，但塑性降低较大	交通堵塞 	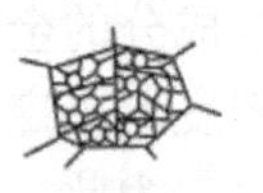
细晶强化	强加工+NbC	加热会导致软化	变换方向 	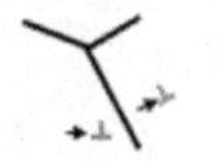
弥散强化	添加氧化物粉末	广泛用于耐高温材料等	道路不通  细小坚硬分散物导致无法驶出	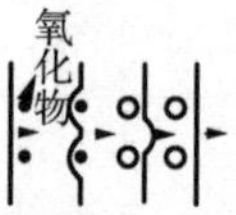 氧化物

在各种强化方法中，加工硬化是利用冷变形加工强化金属，提高金属强度、硬度和耐磨性。出厂的“硬”或“半硬”等供应状态的某些金属材料，就是经过冷轧或冷拉等方法，使之产生加工硬化的产品。固溶强化是通过添加原子尺寸相异的合金元素，使基体的晶格产生弹性应变而提高强度的方法。高纯度的金属总是比由该金属元素组成的合

金更软更弱。

细晶强化不同于加工硬化及固溶强化，其最大的特点是细化晶粒在使材料强化的同时不会使材料的塑性降低，相反会使材料的塑性和韧性同时提高。弥散强化的实质是利用弥散的超细微粒阻碍位错的运动，从而提高材料在高温下的力学性能。

0.2.2 热处理对力学性能的影响

我国是钢铁大国，金属热处理是机械加工工艺中的重要工序。热处理是将固态金属或合金在一定介质中加热、保温和冷却，以改变材料整体或表面组织，从而获得所需性能的工艺(图 0.14)，热处理可大幅度地改善金属材料的工艺性能和使用性能。例如，T10 钢经球化处理后，切削性能大大改善；而经淬火处理后，其硬度可从处理前的 20HRC 提高到 62～65HRC。因此，热处理是一种非常重要的加工方法，绝大部分机械零件必须经过热处理。

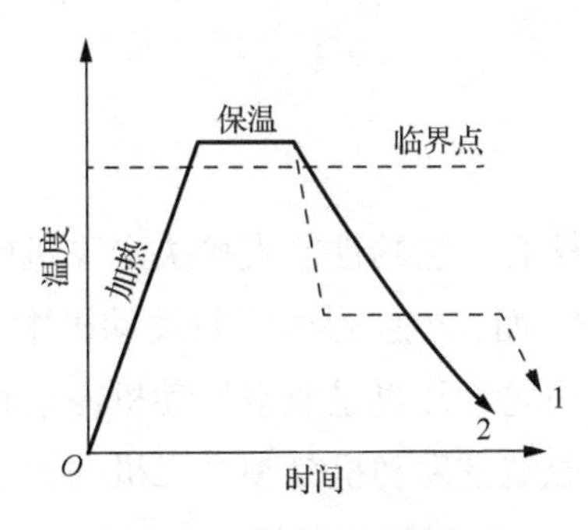

图 0.14 热处理工艺曲线

1-等温处理；2-连续冷却

金属的力学性能(强度、硬度、韧性等)受显微组织的影响作用显著，通过特定的热处理工艺方法来控制反应过程和相变速率，能够得到特定的显微组织。

宏观的力学性能提高源自微观组织的改变，某些金属经热处理后，强度大大提高，如马氏体相变和贝氏体相变都能使金属材料强度提高。表 0.2 总结了几种组分铁碳合金的显微组织特征和力学性质。

表 0.2 铁碳合金的显微组织特征和力学性质

显微组分	呈现相	相的排列	力学性质(相对的)
粗珠光体	α-Fe+Fe_3C	粒状的α-Fe 和 Fe_3C 交替排列	塑性和韧性较好，有良好的综合力学性能
细珠光体	α-Fe+Fe_3C	相对较薄的α-Fe 和 Fe_3C 交替排列	强度和硬度大于粗珠光体，塑性和韧性不如粗珠光体
贝氏体	α-Fe+Fe_3C	非常细小和伸长的 Fe_3C 颗粒分布在α-Fe 基体中	强度和硬度大于细珠光体，硬度小于马氏体，延展性大于马氏体
回火马氏体	α-Fe+Fe_3C	非常小的球形 Fe_3C 颗粒分布在α-Fe 基体中	强度和硬度小于马氏体，延展性大于马氏体
马氏体	体心四方，单晶	针状颗粒	非常坚硬和易碎

因此，金属材料的微观组织结构和力学性能之间有密切的关系，了解它们之间的关系，掌握金属材料中各种组织的形成及各种因素的影响规律，对于合理使用金属材料有十分重要的意义。

0.3 金属材料宏微观力学行为的工程应用

由于金属材料优异的塑性、耐久性、硬度等各种优势，随着材料设计、工艺技术及使用性能试验的进步，传统的金属材料得到了迅速发展，恰好迎合一些新科技发展的需要，新的高性能金属材料不断被开发出来，工程应用广泛，已分别在航空航天、能源、机电、汽车等多个领域获得了应用，并产生了巨大的经济效益。本章以单晶叶片精密铸造、钛合金开坯及激光选区熔化(selective laser melting，SLM)增材制造微观组织演变作为典型案例展开分析。

0.3.1 单晶叶片精密铸造

航空发动机是整个飞机的核心，它的性能直接决定飞机的整体性能，所以航空发动机也被称为“工业皇冠上的明珠”。而在航空燃气涡轮发动机中工作环境最为恶劣、应力最为复杂的就是涡轮叶片了，同时涡轮叶片也是航空发动机需求在尺寸小、质量轻的情况下获得高性能的关键。所以，如果说航空发动机是整个飞机的核心，那么涡轮叶片则是整个飞机“核心中的核心”。

航空发动机叶片经历了等轴晶、第二代定向柱晶、第三代单晶叶片的工艺升级过程，涡轮承温的提升是以高温下涡轮叶片材料性能(持久强度、蠕变强度、韧性、抗热疲劳等)的提升为基础的(图 0.15)。

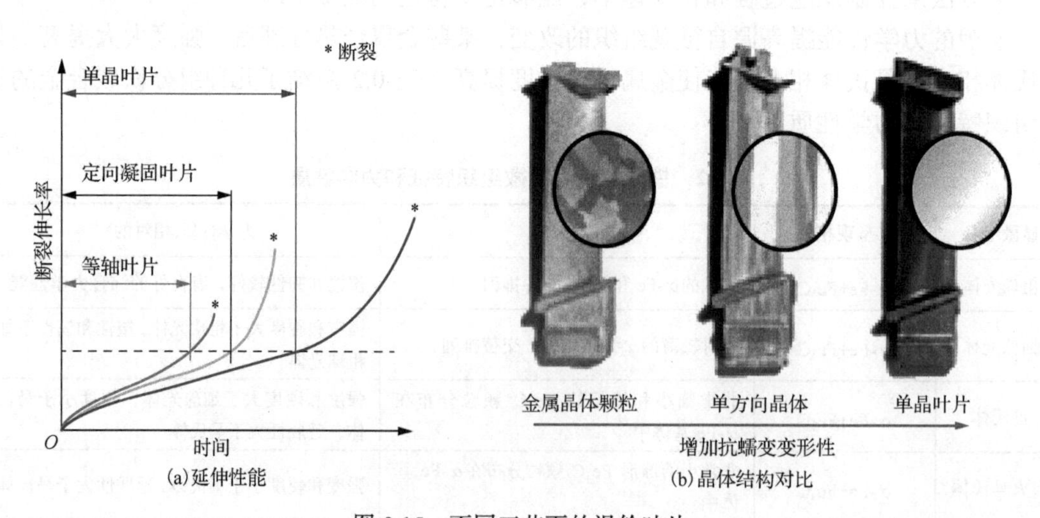

图 0.15　不同工艺下的涡轮叶片

航空发动机涡轮叶片的第一次革命始于高温合金的出现，20 世纪 40 年代第一块高温合金被研制出来，之后高温合金凭借其优异的高温性能全面代替曾经的高温不锈钢，并在 20 世纪 50 年代被应用到第一代航空燃气涡轮发动机上。20 世纪 60 年代，为了解决合金中的“塑性低谷”问题，定向凝固合金技术也被发明出来，基本消除了垂直于应力轴的横向晶界，提高了合金的塑性和热疲劳性能。20 世纪 70 年代，合金化理论和热处理工艺得到突破，此时可以在定向凝固合金的基础上完全消除晶界，单晶合金涡轮叶片制造技术由此诞生，也掀起了涡轮叶片所用材料的第二次革命，使得合金叶片的热强性能有了进一步的提高(约 30℃)，涡轮叶片的承载温度达到了 1050℃左右。

传统的涡轮叶片是采用熔模铸造生产的等轴晶叶片，由于叶片在高速旋转下会受到极大的横向切应力，而晶界的存在(尤其是横向晶界)成了叶片产生横向裂纹的裂纹源，进而导致叶片断裂失效。单晶高温合金是在等轴晶和定向柱晶高温合金的基础上发展起来的一类先进发动机叶片材料，消除了叶片上所有晶界，避免了裂纹源的产生，结构特点是空心、薄壁、复杂曲面。单晶叶片由于良好的承温能力、抗蠕变、抗热疲劳、抗氧化性及抗腐蚀性等能力，在航空发动机及燃气轮机上得到广泛应用(表 0.3)。

表 0.3 各代航空发动机迭代发展情况

发动机系列	第 2 代	第 3 代	第 4 代	第 5 代
推重比	4～6	7～8	9～10	12～15
涡轮前温度	1300～1500K	1680～1750K	1850～1980K	2100～2200K
典型发动机	斯贝 MK202	F100, F110	F119, EJ200	—
服役时间	1960 至今	1970 至今	1990 至今	2018 至今
涡轮结构	实心叶片	气膜冷却空心涡轮叶片	复合冷却空心叶片	双层壁超冷/铸冷涡轮叶片
叶片材料	定向合金高温合金	第 1 代单晶合金	第 2 代单晶合金	第 3 代单晶合金(金属间化合物)

0.3.2 钛合金开坯

TC4(Ti-6Al-4V)钛合金是 1954 年首先研制成功的两相钛合金。该合金具有比强度高、耐腐蚀性好、热稳定性好等优点，在航空航天、汽车及医疗等领域得到了广泛的应用，其用量占钛合金总消耗量的 50%以上。为改变其宏观尺寸同时提高微观组织及力学性能，需要对 TC4 钛合金铸锭进行开坯工艺处理，钛合金开坯产品是制造其他钛合金零件重要的材料来源，它的质量和成本直接影响钛制品质量和价格。

开坯是指金属铸锭在各类轧机、锻锤或液压机上进行的首次塑性加工，包括加热、镦粗、拔长、倒八方、摔圆、整形、冷却、打磨等工序(图 0.16)。通过上述过程的组合实现组织性能的提升，目前钛合金开坯主要的发展方向是减少变形缺陷、提高产品质量、缩短工艺流程。

图 0.16　开坯流程示意图

TC4 钛合金在开坯过程中组织形态会发生一系列的变化，最典型的特征是消除铸态组织缺陷，完成铸态组织向等轴晶组织的转变，每种组织形态对应的力学性能差别明显(图 0.17)。

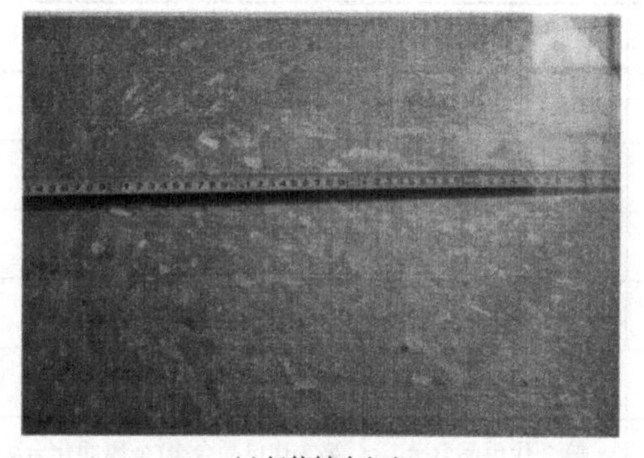

(a) 低倍铸态组织

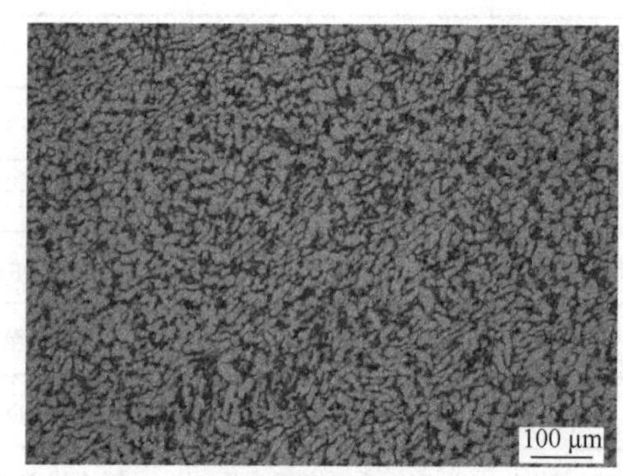

(b) 等轴晶组织

图 0.17　钛合金开坯组织图

图 0.18 为双相钛合金四种典型的显微组织，开坯过程组织转变大体按照图 0.18(a)～(d)进行。等轴晶组织的钛合金塑性优良，但是强度和断裂韧性较低，等轴晶组织也是 TC4 钛合金开坯工艺的目标组织。

总之，在$\alpha+\beta$双相钛合金中，可以观察到各式各样的组织。这些组织中晶粒尺寸和晶内结构均各不相同，钛合金的力学性能在很大程度上取决于这两个相的比例、形态尺寸和分布。钛合金的组织类型基本上可分为四大类，即片状组织(魏氏组织)、网篮组织、双态组织及等轴晶组织。表 0.4 给出了 TC4 钛合金在四种典型组织状态下对应的力学性能指标，可见其力学性能指标大不相同。

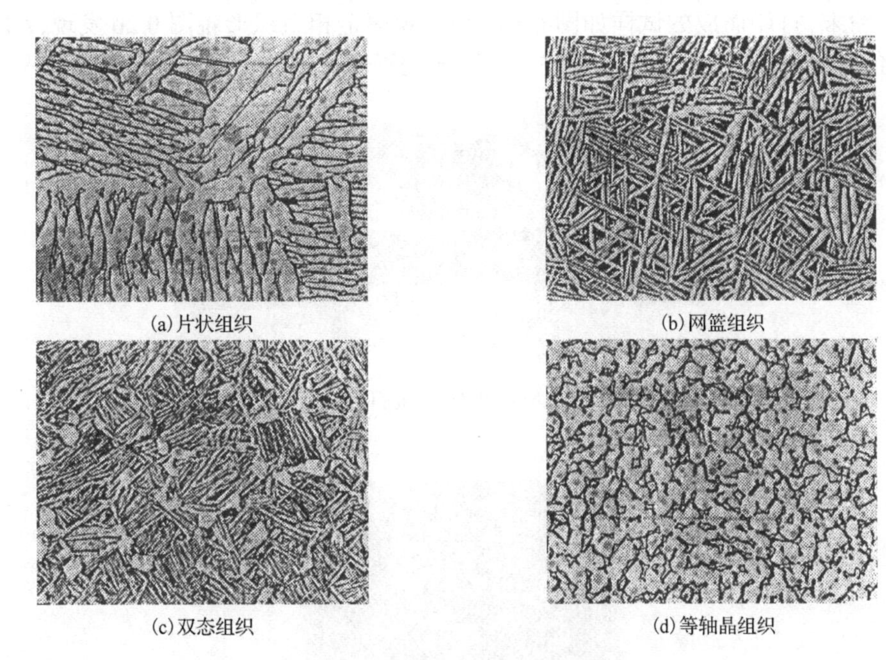
(a)片状组织 (b)网篮组织
(c)双态组织 (d)等轴晶组织

图 0.18 双相钛合金典型显微组织

表 0.4 TC4 钛合金四种类型组织对性能的影响

力学性能	抗拉强度σ/MPa	断后伸长率δ/%	冲击韧性α_k/(kJ/m^2)	断裂韧性 K_{IC}/(MPa/m$^{0.5}$)
片状组织	1020	9.5	355.3	102
网篮组织	1010	13.5	533	—
双态组织	980	13	434.3	—
等轴晶组织	961	16.5	473.8	58.9

0.3.3 增材制造微观组织演变

近年来，针对航空航天、核能和医疗等领域的应用需求，金属/合金激光增材制造技术得到广泛重视和大量研究。SLM 是重要的技术手段之一，通过粉床逐层铺粉、微束激光区域性熔化和凝固等技术，可以实现具有内外精细复杂结构的零部件增材成形。下面以 SLM 工艺为例，介绍工艺中宏微观组织的研究进展。

铝合金的密度较低，强度很高，接近甚至胜过了优质钢材；具有优良的塑性，可以加工成各种型材；具有优良的导电性、导热性和耐腐蚀性，在航空航天、汽车、机械制造、船舶以及化学工业中大量应用。

AlSi10Mg 是一种典型的铸造铝合金，因其工艺性良好、密度小、抗腐蚀性良好，铸件在航空、仪表等机械行业中得到了广泛的应用，如飞机门框、汽车发动机的缸盖等零件。与传统制造方法相比较，SLM 成形过程中具有极高的温度梯度和冷却速度，使得 SLM 成形的 AlSi10Mg 合金的微观组织和力学性能与传统制造的合金不同。

采用由德国 EOS 公司生产的 EOS280 增材制造设备和智能制造技术有限公司(MT)的

AlSi10Mg 粉末，打印而成的试样如图 0.19 所示。观察金相组织形貌图 0.20 发现，AlSi10Mg 粉末 SLM 成形件除了少量的孔隙缺陷，表面比较平整，未观察到裂纹缺陷。

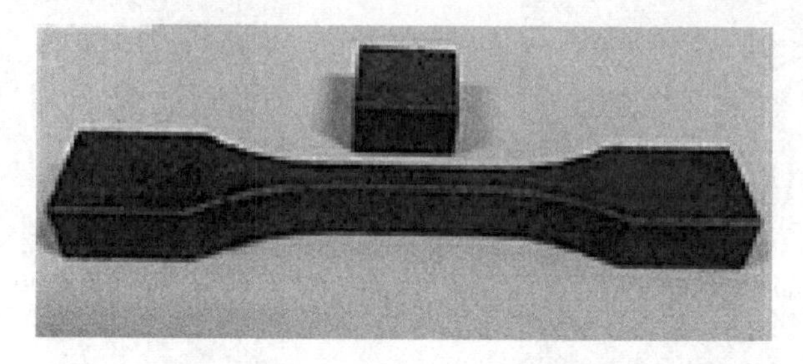

图 0.19　AlSi10Mg 合金打印试样图

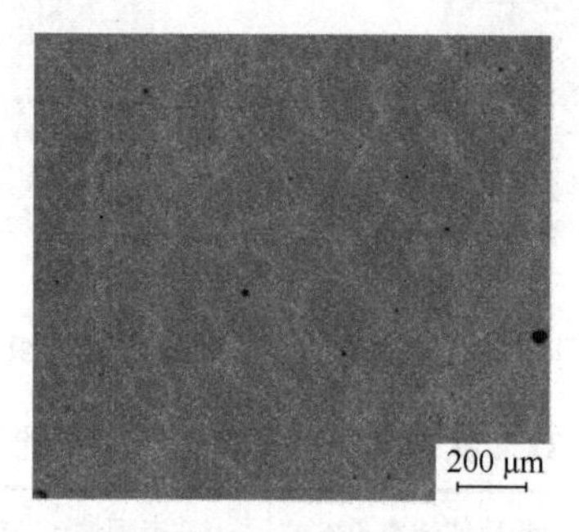

图 0.20　AlSi10Mg 粉末打印而成的试样金相组织

SLM 成形件的扫描电子显微镜(scanning electron microscope，SEM)微观组织形貌如图 0.21 所示。试样截面的微观组织分布并不均匀，且能很明显地看到有序分布的鱼鳞状熔池。这是因为有一部分 Si 元素在沿着 Al 亚晶边界堆积成 500～1500m 的网状结构，在 SEM 下呈现白色近圆环状。

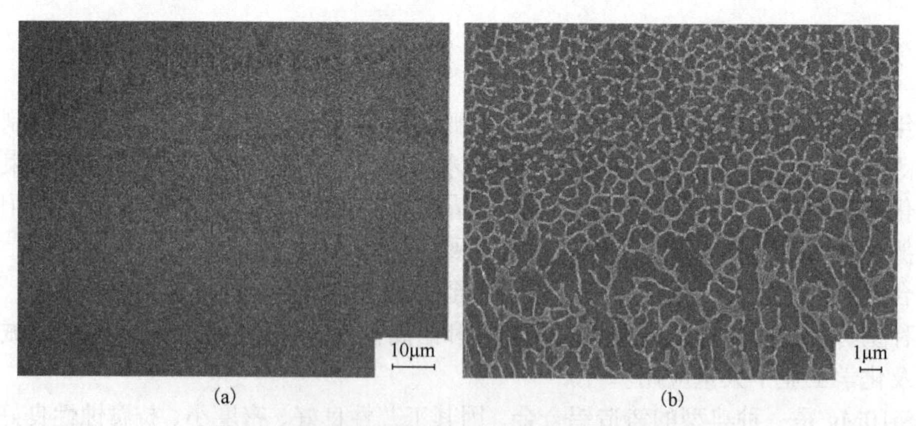

图 0.21　AlSi10Mg 粉末 SLM 成形件微观组织形貌

高强高弹 Cu-15Ni-8Sn 合金以其优良的性能成为铍铜合金最具潜力的替代材料，应用前景十分广泛。然而，利用传统方法(如铸造)制备该合金时极易产生偏析，而且制备工艺流程长。SLM 增材制造技术可实现材料的快速熔化与凝固，从而获得成分均匀、晶粒细小、位错密度高的非平衡快速凝固组织，对于过饱和易偏析 Cu-15Ni-8Sn 合金的制备具有突出的技术优势。如表 0.5 所示，与铸造相比，SLM 增材制造的 Cu-15Ni-8Sn 合金无宏观偏析，组织致密，成分较均匀，晶粒细小，在内部形成了大量的位错，屈服强度较高，塑性也达到较高的水平。

表 0.5 不同方法制备 Cu-15Ni-8Sn 合金的微观组织的比较

制备方法	平均晶粒尺寸/μm	平均偏析相尺寸/μm	析出相体积分数/%	平均枝晶主干宽度/μm	最大孔隙尺寸/μm	冷却速率/(℃/s)
铸造	约 1300	6.7	31.1	45.1	251	约 5×10^1
SLM	6.9	0.09	2.4	0.58	15	约 5×10^6

SLM 技术理论上可成形任意形状以及完全致密的金属零件，打破了传统刀具、夹具和机床加工等传统模式，解决了传统制造技术难以实现轻量化、复杂化构件的整体成形问题。随着增材制造技术的快速发展，通过工艺改进(如激光功率、扫描策略等)还可以使金属材料具备更独特的性能，SLM 技术已经成为金属材料成形的重要手段之一。

第1章　金属晶体学基础

工程上使用的绝大部分材料都是固体材料，固体材料根据组成的原子或原子团、分子的排列可以分为两大类——晶体与非晶体。晶体材料内部原子、离子、分子和其他原子集团按照一定规则，对称和周期性重复规则排列，而非晶体内部排列不十分规则，甚至毫无规则。自然界中绝大多数固体都是晶体，晶体材料广泛应用于各个领域，如常用的金属材料、半导体材料、磁性薄膜、光学材料、硬质材料等。通常，金属和合金，大部分陶瓷如氧化物、碳化物、氮化物，以及少量高分子材料都是晶体材料。大多数高分子材料、玻璃、冰糖、沥青都是非晶体材料，其中玻璃是复杂氧化物，是典型的非晶体。

要学习金属的晶体学相关内容，首先要熟悉材料中原子的排列方式及分布规律，包括固体中原子是如何相互作用并连接起来的，晶体的特征及描述方法、晶体结构的特点、各种晶体之间的差异，以及晶体结构中缺陷的类型及性质，以上内容都是学习本门课程的基础。

1.1　原子间的键合方式

通常把材料的液态和固态称为凝聚态。在凝聚态下，材料的原子间距十分小，原子之间产生的相互作用力使原子结合在一起，或者说形成了键合。材料的许多性能在很大程度上取决于原子结合键。例如，金刚石和石墨都是含碳的单质，金刚石是无色坚硬的晶体，而石墨是黑色光滑的片状物，这就是由于碳原子之间具有不同的键合方式。金属、半导体和绝缘材料有截然不同的导电性，也是由于它们原子结合情况不同导致具有不同的能带结构。

根据结合键结合力的强弱可以把结合键分为两大类：一类是结合力较强的强键力(或称为主价键、一次键)，包括离子键、共价键和金属键；另一类是结合力较弱的次价键(或称为二次键)，包含范德瓦耳斯键和氢键。根据结合键可以将材料分为金属、聚合物、陶瓷等种类材料。本书只讨论在金属中存在的共价键与金属键。

1.1.1　共价键

价电子数为4或5的ⅣA、ⅤA族元素，外层离子化比较困难，如果ⅣA族的碳有4个电子，失去4个电子达到稳定结构所需要的能量很高，因此不容易实现离子结合。在这种情况下，相邻原子间可以共同组成一个新的电子轨道，由两个原子各提供一个电子形成共用电子对，利用共用电子对来达到稳定的电子结构。金刚石是典型的共价键结合(图1.1)，碳的 4 个价电子分别和周围 4 个碳原子的电子形成 4 个共用电子对,达到八电子稳定结构。此时每个电子对之间是静电排斥，因而它们在空间中以最大的角度张开，相互成 109.5°，形成一个正四面体，碳原子分别位于四面体中心和四个顶角位置。依靠共价键可以将许多碳原子连接成坚固的网状大分子。共价键结合时由于电子对之间强烈的排斥力，使共价键具有很强的方向性，方向性不允许改变原子之间的相对位置，使材料不具有塑性，因此比较坚硬，金刚石就是自然界材料中最坚硬的物质之一。

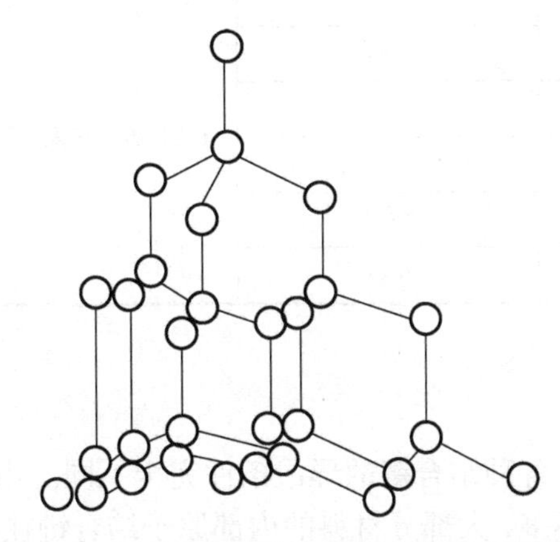

图 1.1　金刚石的原子结合(圆点代表 C 原子)

1.1.2　金属键

金属原子之间的结合键称为金属键，金属键的基本特点是电子共有化。金属原子容易失去外壳价层电子而具有稳定的电子结构，形成带正电荷的阳离子，当金属原子结合成晶体时，这些金属阳离子在空间规则地排列，金属固体中的电子则是非局域性的，每个原子的价电子不再被束缚在单个原子上，电子可以在各个正离子之间自由移动，形成自由电子，即“电子云”。失去价电子的金属正离子和组成电子云的自由电子之间产生静电引力。

金属在参与各类化学反应过程中所表现出的行为属于单原子特性。工程技术上所应用的材料是由多个原子组成的，在研究材料的各种行为时，除考虑单个原子的结构特征外，更重要的是探讨由此决定的原子之间的相互作用、结合方式及原子基本特性。金属正是依靠正离子和自由电子之间的相互吸引而相互结合起来形成金属晶体(图 1.2)。

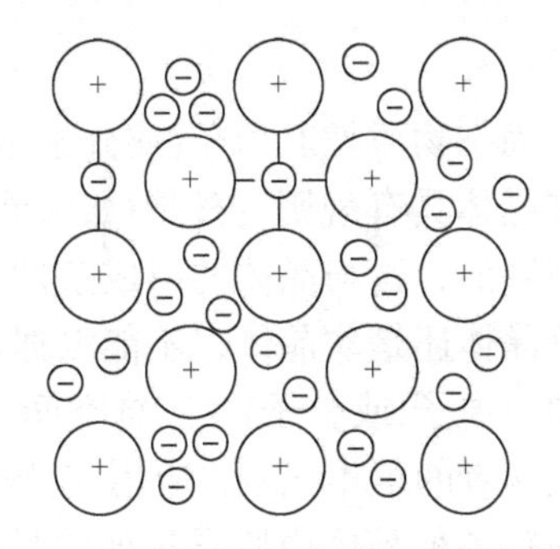

图 1.2　金属原子正常堆积时的金属键及电子云示意图

金属键没有方向性，正离子之间相对位置的改变并不会破坏电子与正离子之间的结合，因而金属具有良好的塑性。同样，金属正离子被另外一种金属正离子取代也不会破坏结合键，这种金属之间溶解的能力(称为固溶)也是金属的重要特性。此外，金属的导电性、导热性、紧密排列及金属正的电阻温度系数都直接起因于金属键结合。

表 1.1 列出了共价键与金属键的比较。

表 1.1 共价键与金属键的比较

结合键类型	实例	结合能/(eV/mol)	主要特征
共价键	金刚石	1.37	有方向性，低配位数，纯晶体低温导电率很小
	Si	1.68	
	Ge	3.87	
金属键	Sn	3.11	无方向性，高配位数，密度高，导电性高，塑性好
	Li	1.63	
	Na	1.11	
	K	0.931	
	Rb	0.852	
	Hf	0.30	

1.1.3 混合键

从上述内容可以看出，各种结合键的形成条件完全不同。当具体到某种材料时，只有单独一种结合键的情况并不多，大部分材料的内部原子结合键往往是各种键的混合，例如，金属主要是金属键结合，但也会出现一些非金属键，如过渡族元素(特别是高熔点金属 W、Mo)，它们的原子结合中，也会出现少量共价键结合，这也是过渡族金属具有高熔点的原因。又如金属和金属形成的金属间化合物(如 CuGe)，尽管组元元素都是金属，但是由于两者的电负性不同而有一定的离子化倾向，于是构成金属键和离子键的混合键，两者的混合比例依据组成元素的电负性差异而定，因此它们具有一定的金属特性，但又不具有金属特有的塑性，往往很脆。

正是由于大多数金属工程材料的结合键是混合的，而混合方式、混合比例又可以随着材料的组成而改变，因此材料的性能可以在很大的范围内变化，从而可以满足工程实际各种不同的需要。

1.2 晶体与非晶体

固态物质按其原子(或分子)的聚集状态可分为两大类：晶体与非晶体。虽然自然界的许多晶体具有规则的外形(如天然金刚石、结晶盐、水晶等)，但是，晶体的外形不一定都是规则的，这与晶体的形成条件有关，如果条件不具备，其外形也就变得不规则。所以，区分晶体还是非晶体，不能根据它们的外观，而应从其内部的原子排列情况来确定。在晶体中，原子(或分子)在三维空间做有规则的周期性重复排列，而非晶体不具有这一特点，这是两者的根本区别。应用 X 射线衍射、电子衍射等实验方法不仅可以证实这个区别，还能确定各种晶体中原子排列的具体方式(即晶体结构的类型)、原子间距以及其他许多关于晶体的重要信息。

显然，气体和液体都是非晶体。在液体中，原子亦处于紧密聚集的状态，但不存在长程的周期性排列。固态的非晶体实际上是一种过冷状态的液体，只是其物理性质不同于通常的液体而已。玻璃就是一个典型的例子，故往往将非晶态的固体称为玻璃体。从液态到非晶态固体的转变是逐渐过渡的，没有明显的凝固点(反之亦然，无明显的熔点)。而晶体液态和固态之间的转变有固定的温度，即明显的凝固点和熔点。非晶体的另一特点是沿任何方向测定其性能，所得结果都是一致的，不因方向而异，称为各向同性或等向性；晶体则不同，沿着一个晶体的不同方向所测得的性能并不一致(如导电性、导热性、热膨胀性、弹性、强度、光学数据以及外表面的化学性质等)，表现出或大或小的差异，称为各向异性或异向性。晶体的异向性是因其原子的规则排列而造成的。

非晶体在一定条件下可转化为晶体。例如，玻璃经高温长时间加热后能形成晶态玻璃；而通常呈晶体的物质，如果将它从液态快速冷却也可能得到非晶体。金属因其晶体结构比较简单，很难阻止其结晶过程，故通常得不到非晶态固体，但近些年来采用特殊的制备方法，已能获得非晶态的金属和合金。

由一个核心(称为晶核)生长而成的晶体称为单晶体。在单晶体中，原子都是按同一取向排列的。一些天然晶体如金刚石、水晶等都是单晶体；现在也能够人工培育制造出多种单晶体，如半导体工业用的单晶硅、锗，激光技术中用的红宝石、钇铝石榴石及金属单晶等。但是金属材料通常是由许多不同位向的小晶体所组成的，称为多晶体。这些小晶体往往呈颗粒状，不具有规则的外形，故称为晶粒。晶粒与晶粒之间的界面称为晶界。

1.3　空 间 点 阵

1.3.1　空间点阵与晶胞

晶体的基本特征是原子排列的规则性，假设理想晶体中的原子、离子、分子或各种原子集团都是固定不动的刚性球，这些抽象晶体的实际质点称为阵点，则晶体可以认为是这些阵点在三维空间周期性重复排列起来的，这些用来表示晶体中原子规则排列的抽象质点就构成晶体的空间点阵。

为了形象地描述空间点阵的几何图形，可以作许多平行的直线把阵点连起来，构成一个三维的几何格架，如图1.3所示。

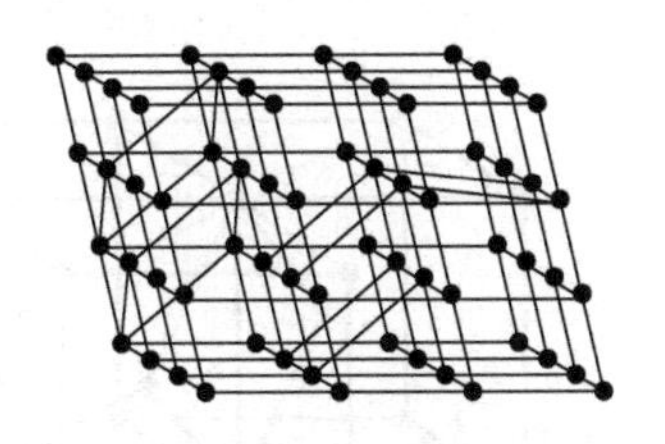

(a)空间点阵及单位平行六面体的不同取法

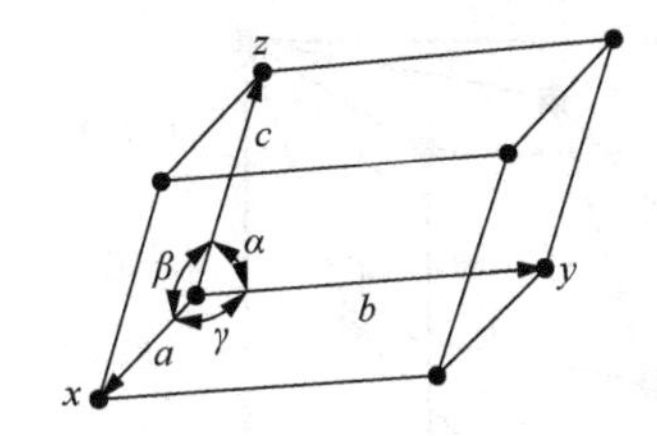

(b)晶胞及其点阵参数

图1.3　空间点阵及单位平行六面体的不同取法和晶胞及其点阵参数

由于晶体中原子排列具有周期性，可以从点阵中选取一个能够完全反映晶格特征的最小几何单元，这个最小的几何单元称为单位平行六面体。通常是在晶格中选取最小的一个平行六面体，这个平行六面体能够反映整个空间点阵的对称性，在不违反对称的条件下，棱边之间尽可能具有最多的直角关系，并具有最小体积，这样的平行六面体作为单位平行六面体，这个单位平行六面体在空间重复堆垛就能够得到空间点阵。

必须注意，单位平行六面体只是从空间格子中抽取出来的代表单元，由抽象的几何点代表原子在空间排列的规律性来表示具体质点在空间排列的规律性，并不等于晶体内部包含的具体质点。若使形状大小与对应的单位平行六面体一致，并由实在的具体质点组成，则这样的实际晶体结构中的平行六面体单元称为晶胞。选取晶胞时也要求能够反映出晶体的对称性。

为了描述晶胞的形状和大小，可通过晶胞角上的某一阵点，沿着三个棱边作坐标轴 x、y、z，称为晶轴，则晶胞的形状和大小可由这三个棱边的长度 a、b、c(称为点阵常数)及其夹角 α、β、γ 这六个参数完全表达出来，如图 1.3 所示。显然只要任选一个阵点作为原点，将 $\boldsymbol{a}$、$\boldsymbol{b}$、$\boldsymbol{c}$ 三个点阵矢量(称为基矢)做平移，就可以得到整个点阵。点阵中任何一个阵点的位置均可以由下列矢量表示：

$$\boldsymbol{r}_{uvw} = u\boldsymbol{a} + v\boldsymbol{b} + w\boldsymbol{c}$$

式中，$\boldsymbol{r}_{uvw}$ 为由原点至某个阵点的矢量；u、v、w 分别为沿着三个点阵矢量方向平移的基矢数，也就是阵点在坐标轴上的坐标值。

晶胞一般有两种选取方法：

第一种选取方法是在保证对称性的前提下选取体积尽量最小(但不一定是最小)的晶胞。在金属学、金属物理、材料科学、X 射线衍射、电子衍射等学科中，以及实际的材料科研、生产中大多都选取这种晶胞，而晶体的相关几何参数都是由这种晶胞决定的。

第二种选取方法只要求晶胞的体积最小，而不一定反映点阵的对称性。这样的晶胞称为原胞。原胞中只包含一个结点，故原胞的体积就是一个结点所占的体积，在固体物理中常常采用原胞。

图 1.4 和图 1.5 分别画出了面心立方(FCC)和体心立方(BCC)点阵的原胞以及它们和晶胞之间的关系，可以看出 FCC 和 BCC 的晶胞都是高度对称的立方体，但体积不是最小。FCC 的晶胞体积(a^3)是 4 个结点所占据的体积，而 BCC 晶胞的体积(a^3)则是两个结点所占的体积，它们的原胞只含有 1 个结点，故 FCC 和 BCC 的原胞体积分别为 $a^3/4$ 和 $a^3/2$，可见原胞的体积的确是最小的，但却没有反映立方点阵的对称性。

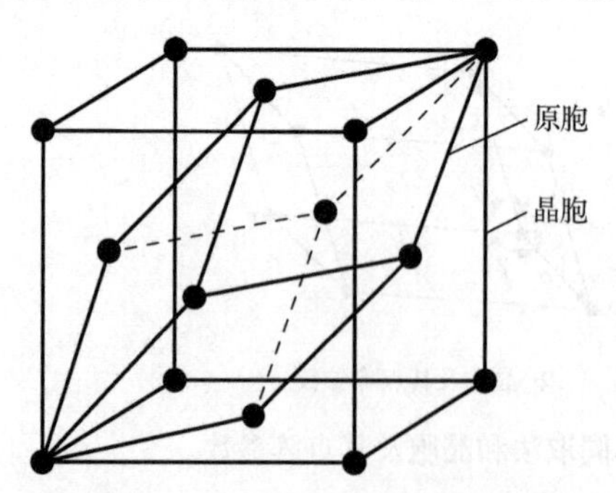

图 1.4　FCC 的原胞和晶胞之间的关系

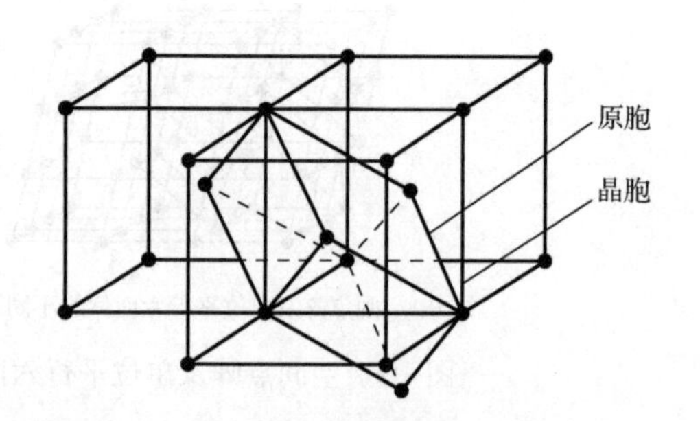

图 1.5　BCC 的原胞和晶胞之间的关系

密排六方晶体的晶胞和原胞见图 1.6。可以看出，为了反映点阵的六次旋转对称，需要选取六棱柱晶胞。它包含 2 个整原胞和 2 个半原胞，即相当于 3 个原胞的体积，每个原胞包含 1 个结点，则每个晶胞包含 3 个结点。如果在晶胞中同时给出原子位置，就得到“结构胞”，因为它是晶体结构的最小单元。习惯上人们往往把结构胞也称为晶胞，晶胞可以是点阵的最小单元，也可以是晶体结构的最小单元，应视上下文而定。从图 1.6 来看，每个原胞中包含 2 个原子，每个晶胞中包含 6 个原子。从简单的几何关系不难证明，当 $c/a=\sqrt{8/3}\approx1.633$ 时，不仅同一层(与 c 轴垂直的各层)上相邻的原子彼此相切，而且相邻层上的原子也彼此相切，这就是理想的密排六方结构(通常用 CPH 或 HCP 来表示)。

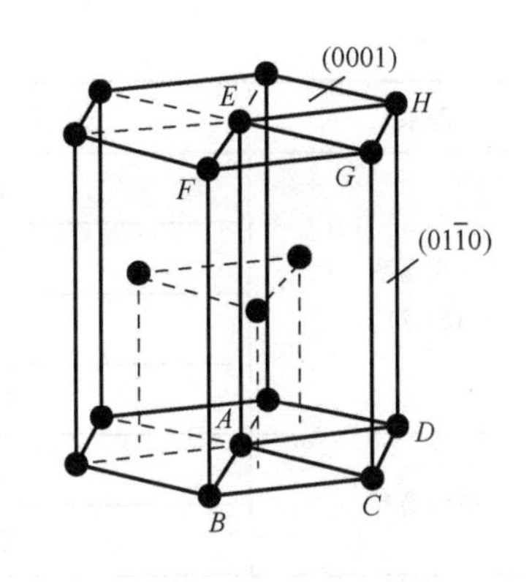

图 1.6　密排六方晶体的晶胞(六棱柱)和原胞(平行六面体 $\overline{ABCDEFGH}$)

顺便指出，原胞的选择也不是唯一的。选择原胞时除要满足基本要求(即只包含 1 个结点)外，在可能的情形下，最好使用原胞的各边都是点阵的最短平移矢量。例如，BCC 晶体的原胞各边都是体对角线的一半，FCC 晶体的原胞各边都是面对角线的一半，但六方晶体的原胞各边就不可能是点阵的最短平移矢量(见图 1.6，原胞是边长为 a、a、c 的平行六面体)。

1.3.2　晶系和布拉菲点阵

在晶体学中，根据对称性和晶胞的外形，即棱边长度之间的关系和晶轴之间的夹角情况，可以对晶系进行分类。通常 6 个点阵常数的相互关系，考虑晶胞棱长 a、b、c 是否相等，晶轴间夹角是否为直角，可以把空间点阵分为 7 个类型，称为 7 大晶系。所有的晶体都可以归纳在这 7 个晶系中。

根据点阵周围环境相同的要求，除了单位平行六面体的每个顶角上可以安放一个阵点之外，还可以在其他位置上安放阵点，例如，在简单立方体的体中心位置安放一个阵点就构成了体心立方点阵，或在简单立方体的每一个表面中心安放一个阵点就构成面心立方点阵。1848 年布拉维利用数学分析法证明晶体中的空间点阵只有 14 种，称为布拉维点阵。7 大晶系及 14 种布拉维点阵列于表 1.2 中，14 种点阵示意图如图 1.7 所示。

表 1.2　7 种晶系及 14 种布拉维点阵

晶系	布拉维点阵与符号	点阵参数关系
立方晶系	简单(P)	$a=b=c$，$\alpha=\beta=\gamma=90°$
	体心(I)	
	面心(F)	
六方晶系	简单(P)	$a=b\neq c$，$\alpha=\beta=90°$，$\gamma=120°$
正方晶系(四方)	简单(P)	$a=b\neq c$，$\alpha=\beta=\gamma=90°$
	体心(I)	
菱方晶系(三方)	简单(P)	$a=b=c$，$\alpha=\beta=\gamma\neq90°$

续表

晶系	布拉维点阵与符号	点阵参数关系
正交晶系 (斜方)	简单(P)	$a \neq b \neq c$，$\alpha = \beta = \gamma = 90°$
	体心(I)	
	面心(F)	
	底心(C)	
单斜晶系	简单(P)	$a \neq b \neq c$，$\alpha = \gamma = 90° \neq \beta$
	底心(C)	
三斜晶系	简单(P)	$a \neq b \neq c$，$\alpha \neq \beta \neq \gamma \neq 90°$

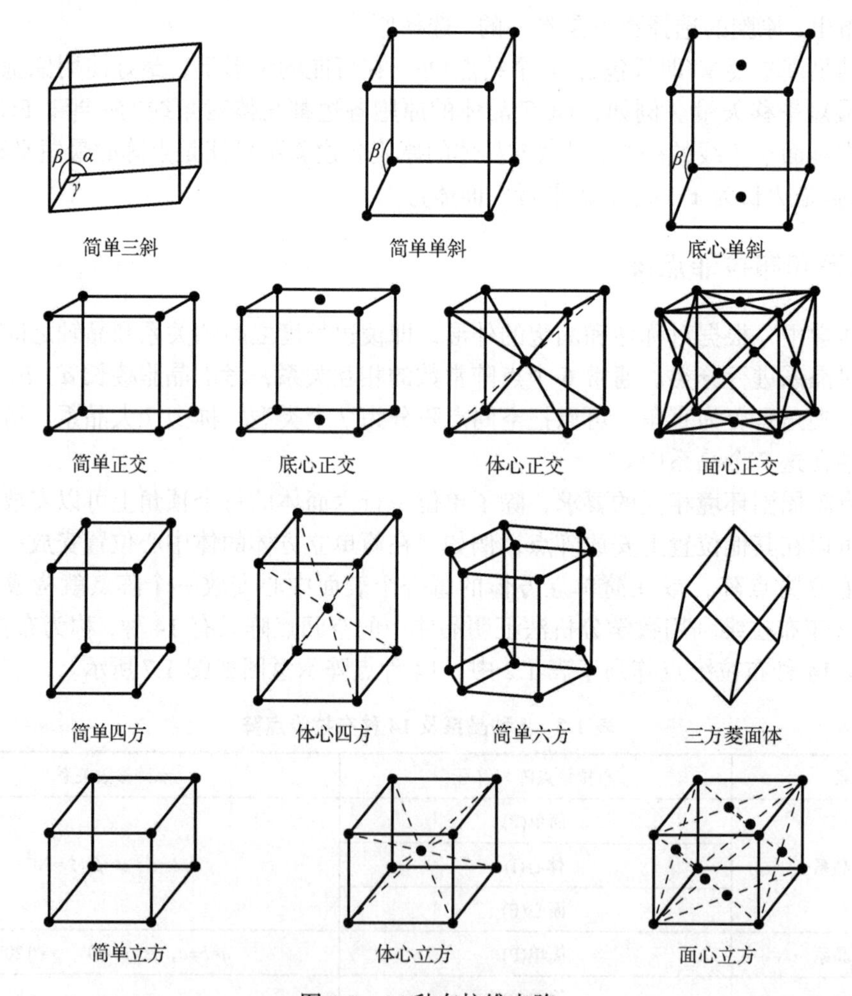

图 1.7　14 种布拉维点阵

1.3.3　空间点阵与晶体结构的关系

空间点阵概括性地表明了原子、离子、原子集团、分子等颗粒在晶体结构空间中周期分布最基本的规律。空间点阵的阵点仅是抽象的几何点，空间点阵仅是一个抽象的几何图形。无论多么复杂的晶体结构都只有一个空间点阵。例如，金刚石晶体结构的空间点阵就是一个面心立方点阵，但绝不能说金刚石晶体结构是由两个面心立方点阵穿插而成的。因为这样说，就把只具有抽象几何意义的空间点阵看成了由具体碳原子构成的图形。

1.4　晶面指数与晶向指数

在材料科学中，讨论有关晶体的生长、变形和固态相变等问题时，常常要涉及晶体中的某些方向(晶向)和某些平面(晶面)。空间点阵中各个阵点排列起来的方向代表晶体中原子列的方向，称为晶向。通过空间点阵中的任意一组阵点的平面代表晶体中的原子平面，称为晶面。为了方便起见，人们常用一种符号即晶向指数和晶面指数来表示不同的晶向和晶面。国际上通常用米勒（Miller）指数表示。

1.4.1　晶向指数

晶向指数是表述晶体点阵中方向的指数，由晶向上阵点的坐标值决定，其确定步骤如下。

(1) 建立坐标系。如图 1.8 所示，以晶胞中需要确定的晶向上的某一个阵点 O 作为原点，以过原点的晶轴作为坐标轴。一般规定从书指向读者的方向作为 x 轴的正方向，指向右边的方向为 y 轴的正方向，指向上方的方向作为 z 轴的正方向；以晶胞的 3 个点阵常数 a、b、c 分别作为 x、y、z 轴的单位长度，这样便建立了坐标系。

(2) 确定晶胞中原子的坐标值。在通过原点的待定晶向 OP 上确定离原点最近的一个阵点在坐标系中的坐标值。

(3) 将指数化为整数并加括号表示。将三个坐标值化为最小整数 u、v、w，并分别加上方括号，就得到了晶向 OP 的晶向指数$[u\,v\,w]$。如果 u、v、w 中某一个数值为负数，则将该负号标注在这个数字上方，图 1.8 中的晶向指数为$[11\bar{2}]$。

对于晶向指数需要作如下说明：一个晶向指数代表互相平行、方向一致的所有晶向；若晶体中两个晶向互相平行，方向相反，则晶向指数中的指数相同而符号相反，如$[11\bar{1}]$与$[\bar{1}\bar{1}1]$等；晶体中原子排列情况相同，空间位向不同的一组晶向称为晶向族，用$\langle uvw\rangle$来表示，例如，立方晶系的$[111]$、$[\bar{1}11]$、$[1\bar{1}1]$、$[11\bar{1}]$、$[\bar{1}\bar{1}1]$、$[1\bar{1}\bar{1}]$、$[\bar{1}1\bar{1}]$、$[\bar{1}\bar{1}\bar{1}]$ 8 个晶向是立方体四个体对角线的方向，它们的原子排列状况完全相同，属于同一个晶向族，用$\langle 111\rangle$表示；但要注意不是立方晶系，改变晶向指数的顺序所表示的晶向可能是不同的，如正交晶系中$[100]$、$[010]$、$[001]$这三个晶向就不是等同晶向，因为在这三个晶向上的原子间距分别为 a、b、c，互不相等，各晶向上面的原子排列情况不同，性质也不同，所以不属于同一晶向族，图 1.9 为立方晶系中一些重要的晶向指数。

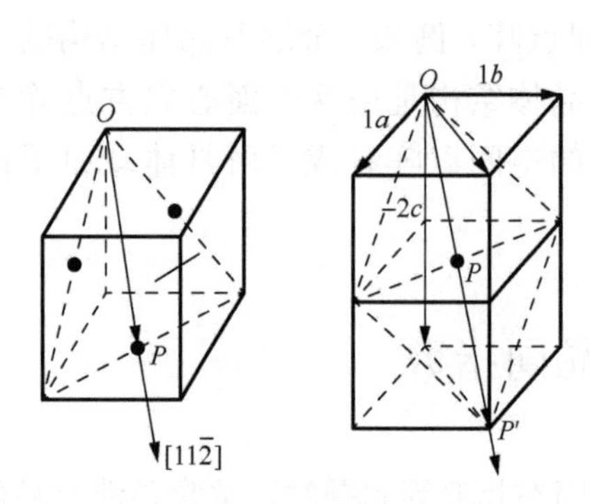

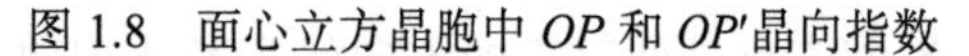
图 1.8　面心立方晶胞中 OP 和 OP'晶向指数

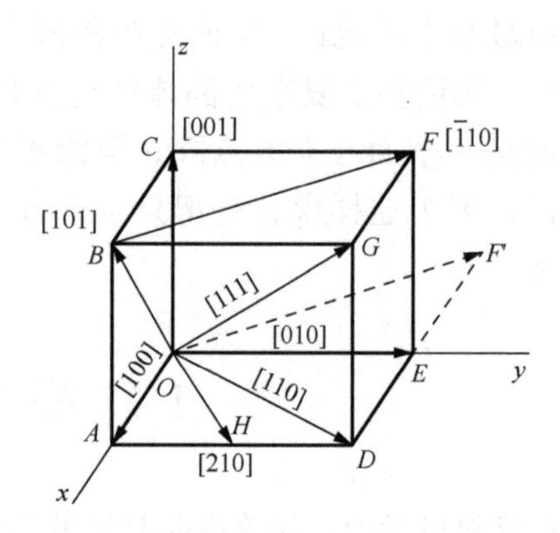

图 1.9　立方晶系中一些重要的晶向指数

六方晶系与立方晶系结构有所不同，为了更加清楚地表明六方晶系的对称性，对六方晶系的晶向通常采用米勒-布拉维指数表示，也就是四轴指数表示方法。这种表示方法是采用a_1、a_2、a_3与c共4个坐标轴，a_1、a_2、a_3三个轴位于同一个底面上，并互成120°，c轴与底面垂直。

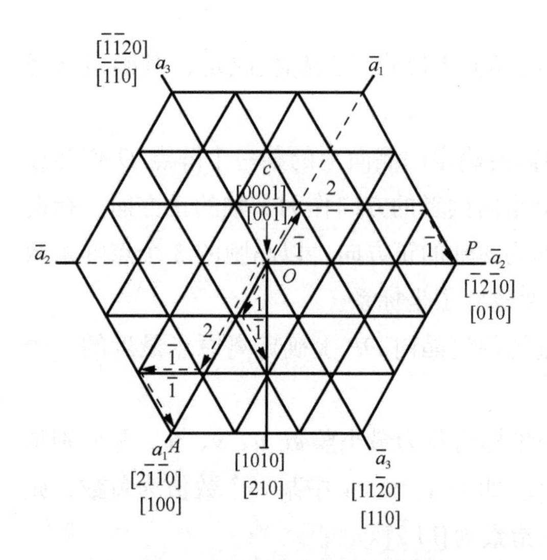

图 1.10　六方晶系的晶向指数标定

在四轴坐标系中，晶向指数的确定方法和三轴坐标系相同，但是要用到$[u\,v\,t\,w]$ 4个数值来表示。并且u、v、t中间只能有两个是独立的，它们存在下列关系：

$$t=-(u+v)$$

根据上述关系，六方系的四轴晶向指数的标定步骤如下：从原点出发，沿着平行于4个晶轴的方向依次移动，最后达到待确定的晶向上的某一结点。移动的时候必须选择适当的路线，使沿着a_3轴移动的距离等于沿着a_1、a_2两轴移动的距离之和的负值，将各方向移动的距离化为最小的整数值，加上方括号，就是这个晶向的晶向指数。图1.10中OA晶向的晶向指数为$[2\,\bar{1}\,\bar{1}\,0]$。

1.4.2　晶面指数

晶面指数是表示晶体中点阵平面的指数，由晶面和三个坐标轴的截距决定，其确定方法如下。

(1) 建立坐标系。建立坐标系的方法与晶向指数中建立坐标系的方法类同，但要注意坐标原点的选取要便于确定截距，因此不能选在要确定的晶面上，如图1.11所示。

(2) 求待定晶面在坐标系中的截距。求出待定晶面在三个坐标轴上的截距，如果该晶面与某个坐标轴平行，那么它的截距视为无穷大。

(3) 将截距取倒数。取 3 个截距值的倒数。

(4) 化成整数加圆括号表示。将上述的 3 个截距的倒数化为最小的整数 h、k、l，加圆括号，即得到需要确定的晶面指数 $(h\,k\,l)$。如果晶面在坐标轴上的截距为负值，则将负号标注在相应指数上方。

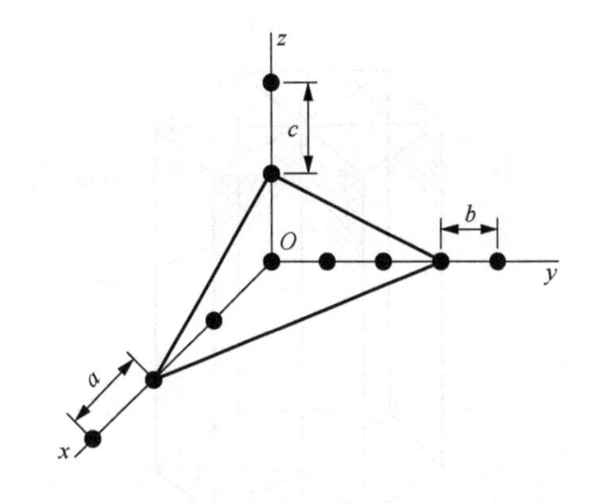

图 1.11　确定晶面指数的坐标系、单位长度和截距

对于晶面指数也需要作如下说明：晶面指数 $(h\,k\,l)$ 不是指一个晶面，而是代表一组相互平行的晶面，相互平行的晶面之间的晶面指数相同，或数字相同而正负号相反，如 $(h\,k\,l)$ 与 $(\bar{h}\,\bar{k}\,\bar{l})$，晶体中具有相同的条件(这些晶面上的原子排列情况和晶面间距分别完全相同)，只是空间位相不同的各个晶面总称为晶面族，用 $\{h\,k\,l\}$ 表示。晶面族中所有的晶面性质是相同的。在立方晶系中可以用 h、k、l 3 个数字的排列组合方法求得，例如：

$$\{1\,1\,1\}=(1\,1\,1)+(\bar{1}\,1\,1)+(1\,\bar{1}\,1)+(1\,1\,\bar{1})+(\bar{1}\,\bar{1}\,1)+(\bar{1}\,1\,\bar{1})+(1\,\bar{1}\,\bar{1})+(\bar{1}\,\bar{1}\,\bar{1})$$

$$\{1\,0\,0\}=(1\,0\,0)+(0\,1\,0)+(0\,0\,1)+(\bar{1}\,0\,0)+(0\,\bar{1}\,0)+(0\,0\,\bar{1})$$

立方晶胞的 {110} 和 {111} 晶面簇如图 1.12 所示。若不是立方晶系，如正交晶系，晶面上原子排列情况不同，晶面间距不相等，因此 (100) 与 (001) 不属于同一晶面族。在立方晶系中，具有相同指数的晶面和晶向相互垂直，如 $[110]\perp(110)$，$[111]\perp(111)$ 等，但这个关系不适用于其他晶系。

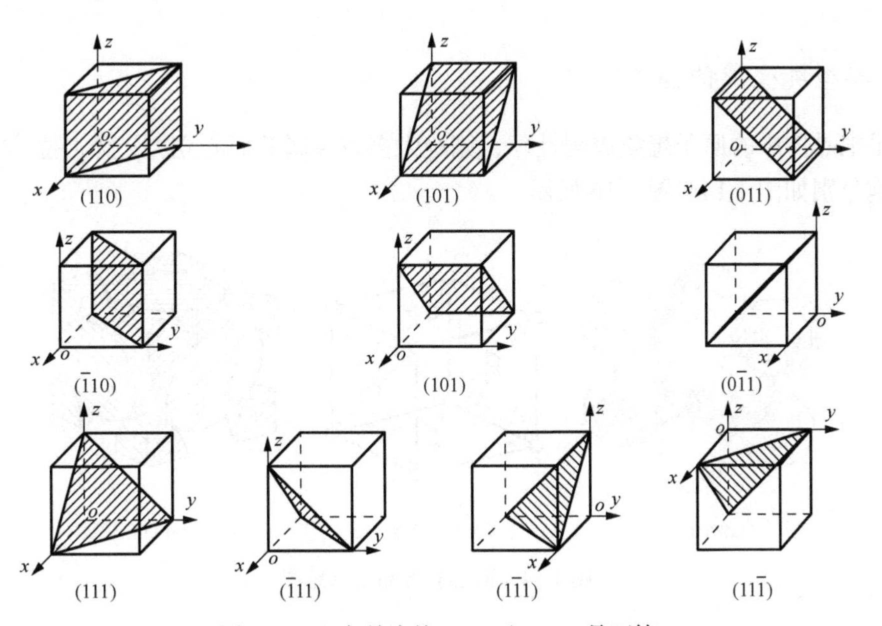

图 1.12　立方晶胞的 {110} 和 {111} 晶面簇

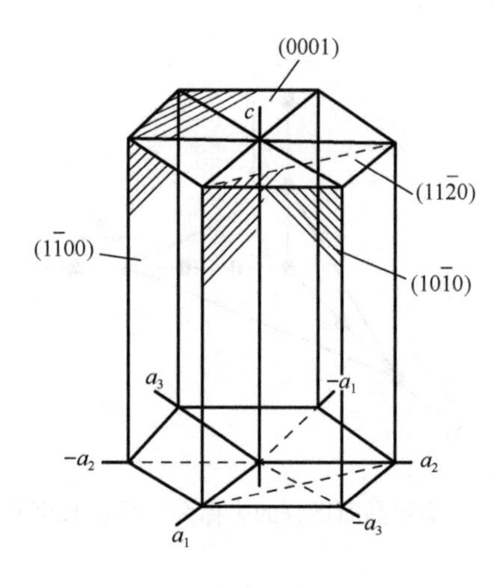

图 1.13　六方晶系的晶面指数标定

六方晶系的晶面指数也使用米勒-布拉维指数进行标定，标定方法和三轴坐标系相同，只是需要利用$(h\,k\,i\,l)$ 4个数字表示。一些典型的六方晶系晶面指数如图 1.13 所示。

根据几何学知识，三维空间中独立的坐标轴不超过 3 个，位于同一平面的 h、k、i 3 个坐标值中必然有一个是不独立的，可以证明它们之间存在下列关系：

$$i = -(h + k)$$

1.5　常见晶体结构及其几何特征

1.5.1　纯金属晶体结构

金属晶体的结合键是金属键，金属键没有方向性和饱和性，因此大多数金属晶体都具有排列紧密、对称性高的简单晶体结构。元素周期表中所有元素的晶体结构几乎都已经由试验测定出来了，绝大多数金属元素都属于 3 种简单的晶体结构，即面心立方、体心立方和密排六方，少数亚金属具有其他比较复杂的晶体结构。下面着重讨论金属的 3 种典型晶体结构。

1. 典型纯金属的晶体结构

如果把晶体中的原子想象成刚性球，则绝大多数金属的面心立方、体心立方和密排六方的晶胞分别如图 1.14～图 1.16 所示。

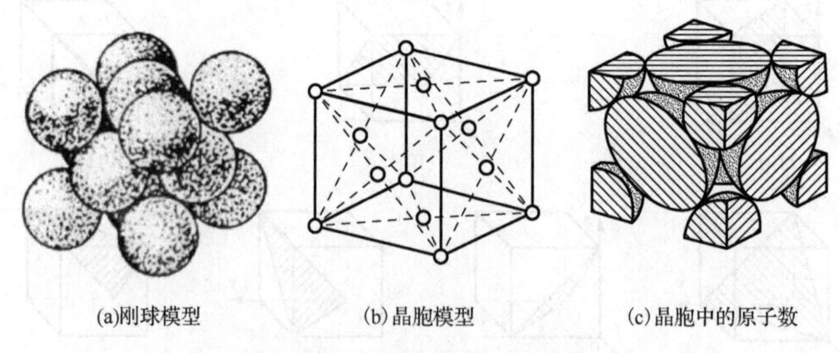

图 1.14　面心立方晶胞示意图

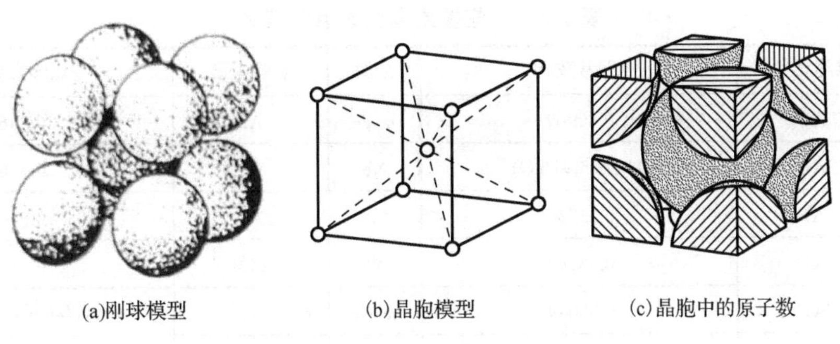

图 1.15　体心立方晶胞示意图

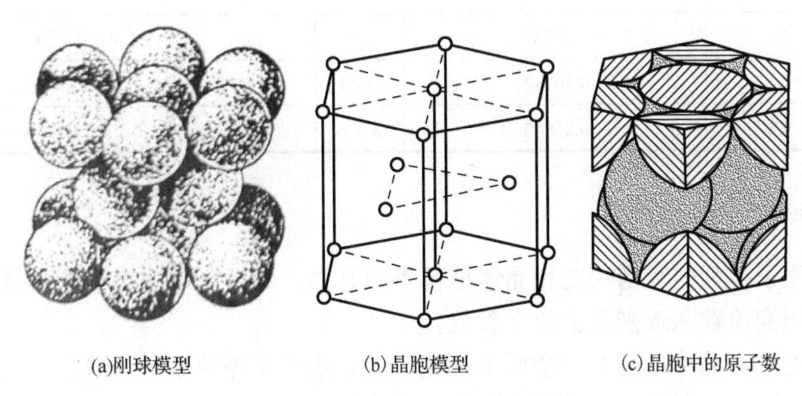

图 1.16　密排六方晶胞示意图

在常见的金属中，Al、Cu、Ni、Au、Ag、Pt、Pb、γ-Fe 等具有面心立方结构，面心立方结构用符号 FCC 或 A1 来表示；α-Fe、W、Mo、Ta、Nb、V、β-Ti 等具有体心立方结构，体心立方结构用符号 BCC 或 A2 来表示；Mg、Zn、Cd、α-Be、α-Ti、α-Zr、α-Co 等具有密排六方结构，密排六方结构用符号 HCP 或 A3 来表示。

2. 点阵常数和原子半径 *r* 的关系

晶胞的棱边长度 a、b、c 称为点阵常数。如果把原子看作半径为 r 的刚性球，由几何学知识可以求出 a、b、c 与 r 之间的关系。

体心立方结构(a=b=c)：　$\sqrt{3}a = 4r$

面心立方结构(a=b=c)：　$\sqrt{2}a = 4r$

密排六方结构(a=b≠c)：　$a = 2r$

点阵常数的单位是 nm，$1\text{nm}=10^{-9}\text{m}$。

具有 3 种典型晶体结构的常见金属及其点阵常数如表 1.3 所示。对于密排六方结构，按原子为相等半径的刚性球模型，可以计算出其轴比为 c/a=1.633，但实际金属的轴比经常偏离这个值，这说明把金属看作等半径的刚性球只是一种近似的假设。实际上原子半径随原子周围近邻的原子数和结合键的变化而变化。

表 1.3　一些重要金属的点阵常数

金属	点阵类型	点阵常数/nm	金属	点阵类型	点阵常数/nm
Al	A1	0.40969	α-Fe	A2	0.28664
γ-Fe	A1	0.36468(916℃)	Nb	A2	0.33007
Ni	A1	0.35236	Mo	A2	0.31468
Cu	A1	0.36147	W	A2	0.31650
Rh	A1	0.38044	α-Be	A3	$a = 0.22856$，$c = 0.35832$
Pt	A1	0.39239	Mg	A3	$a = 0.32094$，$c = 0.52105$
Ag	A1	0.40857	Zn	A3	$a = 0.26449$，$c = 0.49468$
Au	A1	0.40788	Cd	A3	$a = 0.29788$，$c = 0.56167$
V	A2	0.30782	α-Ti	A3	$a = 0.29444$，$c = 0.46737$
Cr	A2	0.28846	α-Co	A3	$a = 0.2502$，$c = 0.4061$

3. 配位数和致密度

晶体中原子排列的紧密程度和晶体结构类型有关，为了定量地表示原子排列的紧密程度，通常采用配位数和致密度这两个参数。

配位数(CN)：晶体中与某一个原子距离最近且距离相等的原子个数。

致密度(K)：晶体结构中原子的体积占总体积的百分比，在一个晶胞中，致密度就是晶胞中原子体积与晶胞体积之比值，即

$$K = \frac{nv}{V}$$

式中，n 是单个晶胞中的原子数；v 是一个原子的体积；V 是晶胞的体积。

而一个晶胞中含有的质点数可以按照公式计算：

$$N = N_{\rm i} + \frac{N_{\rm f}}{2} + \frac{N_{\rm c}}{8}$$

式中，$N_{\rm i}$ 是晶胞内质点数；$N_{\rm f}$ 是晶胞面上的质点数；$N_{\rm c}$ 是晶胞角上的质点数。

3 种典型金属晶体结构的特征如表 1.4 所示。应当指出，在密排六方结构中只有当 c/a=1.633 时，配位数才是 12。如果 c/a≠1.633，则有 6 个最近邻原子(同一原子层原子)和 6 个次近邻原子(上下层各 3 个原子)，其配位数为 6+6。

表 1.4　3 种典型金属晶体结构特征

晶体类型	原子密排面	原子密排方向	晶胞原子数	配位数(CN)	致密度(K)
A1	{111}	〈110〉	4	12	0.74
A2	{110}	〈111〉	2	8	0.68
A3	{0001}	$\langle 11\bar{2}0 \rangle$	6	12	0.74

4. 晶体内部间隙

从晶体中原子排列的钢球模型和对致密度的分析可以看出，金属晶体存在许多间隙，这种间隙对金属的性能、合金相结构和扩散、相变等都有重要影响。

图 1.17～图 1.19 为 3 种典型金属晶体结构的间隙位置示意图。其中，位于 6 个原子所组成的八面体中间的间隙称为八面体间隙，而位于 4 个原子所组成的四面体中间的间隙称为四面体间隙。

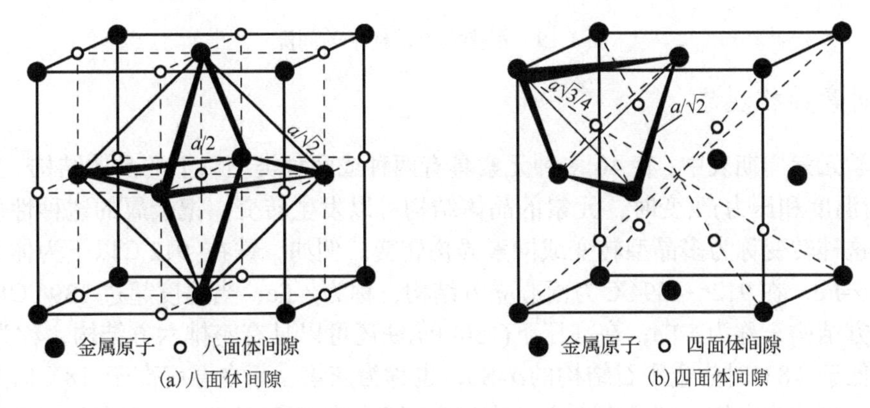

(a) 八面体间隙　(b) 四面体间隙

图 1.17　面心立方结构中的间隙

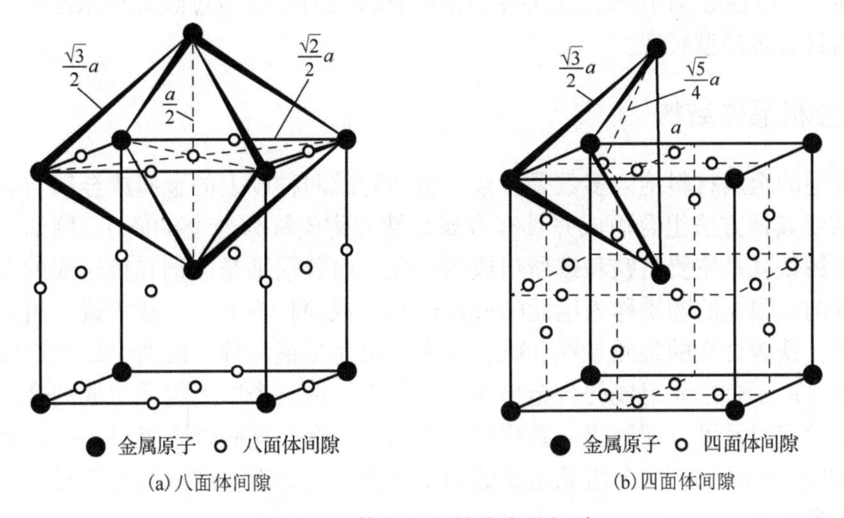

(a) 八面体间隙　(b) 四面体间隙

图 1.18　体心立方结构中的间隙

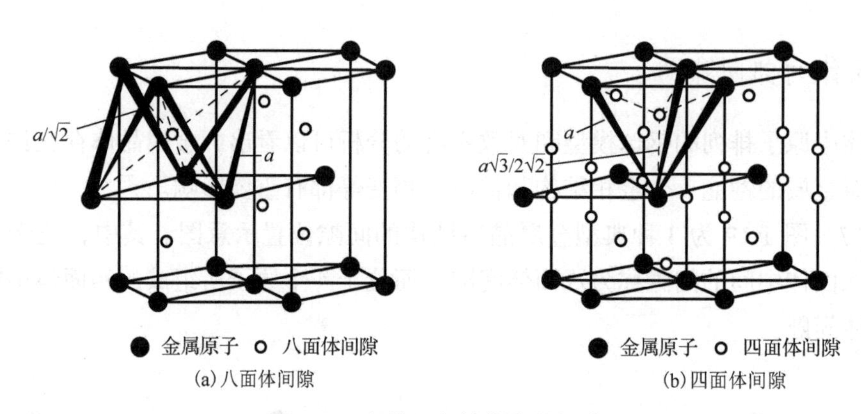

(a) 八面体间隙　　(b) 四面体间隙

图 1.19　密排六方结构中的间隙

5. 同素异构现象

在化学元素周期表中，有 40 多种元素具有两种或两种类型以上的晶体结构。当外界条件(主要指温度和压力)改变时，元素的晶体结构可以发生转变，把金属的这种性质称为多晶型性。这种转变称为多晶型转变或同素异构转变。例如，铁在 912℃以下为体心立方结构，称为α-Fe；在 912～1394℃为面心立方结构，称为γ-Fe；当温度超过 1394℃时，又变为体心立方结构，称为δ-Fe；在高压下(150kPa)铁还可以具有密排六方结构，称为 ε-Fe。锡在温度低于 18℃时为金刚石结构的α-Sn，也称为灰锡，而在温度高于 18℃时为正方结构的β-Sn，也称为白锡。碳具有六方结构和金刚石结构两种晶型。具有多晶型性的其他金属还有 Mn、Ti、Co、Sn、Zr、U、Pu 等。当晶体结构改变时，金属的性能(如体积、强度、塑性、磁性、导电性等)往往要发生突变。钢铁材料之所以能通过热处理来改变性能，原因之一就是其具有多晶型转变。

1.5.2　合金相晶体结构

目前应用的金属材料绝大多数是合金。由两种或两种以上的金属或金属与非金属，经熔炼、烧结或其他方法组合而成并具有金属特性的物质称为合金(alloy)。例如，应用最普遍的碳钢和铸铁就是主要由铁和碳所组成的合金，而黄铜则是由铜和锌组成的合金。组成合金最基本的、独立的物质称为组元(component)，或简称为元。一般来说，组元就是组成合金的元素，铁碳合金的组元是铁和碳，黄铜的组元是铜和锌。由两个组元组成的合金称为二元合金，由三个组元组成的合金称为三元合金，由三个以上组元组成的合金则称为多元合金。由给定组元可以配制成一系列成分不同的合金，这些合金组成一个合金系统，称为合金系(alloy system)，两个组元组成的为二元系，三个组元组成的为三元系，更多组元组成的称为多元系。

相(phase)是指金属或合金中具有同一聚集状态、同一结构和性质，并与其他部分有明显界面分开的均匀组成部分。合金在固态下可以形成均匀的单相合金，也可能是由几种不同的相所组成的多相合金。

在液态下，大多数合金的组元均能相互溶解，成为均匀的液体，因而只具有一个液相。在凝固后，由于各组元的晶体结构、原子结构等不同，各组元间的相互作用不同，在固态合金中可能出现不同的相结构(phase structure)，主要有固溶体(solid solution)和金属间化合物(intermetallic compound)两大类。

1. 固溶体

若合金的组元在固态下能彼此相互溶解，则在液态合金凝固时，组元的原子将共同结晶成一种晶体，晶体内包含各种组元的原子，晶格的形式与其中一种组元相同，这样，这些组元就形成了固溶体。晶格与固溶体相同的组元为固溶体的溶剂(solvent)，其他组元为溶质(solute)。由此可见，固溶体是溶质原子溶入固态的溶剂中，并保持溶剂晶格类型而形成的相。根据溶质原子在溶剂晶格中所占据的位置，可将固溶体分为置换固溶体(substitutional solid solution)与间隙固溶体(interstitial solid solution)。

1) 置换固溶体

溶质原子位于溶剂晶格的某些结点位置而形成的固溶体，如同在这些结点上的溶剂原子被溶质原子所置换，所以称为置换固溶体，如图 1.20 所示。

2) 间隙固溶体

当溶质原子比较小时，如碳、氢、氮、硼等，它们插入晶格间隙而形成的固溶体称为间隙固溶体，如图 1.21 所示。

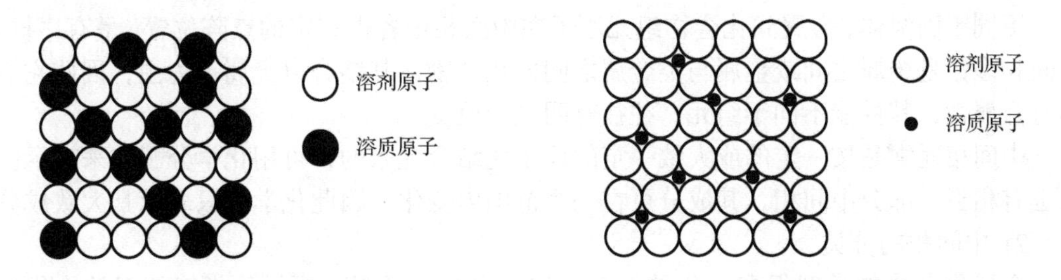

图 1.20　置换固溶体示意图　　图 1.21　间隙固溶体示意图

3) 固溶体的固溶度

溶质原子溶入固溶体中的数量称为固溶体的浓度。在一定的温度和压力等条件下，溶质在固溶体中的极限浓度称为溶质在固溶体中的固溶度。

通常，固溶度不可能是 100%，即固溶度有一定限度，这种固溶体称为有限固溶体；但是某些元素之间可以以任意比例形成固溶体，即不存在极限浓度的限制，称为无限固溶体或连续固溶体。

在置换固溶体中，溶质在溶剂中的固溶度主要取决于两者原子直径的差别、它们在周期表中的相对位置和晶格类型。一般来说，溶质原子和溶剂原子直径差别越小或两者在周期表中位置越靠近，则固溶度越大，如果上述条件能很好地满足，而且溶质与溶剂的晶格类型也相同，则可能形成无限固溶体。

4) 固溶体的性能

形成固溶体时，虽然仍保持溶剂的晶体结构，但由于溶质原子的大小与溶剂不同，形成固溶体时必然产生晶格畸变(或称点阵畸变)，如图 1.22 所示。在形成间隙固溶体时，晶

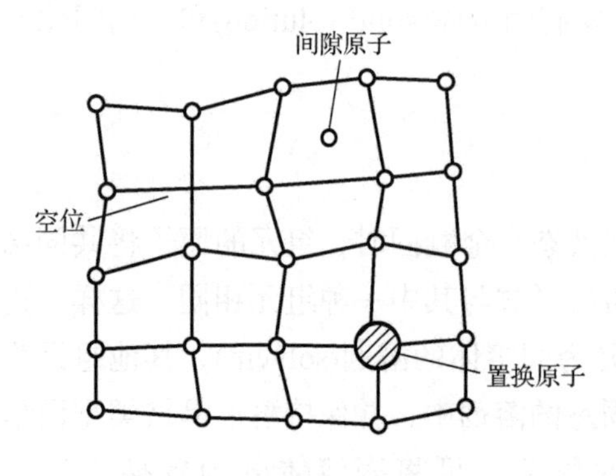

图 1.22　固溶体中的晶格畸变

格常数总是随溶质原子的溶入而增大。形成置换固溶体时，若溶质原子比溶剂原子大，则溶质原子周围晶格发生膨胀,平均晶格常数增大；反之，若溶质原子较小，则溶质原子周围晶格发生收缩，使固溶体的平均晶格常数减小。溶质原子溶入造成的晶格畸变使塑性变形抗力增加，位错移动困难，因而使固溶体的强度、硬度提高，塑性和韧性有所下降，这种现象称为固溶强化。固溶强化是提高金属材料力学性能的重要途径之一。

2. 金属间化合物

在合金中，当溶质含量超过固溶体的固溶度时，除形成固溶体外，还将形成晶体结构不同于任一组元的新相，称为金属间化合物。金属间化合物可有多种类型，但它们在二元相图上所处的位置总是在两个固溶体区域之间的中间部位，所以通常又把这些合金相总称为中间相。

1) 晶体结构

不同于固溶体，金属间化合物组元原子在中间相中各占一定的点阵位置，呈有序排列。中间相多数是金属之间或金属与类金属之间的化合物，其结合以金属键为主，因此它们多具有金属性，其性能不同于组元，往往有明显的改变。

中间相通常是按一定的或大致一定的原子比结合起来的，可用化学分子式来表示。但是也有相当一部分中间相，其成分可在一个范围内变化，因此化学式只表示其大致成分。

2) 中间相的分类

金属化合物的类型很多，分类也不一致，主要包括服从原子价规律的正常价化合物(normal valence compound)，取决于电子浓度的电子化合物(electron compound)，小尺寸原子与过渡族金属之间形成的间隙型化合物(interstitial compound)等。

3) 正常价化合物

正常价化合物服从原子价规律，即具有一定的化学成分，并可用化学分子式来表示。其通常由金属与周期表中ⅣA、ⅤA、ⅥA 族的一些元素形成，如 Mg_2Sn、Mg_2Pb、Mg_2Si、MnS 等。组元之间电负性差别较大，周期表上相隔较远。组元电负性相差越大，组成的化合物就越稳定。

4) 电子化合物

电子化合物不遵循原子价规律,而是按照一定的电子浓度组成一定晶体结构的化合物。电子化合物通常由ⅠB 族或过渡族元素与ⅡB、ⅢA、ⅣA、ⅤA 族元素所组成。电子化合物的电子浓度和晶体结构有明确的对应关系；原子间结合的形式是金属键，故电子化合物具有明显的金属特性；原子分布呈现无序分布；电子化合物虽然可用化学分子式表示，但实际上它的成分是在一个范围内变化的；其性能与固溶体接近，强度不高。

1.6　晶体中原子的堆垛方式

FCC 的(111)和 HCP 的(0001)的原子排列规律是完全相同的，都是等径原子球的最紧密排列的原子面。如图 1.23 所示，假设这时原子所处的位置称为 *A* 位置。把这种密排面一层层不断向上堆垛，就在空间构成紧密堆垛的结构。但是在这种密排面上有两种间隙位置，如图中标明的 *B* 位置和 *C* 位置。当在第一层原子上面排列第二层密排原子面时，可以排在这两个位置的任何一个位置，在第二层原子面上堆垛第三层原子时，同样也可能排列在两个间隙位置的任何一个位置，也就是同样可能有两种方式。以此类推，这样不断堆垛的结果，就可能产生两种不同的情况：第一种情况是第三层原子的排列位置与第一层原子的排列位置不同，第二层原子排列在 *B* 位置，第三层原子排列在 *C* 位置，第四层原子的位置和第一层重合，形成 *ABCABC*…的堆垛顺序，这是 FCC 的堆垛方式，如图 1.24 所示，沿着 FCC 晶胞的体对角线[1 1 1]方向观察可以清楚地看到这种堆垛方式。第二种情况是第三层原子的位置和第一层原子的位置重合，形成 *ABAB*…的堆垛顺序，结合 HCP 晶胞的原子结构示意图很容易看出，密排六方结构就是这种堆垛方式，如图 1.25 所示。

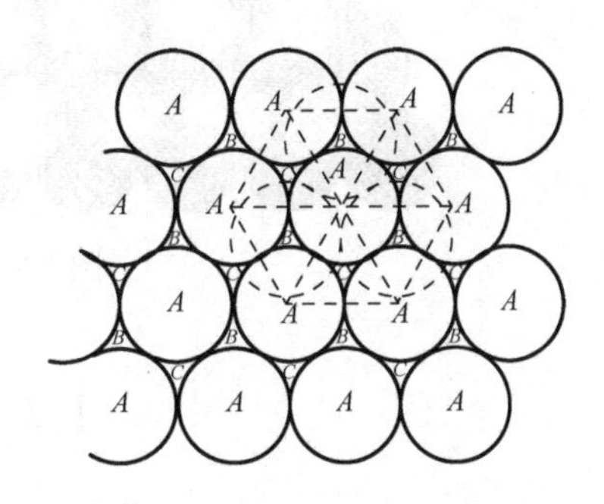

图 1.23　等径原子球在平面上最紧密堆垛的方式

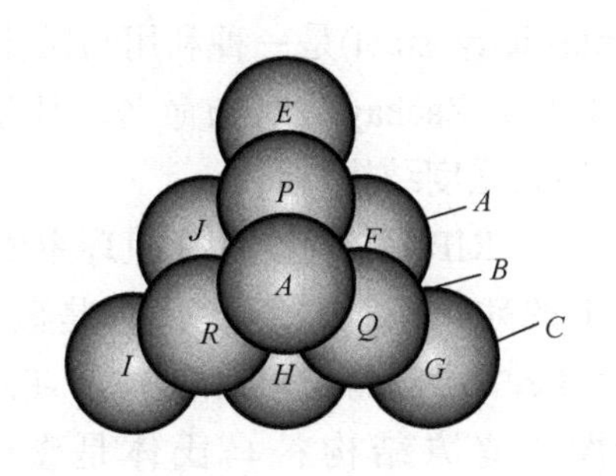

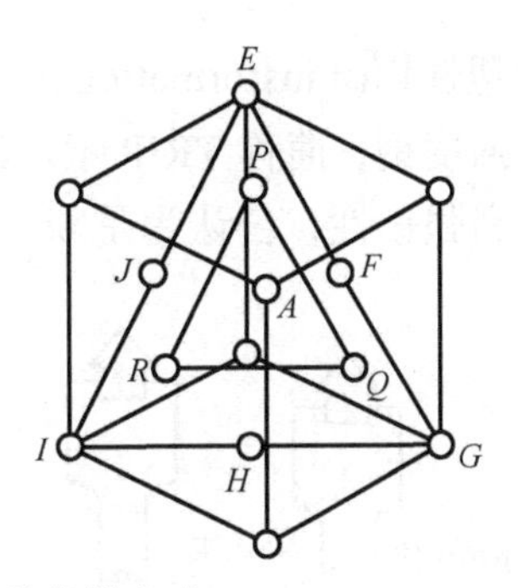

图 1.24　FCC 结构密排面的堆垛方式

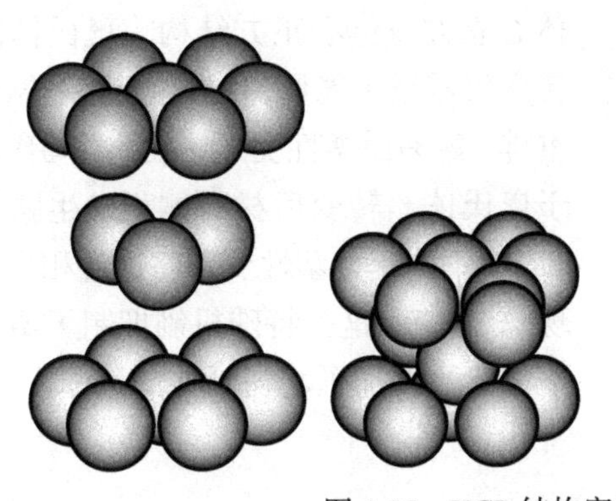

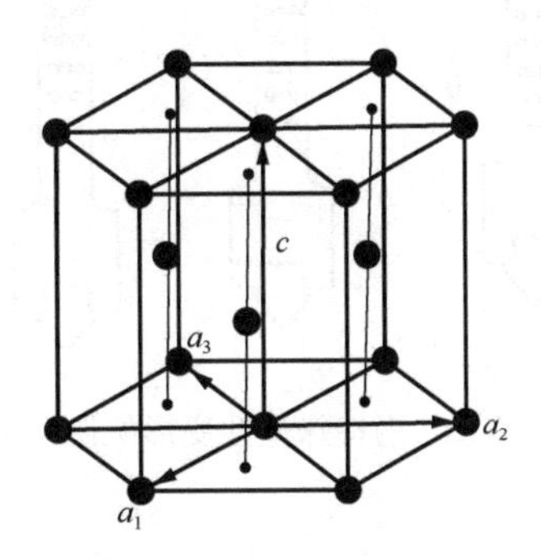

图 1.25　HCP 结构密排面的堆垛方式

也就是说，HCP 晶胞是(0001)面在空间按照 *ABAB*…顺序堆垛而成的，而 FCC 晶胞是以(111)面在空间按照 *ABCABC*…顺序堆垛而成的。

对于 BCC 晶胞，其原子也是通过原子排列成密排面，在密排方向上堆垛出来的。体心立方晶胞的密排面为(110)，密排方向为[111]。相邻原子之间只能形成一个能稳定安放原子的凹陷，因此也只能按照 *ABCABC*…的方式堆垛而成，如图 1.26 所示。

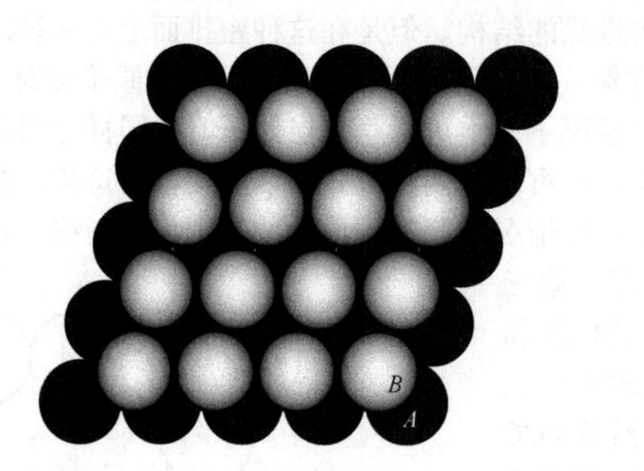

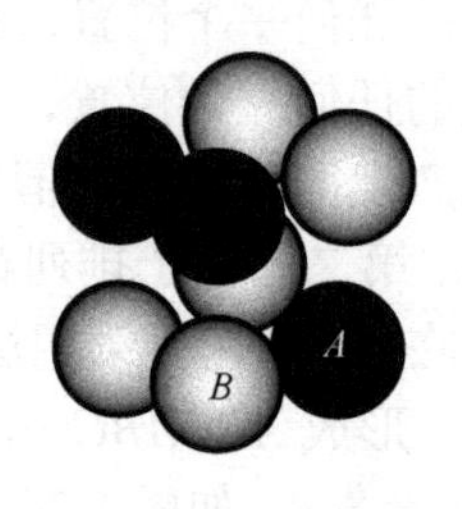

图 1.26 BCC 结构的堆垛方式

1.7 应用案例分析

1.7.1 相变诱导塑性钢

相变诱导塑性钢(transformation induced plasticity steel)是一种利用马氏体相变过程提高塑性的超高强度钢，简称 TRIP 钢。其最先由 V. F. Zackay 发现与命名，因为具有独特的强韧化机制和高强韧性，公认为是新一代汽车用高强度结构材料。

TRIP 钢的特殊相变机理主要来源于基体中的残余奥氏体。奥氏体是碳原子溶解在 γ-Fe 中形成的间隙固溶体，γ-Fe 晶体结构为面心立方结构；马氏体是碳原子溶解在 α-Fe 中形成的间隙固溶体，α-Fe 晶体结构为体心立方或体心正方结构。奥氏体向马氏体转变仅需很少能量，仅发生迅速且微小的原子重排，容易由塑性变形诱发，且马氏体密度小于奥氏体，转变后材料体积发生膨胀，因而 TRIP 钢一部分塑性变形将通过相变的方式实现(图 1.27)，这一特殊机制抑制了塑性变形的不稳定，增加了均匀延伸的范围。

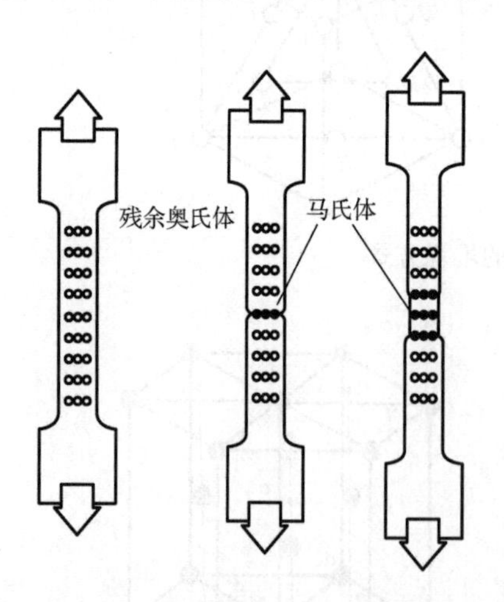

图 1.27 TRIP 钢特殊塑性变形机制示意图

1.7.2　受晶体微结构启发的耐损伤结构材料

传统的结构材料通常由相同的“单元格”构造而成，因此它们都具有相同的取向，这种高度统一的结构会使得整个结构在受力过程中，当加载超过屈服点时，会出现应力集中现象，导致材料自身灾难性崩溃。为避免这一状况，Minh-Son Pham 等使用晶体材料中发现的硬化机制，通过模仿晶体材料的微观结构(如晶界、沉淀物和相)来开发坚固且耐损坏的结构材料。该方法结合了晶体微结构和结构材料的硬化原理，能够设计出具有所需特性的材料。

以晶体微结构飞机叶片为例，该零件需要在满足强度要求的前提下尽可能减小质量，以降低飞机起飞重量，为提高叶片比强度，Minh-Son Pham 等在零件内部采用了类似晶体的微结构。如图 1.28(d)所示，单个晶粒对应图中由深色支架所隔开的微结构，晶界对应支架，原子对应微结构支架连接点，结合键对应连接支架，同时这些支架根据对应的不同晶体结构面心立方，体心立方呈现出不同的形貌特征。这种结构材料的设计方法类似于拓扑优化，在保证强度仅有少量下降的前提下，大大降低了结构密度，且设计过程更加省时高效。

图 1.28(a)为飞机发动机涡轮，图(b)为单叶片，图(c)为单叶片截面，图(d)为晶体微结构，图(e)为局部放大后的面心立方（FCC）晶体微结构，图(f)为 FCC 多晶体，图(g)为 FCC 晶胞示意图，图(h)为与偏沉淀微结构相对应的镍基合金晶胞及微观组织。

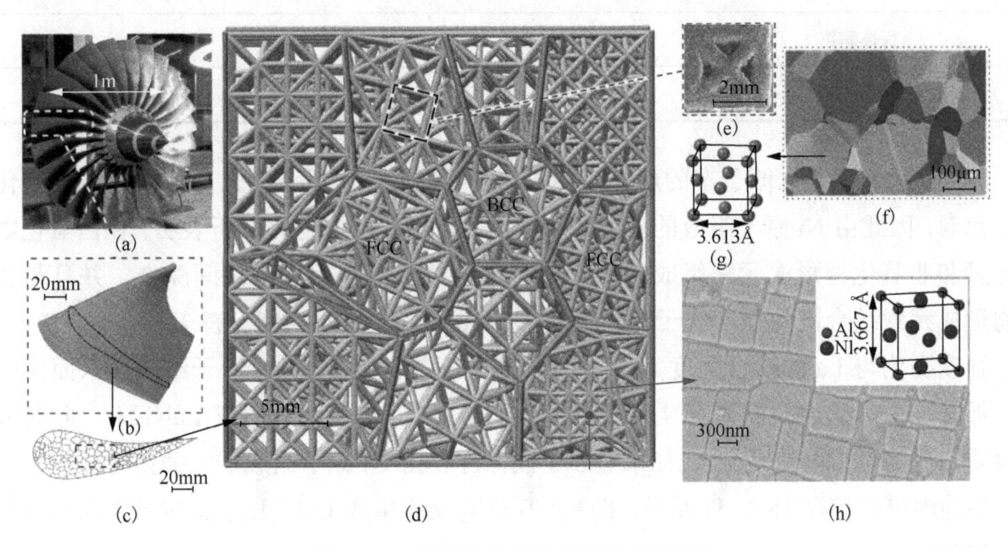

图 1.28　晶体微结构飞机叶片示意图

1.7.3　$LaNi_5$ 最大储氢量的晶体结构分析

氢能是一种重要的二次能源，其独有的优势(发热值高，燃烧后生成水，不污染环境等)和丰富的资源引起了研究者广泛的兴趣。然而，氢的储存是目前氢能利用的一大问题。利用金属储氢是一种好方法，$LaNi_5$ 是较为理想的储氢材料。

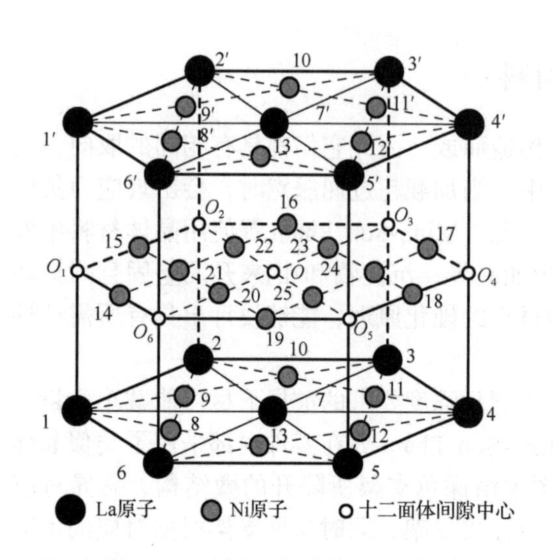

图 1.29　$LaNi_5$的晶体结构示意图

$LaNi_5$晶胞如图 1.29 所示，其晶体结构为典型的密排六方结构，点阵常数为a=0.5016nm，c=0.3982nm。一个晶胞$LaNi_5$由 14 个 La 原子和 24 个 Ni 原子组成。La 原子编号为 1,2,3,4,5,6,7,1′,2′,3′, 4′,5′,6′,7′。Ni 原子编号为 8,9,10,11,12,13,8′,9′,10′,11′,12′,13′,14,15,16,17,18,19,20,21,22,23,24,25。

图 1.29 中O代表虚拟点，没有原子，也代表十二面体中心，分别用O,O_1,O_2,O_3,O_4,O_5,O_6表示。属于这个晶胞的 La 原子是 3 个，Ni 原子是 15 个，即 3 个$LaNi_5$。

据统计，在单个$LaNi_5$晶胞中包含多个晶体间隙，其具体数量及大小如表 1.5 所示。

表 1.5　多面体间隙数量及半径

晶体间隙	间隙数量	间隙半径/nm
四面体间隙	36	0.043
六面体间隙	6	0.068
八面体间隙	9	0.106
十二面体间隙	3	0.146

一般认为，氢是以原子态的形式存在于储氢金属间隙中的。有人认为，Ni 不是氢化物形成元素，因此由 Ni 原子组成的多面体间隙中不能存氢。但也有分析表明，在由氢化物形成元素和非氢化物形成元素组成的二元储氢合金中，氢存在于晶格间隙中，并且与非氢化物形成元素结合键的强度大于与氢化物形成元素结合键的强度。在$LaNi_5$中，H 与 Ni 结合强度要比与 La 的结合强度大。如果 H 原子不能储存在由 Ni 原子组成的六面体间隙中，那么一个晶胞内只能储存 12 个氢原子，即$LaNi_5$与氢反应生成$LaNi_5H_4$，此时最大储氢质量比为 0.924%。反之，如果氢原子能储存在由 Ni 原子组成的六面体间隙中，那么一个晶胞内可以储存 18 个 H 原子，即氢与$LaNi_5$反应生成$LaNi_5H_6$，此时最大储氢质量比为 1.379%。

第2章 金属晶体的位错、滑移和孪生

从宏观上看，固体的塑性形变方式很多，如伸长和缩短、弯曲、扭转以及各种复杂变形；但从微观上看，单晶体塑性形变的基本方式只有两种，即滑移和孪生。本章将主要介绍位错、滑移、孪生的一般特点和应用分析案例。

2.1 位 错 理 论

2.1.1 位错的发现

人们提出位错这种设想主要是由于有许多实验现象很难用完整(理想)晶体的模型来解释。1926年，弗兰克发现晶体的实际强度远低于其理论强度。晶体的实际强度就是实验测得单晶体的临界分切应力τ_{c}，其值一般为10^{-8}～$10^{-4}G$，G是晶体的剪切模量，而理论强度则是按完整晶体刚性滑移模型计算的强度。按照此模型，晶体滑移时晶体各部分是作为刚体而相对滑动的，连接滑移面两边原子的结合键将同时断裂。这种刚性滑移模型类似于一堆扑克牌滑开的情形。如图2.1所示，当滑移面上部晶体相对于下部晶体发生位移x时(x轴沿滑移方向)，上部晶体受两个力，一个是作用在滑移面上沿着滑移方向的外加切应力τ(这是引起滑移的外力)，另一个是下部晶体对上部晶体的作用力τ'(这是阻止滑移的内力)，要维持位移x，就要求$\tau=\tau'$。显然τ'是位移x的函数：当$x=na$时(n是沿滑移方向的原子间距，$n=0,1,2,\cdots$)，晶体处于稳定平衡；当$x=(2n+1)a/2$时晶体处于亚稳平衡。当$(2n+1)a/2>x>na$时，τ'与x轴反向，因而阻碍滑移；当$(2n+1)\frac{a}{2}<x<(n+1)a$时，$\tau'$与$x$轴同向，帮助滑移。由此可见，$\tau'$是$x$的周期函数，因而维持位移$x$所需的$\tau$也应是周期函数。为简单起见，假设此周期函数是正弦函数：

$$\tau=\tau_{\mathrm{m}}\sin\left(\frac{2\pi x}{a}\right) \tag{2-1}$$

显然要使滑移不断进行，τ必须大于τ_{m}，τ_{m}就是晶体的理论强度。

为了确定τ_{m}，分析小位移($x\ll a$)的情形。此时，一方面由式(2-1)(此式对任何x值都成立)可以得到

$$\tau\approx\tau_{\mathrm{m}}\frac{2\pi x}{a} \tag{2-2}$$

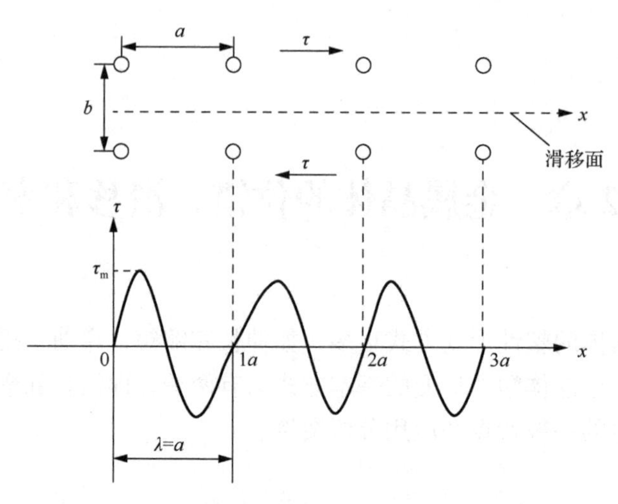

图 2.1　晶体滑移时滑移面上部原子受力与位置关系

另一方面，在小位移时变形是弹性的，应力-应变关系应符合胡克定律，故有

$$\tau = G\gamma = G\frac{x}{b} \tag{2-3}$$

式中，b 是平行滑移面的相邻两层原子面之间的距离。比较式(2-2)和式(2-3)得到

$$\tau_{\mathrm{m}} = \frac{G}{2\pi}\frac{a}{b} \tag{2-4}$$

作为近似计算，可令 $a \approx b$，故

$$\tau_{\mathrm{m}} = \frac{G}{2\pi} \approx 0.1G \tag{2-5}$$

可见，晶体的理论强度 τ_{m} 比实际强度 τ_{c} 至少高 3 个数量级，后来人们又提出了其他各种周期函数，试图得到接近 τ_{c} 的 τ_{m} 值。但最终得到 $\tau \approx G/30 \sim 10^{-2}G$，仍然比实际强度高得多。

理论强度和实际强度的巨大差别迫使人们放弃完整晶体的刚性滑移模型。人们推想，晶体中一定存在某种缺陷，它不仅引起应力集中，而且缺陷区内的原子处于不稳定状态(因为原子离开了正常的点阵位置)，因而很容易运动。这样一来，晶体的滑移过程就是在缺陷区发生局部滑移，然后局部滑移区不断扩大。1934 年，波朗依、泰勒、奥罗万几乎同时获得了相同的结果，这一年发表的论文提出位错模型，特别是泰勒明确地把沃尔特拉位错引入晶体。

2.1.2　位错的定义与伯格斯矢量

本节首先讨论柏格斯回路，由此引出位错的普遍定义，并得到一个表征位错性质的重要矢量——柏格斯矢量。在此基础上，着重讨论伯格斯矢量的物理意义及其守恒性，以及如何用它来表征位错。

1. 伯格斯回路

伯格斯回路(Burgers circuit)是在有缺陷的晶体中围绕缺陷区将原子逐个连接而成的封闭回路，简称伯氏回路[图 2.2(a)]。为了判断伯氏回路中包含的缺陷是点缺陷还是位错，只需在无缺陷的完整晶体中按同样的顺序将原子逐个连接。如果能得到一个封闭的回路，那么原来的伯氏回路中包含的缺陷就是点缺陷。如果在完整晶体中的对应回路不封闭(即起点与终点不重合)，则原伯氏回路中包含的缺陷就是位错。这时为了使回路封闭还须增加一个向量 ***b***，如图 2.2(b)所示。***b*** 便称为位错的伯格斯矢量，或简称伯氏矢量。

图 2.2 是伯氏回路包含刃型位错的情形。对于伯氏回路包含螺型位错的情形也可以进行同样的分析，得到同样的结果。应该强调的是，伯氏回路是不能经过位错中心区(或过渡区)的，但可以经过位错中心区以外的弹性变形区。

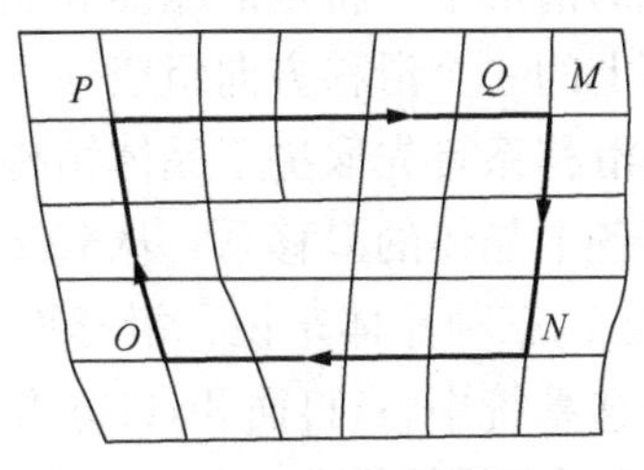

(a) 包含位错的伯氏回路

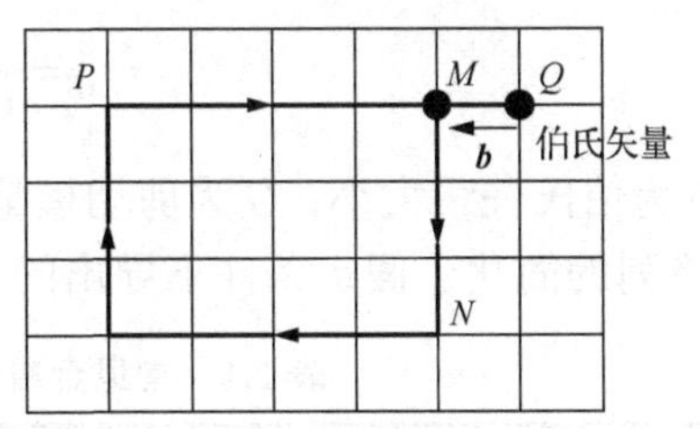

(b) 完整晶体中的伯氏回路，不封闭段为 MQ，伯氏矢量为 $\boldsymbol{b}=\boldsymbol{QM}$

图 2.2　伯氏回路和伯氏矢量

2. 伯氏矢量的物理意义

如上所述，伯氏矢量是完整晶体中对应回路的不封闭段。这是有缺陷的晶体发生了局部滑移或局部位移(对刃型或混合位错)的结果。由此即可推知伯氏矢量 ***b*** 的物理意义如下：

(1) ***b*** 是位错的滑移矢量(对可滑位错)或位移矢量(对刃型位错)。从图 2.2(a)不难看出，***b*** 既是局部滑移矢量(***b*** 平行于滑移方向，它的模就是滑移的大小)，也是插入半原子面形成刃型位错时滑移面两边晶体的相对位移矢量。因此，面心立方晶体的 $\boldsymbol{b}=\dfrac{a}{2}\langle 110\rangle$，体心立方晶体的 $\boldsymbol{b}=\dfrac{a}{2}\langle 111\rangle$，密排六方金属的 $\boldsymbol{b}=\dfrac{a}{2}\langle 11\bar{2}0\rangle$ 等。

(2) ***b*** 是在有缺陷的晶体中沿着伯氏回路晶体的弹性变形(弹性位移)的叠加。

(3) ***b*** 越大，由位错引起的晶体弹性能越高。例如，当局部滑移量是沿滑移方向的两个原子间距而不是通常的一个原子间距时，边界区的原子错配就更严重，因而弹性能更高，位错的弹性能正比于 b^2。

2.2 滑　　移

2.2.1 滑移要素及滑移系

在滑移的情形下，特定的晶面和晶向分别称为滑移面和滑移方向。一个滑移面和位于这个滑移面上的一个滑移方向组成一个滑移系，用{*hkl*}⟨*uvw*⟩来表示。

晶体的滑移系首先取决于晶体结构，但也与温度、合金元素有关。表 2.1 给出了在常温、常压下各个晶体的滑移系。从表 2.1 可以看出，对面心立方(FCC)、体心立方(BCC)和密排六方(HCP)三种晶体来说，滑移面往往是密排面，滑移方向是最密排方向，如面心立方晶体的滑移系统中{111}面和⟨110⟩方向分别是密排面和密排方向。因此，位错在晶体中运动所受的阻力可用派-纳力(Peierls-Nabarro force，P-N 力)表示为

$$\tau_{\text{P-N}}=\frac{2G}{1-\nu}\exp\left[-\frac{2\pi a}{(1-\nu)b}\right] \tag{2-6}$$

式中，b 为伯氏矢量大小；G 为剪切模量；ν 为泊松比；a 为滑移面的面间距。式(2-6)虽然是在一系列的简化、假定条件下导出的，但在许多方面与实验结果符合得较好。

表 2.1 常见金属晶体的滑移系和临界分切应力

晶体结构	金属	滑移面	滑移方向	临界分切应力/MPa
面心立方(FCC)	Ag	{111}	⟨110⟩	0.37
	Al	{111}(20℃)	⟨110⟩	0.79
	Al	{100}(>450℃)	⟨110⟩	—
	Cu	{111}	⟨110⟩	0.98
	Ni	{111}	⟨110⟩	5.68
密排六方(HCP)	Mg	{0001}	$\langle 11\bar{2}0\rangle$	0.39～0.50
	Mg	$\{10\bar{1}0\}$(>225℃)	$\langle 11\bar{2}0\rangle$	40.7
	Be	{0001}	$\langle 11\bar{2}0\rangle$	1.38
	Be	$\{10\bar{1}0\}$	$\langle 11\bar{2}0\rangle$	52.4
	Co	{0001}	$\langle 11\bar{2}0\rangle$	0.64～0.69
	α-Ti	{0001},$\{10\bar{1}0\}$(>20℃)	$\langle 11\bar{2}0\rangle$	—
	α-Ti	$\{10\bar{1}0\}$(高温)	$\langle 11\bar{2}0\rangle$	12.8
	Zr	$\{10\bar{1}0\}$	$\langle 11\bar{2}0\rangle$	0.64～0.69
体心立方(BCC)	Fe	{110},{112},{123}	⟨111⟩	27.6
	Mo	{110},{112},{123}	⟨111⟩	96.5
	Nb	{110}	⟨111⟩	33.8
	Ta	{110}	⟨111⟩	41.4
	W	{110},{112}	⟨111⟩	—

对于简单立方结构，$a=b$，如取$\nu=0.3$ 则可求得$\tau_{\text{P-N}}=3.6\times10^{-4}G$；如取$\nu=0.35$，则$\tau_{\text{P-N}}=2\times10^{-4}G$。这一数值比无位错的理想晶体的理论屈服强度($G/30$)小得多，并和临界分切应力的实测值具有同一数量级。

$\tau_{\text{P-N}}$与($-a/b$)呈指数关系，表明当 a 值越大，b 越小，即滑移面的面间距离越大时，位错强度越小，则派-纳力也越小，因而越容易滑移。因为晶体中原子最密排面的面间距最大，密排面上最密排方向上的原子间距最短，所以位于密排面上且伯氏矢量的方向与密排方向一致的位错最容易产生滑移。这说明了为什么晶体的滑移面和滑移方向一般都是晶体的原子最密排面和密排方向。

必须指出，虽然由式(2-6)估算的$\tau_{\text{P-N}}$值远低于理论屈服强度，对于完整性好的高纯度金属晶体，$10^{-4}G$ 的数量级仍然偏高，原因之一在于派-纳模型中设想位错滑移时是沿其全长同时越过能垒的，而实际上位错很有可能在热激活的帮助下，有一小段首先越过能垒，同时形成位错扭折，如图 2.3 所示。位错扭折可以很容易地沿位错线向旁侧运动，结果使整个位错向前滑移。显然，位错借这种机制滑移所需的应力将大为下降。

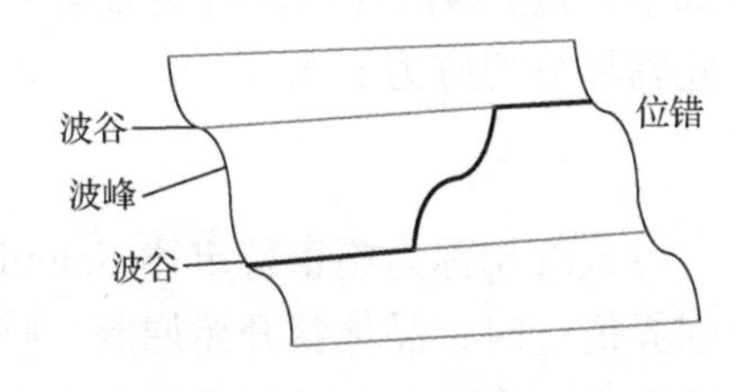

图 2.3　位错扭折运动

除了点阵阻力外，晶体中的其他缺陷(如点缺陷、其他位错、晶界、第二相颗粒等)都会与位错发生交互作用，从而引起位错滑移的阻力，并导致晶体强化。此外，位错的高速运动和线张力等也会引起附加阻力。

在密排面上沿着密排方向进行滑移时派-纳力最小。由表 2.1 可知，在面心立方晶体中，除了高温 Al 的滑移在{100}(>450℃)上发生，其余都是在原子密排面{111}上发生，而且滑移方向为原子排列最紧密的〈110〉晶向；在体心立方晶体中，原子的密排程度不如面心立方晶体，它没有原子密排面，故其滑移面可能有{110}、{112}、{123}三组，具体的滑移面因材料类型、晶体取向、温度等因素而改变，但滑移方向始终是最密晶向〈111〉；至于密排六方晶体，其滑移方向为最密晶向〈$11\bar{2}0$〉，而滑移面除{0001}之外还与其轴比(c/a)有关，当 $c/a<1.633$ 时，则滑移可发生于{0001}或{$10\bar{1}0$}晶面。

每个滑移系表示晶体在进行滑移时可能采取的一个空间取向，由最密晶面和最密晶向所构成的滑移系称为主滑移系。在其他条件相同时，晶体的主滑移系数目越多，滑移过程可能采取的空间取向便越多，滑移越容易进行。对于面心立方晶体，有 4 个独立的{111}晶面，每个{111}面上有 3 个〈110〉晶向，故其主滑移系共有 4×3 = 12 个；同理，对于体心立方晶体，其主滑移系也是 6×2 = 12 个；而密排六方晶体的主滑移系仅有 1×3 = 3 个。滑移系数目太少，因此密排六方晶体的塑性不如面心立方或体心立方晶体好。

2.2.2　Schmid 定律及应用

工程上应用的金属及合金大多是多晶体，而多晶体的塑性变形与各个晶粒的形变行为相关联，研究金属单晶体的变形规律，将有助于掌握多晶体的塑性变形的基本过程。

如上所述，金属晶体的潜在滑移系是较多的，有的多达 48 个(α-Fe)，最少的也有 3 个(如 Cd、Zn)。但这些滑移系不能同时都开动，决定晶体能否滑移的应力一定是外力作用在滑移系上沿着滑移方向的分切应力。只有分切应力达到一定临界值时，该滑移系才可以首先发生滑移，该分切应力称为滑移的临界分切应力。

如图 2.4 所示，设有一截面积为 A 的圆柱形单晶体试棒，在轴向拉力 F 作用下产生变形。单晶体的滑移面法线方向和拉力轴的夹角为φ，滑移方向与拉力轴的夹角为λ，滑移面的面积为 $A/\cos\varphi$，而力在滑移方向的分力为 $F\cos\lambda$。于是，外力在该滑移面沿滑移方向的分切应力τ为

$$\tau = \frac{F}{A}\cos\lambda\cos\varphi \tag{2-7}$$

式中，F/A 为试样拉伸时横截面上的正应力，当 $F/A=\sigma_s$ (屈服强度)时，晶体开始滑移，因此临界分切应力 τ_c 为

$$\tau_c = \sigma_s\cos\lambda\cos\varphi \tag{2-8}$$

式(2-8)称为施密特定律(Schmidt 定律)，即当在滑移面的滑移方向上分切应力达到某一临界值 τ_c 时，晶体就开始屈服。临界分切应力 τ_c 对一定的材料来说只与对晶体结构、滑移系类型、变形温度及对滑移阻力有影响的因素有关。在一定条件下，临界分切应力 τ_c 为常数，对某种金属是定值，但材料的屈服强度则由外力 F 相对晶体的取向，即 λ 角和 φ 角而定，所以 $\cos\lambda\cos\varphi=\mu$ 称为取向因子或 Schmidt 因子，通常取向因子大的称为软取向，此时材料的屈服强度较低；反之，取向因子小的称为硬取向，相应的材料屈服强度较高。从图 2.5 可以看出，λ 角和 φ 角都等于 45°时屈服强度最低，即这种取向最软。对于面心立方结构，如果形变时严格限制只有一个滑移系开动，那么 Schmidt 定律还是成立的。但是，由于面心立方结构的潜在滑移系很多，外力在某些取向下，两个或几个潜在滑移系的分切应力相等，会有不止一个滑移系开动，从而使问题复杂化。所以 Schmidt 定律只在某些取向范围(只有单系滑移)内才适用。

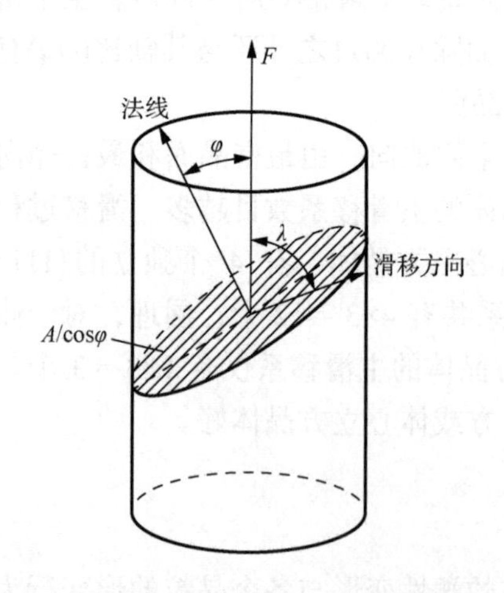

图 2.4　拉伸力在滑移系上的分切应力

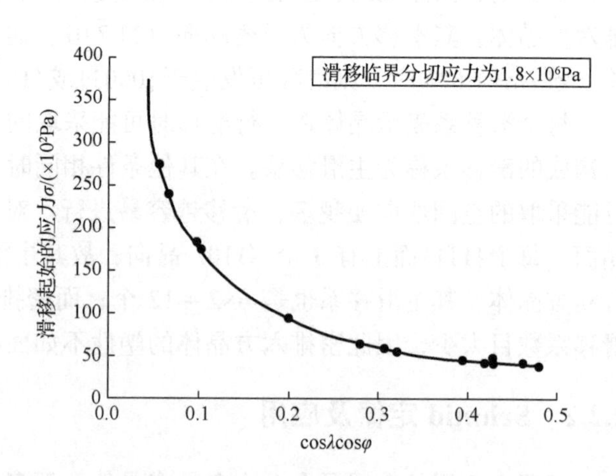

图 2.5　高纯度锌单晶体开始滑移时σ与 $\cos\lambda\cos\varphi$ 的关系

2.2.3　滑移过程中晶体转动

1. 晶体转动的原因

从图 2.6 和图 2.7 可见，在自由滑移时试样的轴(参考方向)和端面(参考面)在空间的方位一般都要改变。但在通常的力学试验中，由于夹头对试样的约束，其方位是不能随意改变的。例如，在拉伸时夹头将试样两端夹住，因而在拉伸过程中试样轴必须始终沿着两个夹头的连线(对中)，这样，试样在拉伸过程中就必须一面滑移，一面转动。在压缩时，压头将试样的两个端面紧紧压住，因而这两个面(称为压缩面)在空间的方位也不能改变，因为试样在压缩过程中也必须一面滑移，一面转动。对多晶体来说，由于晶界、缺陷、杂质的约束作用，各晶粒在滑移过程中也伴随着转动，这正是形成织构的原因之一。

如果晶体在拉伸时不受约束，滑移时各滑移层像推开扑克牌那样一层层滑开，则每一层和力轴的夹角 χ_0 保持不变，如图 2.6(a)所示。但是在实际的拉伸中，夹头不能移动，这迫使晶体转动。在靠近夹头处由于夹头的约束晶体不能自由滑动而产生弯曲；在远离夹头的地方，晶体发生转动，转动的方向是使滑移方向转向力轴，如图 2.6(b)所示。在压缩时也会使晶体转动，转动方向是使滑移面和力轴垂直，如图 2.7 所示。滑移时晶体发生转动，使晶体各部分相对外力的取向发生改变，各滑移系的取向因子也发生变化。如果起始取向的 χ_0 和 λ_0 大于 45°，在转动时取向因子增大，出现软化，那么这种软化称为几何软化。转动使 χ_1 和 λ_1 小于 45°，取向因子又重新减小，出现硬化，则这种硬化称为几何硬化。

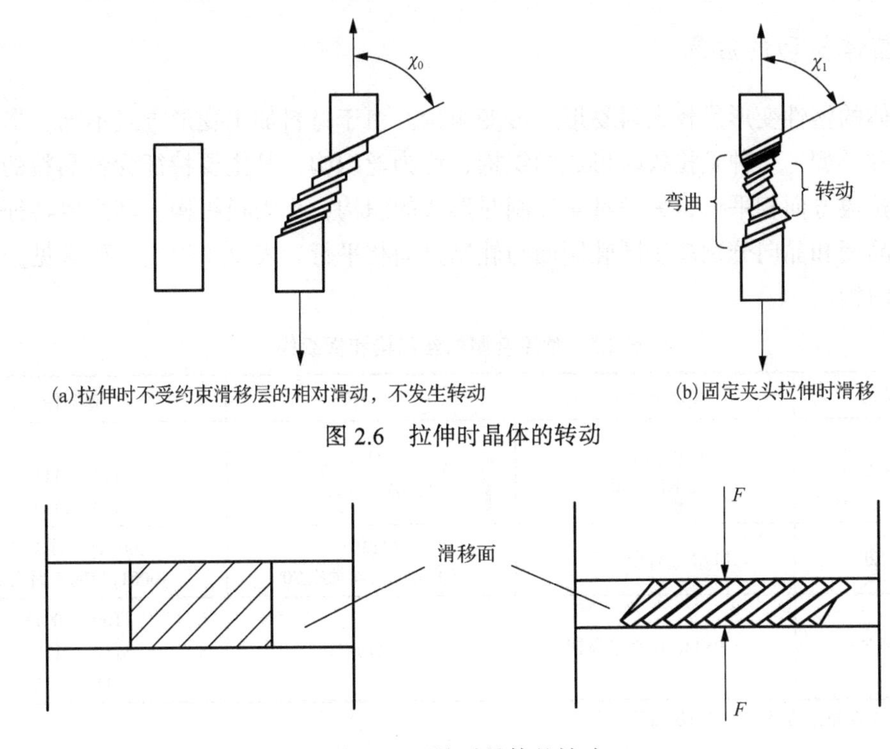

(a)拉伸时不受约束滑移层的相对滑动，不发生转动　(b)固定夹头拉伸时滑移

图 2.6　拉伸时晶体的转动

图 2.7　压缩时晶体的转动

晶体变形时晶体相对力轴转动，当晶体转动到外力轴在两个滑移系的分切应力相等时，

两个滑移系同时开动。以面心立方晶体的拉伸为例，在拉伸过程中外力轴由 $F_0[\bar{1}25] \rightarrow F_1 \rightarrow F_2 \rightarrow \cdots$，如图 2.8 所示。当试样的取向($F$ 点)位于取向三角形的边(如图中的 F_1)时将开始双滑移。此时试样轴既要转向原滑移方向$[\bar{1}01]$，又要转向新滑移方向$[011]$，两个转动合成的结果就使试样轴沿取向三角形边上移动。当 F 达到$[\bar{1}12]$方向时(图 2.8 中的 F_2)，由于 F 和两个滑移方向三者在同一平面上，且 F 对称于两个滑移方向，故两个转动具有同一转轴，而转动方向相反，因而相互抵消。也就是说，当试样轴变为$[\bar{1}12]$时，晶体只发生双滑移，不再转动，因而取向不再改变。换言之，$[\bar{1}12]$就是这个单晶试样的最终稳定取向(这里当然假定晶体的塑性足够好)。

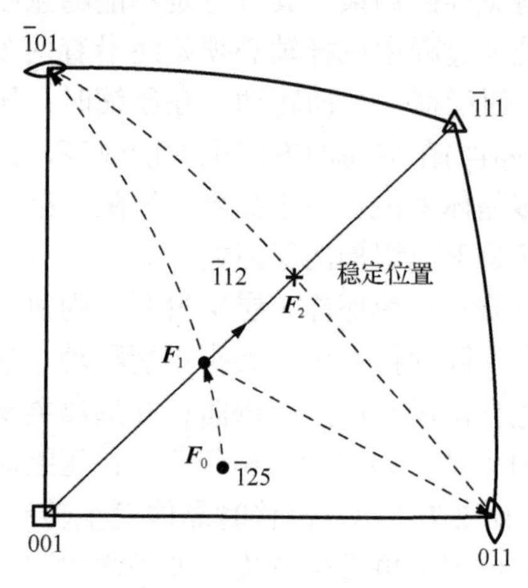

图 2.8　面心立方晶体滑移过程中晶体转动而产生双滑移

对于压缩过程也可以类似地分析对于具有{110}〈111〉滑移系的体心立方晶体的变形过程，分析方法也完全一样。

以上讨论了单晶大变形后必然导致某些晶面或晶向与外力轴一致的现象，然而这种过程发生在多晶中则造成不同晶粒内相同晶面或晶向都平行于外力轴(称为晶粒取向的择优)的现象，出现形变织构，最终带来性能的各向异性。

2. 晶体转动的后果

当晶体的塑性变形量较大时易形成形变织构。由于材料加工变形方式不同，形变织构主要有两种类型：一种是拉拔时形成的织构，称为丝织构，其主要特征为各晶粒的某一晶向大致与拉拔方向相平行；另一种是轧制时形成的织构，称为板织构，其主要特征为各晶粒的某一晶面和晶向分别趋于同轧制面与轧制方向相平行。表 2.2 给出几种常见金属的丝织构和板织构。

表 2.2　常见金属的丝织构和板织构

晶体结构	金属或合金	丝织构	板织构
面心立方	Al,Cu,Au,Ni, Cu-Ni, α-铜	〈111〉 〈100〉 + 〈111〉	{111}〈112〉 {112}〈111〉 {110}〈112〉
密排六方	Mg,Mg 合金，Zn	〈2130〉 〈0001〉与丝轴成 70°	{0001}〈11$\bar{2}$0〉 {0001}与轧制面成 70°
体心立方	α-Fe,Mo,W,铁素体钢	〈110〉	{100}〈011〉 {112}〈110〉 {111}〈112〉

注：面心立方晶体的形变织构与层错能有关。

多晶体材料的变形量越大，择优取向程度就越大，表现出的织构也就越强。但是无论经过多么激烈的塑性变形也不可能使所有晶粒都完全转到织构的取向上。事实上，多晶体材料在变形过程中是否形成织构及织构集中程度取决于加工变形的方法、变形量、变形温度以及材料本身情况(金属类型、杂质、材料内原始取向)等因素。织构类型和织构的集中程度，可用 X 射线衍射方法测定。

形变织构对材料的力学性能和物理性能有重要影响。显然，织构的形成会使材料具有强烈的各向异性，其存在对材料的加工成形性和使用性能都有很大的影响，尤其是冷变形材料中出现的织构，用退火处理也无法消除，故在工业生产中应予以高度重视。一般来说，大多数金属板材是不允许出现形变织构的，特别是用于深冲压成形的板材，织构会造成其沿各方向变形的不均匀性，使工件的边缘产生高低不平的“制耳”现象。但是，为了满足特殊需要，人们也会利用材料织构。例如，变压器用电磁钢板-硅钢片，若能获得{110}〈100〉织构(称为高斯织构)，则沿轧制方向的磁感应强度最大、铁损最小；若能获得{100}〈100〉织构(称为立方织构)，则在与轧制方向平行和垂直的两个方向上均能获得良好的磁性。

2.3 孪　　生

2.3.1 孪生过程

金属塑性变形的另外一种重要形式是孪生。孪生变形与滑移相比具有不同的特点。晶体在切应力作用下发生孪生变形时，晶体的一部分沿一定的晶面(称为孪生面)和一定的晶向(称为孪生方向)相对于另一部分晶体做均匀的切变运动。在切变区域内，与孪生面平行的每一层原子移动的距离不是原子间距的整数倍，而是位移的大小与离开孪生面的距离成正比，结果使相邻两部分晶体的取向不同，恰好以孪生面为对称面形成镜像对称。如图 2.9 所示为晶体经过滑移和孪生后晶体外形的变化情况。

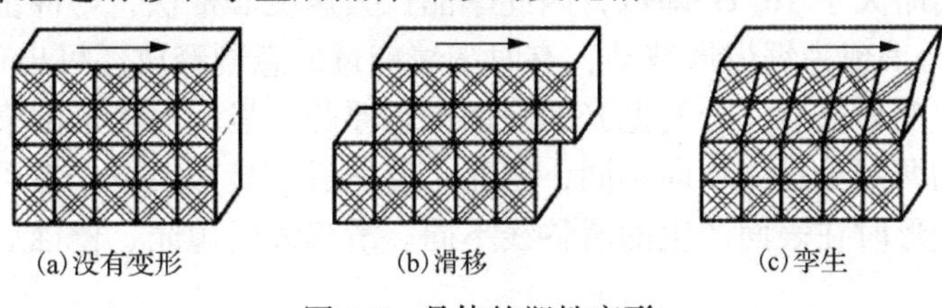

(a)没有变形　(b)滑移　(c)孪生

图 2.9　晶体的塑性变形

通常把这两部分晶体合称为孪晶。由于它是变形时产生的，称为形变孪晶，把形成孪晶的过程称为孪生，图 2.10 和图 2.11 分别为 AZ31 镁合金薄板的显微组织及其孪晶形貌和花样。

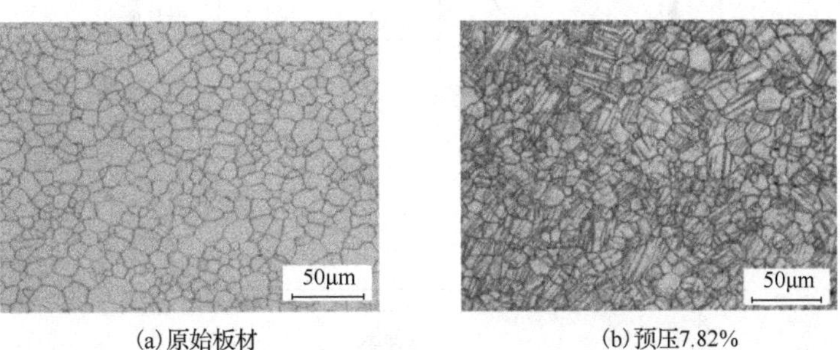

(a)原始板材　(b)预压7.82%

图 2.10　沿横向预压并在 200℃下退火 12h 的 AZ31 镁合金薄板的显微组织

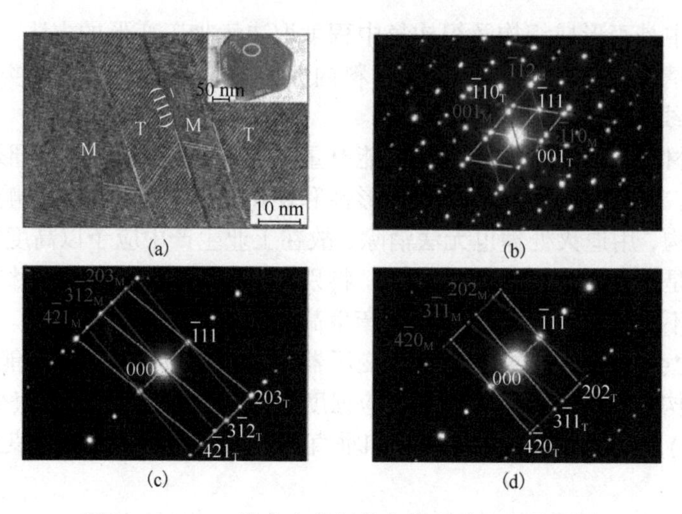

图 2.11　AZ31 镁合金薄板的孪晶形貌和孪晶花样

孪生变形的应力-应变曲线也与滑移变形时有明显的不同，图 2.12 是铜单晶在 4.2K 测得的拉伸曲线，开始塑性变形阶段的光滑曲线是与滑移过程相对应的，但是应力增高到一定程度后突然下降，然后又反复地上升和下降，出现锯齿形的变化，这就是孪生变形造成的。孪生也是形核(萌生)和长大的过程。孪生的形核一般需要较大的应力，而且是以极快的速度突然爆发，形成孪晶薄片(形核)；然后长大扩展，长大所需的应力较小，孪生过程因此出现载荷突然下降的现象。在孪生变形时，孪晶不断形成，导致其拉伸应力-应变曲线呈现锯齿形。由于孪生变形常常以爆发方式形成，其生成速度接近声速，常伴随响声。例如，对锌而言，其形成孪晶的切应力必须超过 $10^{-1}G$，孪晶形成后的长大确实相较之前容易很多，一般只需略大于 $10^{-4}G$ 即可，因此孪晶长大速度非常快，与冲击波的速度相当。在应力-应变曲线上表现为锯齿形波动，有时随着能量的急剧释放还可出现“咔嚓”声。

晶体经过孪生变形以后，会使抛光的表面产生浮凸，显示出变形的痕迹。这种变形的痕迹是由于孪晶的两部分晶体取向不同，抛光、侵蚀后在显微镜下仍然可以观察到明显的衬度。这与滑移变形时在表面产生的滑移线不同。滑移线经抛光、侵蚀后在显微镜下观察没有衬度。

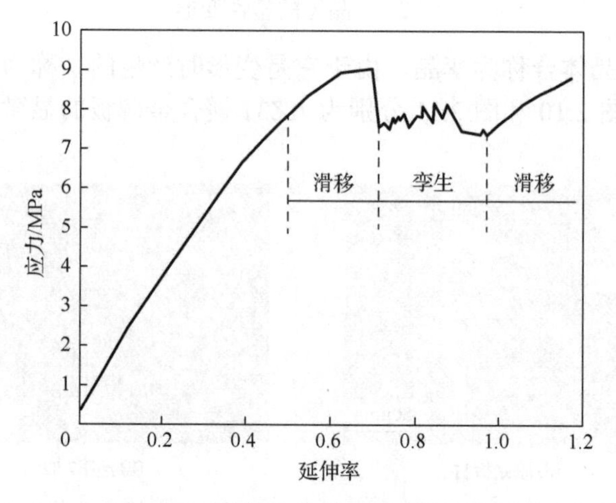

图 2.12　铜单晶在 4.2K 的拉伸曲线

一般来说，对称性低、滑移系少的密排六方金属比较容易产生孪生变形。在室温时，体心立方金属只有在冲压载荷下才能产生孪生变形，当滑移面的临界切应力显著提高时，在一般变形速率下也可以引起孪生变形。面心立方金属的对称性高、滑移系多，容易滑移，因此一般比较难发生孪生现象，但是特殊条件下也能产生孪生现象。

2.3.2 孪生的晶体学

为了进一步分析孪生的几何特性，这里讨论晶体中一个球形区域进行孪生变形的情况(图2.13)，设该孪生发生于上半球，故孪晶面 K_1 是此球的赤道平面，孪生的切变方向为 η_1。发生孪生变形时，孪晶面以上的晶面都发生了切变，切变位移量与它离开孪晶面的距离成正比，因此经孪生变形后，原来的半球将成为半椭圆球，即原来的 AO 平面被移到 $A'O$ 位置，由于 $AO > A'O$，此平面被缩小了，而原来的 CO 平面则被拉长成 $C'O$。可见，孪生切变使原晶体中各个平面产生了畸变，即平面上的原子排列有了变化，但是从图中也可找到其中有两组平面没有受到影响：第一组不畸变面是孪晶面 K_1，第二组不畸变面是面 BO(标以 K_2)，孪生后为 $B'O$ (标以 K_2')，$BO = B'O$，其长度不变，且切应变是沿 η_1 方向进行的，故垂直于纸面的宽度也不受影响，K_2 面与切变平面(即纸面)的交截线为 η_2，表示孪生时此方向上原子排列不发生变化。K_1、K_2、η_1、η_2 称为孪生要素，由这四个参数就可掌握晶体孪生变形的情况。一些金属晶体的孪生参数见表2.3。

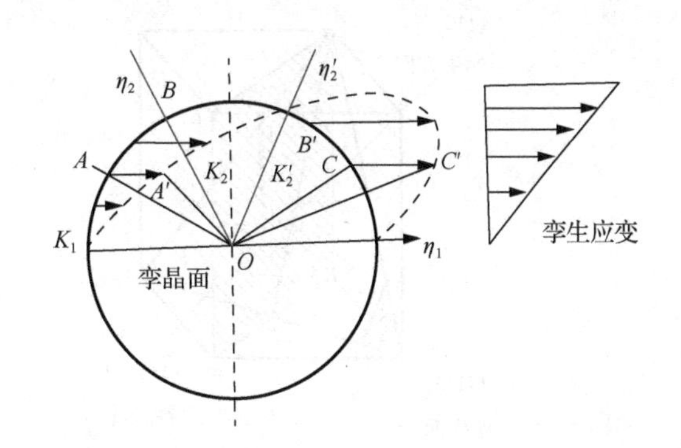

图2.13　孪生几何学

表2.3　常见金属晶体的孪生参数

晶体结构	金属	c/a	K_1	K_2	η_1	η_2
面心立方	Al,Cu,Au,Ni,Ag,γ-Fe	—	$\{111\}$	$\{11\bar{1}\}$	$\langle 11\bar{2}\rangle$	$\langle 112\rangle$
体心立方	α-Fe	—	$\{112\}$	$\{\bar{1}\bar{1}2\}$	$\langle \bar{1}\bar{1}1\rangle$	$\langle 111\rangle$
密排六方	Cd	1.886	$\{10\bar{1}2\}$	$\{\bar{1}012\}$	$\langle 10\bar{1}\bar{1}\rangle$	$\langle 10\bar{1}1\rangle$
	Zn	1.856	$\{10\bar{1}2\}$	$\{\bar{1}012\}$	$\langle 10\bar{1}\bar{1}\rangle$	$\langle 10\bar{1}1\rangle$
	Mg	1.624	$\{10\bar{1}2\}$ $\{11\bar{2}1\}$	$\{\bar{1}012\}$ $\{0001\}$	$\langle 10\bar{1}\bar{1}\rangle$ $\langle 10\bar{2}\bar{6}\rangle$	$\langle 10\bar{1}1\rangle$ $\langle 11\bar{2}0\rangle$
	Zr	1.589	$\{10\bar{1}2\}$ $\{11\bar{2}1\}$ $\{11\bar{2}2\}$	$\{\bar{1}012\}$ $\{0001\}$ $\{11\bar{2}\bar{4}\}$	$\langle 10\bar{1}\bar{1}\rangle$ $\langle 10\bar{2}\bar{6}\rangle$ $\langle 10\bar{2}\bar{3}\rangle$	$\langle 10\bar{1}1\rangle$ $\langle 10\bar{2}0\rangle$ $\langle 10\bar{4}\bar{3}\rangle$
	Ti	1.587	$\{10\bar{1}2\}$ $\{11\bar{2}1\}$ $\{11\bar{2}2\}$	$\{\bar{1}012\}$ $\{0001\}$ $\{11\bar{2}\bar{4}\}$	$\langle 10\bar{1}1\rangle$ $\langle 10\bar{2}\bar{6}\rangle$ $\langle 10\bar{2}\bar{3}\rangle$	$\langle 10\bar{1}1\rangle$ $\langle 11\bar{2}0\rangle$ $\langle 22\bar{4}\bar{3}\rangle$
	Be	1.568	$\{10\bar{1}2\}$	$\{10\bar{1}2\}$	$\langle 10\bar{1}\bar{1}\rangle$	$\langle 10\bar{1}1\rangle$

晶体的孪晶面和孪生方向与晶体的结构有关。面心立方晶体的孪生系统为{111}⟨112⟩，体心立方晶体的孪生系统为{112}⟨111⟩，密排六方晶体的孪生系统为$\{10\bar{1}2\}\langle\bar{1}011\rangle$，面心正方晶体的孪生系统为$\{101\}\langle10\bar{1}\rangle$。

晶体发生孪生变形时，变形区域内做均匀的切变，与孪晶面平行的各层晶面的相对位移是一定的，即每一层(111)面都相对于相邻的晶面原子沿$[11\bar{2}]$方向移动了一个距离，这个距离是$[11\bar{2}]$晶体方向的原子间距的分数倍，在这里是$\frac{1}{6}d_{[11\bar{2}]}$，如果以孪晶面$AB$为基准面，则第一层(111)面$CD$移动$\frac{1}{6}d_{[11\bar{2}]}$，第二层(111)面移动了$\frac{2}{6}d_{[11\bar{2}]}$，第三层移动了$\frac{3}{6}d_{[11\bar{2}]}$，依次类推。显然，各层晶面位移的大小与晶面离开孪晶面AB的距离成正比，而相邻两个晶面的相对位移是一定的，均为$\frac{1}{6}d_{[11\bar{2}]}$。可以看出，晶体已经变形部分和未变形部分以孪晶面$AB$为分界面形成了镜像对称。面心立方晶体孪生变形示意图如图 2.14 所示。

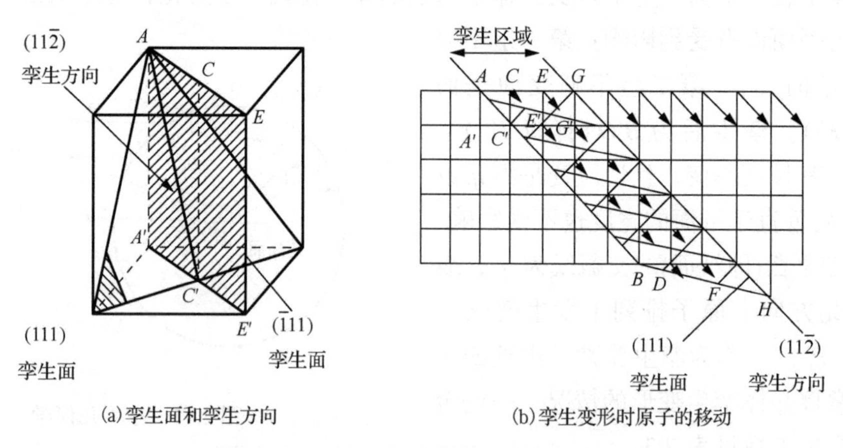

(a) 孪生面和孪生方向　　(b) 孪生变形时原子的移动

图 2.14　面心立方晶体孪生变形示意图

面心立方晶体(111)面的堆垛顺序是$ABCABCABC\cdots$，如果从第六层C层原子开始每一层(111)都相对移动$\frac{1}{6}d_{[11\bar{2}]}$的距离，即$\sqrt{6}a/6$，则每层原子顺序占据前一层原子的位置，即从第六层原子开始，A占据原C层原子位置，B占据原A层原子位置，C占据原B层原子位置……则上述堆垛顺序变为$ABCABABCA\cdots$，便可以形成一层以(111)面为对称面的孪晶结构。

晶体中孪晶形成的过程可以用不全位错理论来解释。形变孪晶也是通过位错的运动来实现的，可看作部分位错滑过孪晶面一侧的切变区中各层晶面而进行的。肖克莱不全位错的伯氏矢量为$\frac{a}{6}\langle112\rangle$，该例中孪生时原子在(111)面沿$[11\bar{2}]$晶向移动$\frac{1}{6}d_{[11\bar{2}]}$距离，实质就是一个肖克莱不全位错的移动。

2.3.3　孪生时原子的运动和特点

孪生时原子一般都平行于孪生面沿孪生方向运动。因此，为了"如实"反映原子的运动方向和距离，必须将原子投影到一个包含孪生方向并垂直于孪生面的平面上。这个平面称为切变面。以 FCC 晶体为例，如果在某种外力下，孪生系统是 $(1\bar{1}1)$ $[11\bar{2}]$，那么切变面是(110)[图 2.15(a)]。将所有原子都投影到(110)面上就得到图 2.15(b)。(110)面的堆垛次序是 *ABABAB*⋯，但为了使图面清晰，图 2.15(b)中只画出了一层(110)面(A 层或 B 层)上的原子投影。图中空心圆表示孪生前原子的位置。这里要遵守两条规则：第一，原子的最终位置(运动后的位置)要与基体中的原子构成映像关系，镜面就是孪生面。或者说，孪生面两侧的原子必须对称于孪生面。第二，最小位移原则。根据最小功原理，原子移动的距离应最小。根据以上两条规则就可画出各原子的运动方向和距离[图 2.15(b)]。图中实心圆表示孪生后原子的位置。由图 2.15(b)可以看出孪生有以下特点：

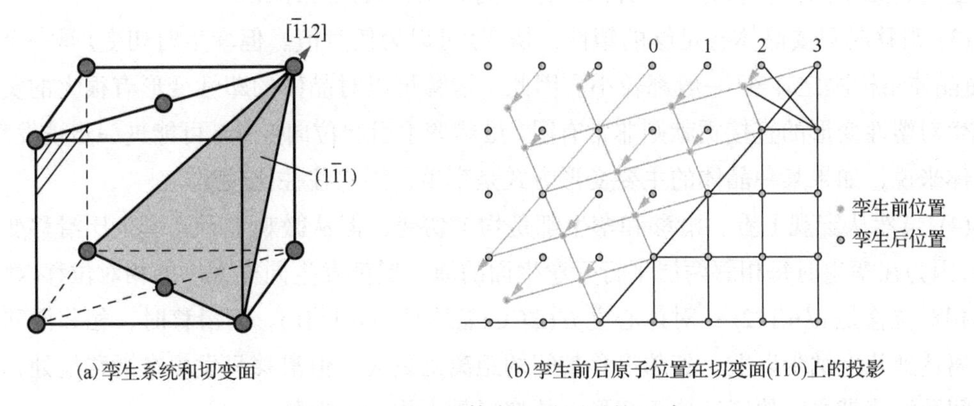

(a) 孪生系统和切变面　　(b) 孪生前后原子位置在切变面(110)上的投影

彩图 2.15

图 2.15　FCC 晶体孪生时原子的运动

(1) 孪生不改变晶体结构。例如，在图 2.15(b)中基体和孪晶都是面心立方结构。

(2) 孪晶与基体的位向不同，两者的位向关系是确定的。

(3) 孪生时，平行于孪生面的同一层原子的位移均相同，位移量正比于该层到孪生面的距离。相邻两层原子间的相对位移均为 $1/6[1\bar{1}\bar{2}]$。因此孪生时的切变 γ 是一个确定值：

$$\gamma = \frac{\frac{1}{6}[1\bar{1}\bar{2}]}{d_{(1\bar{1}1)}} = \frac{\frac{a}{6}\sqrt{6}}{\frac{a}{\sqrt{3}}} = \frac{\sqrt{2}}{2} \approx 0.707$$

2.4　滑移和孪生的比较

1. 相同方面

(1) 从宏观上看，两者都是晶体在切应力作用下发生的均匀剪切变形。

(2) 从微观上看，两者都是晶体范性变形的基本方式，是晶体的一部分相对于另一部分沿一定的晶面和晶向平移。

(3) 两者都不改变晶体结构。

(4) 从变形机制来看，两者都是晶体中位错运动的结果。

2. 不同方面

(1) 滑移不改变位向，即晶体中已滑移部分和未滑移部分的位向相同。孪生则改变位向，即已孪生部分(孪晶)和未孪生部分(基体)的位向不同，而且两部分具有特定的位向关系(对称关系)。

(2) 滑移时原子的位移是沿滑移方向的原子间距的整数倍，而且在一个滑移面上的总位移往往很大。但孪生时原子的位移小于孪生方向的原子间距。例如，面心立方(FCC)晶体孪生时，原子的位移只有孪生方向的原子间距($a/2\langle 112\rangle$)的 1/3。

(3) 滑移时只要晶体有足够的塑性，切变γ可以为任意值。但孪生时切变γ是一个确定值(由晶体结构决定)，且一般都较小。因此，滑移可以对晶体的塑性变形有很大的贡献，而孪生对塑性变形的直接贡献则非常有限。虽然孪生引起位向变化，可能进一步诱发滑移，但总体来说，如果某种晶体的主要变形方式是孪生，则它往往比较脆。

(4) 虽然从宏观上看，滑移和孪生都是均匀切变，但从微观上看，孪生比滑移变形更均匀，因为在孪生时每相邻两层平行于孪生面的原子层都发生同样大小的相对位移(对 FCC 晶体相对位移是$1/6\langle 112\rangle$；对体心立方(BCC)晶体是$1/6\langle 111\rangle$)。而滑移时，相邻滑移线间的距离达到几十纳米以上，相邻滑移带间的距离则更大，但滑移只发生在滑移线处，滑移线之间及滑移带之间的区域均无变形，故变形是不均匀分布的。

(5) 滑移过程比较平缓，因而相应的拉伸曲线比较光滑、连续。孪生往往是突然发生的，甚至可以听见急促的响声(如锡、镉等单晶在孪生时发生喊叫声)，相应的拉伸曲线上出现锯齿形的脉动，如图 2.16 所示。

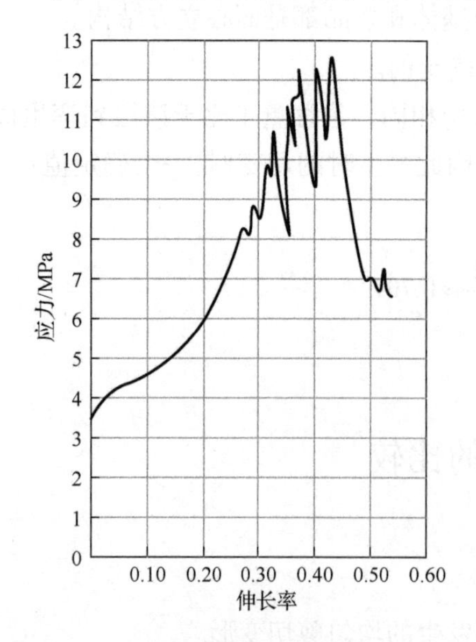

图 2.16　在镉单晶的拉伸曲线上由孪生引起的锯齿形脉动

(6) 滑移和孪生发生的条件往往不同。晶体的对称度越低，越容易发生孪生。例如，在 a-U(底心正交结构)、锆、锌、镉(HCP 结构)和锑(菱方结构)等金属中往往观察到大量的粗大孪晶。此外，变形温度越低，加载速率越高(如冲击加载)，也越容易发生孪生。

(7) 滑移有确定的(虽然是近似的)临界分切应力，而孪生是否也存在确定的临界分切应力则尚无实验证据，但一般来说，引起孪生所需的分切应力往往高于滑移的临界分切应力。

(8) 滑移是全位错运动的结果，孪生则是分位错运动的结果。

表 2.4 对比了滑移与孪生的区别。

表 2.4　滑移与孪生的区别

性质	晶体位向	位移量	分切应力	塑变量	变形速度
滑移	不变	整数倍	小	大	慢
孪生	改变	分数倍	大	小	快

最后讨论如何根据变形后的样品表面形貌来区分孪晶、滑移带和形变带。有人提出，在同样放大倍数的显微镜下观察，孪晶比滑移线(或带)粗。这个结论在有些情况下是对的，例如，FCC 晶体的退火孪晶就非常粗大。但它并不普遍成立。事实上，孪晶和滑移带的宽度都与变形量有关。比较可靠的识别方法是，先将变形后的样品表面磨光或抛光使变形痕迹(孪晶、滑移带和形变带)全部消失。再选用适当的腐蚀剂腐蚀样品表面，然后在显微镜下观察。如果看不到变形痕迹(即样品表面处处衬度一样)，则该样品原来的表面变形痕迹必为滑移带。这是因为滑移不会引起位向差，故表面各处腐蚀速率相同，原来光滑平面始终保持平面，没有反差。如果在腐蚀后的样品表面上重新出现变形痕迹，则它必为孪晶或形变带，因为孪晶和形变带内的位向是不同于周围未变形区域的，所以其腐蚀速率也不同于未变形区，故在表面就出现衬度不同的区域。为了进一步区分孪晶和形变带，可将样品再进行变形处理，经过磨(抛)光、腐蚀后再在显微镜下观察。如果第二次变形使衬度进一步增加了，则该变形区是形变带；若衬度不变，则变形区是孪晶。这是因为孪晶和基体的位向差是一定的，不随变形量增加而增加，而形变带内和带外的位向差则随变形量增加而增加。

2.5　应用分析案例

2.5.1　晶体塑性有限元方法

位错滑移与孪晶特性在晶体塑性有限元方法中被大量考虑。晶体塑性有限元(crystal plasticity finite element，CPFE)是有限元(finite element，FE)近似形式的变分方法，是基于力的平衡和位移的相容性的变分解决方案，它是在给定的有限时间内使用虚功原理的弱形式实现的。从单晶的变形和位错实验、理论研究，到已变形连续体场理论，CPFE 方法都有应用，它能够处理由晶粒内微力学相互作用施加的边界条件。CPFE 方法在宏观与微观尺度上均有很多应用。

利用 CPFE 方法可以模拟平面应变下铝的取向稳定性。在塑性变形过程中，晶体可以在无梯度边界条件下逐渐形成晶粒内取向散布。这种现象取决于取向、相邻晶粒和外部边界条件。使用 CPFE 模拟和经典的均质化理论，可以发现铝在平面应变载荷下的定向稳定性。使用基于位错密度的本构硬化定律的 CPFE 分析单晶铜纳米线的原位弯曲实验，模型根据特定的材料参数(如位错密度的变化)提供有关微观结构演变的信息，在织构演化和弹性回弹方面与实验结果符合较好。使用包含几何必须位错的 CPFE 模型仿真，也能比唯象塑性理论更好地模拟单晶铝的剪切实验。

将 CPFE 模拟与蒙特卡罗法、元胞自动机或网络模型相结合，可以预测主要静态再结晶和相关的晶粒粗化现象。这样的组合方法可以预测热加工期间的微结构和纹理演变，考虑了变形微观结构和再结晶现象的材料异质性，提供了不同于经典统计方法的新思路。

除此之外，基于位错的 CPFE 模型还能在位错密度演化、晶界力学行为、多晶力学行为、损伤断裂等方面提供更精确的微观仿真分析。CPFE 方法还能弥合多晶织构与宏观力学性能之间的鸿沟，并为金属各向异性的仿真开辟了道路。

图 2.17 所示为织构组成 CPFE 方法用于模拟筒形件拉深。模拟设定了沿着厚度方向的不同织构梯度，该模拟衡量了拉深后凸耳的相对高度。与使用 Hill48 屈服面预测相比，具有一定织构梯度的 CPFE 方法模拟的数据可以更好地符合实验数据。

彩图 2.17

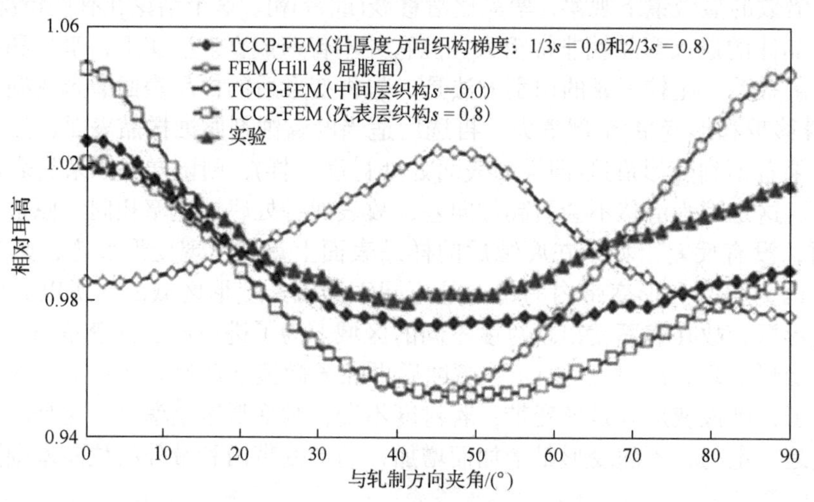

图 2.17 具有织构梯度的筒形件拉深后凸耳相对高度(耳高/平均高度)的模拟和实验数据

通过 CPFE 模拟，确定屈服轨迹的实际形状以及相应的参数，并校准经验本构模型。除标准的单轴拉伸实验外，还可以通过数值监测其他应变路径，如双轴拉伸、压缩或剪切实验。图 2.18 为将 CPFE 方法用于低碳钢的虚拟测试并模拟了样件。

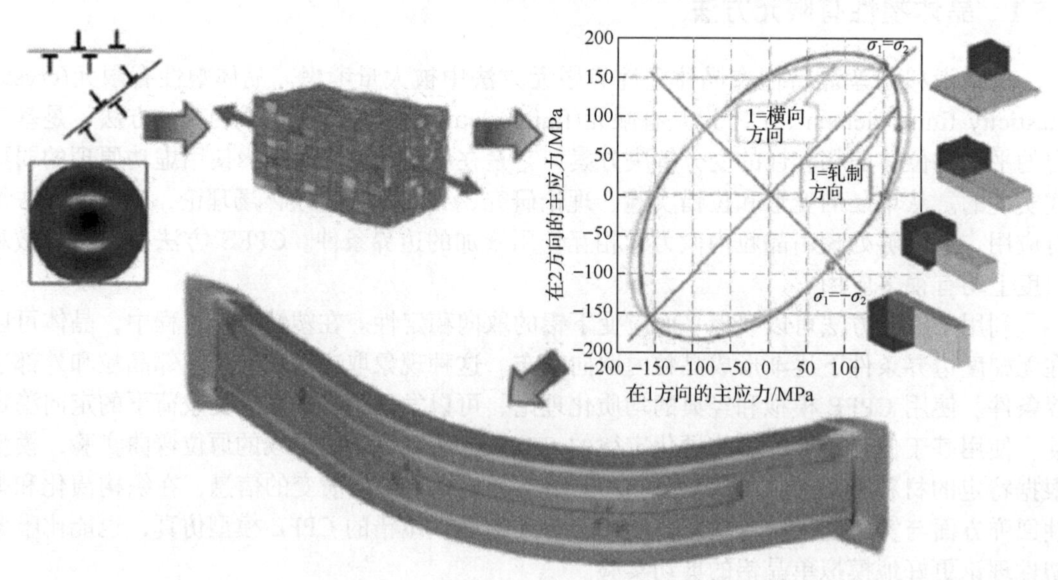

图 2.18 使用 CPFE 方法对低碳钢的经验屈服轨迹函数参数进行校准和模拟的汽车后备箱冲压件

2.5.2　孪晶诱导塑性钢的应用

孪晶诱导塑性(twinning induced plasticity，TWIP)钢通过设计具有增强应变硬化率的全奥氏体钢或含奥氏体的多相钢，可以获得高强度和良好的成形性。它们的特点是高应变硬化，大的均匀伸长率和高极限抗拉强度水平。这些特性使其成为汽车工业、液化天然气造船、石油和天然气勘探以及非磁性结构应用中大规模使用的轻量化材料。

图 2.19 为钛稳定无间隙铁素体(Ti-IF)钢和奥氏体 TWIP 钢的胀形实验比较。TWIP 钢在胀形高度比 Ti-IF 钢破坏时的高度大 31%处仍然保持完好无损的样貌。

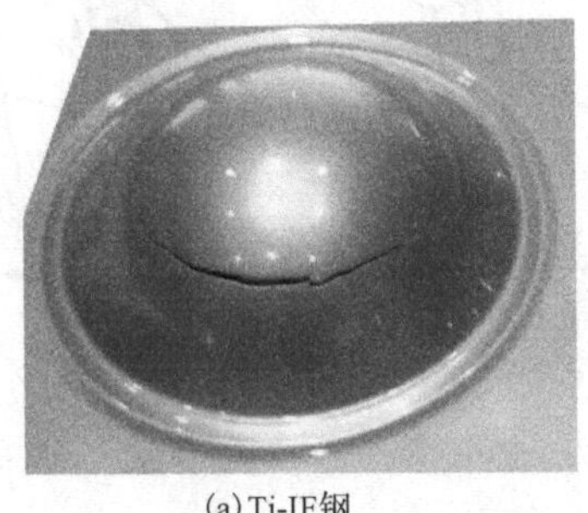

(a) Ti-IF钢

(b) TWIP钢

图 2.19　胀形试验

图 2.20 是 Ti-IF 钢和 TWIP 钢的单轴拉伸应力-应变曲线。与 Ti-IF 钢相比，TWIP 钢的应变硬化率高出 6 倍以上，力学性能有显著差异。TWIP 钢具有更大的均匀伸长率和更高的极限抗拉强度，并且几乎没有颈缩后的延伸阶段。研究发现，一些 TWIP 钢(如 Fe18%Mn0.5%C1.5%AlTWIP 钢)有着优越的成形性能。这类高韧性、高强度或超高强度钢已经成为工业应用开发的主要目标。就汽车材料而言，目前研究开发高性能 Fe-Mn-Al-CTWIP 钢的主要目的是提供超高强度的结构加固性能以及优越的延展性，以便压力成形。另一个目的是应用 TWIP 钢实现良好的能量吸收，以提高防撞性，这对车辆至关重要。此外，TWIP 钢的大规模使用将减小车辆重量，减少温室气体排放，大幅增加汽油里程，并改善乘客安全条件。

孪晶对 TWIP 钢塑性应变的直接影响不大，TWIP 钢的塑性流动主要由位错滑移控制，而形变孪晶对 TWIP 钢力学性能的关键积极影响，主要是通过孪晶对位错密度演化的影响实现的。

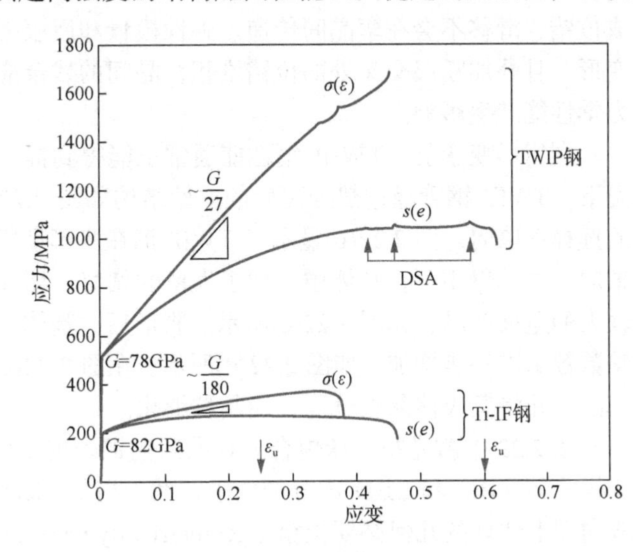

图 2.20　Ti-IF 钢与 TWIP 钢单轴拉伸应力-应变曲线

TWIP 钢因孪晶表现出高强度高延展性良好结合的主要原因，是位错平均自由程的减小，尤其是与孪晶面相交的滑移面上的位错。另一个需要考虑的因素是，内禀层错能较低，对位错交叉滑移的抑制作用很强，因此位错储存能力较强。此外，形变孪晶的厚度很小，由尺寸效应可能会导致额外的强化。为解释形变孪晶导致的应变硬化和拉伸延展性增强的机理，有三种模型：动态 Hall-Petch 效应、背应力效应、复合效应。图 2.21 说明了这三种模型的主要特点。

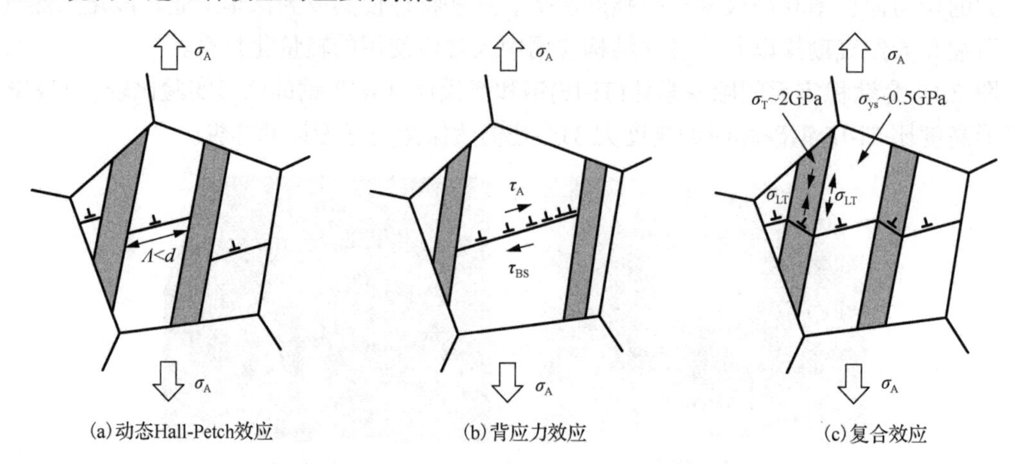

图 2.21　TWIP 钢形变孪晶塑性增强机理模型

第一种模型解释了各向同性应变硬化，它与位错密度的增长有关，位错密度是控制整体应力水平的标量。另外两种模型描述运动硬化，与应变硬化行为的方向性有关。

应变硬化的基本模型最简单的形式是假定 TWIP 钢的主要变形模式是位错滑移，即应变硬化受塑性变形过程中材料位错储存的动力学控制。变形过程中孪晶的生成逐渐减小了位错的有效滑移距离。这导致了动态 Hall-Petch 效应，使得应变硬化率显著增加，抗拉强度提高，伸长率显著均匀化。

运动硬化模型中，位错与孪晶界面之间存在相互作用，堆积尖端的应力在孪晶内部形成位错，滑移不会在孪晶间传递。弹性模量和屈服强度的方向依赖性导致晶粒出现不均匀变形，且叠加断层交叉处的位错堆积，晶间的残余应力产生了背应力，由此对 TWIP 钢的力学性能产生影响。

利用形变孪晶，TWIP 钢性能通常也能得到提升，并优于常用的奥氏体不锈钢。在室温下，TWIP 钢管经过热处理后的原始结构如图 2.22(a)所示。从整体上看，晶粒没有明显的选择性取向。图 2.22(b)显示了 TWIP 钢在胀形期间的微观组织。在胀形过程中，在外部轴向压力的作用下，基体中出现了大量的相交、堵塞和切割变形区，同时可以清楚地看到较大的退火孪晶，如图 2.22(c)所示。胀形后，基体中的每个晶粒都产生形变孪晶，孪晶的整数数量进一步增加，如图 2.22(d)所示。在图 2.22(e)中，孪晶之间产生了大量较细的次级孪晶，并将奥氏体晶粒分段，使晶粒细化。

图 2.23 中激光粉末床熔合处理的高锰钢表现出孪晶诱导塑性，显示了未变形和不同应变样本的∥BD 和⊥BD 部分的电子背散射衍射(electron backscattering diffraction，EBSD)取向图上估计的几何必要位错（geometrically necessary dislocation，GND）密度、孪晶界和 ε-马氏体(HCP)的分布。

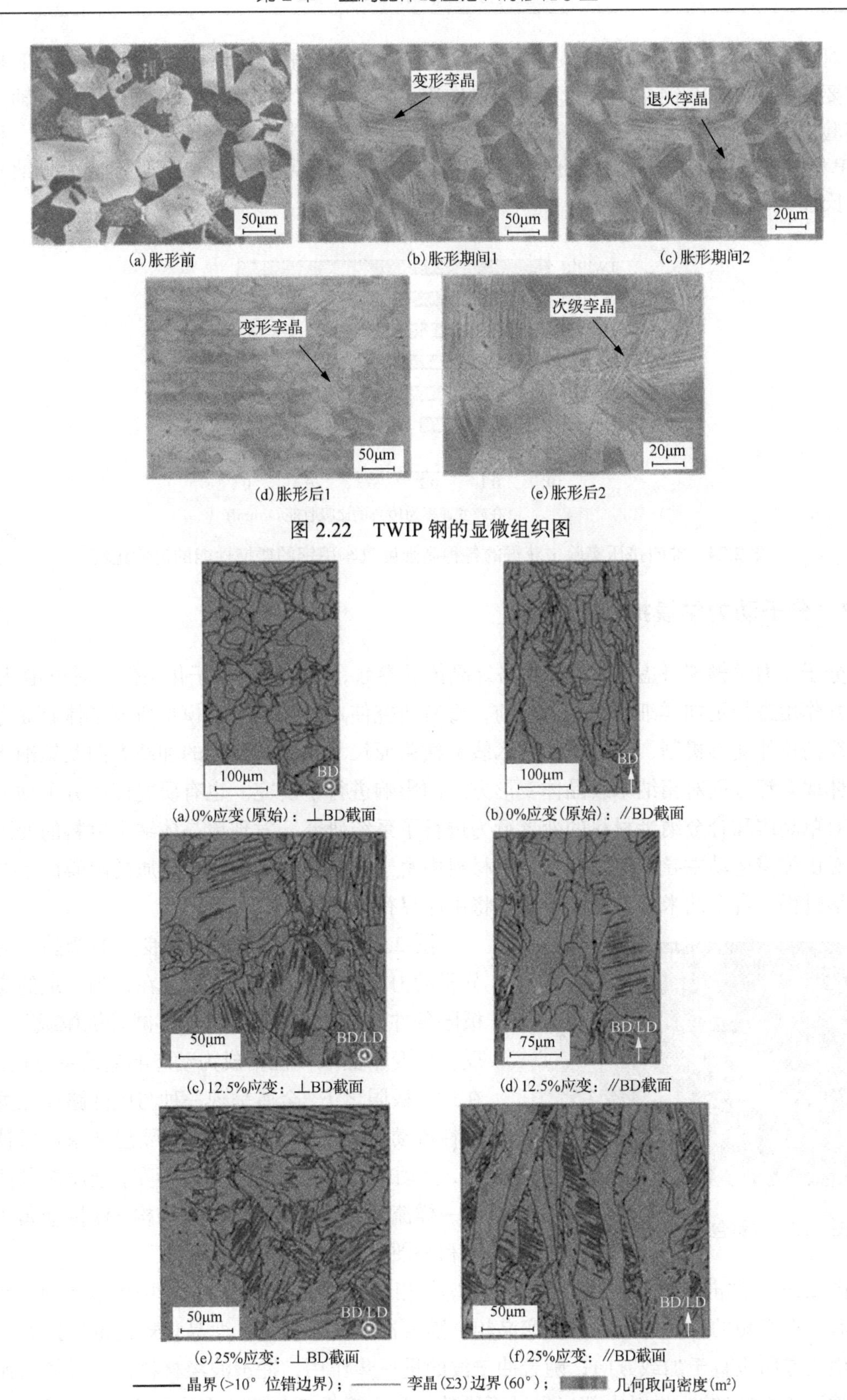

图 2.22　TWIP 钢的显微组织图

图 2.23　激光粉末床熔合处理的高锰钢表现出的孪晶诱导塑性

对于在汽车上应用的乘客安全相关部件来说，高冲击能量吸收在高应变速率下是非常重要的，而 TWIP 钢在此方面具有重要作用。图 2.24 显示了对各种高强度钢进行轴向挤压实验的结果。TWIP 钢显然是一种具有优异耐撞性的材料。在高应变速率加载下，利用 TWIP 钢中的孪晶与晶界的相互作用，同时发生动态回复导致晶粒破碎以形成大量纳米结构奥氏体。

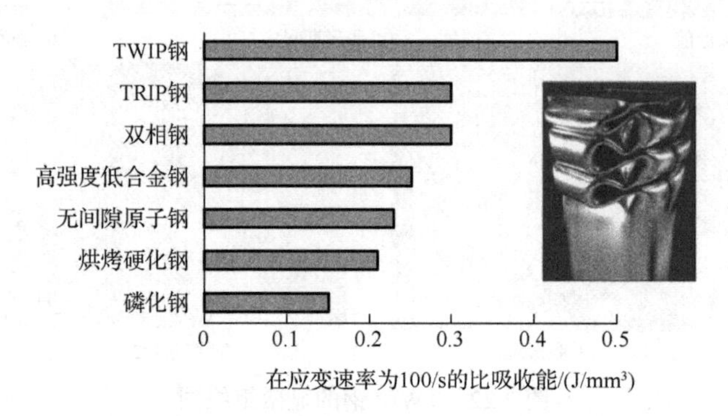

图 2.24　轴向挤压实验中获得的各种高强度汽车用钢的碰撞性能的定性比较

2.5.3　分子动力学模拟

分子动力学模拟考虑了位错、晶格等晶体学参数，可以在非量子化条件下对位错-晶格的相互作用进行更加详细的研究。目前，已有研究使用分子动力学模拟研究了体心立方钼纳米线的拉伸变形机制，分别从钼纳米线的横截面尺寸、单轴拉伸的加载方向及钼纳米线的晶体取向等方面对钼纳米线晶体变形方式的影响进行了研究。也有研究使用分子动力学方法对单晶体和合金纳米材料的变形行为进行了系统研究，发现单晶体纳米材料的变形过程仍然由位错运动主导，但是合金纳米材料中由于位错运动受到合金杂质的阻碍而不再主导变形过程，合金纳米材料的变形过程将由晶界行为控制。

图 2.25　位错包围中生长的孪晶

图 2.25 为位错包围中生长良好的孪晶。通过分子动力学模拟预测，研究发现在达到一定的应变极限条件时，位错本身不再能够减轻机械载荷；相反，形变孪晶取代位错成为动态响应的主导模式。在这一极限之下，金属呈现一种与应变路径无关的塑性流动稳态，在此状态下，只要应变条件保持不变，流动应力和位错密度保持不变，金属像黏性流体一样流动，同时保持其晶格结构，保持金属的坚固和坚硬。

图 2.26 为冲击波传播过程中钛结构内孪晶相变化过程示意图。从图中可以看到，冲击加载后，在极短的时间内出现少量孪晶相；随着冲击波的传播，孪晶相规模迅速扩大，且孪晶生长方向垂直于加载方向；随着冲击波的进一步作用，冲击波经材料背面反射回弹，由压缩波变为拉伸波，材料内部出现了不同的结构和沿垂直加载方向之外方向生长的孪晶。

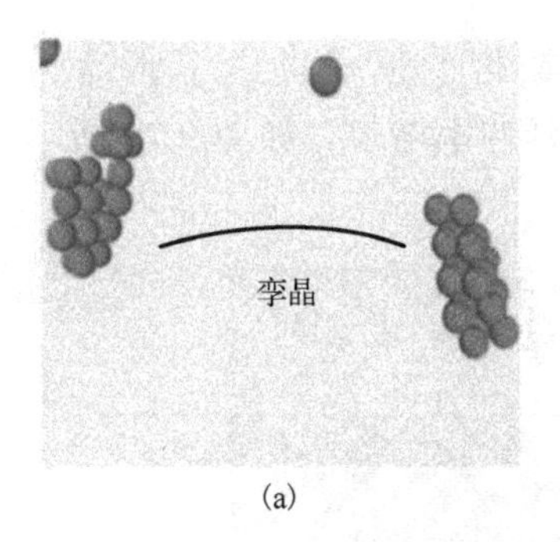

(a)

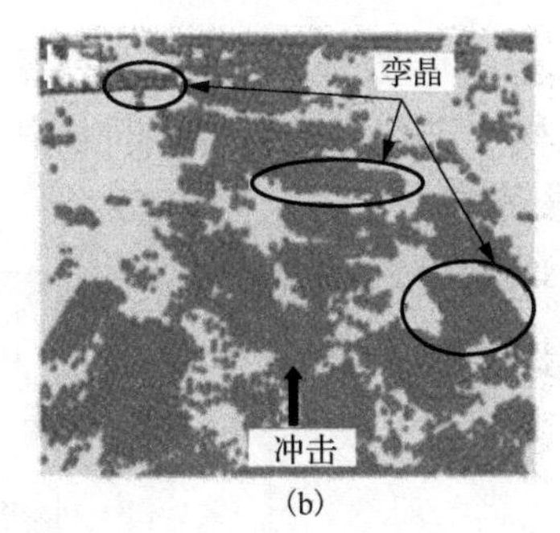

(b)

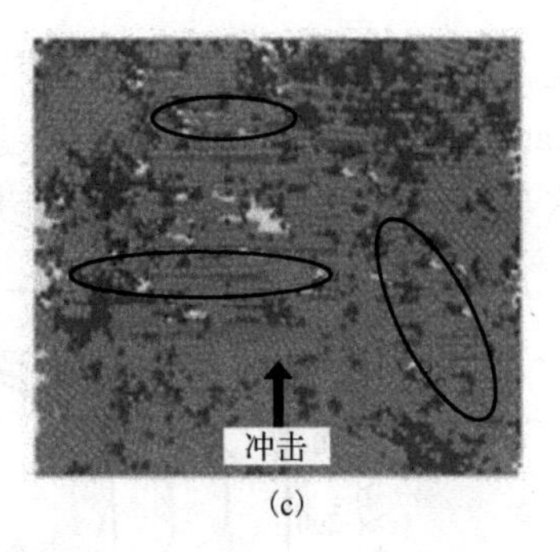

(c)

图 2.26　冲击波传播过程中钛结构内孪晶相变化过程示意图

之前的观点普遍认为声速是影响位错运动的障碍，但是通过分子动力学计算机实验，人们首次观察到了超声速边缘位错。越来越复杂的分子动力学模拟表明声屏障并不是不可逾越的。此外，分子动力学模拟的结果也显示了滑动位错的不稳定性可能触发运动学生成机制。这也为其他相关不稳定性的存在提供了可信性，如孪晶的运动学生成。

有研究通过先进的原位透射电子显微镜纳米力学测试，结合分子动力学模拟和第一性原理计算系统分析钨纳米线发生反孪晶变形的原子尺度动力学机制，讨论了反孪晶形核、长大的动力学行为(图 2.27)。沿孪晶方向压缩时，形变孪晶发生，其首先由晶界处开始形核，并迅速贯穿整根纳米线；沿反孪晶方向拉伸时，普遍认为的位错滑移并未发生，相反，反孪晶位错被大量激活，其逐层滑移形成反孪晶。这种反孪晶行为在多种体心立方金属纳米线沿不同反孪晶方向进行加载时均可发生，充分表明反孪晶变形在微纳结构体心立方金属中的普遍性。研究表明，超高应力状态下反孪生与位错、孪生等塑性变形机制一样可被有效激活，从而作为体心立方金属纳米线塑性的重要来源。上述发现对利用非常规变形改善纳米材料/器件的力学行为提供了崭新的思路，并对极端环境纳米器件的开发具有重要意义。

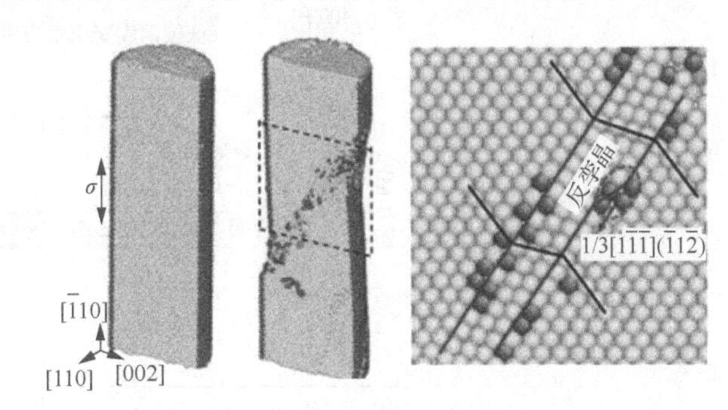

图 2.27　单晶钨纳米线分子动力学模拟

2.5.4　吕德斯带现象

在低碳钢中位错被碳、氮原子钉扎，形成科氏气团。在塑性变形时，位错必须挣脱气团的钉扎才能移动，需要加大外力才能引起屈服——出现上屈服点；当位错挣脱气团的钉扎就可在较小应力下运动——出现下屈服点，即在一个低应力水平(下屈服点)下继续变形。例如，在金属板材轧制过程中，预先变形可消除金属的屈服平台，从而使得成品更加光顺。Yoshida 等提出了可以描述屈服现象的本构方程，并基于该方程进行了相关的材料力学行为的模拟。其模拟的预变形板材轧制过程解释了屈服平台消除的原因。如图 2.28 所示，由于预变形产生的塑性应变区域(图中深色区域)为后续拉伸中的塑性应变提供了启动位置。这些存在于弹塑性边界上的应力集中现象为吕德斯带的形成提供了驱动力。Hariharan 等发现在碳钢拉伸过程中进行应力释放，将使其延伸率增长，如图 2.29 所示。这与钢材的位错堆积和滑移作用有关。

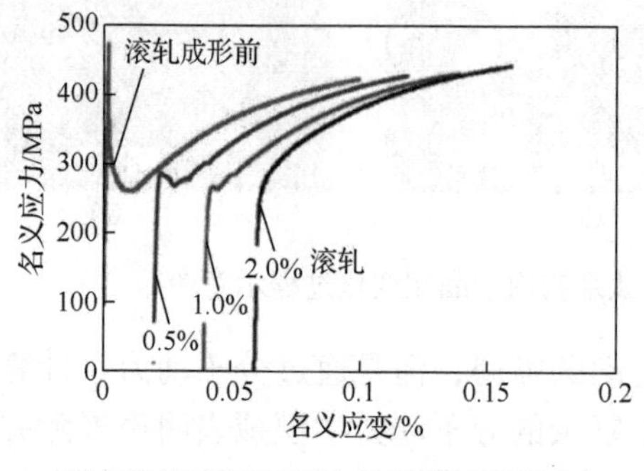

(a) 钢材轧制过程中预应变对屈服现象的影响

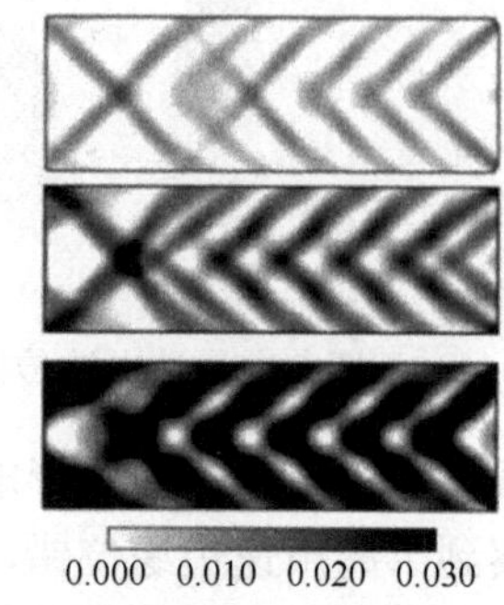

(b) 不同的预应变后材料表面应变分布

图 2.28　轧制过程中预应变消除屈服平台过程

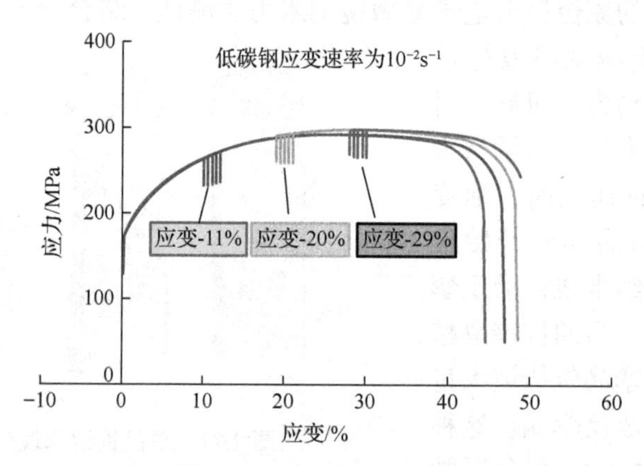

图 2.29　低碳钢应力释放过程与单向拉伸曲线对比

2.5.5　超强韧性结构材料微观结构设计

西安交通大学金属材料强度国家重点实验室的孙军院士团队提出了化学界面工程制造纳米马氏体的新策略。揭示了变形子结构的动态演化，以阐明空冷(air cooling，AC)和水冷(water quenching，WQ)钛合金的应变硬化率曲线及其微观机制。图 2.30 中（a）和（b）分别为 AC 和 WQ 试样的应变硬化率曲线。

AC 钛合金的拉伸试验分三个阶段：图 2.30(a1)为 TEM 图像显示α_p相形成位错，对应阶段Ⅰ。图 2.30(a2)为 TEM 图像显示β板条中形成局限位错，对应阶段Ⅱ。图 2.30(a3)为 TEM 图像显示β、α_s和α_p一起变形，对应阶段Ⅲ。

WQ 钛合金的拉伸试验分三个阶段：图 2.30(b1)为 TEM 图像显示α_p相形成位错，对应阶段Ⅰ。图 2.30(b2)为 TEM 图像显示异质变形促进了位错-界面相互作用，对应阶段Ⅱ。插图显示了α'/β界面上的位错-界面相互作用。图 2.30（b3）为明场和高分辨透射电子显微镜（high resolution transmission electron microscope）图像显示位错可以穿过α'/β界面传播，导致局部剪切，对应阶段Ⅲ。均匀伸长率(ε_u)是根据 Considère 准则确定的。

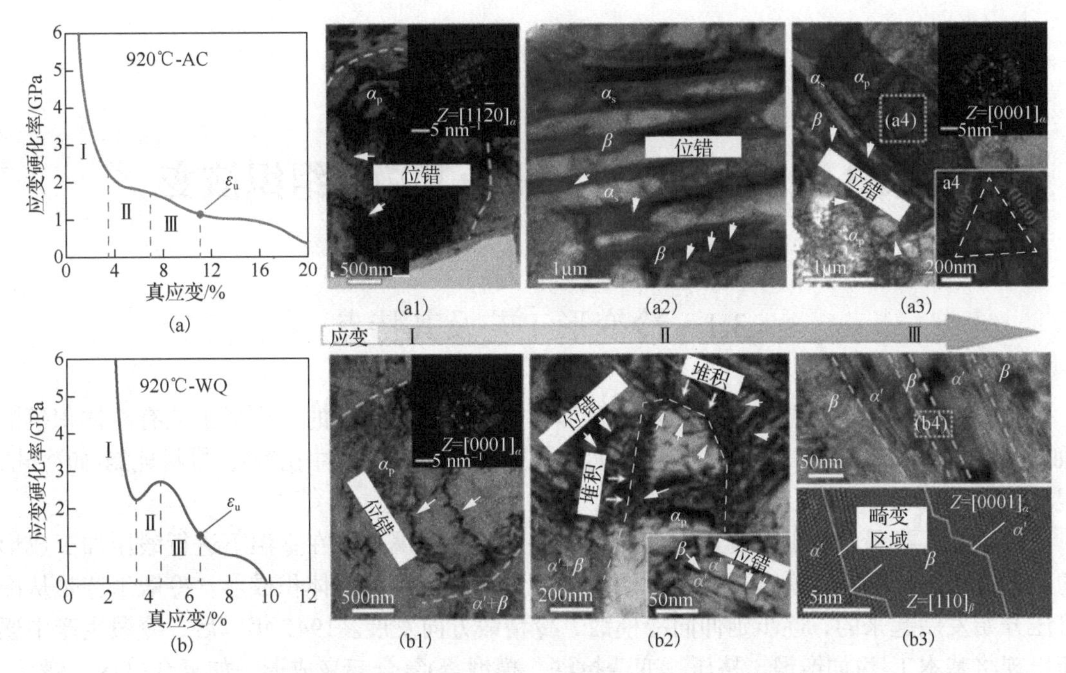

图 2.30　空冷和水冷钛合金的应变硬化率曲线及其微观机制

采用自主设计研发的低成本亚稳态 Ti-2.8Cr-4.5Zr-5.2Al(质量分数, %)合金作为基体材料，利用 Cr 和 Al 合金元素的扩散系数差异，实现了高密度的化学界面，构建了平均厚度约 20nm 的分层纳米马氏体。该合金具有 1.2GPa 的屈服强度，同时保持 12%的延伸率性。屈服强度的显著提高来自致密的纳米马氏体界面强化能力，而其较高延展性则来自等轴初生$\alpha(\alpha_p)$相辅助的分层三维α'/β片的多级应变硬化能力。团队提出的分层纳米马氏体工程策略不仅适用于钛合金，还可以应用于其他亚稳态合金，为超强韧性结构材料微观结构的设计提供了新途径。

第 3 章　金属塑性变形及其微观组织演变

3.1　冷变形工艺及其特点

金属材料在再结晶温度以下的塑性变形称为冷变形，常见的冷变形工艺有冷体积模锻(如冷镦、冷挤压、压印等)、板料冲压(如拉伸、落料、切边、冲孔等)、材料轧制(如冷轧、辊轧成形等)。

冷锻是人类最早的加工制造方法。冷锻一般是指金属材料在室温下进行锻压加工成形的工艺方法。冷锻包括镦锻、模锻和挤压等变形形式，属冷态体积成形。冷锻工艺是从冷挤压开始发展起来的，逐步延伸向冷模锻、冷精锻方向发展。1945 年以后，冷锻生产中逐渐出现将基本工序(如镦锻、挤压、变薄拉深、模锻等)复合起来成形，如复合挤压、镦挤、挤缩镦以及一些新的冷锻工艺与设备，如静液挤压等。冷锻成形是一种优质、高效、低消耗的先进制造技术，目前在汽车零部件的大批量生产中得到了广泛应用。冷锻工艺流程简单、生产率高，可大幅度地提高材料的利用率，降低生产成本，同时提高产品质量的稳定性。与热锻成形相比，冷锻成形在技术和经济效益上具有显著的优越性。采用冷锻工艺最主要的技术问题是金属在冷态下强度高，变形过程中有强化作用，变形抗力要比高温时大几倍到几十倍，塑性差，容易开裂。

冷冲压是在常温下利用冲模在压力机上对材料施加压力，使其产生分离或变形，从而获得一定形状、尺寸和性能制件的加工方法，图 3.1 为冲压过程简图。冷冲压技术的运用，模具是关键环节，模具制作工艺的发展和优化，确保了加工零件和成品的质量及品质，延长零件和成品的使用周期。此外，根据冷冲压技术的原理，工件的尺寸取决于所用模具的尺寸。冷冲压的基本工序可以根据技术特点分为两大类，即分离工序和变形工序。分离工序，即金属板料在冲压力的作用下，受到的应力超出板料所能承受的强度极限，进而发生断裂，所产生的断裂具有一定的规律性。变形工序，即金属板料在冲压力的作用下，受到的应力没有超出板料所能承受的强度极限，而是介于屈服强度极限和强度极限之间，在这种情况下，金属板料发生塑性变形，在模具的作用下形成所需的形态。在冲压过程中，使板料毛坯产生塑性变形的是作用于板面方向上相互垂直的两个主应力(记为经向应力和纬向应力)，根据塑性成形理论作出的冲压成形时的平面应力状态的应力图如图 3.2 所示。

冷冲压可以用于加工壁薄、质量轻、形状复杂、表面质量好、刚性好的制件。冷冲压件的尺寸公差由模具保证，具有“一模一样”的特征，因而产品质量稳定。冷冲压是少切削或无切屑加工方法之一，是一种省能、低耗、高效的加工方法，因而冲件的成本较低。冷冲压生产靠压力机和模具完成加工过程，其生产率高、操作简便、易于机械化与自动化。用普通压力机进行冲压加工，每分钟可达几十件，用高速压力机生产，每分钟可达数百件或千件。因为上述诸多优点，冷冲压工艺在机器制造业中得到了广泛的运用，现已成为汽车、拖拉机、电机、电器、仪器、仪表以及飞机、导弹、枪弹、炮弹和各种民用轻工业中的主要工艺之一。但值得注意的是，由于进行冲压成形加工必须具备相应的模具，而模具是技术密集型产品，其制造属单件小批量生产，具有加工难、精度高、技术要求高的特点，生产成本高，因此只有在冲压件生产批量大的情况下，冲压成形加工的优点才能充分体现，从而获得好的经济效益。

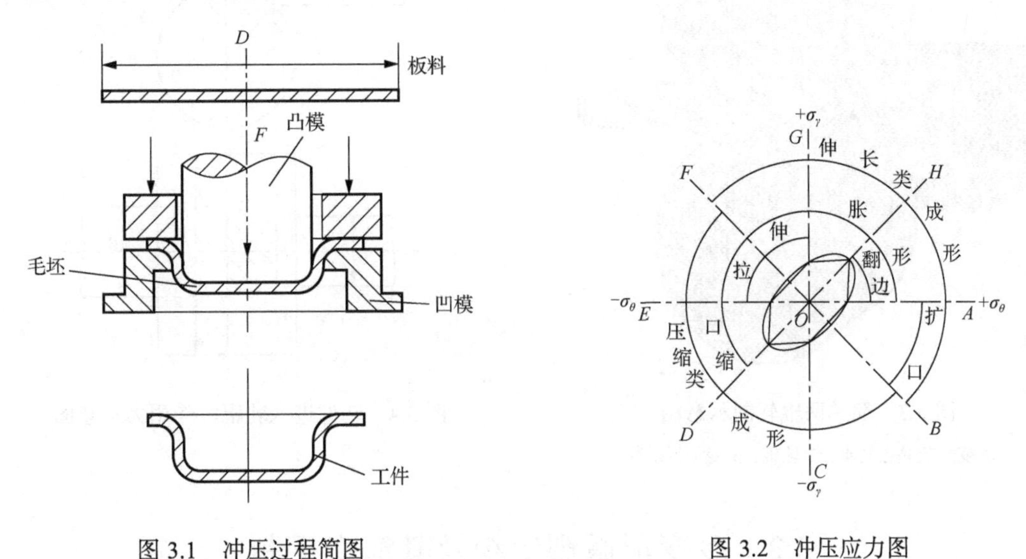

图 3.1 冲压过程简图

图 3.2 冲压应力图

冷轧是在再结晶温度以下，利用轧辊把金属坯料滚压成各种规格板材的加工方式，简单两辊轧制过程示意图如图 3.3 所示。在轧制过程中，轧辊对轧件的作用力同时产生两个效果：将轧件拖入辊缝同时使之产生塑性变形；在满足屈服条件的前提下，轧制过程是否开始取决于轧辊，是否能将轧件拖入辊缝。轧件进入轧辊时作用力示意图如图 3.4 所示，轧制过程中金属变形服从最小阻力定律。随着工业生产需要的不断提升，现代冷轧设备从最早的 2 辊轧机逐步发展到 4 辊、6 辊轧机，随着工业需求的发展，包括变形抗力和变形量的提高，又产生了 12 辊、14 辊、18 辊、20 辊、36 辊等机型。从机架数来讲，从早期的单机架可逆到连轧，包括 3、4、5、6、7 机架等，解决了大批量、高产能的问题。

连续冷变形引起的加工硬化使轧件的强度、硬度上升、韧塑指标下降，因此冲压性能将恶化，只能用于简单变形的零件。即轧制材料的加工硬化超过一定程度后，因过分硬脆而不适合继续轧制，因此往往在冷轧一定道次(或完成一定的压下量)后，首先需要进行软化热处理，以恢复轧件的塑性，降低变形抗力以便继续轧薄。同时，和其他金属塑性变形相比，冷轧的宽厚比最大，导致了板形控制难度大，冷连轧最薄规格为 0.15mm，最宽规格为 2000mm，宽厚比大于 10000。其次，冷态的金属变形抗力大，而厚度精度要求高，因此轧制力大，轧机弹性变形大，要求机架刚性大，同时，轧辊弹性变形大，要求辊系刚性大。轧制力大导致轧辊热膨胀和磨损大，要求冷却润滑充分。再次，为了防止跑偏，改善应力状态，降低轧制力，改善板形，需要带张力轧制。最后，产品厚度精度 1～5μm，板形精度小于 5I，表面精度不允许有任何瑕疵。这对设备的动态特性、变形环境及其检测和控制系统提出了较高要求。

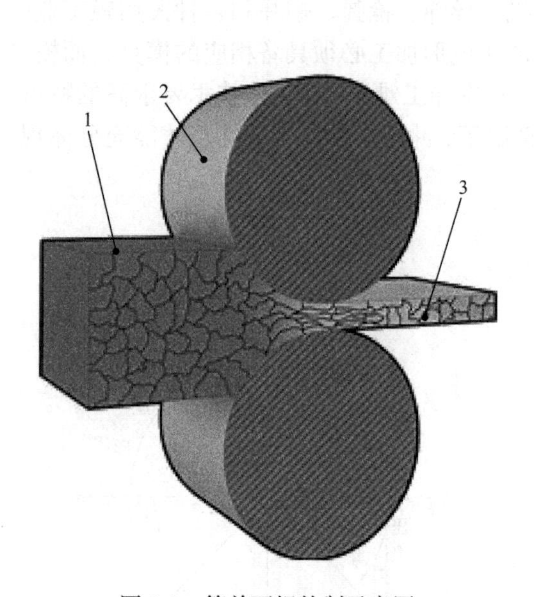

图 3.3 简单两辊轧制示意图

1-变形前晶粒轧辊；2-轧辊；3-变形后晶粒

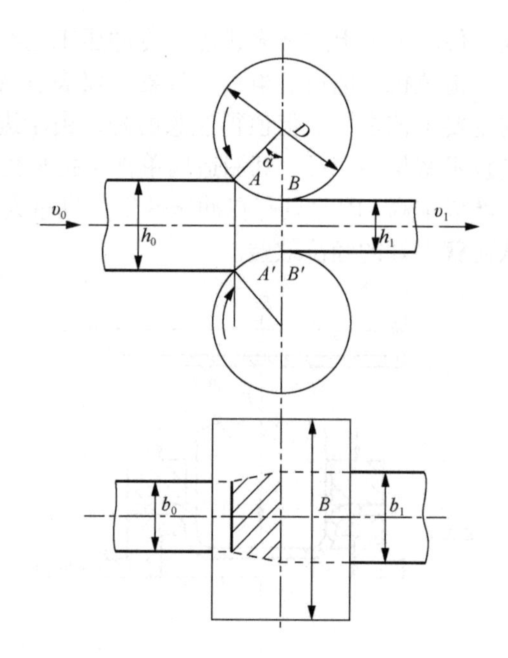

图 3.4 轧件进入轧辊时作用力示意图

3.2 冷变形微观组织及其演变机制

3.2.1 金属塑性变形机理

塑性变形所用的金属材料绝大部分是多晶体，其变形过程较单晶体复杂得多，这主要与多晶体的结构特点有关。多晶体是由许多结晶方向不同的晶粒组成的，每个晶粒可以看成一个单晶体，相邻晶粒彼此位向不同，但晶体结构相同。对于单个晶粒，其内部结晶学取向并不完全严格一致，而是有亚结构存在，即每个晶粒又是由一些更小的亚晶粒组成的。

晶界的结构与相邻两晶粒之间的位向差有关，一般可分为小角度晶界和大角度晶界。小角度晶界由位错组成，最简单的情况是由刃型位错垂直堆叠而构成的倾斜晶界。实际多晶体金属通常都是大角度晶界，其晶界结构很难用位错模型来描述，可以笼统地将其看成原子排列混乱的区域，并在该区域内存在较多的空位、位错及杂质。因此，晶界呈现出许多不同于晶粒内部的性质，例如，室温时晶界的强度和硬度高于晶内。

多晶体由多个取向不同的晶粒组成，晶粒间存在晶界，因此多晶体的塑性变形包括晶粒内部变形(晶内变形)和晶界变形(晶间变形)。晶内变形的主要方式和单晶体一样，为滑移和孪生。滑移变形是主要的变形机制，孪生变形是次要的，一般仅起调节作用。但在体心立方金属特别是密排六方金属中，孪生变形也起着重要作用。

晶间变形的主要方式是晶粒之间的相互滑动和转动，如图 3.5 所示，多晶体受力变形时，沿晶界处可能产生切应力，当此切应力足以克服晶粒彼此间相对滑动的阻力时，便发生相对滑动。另外，由于各晶粒所处位向不同，其变形情况及难易程度亦不相同，这样，在相邻晶粒间必然引起力的相互作用，从而可能产生一对力偶，造成晶粒间的相互转动。

对于晶间变形不能简单地看成晶界处的相对机械滑移，而是在晶界附近具有一定厚度的区域发生应变。这一应变是晶界沿最大切应力方向进行的切应变，切变量沿晶界不同点是不同的，即使在同一点上，不同的变形时间，其切变量亦是不同的。

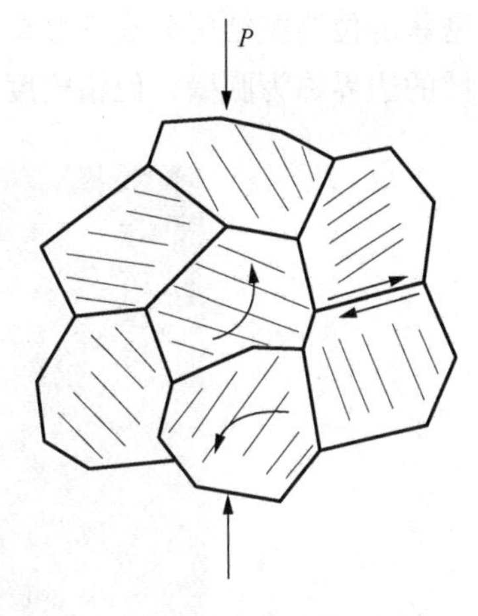

图 3.5　晶粒之间的滑动和转动

在冷变形条件下，多晶体的塑性变形主要是晶内变形，晶间变形只起次要作用，而且需要有其他变形机制相协调。这是由于晶界强度高于晶内，其变形比晶内困难。而且晶粒在生成过程中，各晶粒相互接触形成相互交错状态，造成对晶界滑移的机械阻碍作用，如果发生晶界变形，容易引起晶界结构的破坏和裂纹的产生，因此晶间变形量只能是很小的。

3.2.2　冷变形的微观组织特征

位错等缺陷密度的增加是冷变形组织变化的特点之一。冷变形过程中，随着变形量增大，位错增多，位错密度增大。退火态的金属，典型的位错密度值是 10^5～10^8cm^{-2}，而大变形后的典型数值是 10^{10}～10^{12}cm^{-2}。通过实验得到的位错密度 ρ 与流变应力 σ 之间的关系为

$$\sigma = \alpha G b \rho^{\frac{1}{2}}$$

式中，α 为 0.2～0.3 的常数；G 为剪切模量；b 为伯氏矢量大小。

除了位错以外，冷变形产生的缺陷还有空位、间隙原子、堆垛层错、孪晶界、亚晶界等。如图 3.6 所示，冷变形产生的这些缺陷对金属构件继续变形中位错滑移产生阻碍，即形变强化提高金属的强度。

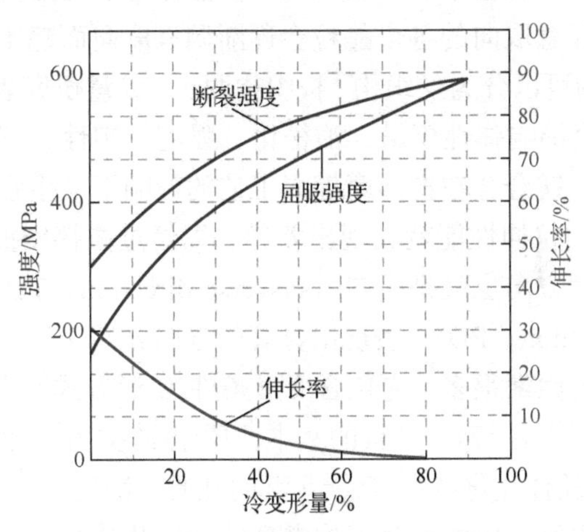

图 3.6　金属强度和冷变形量的关系

形成位错胞状结构是冷变形组织演变的又一特点。胞状结构是指变形的各种晶粒中，被密集的位错缠结区分成许多单个的小区域，小区域的内部，位错密度较低，称为胞子。区域的边界称为胞壁，位错密度最大。铁在室温变形的胞状结构如图 3.7 所示。

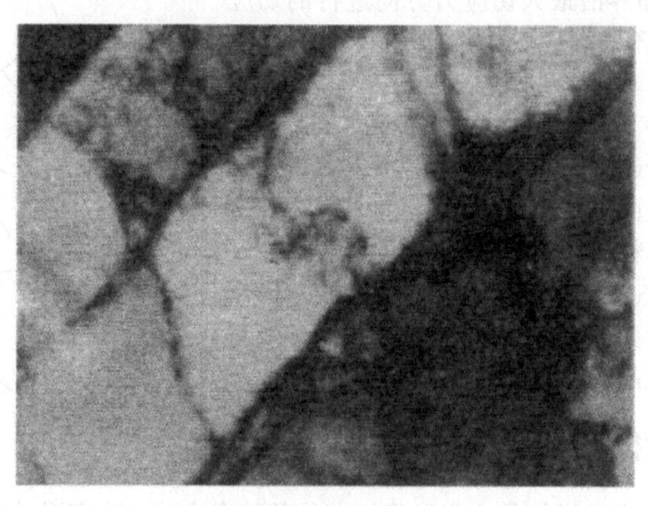

图 3.7　铁在室温变形的胞状结构

影响胞状结构形成的因素主要有层错能、空位、第二相质点、变形条件等。层错能高的金属，其螺型位错易于交滑移，位错密度低，便于排成胞壁结构。空位的增多，可能使位错源增多，位错密度增大，位错运动受到阻碍，不易排列成胞壁，形成胞状结构所需要的变形量就要增大。第二相质点对胞状结构的影响是，间距大的粗质点促进胞状结构的形成(起着位错源的作用)，细小的第二相阻碍胞状结构的形成。变形温度对胞状结构的形成有很大影响，变形温度降低，位错密度增大，胞内位错的数目增多，形成胞状结构的倾向降低。增加应变速率有与降低变形温度相类似的效果。

金属材料冷变形过程中也会形成形变织构。多晶体塑性变形时，伴随着晶粒的转动，当变形量较大时，原为任意取向的各个晶粒会逐渐调整取向而趋于一致，使得晶粒具有择优取向的组织。形变织构可以分为丝织构、板织构两类。大量研究表明，材料的性能 20%～50%受织构影响，织构会影响弹性模量、泊松比、强度、韧性、塑性、线膨胀系数等多种材料的力学性能。例如，镁合金在搅拌摩擦焊工艺的影响下产生强烈的基面织构，从而材料的不同部位不同方向的拉伸性能就表现出差异。以经过搅拌摩擦焊(FSW)工艺处理的样品为例，材料在样品宽度方向也就是横向(transverse direction，TD)的拉伸强度要显著高于加工方向(processing direction，PD)，表现出显著的各向异性。

影响形变织构类型的因素很多。它包含变形条件(变形方式、应力状态、变形温度、应变速率和变形程度、润滑条件等)、材料的基本性质(点阵类型、化学键性质、层错能、原始织构和晶粒大小等)以及合金化特点(合金元素的性质、浓度、相状态)等。由此可见，各种具体的塑性变形过程中所形成的形变织构类型的分析及其控制，是非常复杂的问题。如图 3.8 所示，通过 EBSD 技术观测了 AZ31 镁合金压缩过程中形变织构的演变过程。

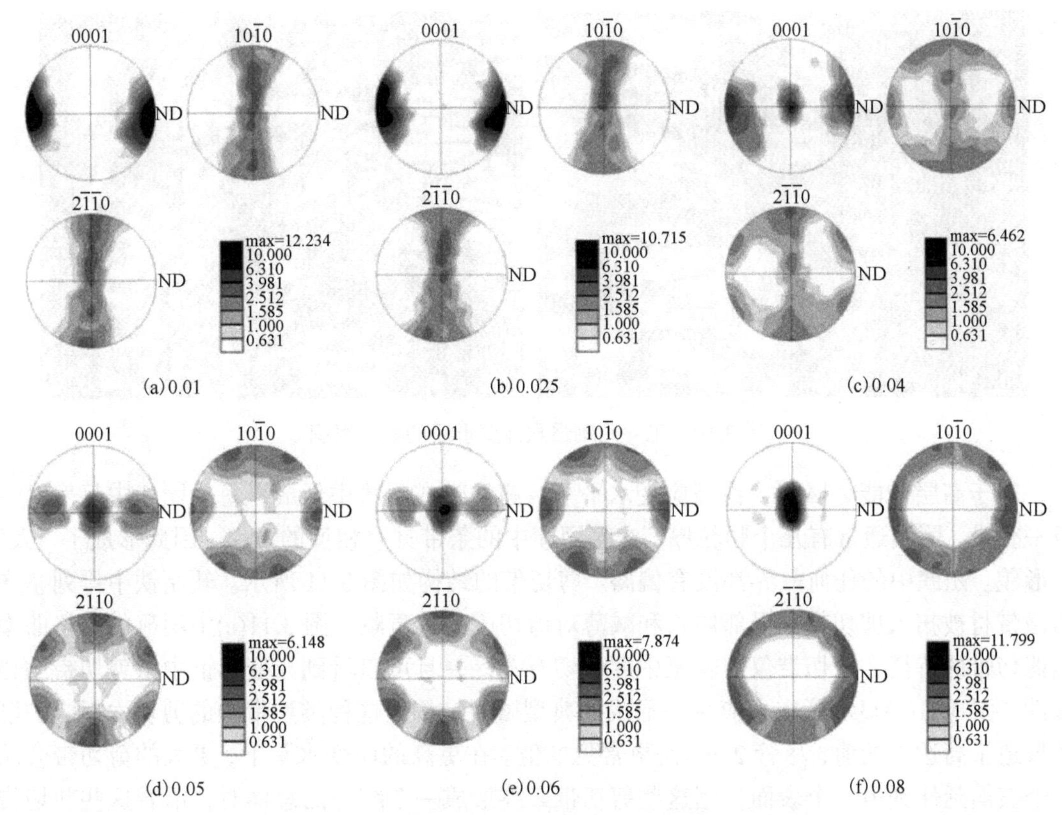

(a) 0.01 (b) 0.025 (c) 0.04

(d) 0.05 (e) 0.06 (f) 0.08

图 3.8 TD-RD 压缩 AZ31 样品形变织构演变的极图

变形的组织变化还包括形成纤维状组织，即原来近似为球形的晶粒沿主应变方向产生相近的变形，被拉长、拉细或压缩，如图 3.9、图 3.10 所示。应变越大，晶粒形状变化越大。第二相颗粒在延伸方向拉长拉碎呈链状排列，即形成纤维状组织。

此外，剪切带是一类广泛存在的塑性变形局部化失稳现象，具有特征厚度的剪切带是一种远离平衡态的动态耗散结构，其涌现与演化是材料内部多种速率依赖耗散过程高度非线性耦合控制的时空多尺度问题。剪切带对应强烈剪切的狭窄区域，这些区域独立于晶粒结构，也独立于正常的晶体学考虑。

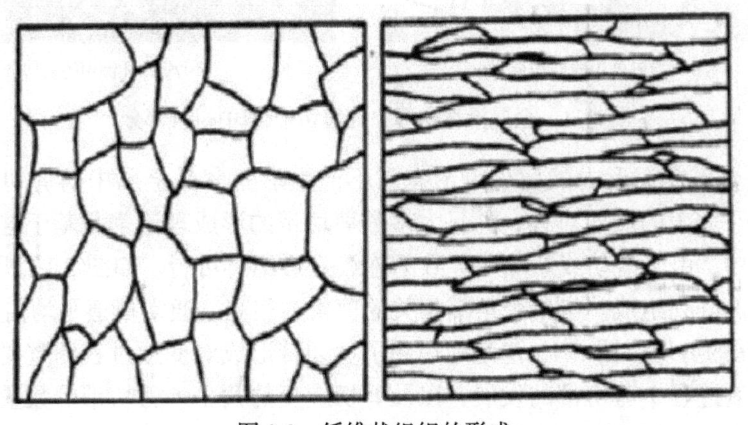

图 3.9 纤维状组织的形成

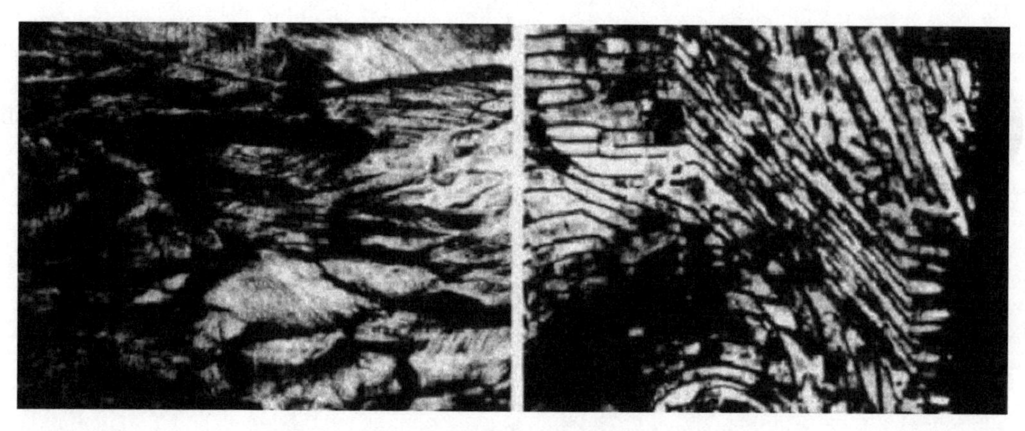

图 3.10　工业用钢强烈冷变形后的微观组织

对于高层错能金属铜，在高应变水平下，剪切带在团簇中形成，每个团簇中只发育一组平行带。团簇通常有几个颗粒厚，交替团簇中的条带具有相反的意义，因此形成了“人”字形貌。团簇中的任何晶界都没有偏离。剪切带的结构如图 3.11 所示。轧制铁中排列整齐的微带材被扫入剪切带，局部伸长和减薄对剪切应变有贡献。图 3.11(a)中明显的晶格曲率是剪切带的特征，剪切带仅与轻至中度剪切有关，并且可以看到与变形铜中微剪切带的相似性。图 3.11(b)显示了在大应变下形成的典型微观结构。这种类型带中的剪切力很大，已经报道了高达 6 的值，尽管 2～3 是更常见的值。在更高的应变水平下，更大的剪切带会从一个表面延伸到另一个表面，当这些剪切带最终形成一个统一的总体时，沿着这些剪切带发生破坏。

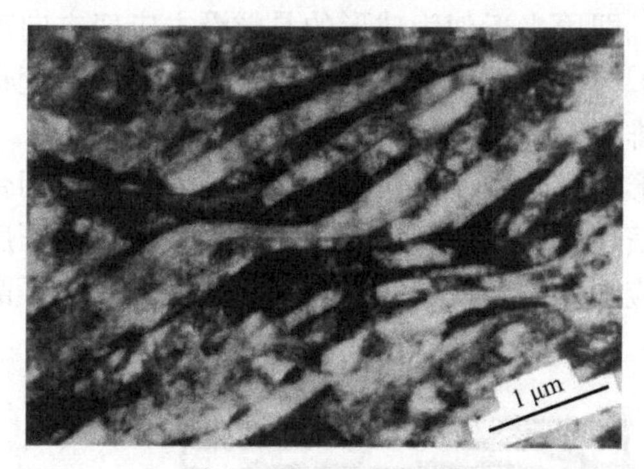

(a) 85%冷轧铁中的剪切带

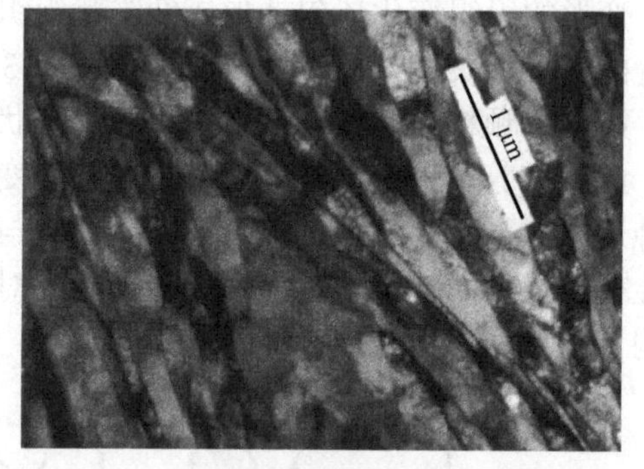

(b) 97%冷轧铜中的剪切带

图 3.11　金属滑移变形中的剪切带(图中扭折部分)

低层错能金属在变形中的剪切带形态与不产生形变孪晶金属中的剪切带形态大不相同。孪晶是几乎完美的晶面对称，并且大多数剪切带的形成理论都是基于这样的假设：在这种对称结构中，由于滑动或孪晶而导致的连续变形不再可行。如图 3.12 所示，条带本身由非常小的微晶阵列组成。与单个条带相关的剪切力很高，通常报道平均值为 3～4，但有时发现高达 10 的剪切。图 3.13 清楚地说明了剪切带形成对变形过程的重要性。图中显示了在随后的轧制过程中剪切带的发展，以及剪切应变的大小。剪切带的数量随着应变迅速增加，在 $0.8<\varepsilon<2.6$ 范围内剪切带的形成似乎是主要的变形模式，在后一个应变水平，只

有少量孪晶材料残留。对于高层错能材料，进一步的变形会导致形成大的全厚度剪切带，并最终沿着这些剪切带断裂。

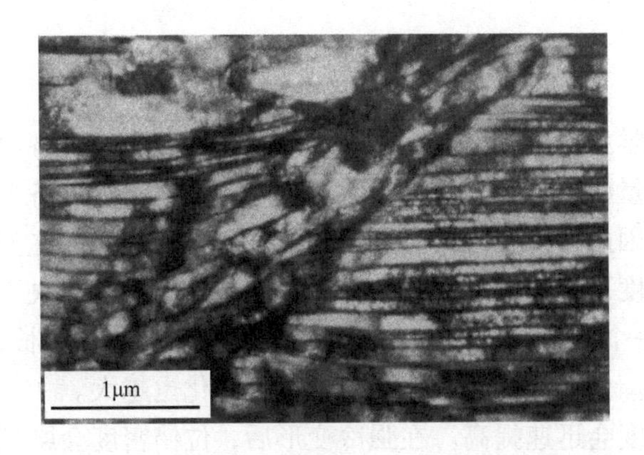

图 3.12　(110)[111]铜单晶在 77K 时冷轧 65%，孪晶变形的剪切带(图中扭折部分)中内部微晶结构

图 3.13　70∶30 黄铜以 50%、10%两次轧制后的组织图(TD 平面截面)

3.2.3　塑性变形过程中晶粒的分裂与碎化

晶粒塑性变形行为的微观机理有滑移、孪生及扭折。而滑移是大多数塑性变形的主要机制之一，位错结构是组成形变组织结构的基本单元。塑性变形的不均匀性是位错滑移机制的内在属性，是由局部滑移产生的普遍现象。拉拔过程中，形变组织结构在若干长度尺度上发生分裂：样品尺度的宏观分裂和晶粒在位错墙及位错胞(dislocation cells)尺度的微观分裂。

对于 BCC 金属样品尺度的宏观分裂，早在 1963 年，Walter 等深入研究了(100)[001]Fe-3%Si 单晶在形变过程中的分裂行为，冷轧 70%后观察到了单晶样品分裂成不同取向的形变带和过渡带，不同取向的形变带之间由过渡带来协调。形变带由取向差较小的近似互相平行排列的几何必须位错(geometrically necessary boundaries，GNBs)位错界面组成，而过渡带由等轴的位错胞组成，两侧形变带之间的不同取向由其间位错胞的取向连续发生变化的方式来协调。

有学者曾对 BCC 结构的多晶纯铁在拉伸条件下的晶粒分裂行为进行了较系统的研究：用光学干涉显微镜研究拉伸微小应变量时试样抛光表面的滑移线形貌，指出真应变为 0.02 时晶粒已经分裂成形变带结构；同时把晶粒内部的形变带、晶界附近的应变协调滑移及微剪切带归纳为不均匀应变，并测定了滑移线穿越晶界晶粒的百分比。随着应变量增大、晶粒尺寸越大滑移线穿越晶界晶粒的比率越大，这说明大晶粒的晶界附近应变不均匀性更明显。同时指出，在抛光表面产生的滑移线与 TEM 显微组织结构形貌具有较好的对应性。但这些研究并没有与晶体取向直接联系起来。

纯 Al 柱状晶沿晶粒轴向轧制从宏观和微观上的变形机制研究发现，宏观分裂时，金属分裂为基带(base band)和过渡带(transition band)。影响微观组织结构演变的最主要因素有晶体取向和晶界等。对多晶和单晶的研究表明，不同取向的晶粒以及单晶由于滑移特征不同，宏观分裂行为也不同。微观分裂时，晶粒分裂为胞块(cell blocks)结构，胞块内部由位错胞构成。胞块四周由 GNBs 的位错界面构成，位错胞的胞壁由附带位错边界(incidental dislocation boundaries，IDBs)的位错界面构成。

3.2.4 冷塑性变形的微观组织演变

多晶体金属经过冷塑性变形后，用光学显微镜观察抛光和腐蚀后的试样，可以发现原来的等轴晶沿着主变形方向被拉长。变形量越大，拉长程度越大。随着变形量增大，各个晶粒已不能很清楚地辨别，呈现纤维状。因此，冷变形的金属组织，只有沿着最大的主变形方向取样观察，才能反映出最大变形程度下金属的纤维组织。晶粒被拉长的程度取决于主变形途径和变形程度。两个方向压缩和一个方向拉伸的主变形途径最有利于晶粒的拉长，其次是一向压缩和一向拉伸的主变形途径。变形程度越大，晶粒形状的变化也越大。

随着冷变形的进行，金属中的位错密度会迅速提高。在强冷变形后，位错密度会剧烈增长。经过透射电子显微镜的观察，发现这些位错在变形晶粒中的分布是很不均匀的。只有在变形量较小或者层错能低的金属中，位错才难以产生交滑移和攀移。在位错可动性差的情况下，位错的分布才是比较分散和比较均匀的。在变形量大而且层错能较高的金属中，位错的分布是很不均匀的。纷乱的位错纠结起来，形成位错缠结的高位错密度区(约比平均位错密度高五倍)，将位错密度低的部分分隔开，好像在一个晶粒的内部又出现许多“小晶粒”一样，只是它们的取向差不大(一般都不大于 20)，这种结构称为亚结构。实际上，亚结构是位错缠结的空间网络，其中高位错密度的位错缠结形成了胞壁，而胞内晶格畸变较小，位错密度很低。尽管看起来许多胞壁的排列是无规则的，但分析表明它们有尽量平行于低指数晶面排列的倾向。在面心立方金属中发现的这些低指数面是{100}、{110}和{111}，而且胞壁以复杂的扭转晶界形式出现。通常在 10%左右的变形时，就很明显地形成了胞状亚结构，当变形量不太大时，随着变形量的增大，胞的数量增多，尺寸减小，而胞壁的位错变得更加稠密，胞间取向差也逐渐增加。假如经过强烈的冷变形，胞的外形也沿着最大主变形方向被拉长，形成大量排列很密的长条状的“形变胞”。

亚晶粒尺寸的大小、完整程度和亚晶间的取向差随着材料的纯度、变形量和变形温度而不同。当材料含有杂质和第二相时，在变形量大和变形温度低的情况下，所形成的亚晶小，亚晶间的取向差大，亚晶的完整性差(即亚晶内晶格的畸变大)；相反情况下所产生的亚晶，其完整性好且尺度较大。冷变形过程中，亚结构的形成是许多金属(如铜、铁、钼、钨、钽、铌等)普遍存在的现象。一般认为亚结构对金属的加工硬化起重要作用，由于各晶粒的方位不同，其边界又为大量位错缠结，对晶粒内部的进一步滑移起阻碍作用。对于低层错能金属，如不锈钢和黄铜等，由于扩展位错很宽，位错灵活性差，这些材料中易观察到位错的塞积群，不易形成胞状亚结构。

3.3 热变形工艺及其特点

金属在再结晶温度以上的变形称为热变形，变形后，金属具有再结晶组织而无加工硬化现象。金属只有在热变形的情况下，才能以较小的功达到较大的变形，加工尺寸较大和形状比较复杂的工件，同时获得力学性能好的再结晶组织。但是，热变形是在高温下进行的，因此金属在加热过程中表面容易形成氧化层，而且产品的尺寸精度和表面品质较低，劳动条件较差，生产效率也较低。自由锻、热模锻、热轧、热挤压等工艺都属于热变形方法。

自由锻造是利用冲击力或压力使金属在上下砧面间各个方向自由变形，不受任何限制而获得所需形状及尺寸和一定力学性能锻件的一种加工方法，简称自由锻。对自由锻的用途而言，小型锻件以成形为主，大型锻件(尤其是重要件)和特殊钢以提高内部质量为主。钢锭经过锻造，粗晶被打碎，非金属夹杂物及异相质点被分散，内部缺陷被锻合，致密程度高，流线分布合理，综合力学性能大大提高。

自由锻工艺包括基本工序、辅助工序和修整工序。基本工序包括镦粗拔长、冲孔、扩孔和锻焊等。辅助工序是为了配合基本工序使坯料预先变形的工序，如钢锭倒棱、预压钳把、分段压痕。修整工序安排在基本工序之后，用来修整锻件的尺寸和形状。

自由锻具有设备的通用性好、工具简单、灵活性大等特点，而且可锻小到不足 1kg，大可到几百吨的锻件，且大型锻件的组织致密、力学性能好。自由锻主要用于单件、小批量生产，且是生产大型和特大型锻件的唯一方法。但自由锻也存在锻件形状简单、加工余量大、精度低、操作技术要求高、生产率低、劳动强度大等缺点。

热模锻是锻造工艺技术的一种，一般是指将金属毛坯加热至高于材料再结晶温度后，利用模具将金属毛坯塑性成形为锻件形状和尺寸的精密锻造方法。根据锻造工艺的不同，热模锻可以分为单工序热模锻和多工位热模锻。单工序热模锻一般采用摩擦压力机、机械压力机、锤、油压机等压力加工设备进行锻造，以人工方式取放工件；多工位热模锻一般是采用热模锻压力机进行锻造，送料一般采用步进梁机械手以提高生产效率和送料精度。此外，根据有无飞边的不同，还可以分为闭式热模锻和开式热模锻。

热模锻工艺具有如下的优点：由于有模膛引导金属的流动，锻件的形状可以比较复杂；锻件内部的锻造流线按锻件轮廓分布，从而提高了零件的力学性能，延长了零件的使用寿命；操作简单，易于实现机械化，生产率高。

冷轧是在再结晶温度以下进行的轧制，而热轧是在再结晶温度以上进行的轧制。热轧与冷轧具有类似的一些特点，如生产效率高、产品质量好、金属消耗少、生产成本低以及适合大批量生产。然而，如图 3.14 所示，热轧所涉及的微观组织较冷轧更加复杂。轧制时金属在两辊缝间发生塑性变形的区域称为轧制变形区，该区域是轧件与轧辊的接触弧，轧件进入轧辊垂直断面和出口垂直断面所围成的区域，该区域主要牵涉的一个重要指标就是变形区长度，该长度直接影响轧制时的金属流动。热轧的方式很多，但是最常见也最简单的就是纵轧，也就是采用顺着铸锭长度方向进行轧制的方式，在轧制过程中主要是轧辊、

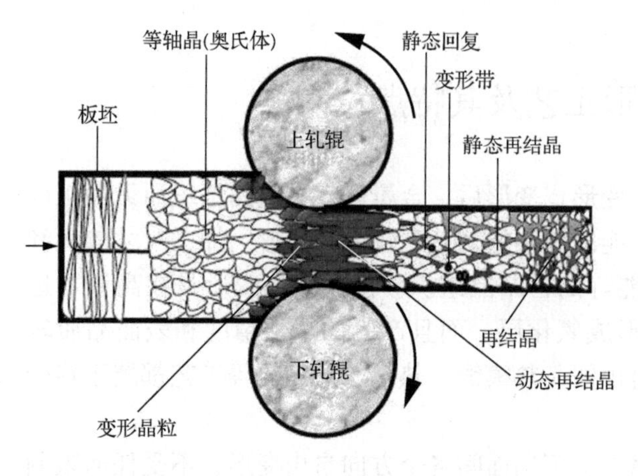

图 3.14　热轧及相关微观组织示意图

轧件和乳液三者之间相互作用的过程，另外还有辊缝外的立辊辊边轧制、卷取张力控制等。

热轧具有如下特点：

(1) 能耗低，塑性加工良好，变形抗力低，加工硬化不明显，易于进行轧制，减少了金属变形所需的能耗。

(2) 热轧通常采用大铸锭、大压下量轧制，生产节奏快，产量大。

(3) 通过热轧将铸态组织转变为加工组织，通过组织的转变使金属材料的塑性大幅度提高。

(4) 轧制方式的特性决定了轧后板材性能存在各向异性，一是材料的纵向、横向和高向有明显的性能差异，二是存在变形织构和再结晶织构，在冲制性能上存在明显的差异。

影响热轧的因素主要有轧辊的各项参数、热轧温度、轧制速度以及热轧压下制度。轧辊影响的主要参数为辊型和表面粗糙度，热轧机的辊面粗糙度的选择要求既要有利于咬入，防止轧制过程中打滑，又要防止因辊面粗糙而影响产品表面质量。热轧温度包括开轧温度和终轧温度，开轧温度的确定主要是根据合金相图中固相线温度确定，一般控制在 80%左右，而终轧温度的确定要根据合金的塑性图确定，一般要求控制在合金的再结晶温度以上。对于轧制速度，生产中一般根据不同的轧制阶段确定不同的轧制速度，如开始轧制阶段、平铺阶段、卷取阶段等，不同的阶段可采用不同的速度进行轧制。热轧压下制度的确定主要包括热轧总加工率和道次加工率的确定。

将金属材料加热到再结晶温度以上的某个温度进行的挤压为热挤压。热挤压工艺的主要过程依次为坯料准备、坯料加热、挤压成形(预成形、终成形)、后续工序(冲孔、校正或精压)、挤压件热处理、表面处理、精加工。热挤压的基本形式有正挤压和反挤压。金属材料在稳流阶段(基本挤压加工阶段)的受力状态如图 3.15 所示，包括挤压筒壁、模子锥面和定径带表面作用在金属材料上的正压力和摩擦力，以及挤压轴通过挤压垫片作用在金属材料上的挤压力。这些外力因挤压方式不同而异。

不同挤压条件下，接触表面的应力分布也不相同，且不一定按线性变化，但用测压针测定筒壁和模面受力情况的试验结果表明，当挤压加工条件不变时，各处的正压力在挤压过程中基本不变。基本挤压阶段变形区内部的应力分布也是非常复杂的，大量的实验结果表明，轴向应力 σ_z，就其绝对值大小而言，在靠近挤压轴线的中心部小，而在靠近挤压筒壁的外周大；剪切应力在中心线(对称轴)上为 0，沿半径方向至坯料与挤压筒(或挤压模)接触表面

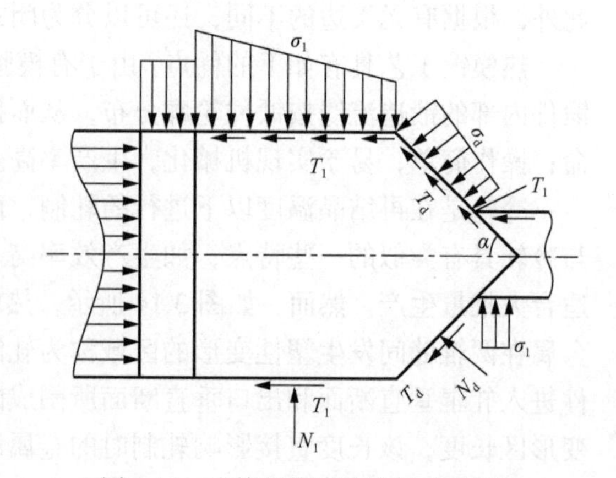

图 3.15　正挤压稳流阶段受力分析图

成非线性变化；沿挤压方向的逆向，各应力分量的绝对值随着离开挤压模出口距离的增加而增大。

与冷挤压相比，热挤压时金属塑性好，降低了变形抗力，总挤压力大大下降，热挤压时可以连续成形，有利于提高生产效率。但同时，由于热挤压在较高的温度下成形，对模具材料的耐热性提出了较高的要求，而且热挤压件的表面质量不佳，尺寸精度较低，而且热挤压后工件往往需要热处理。

3.4　热变形微观组织及其演变机制

在热塑性变形过程中，回复、再结晶与加工硬化同时发生，加工硬化不断被回复或再结晶所抵消，而使金属处于高塑性、低变形抗力的软化状态。

3.4.1　热塑性变形中的软化过程

热塑性变形中的基本软化过程包括静态回复、静态再结晶、动态回复、动态再结晶、亚动态再结晶以及晶粒长大等(图 3.16)。其中，动态回复和动态再结晶是发生在变形过程中的回复和再结晶过程，静态回复和静态再结晶则在变形的间歇期或热变形后发生，亚动态再结晶是动态再结晶形成的晶核在一定的条件下不经过孕育期而直接长大的过程。

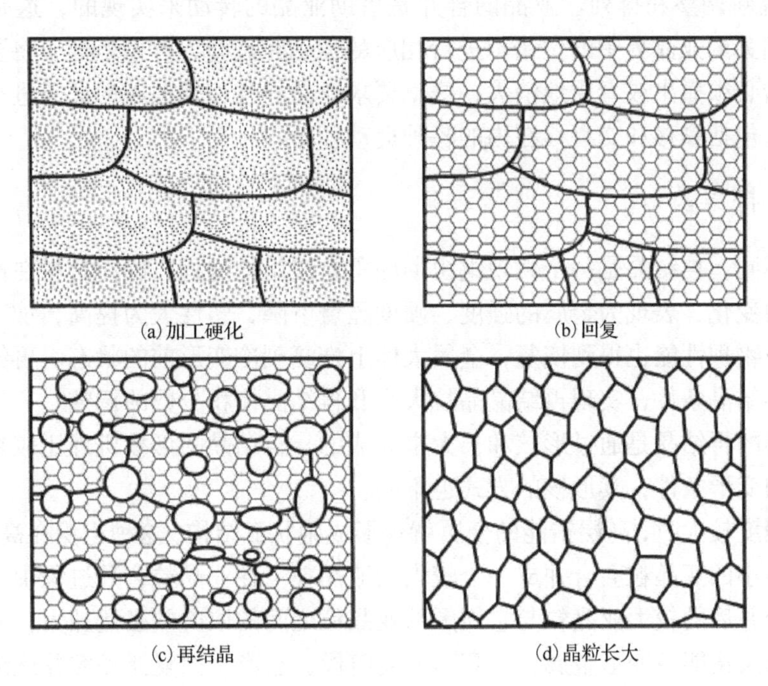

(a) 加工硬化　(b) 回复　(c) 再结晶　(d) 晶粒长大

图 3.16　热变形中的硬化、软化机制示意图

1. 静态回复

热变形的软化过程与变形温度、应变速率、变形程度以及金属本身的性质等因素密切

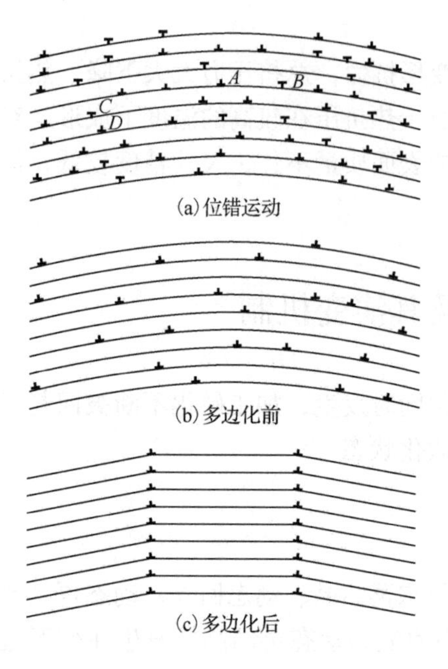

图 3.17　回复机制原理图

相关。例如，高层错能金属在热轧变形程度比较小(50%)时，先发生动态回复，随后发生静态回复。回复的机理随回复温度的不同而有差别：低温回复时，回复的主要机理是空位的运动和空位与其他缺陷的结合，如空位与间隙原子的结合，空位与间隙原子在晶界和位错处沉没，结果使得点缺陷的密度下降(图 3.17)。中温回复时，除上述的点缺陷运动外，还包括位错团内部位错的重新组合或调整、位错的滑移和异号位错的相互抵消，其结果使得位错团厚度变薄，位错网络更加清晰整齐，亚晶界趋向二维晶界，晶界的位错密度有所下降，而且亚晶界的移动使得亚晶粒缓慢长大。高温回复时，会出现位错的攀移、亚晶粒的合并和多边形化。位错的攀移和滑移相结合，可以进一步使得处于不同滑移面上的异号位错抵消，并使得一个区域内的同号位或异号位错间按较稳定的形式重新调整和排列。亚晶的合并是借助亚晶的转动来实现的，这是一个复杂的运动，要求相关的亚晶界中的位错都进行相应的运动和调整，首先是处于将要合并的亚晶界面上的位错必须撤出或者原地消失，这就要求亚晶界及相邻区域的原子进行扩散，并且要求位错进行包括攀移和交滑移在内的各种运动。

2. 静态再结晶

与回复不同，再结晶是一个微观组织彻底重新改组的过程，因而材料在性能方面也发生了根本性的变化，表现为金属的强度、硬度显著下降，塑性大为提高，加工硬化和内应力完全消除，物理性能也得到恢复，金属大体上恢复到冷变形前的状态。再结晶可以通过控制变形和再结晶条件，实现再结晶晶粒大小和再结晶体积分数的调整。

金属材料的再结晶是通过形核和长大来完成的，再结晶的形核机理比较复杂，不同的金属和不同的变形条件，其形核的方式也不同。

当变形程度较大时，高层错能的金属就会形成胞状亚结构，这种组织在高温回复阶段，两个取向差很小的亚晶粒会合并成一个较大的亚晶粒。在亚晶粒合并过程中，亚晶粒必须转动，于是合并后的较大亚晶粒与它周围的亚晶粒之间的取向差必然加大，变成了大角度晶界。对于低层错能冷变形金属，在高温回复阶段，会产生回复亚晶粒并逐渐长大。在此过程中，它与周围亚晶的取向差也逐渐增大，亚晶界变成了大角度晶界，当进一步提高加热温度时，由它所包围的亚晶粒即成为再结晶核心。

再结晶形核后，晶界的迁移使晶粒长大。晶界迁移的驱动力是再结晶晶核与周围变形基体之间的畸变能差，畸变能差越大，晶界迁移速度就越快。通常新生成的再结晶晶核的畸变能很低，与平衡状态相当，而它周围处于高能量的畸变状态。由于此时金属处于高温状态，周围点阵上的原子就会脱离其畸变位置向外，即向畸变能高的基体中扩散，并按照晶核的取向排列，从而实现晶界的迁移和晶粒的长大。从热力学的观点来说，这是一个自发的趋势，当生长着的再结晶晶粒相互接触时，晶界两侧的畸变能差变为零，以畸变能差为动力的晶界迁移便停止，再结晶过程结束。

再结晶过程完成后，金属正处于较低的能量状态，但从界面能的角度看，细小的晶粒合并成粗大的晶粒，会使得总晶界面积减小、晶面能降低，组织趋于稳定。因此，当再结晶过程完成之后，若继续升高温度或延长加热时间，晶粒还会继续长大，即晶粒的长大阶段。加热温度越高或加热时间越长，晶粒的长大就越明显。

3. 动态回复

动态回复是在热塑性变形过程中发生的回复，在它未被认知之前，一直被错误地认为再结晶是热变形过程中唯一的软化机制。事实上，一些金属即使在远高于再结晶温度的温度下塑性加工时，一般也只发生动态回复，且对于有些金属，即使其变形程度很大，也不发生动态再结晶。因此，动态回复在热塑性变形的软化过程中占有很重要的地位。

研究表明，动态回复主要是通过位错的攀移、交滑移等来实现的。对于铝及铝合金、铁素体钢以及密排六方金属锌、镁等，由于它们的层错能高，变形时扩展位错的宽度窄、集束容易，位错的交滑移和攀移容易进行，位错容易在滑移面间转移，而且异号位错相互抵消，结果使位错密度下降，畸变能降低，不足以达到动态再结晶所需的能量水平。因此，这类金属在热塑性变形过程中，即使变形程度很大、变形温度远远高于静态再结晶的温度，也只发生动态回复，而不发生动态再结晶，即动态回复是高层错能金属热变形过程中唯一的软化机制。

金属在热变形时，若只发生动态回复的软化过程，其真应力-真应变曲线如图3.18所示。曲线大体分为三个阶段，第Ⅰ阶段为微变形阶段，此时应变速率从零增加到实验所要求的恒定应变速率，曲线呈直线状。当达到屈服点(a 点)后，变形进入第Ⅱ阶段，真实应力因加工硬化而增加，但加工硬化速率逐渐降低。最后进入第Ⅲ阶段(b 点)，为稳定变形阶段，此时，加工硬化被动态回复所引起的软化过程所消除，即由变形所引起的位错增加的速率和动态回复所引起的位错消失的速率几乎相等，达到了动态平衡，因此这段曲线接近水平线。

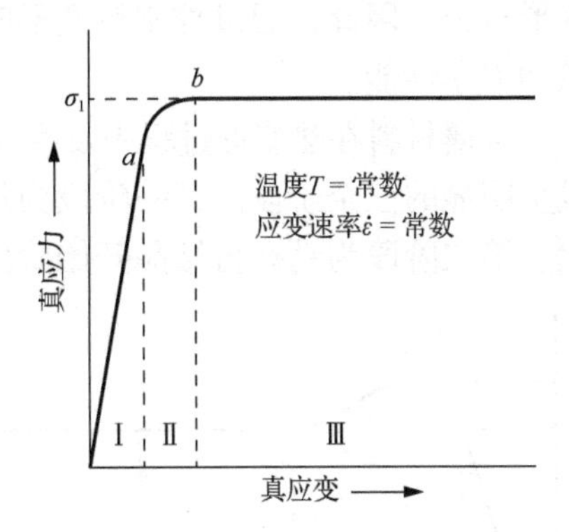

图3.18　动态回复的真应力-真应变曲线

当高温变形金属只发生动态回复时，其组织仍然为亚晶组织，金属中的位错密度还相当高。若变形后立即进行热处理，则能获得变形强化和热处理强化的双重效果，使工件具有较变形和热处理分开单独进行时更良好的综合力学性能。这种把热变形和热处理结合起来的方法，称为高温变形热处理。

4. 动态再结晶

动态再结晶(dynamic recrystallization，DRX)是在热塑性变形过程中发生的再结晶。动态再结晶容易发生在层错能较低的金属且热变形量很大时。这是因为层错能低，其扩展位错宽度就大，集束成特征位错困难，不易进行位错的交滑移和攀移，而已知的动态回复主要是通过位错的交滑移和攀移来完成的，这就意味着这类材料动态回复的速率和程度都很低，材料中的一些区域会积累足够高的位错密度差(畸变能差)，且由于动态回复不充分，所形成的胞状亚结构尺寸较小、边界不规整，胞壁还有很多的位错缠结，这种不完整的亚组织正好有利于再结晶形核，所有这些都有利于动态再结晶的发生。动态再结晶需要一定的驱动力(畸变能差)，低层错能材料在热变形过程中，动态回复尽管不充分但毕竟随时在进行，畸变能也随时在释放，因而只有当变形程度远高于静态再结晶所需的临界变形程度时，畸变能差才能积累到再结晶所需的水平，动态再结晶才能启动，否则也只能发生动态回复。

动态再结晶的能力除与金属的层错能有关外，还与晶界迁移的难易程度有关。金属纯度越高，发生动态再结晶的能力越强。当溶质原子固溶于金属基体中时，会严重阻碍晶界的迁移，从而减慢动态再结晶的速率。弥散的第二相颗粒能阻碍晶界的移动，所以会遏制动态再结晶的进行。

在动态再结晶过程中，由于塑性变形还在进行，生长中的再结晶晶粒随即发生变形，而静态再结晶的晶粒却是无应变的。因此，动态再结晶晶粒与同等大小的静态再结晶晶粒相比，具有更高的强度和硬度。

动态再结晶后的晶粒度与变形温度、应变速率和变形程度等因素有关。降低变形温度、提高应变速率和变形程度，会使动态再结晶后的晶粒变小，而细小的晶粒组织具有更高的变形抗力。因此，通过控制热变形时的温度、速度和变形量，就可以调整成形件的晶粒组织和力学性能。

金属材料在热变形过程中发生动态再结晶时，其真应力-真应变曲线如图 3.19 所示，曲线呈明显的三个阶段。第一阶段为加工硬化阶段，应力随应变上升很快，金属出现加工硬化。第二阶段为动态再结晶开始阶段，应变达到临界值后动态再结晶开始，其软化作用随应变增加而上升的幅度逐渐降低，当应力超过峰值应力后，动态再结晶的软化作用超过加工硬化，应力随应变的增加而下降。第三阶段为稳定流变阶段，随着真应变的增加，加工硬化和动态再结晶引起的软化趋于平衡，流变应力趋于恒定。但在较低的应变速率下进行时，曲线出现波动，其原因主要是位错密度变化慢。值得注意的是，温度为常数时，随着应变速率的增加，动态再结晶应力-应变曲线向上向右移动，最大应力对应

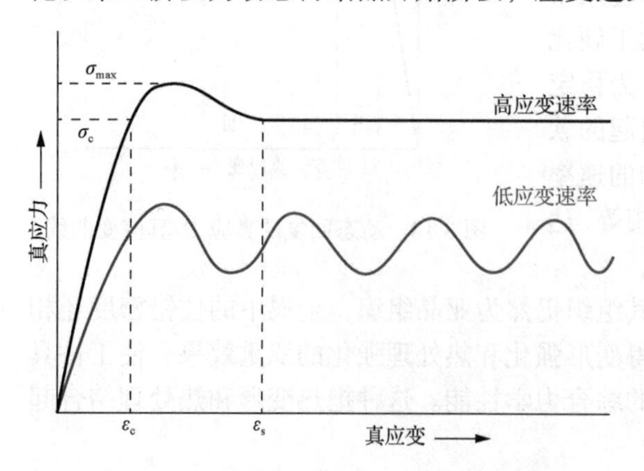

图 3.19　动态再结晶的真应力-真应变曲线

的应变增大，而应变速率一定时，温度升高，曲线会向下向左移动，最大应力对应的应变减小。

金属材料热变形过程中，根据动态再结晶在组织演变中表现的不同特点，通常将其分为 3 类：连续动态再结晶(CDRX)，不连续动态再结晶(DDRX)，几何动态再结晶(GDRX)。

CDRX 通过亚晶界持续吸收位错，角度不断增大导致亚晶转动，晶界由小角度转向大角度发生再结晶，其流变曲线峰值应力和稳态应力几乎相等，为动态回复型曲线(图 3.20)。CDRX 作用机制主要分为两类：一类为在铝和奥氏体不锈钢等材料高温塑性变形时，位错在小角度晶界处积累，引起其取向差逐渐增大，进而形成大角度晶界，另一类为大角度晶界滑移，弓出形成锯齿状晶界，晶格转动到临界值时，形成再结晶晶粒，该机制在镁、铝、锌等材料热变形中较为常见。

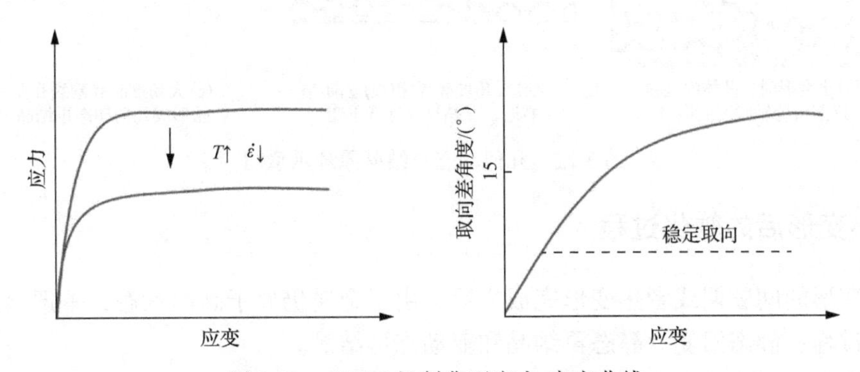

图 3.20　CDRX 机制典型应力-应变曲线

DDRX 具有明显的形核和长大阶段，其形核机制主要由形变附近小范围局部应变导致晶界弓出形核，原子由高畸变能晶粒(变形晶粒)向低畸变能晶粒(DRX 晶核)扩散是晶核长大的主要方式，同时晶粒间的畸变能差为晶核长大的驱动力。在再结晶晶核长大过程中，再结晶晶粒的晶界快速迁移，当扫过高位错密度区域时，晶粒内的位错密度下降，导致加工硬化效果大幅度降低，进而应力-应变曲线呈现明显的峰值应力特征。DDRX 的应力-应变曲线随不同变形温度、应变速率以及初始晶粒尺寸的变化规律如图 3.21 所示。

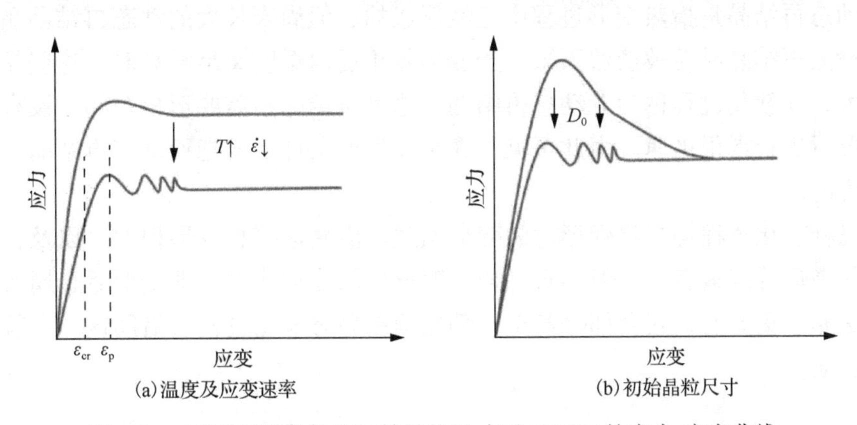

图 3.21　不同变形条件和初始晶粒尺寸下 DDRX 的应力-应变曲线

GDRX 通过原始晶粒变形出现锯齿状晶界并不断深入到晶粒内部，原始变形晶粒被割裂成多个新晶粒。高堆垛层错能金属在高温、低应变速率、大塑性变形条件下容易发生 GDRX，其作用机制如图 3.22 所示。塑性变形挤压大角度晶界，当其距离减小至 1～2 个亚晶尺寸时，锯齿状大角度晶界将亚晶割裂开，形成动态再结晶晶粒。同时，GDRX 不存在形成过程，其应力-应变曲线为动态回复型曲线。

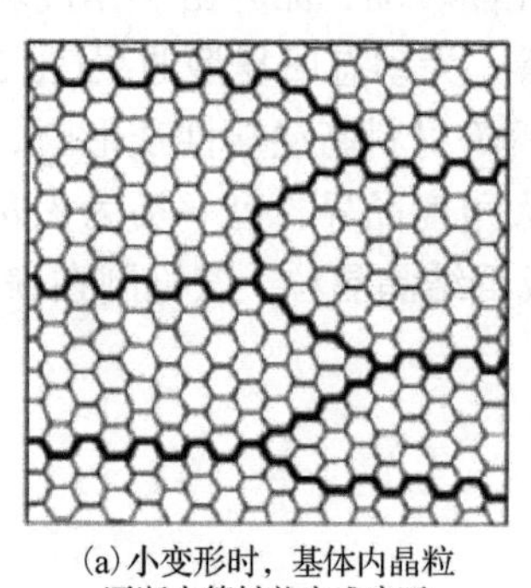

(a) 小变形时，基体内晶粒逐渐由等轴状变成扁平

(b) 大角度晶界(粗线)逐渐靠近，亚晶尺寸保持不变

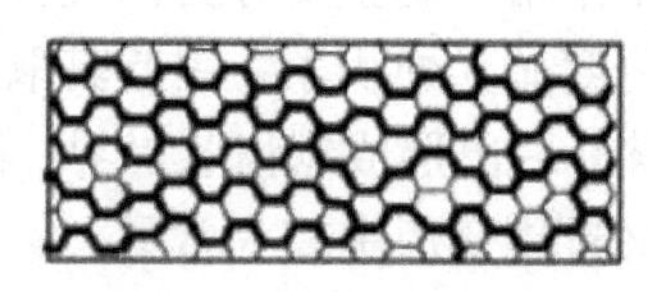

(c) 大角度晶界割裂开亚晶形成几何动态再结晶

图 3.22　几何动态再结晶原理示意图

3.4.2　热变形后的软化过程

在热变形的间歇期或者热变形完成之后，由于金属仍处于高温状态，一般会发生以下三种软化过程：静态回复、静态再结晶和亚动态再结晶。

金属热变形时除了少数发生动态再结晶情况外，还会形成亚晶组织，使其内能提高，处于热力学不稳定状态。因此，在变形停止后，若热变形程度不大，将会发生静态回复；若热变形程度较大，且热变形后金属仍保持在再结晶温度以上时，则将发生静态再结晶。静态再结晶进行得比较缓慢，需要有一定的孕育期才能完成，在孕育期内发生静态回复。静态再结晶完成后，重新形成无畸变的等轴晶粒。这里所说的静态回复、静态再结晶，其机理均与金属冷变形后加热时所发生的回复和再结晶的一样。

对于层错能较低、在热变形时发生动态再结晶的金属，热变形后则迅速发生亚动态再结晶。亚动态再结晶是指热变形过程中已经形成的、但尚未长大的动态再结晶晶核，以及长大到中途的再结晶晶粒被遗留下来，当变形停止后而温度又足够高时，这些晶核和晶粒会继续长大，此软化过程称为亚动态再结晶。这类再结晶不需要形核时间，没有孕育期，因此热变形后进行得很迅速。由此可见，在工业生产条件下要把亚动态再结晶组织保留下来是很困难的。

上述三种软化过程均与热变形时的变形温度、应变速率和变形程度，以及材料的成分和层错能的高低等因素有关。但不管怎样，变形后的冷却速度，即变形后金属所具备的温度条件都是非常重要的，它会部分甚至全部地抑制静态软化过程，借助这一点就有可能控制产品的性能。

3.5 应用分析案例

3.5.1 铝合金室温循环塑性变形的析出强化

高强度铝合金对于汽车轻量化非常重要，越来越多地用于汽车中，同时也广泛用于飞机中。传统的高强度铝合金需要经过一系列高温“烘烤”(120～200℃)，通过固溶时效形成高密度的纳米颗粒，阻碍位错的运动，从而达到强化的目的。

澳大利亚莫纳什大学的研究人员发现通过控制铝合金的室温循环变形(图 3.23)，可以充足连续地将空位引入材料中，并且调控超细(1～2nm)溶质团的动态析出行为达到强化的目的，此过程称为循环强化(cyclic strengthening，CS)。与传统的热处理相比，这种处理方式可以获得强度更高、塑性更好的铝合金材料，而且所需的时间更短，获得的微观组织也比传统热处理更加均匀，并且没有发现无沉淀区。因此，这种铝合金抵抗破坏的能力极有可能更加优异。

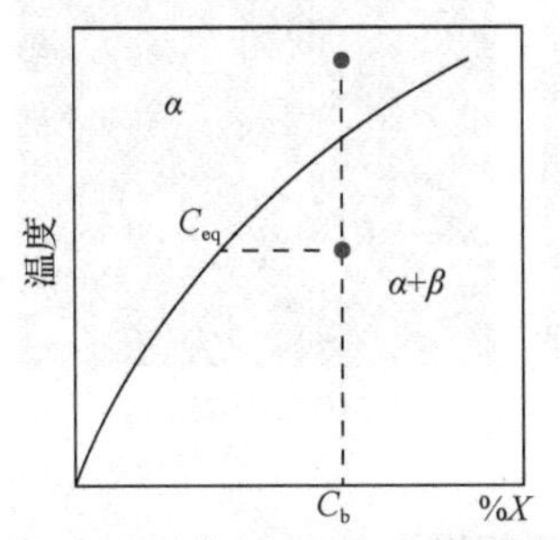

(a) 高温下固溶体和低温下α+β两相的相图
C_b-体积溶质浓度；C_{eq}-α相平衡溶质浓度

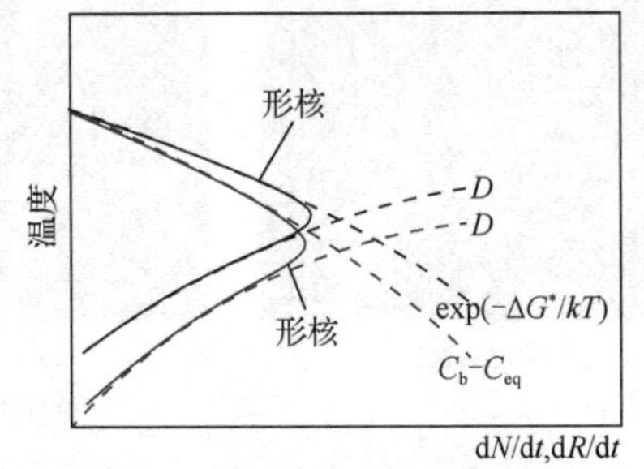

(b) β相成核速率(dN/dt)和生长速率(dR/dt)随温度变化的示意图
exp(−ΔG*/kT)-克服成核障碍的概率；D-溶质扩散率

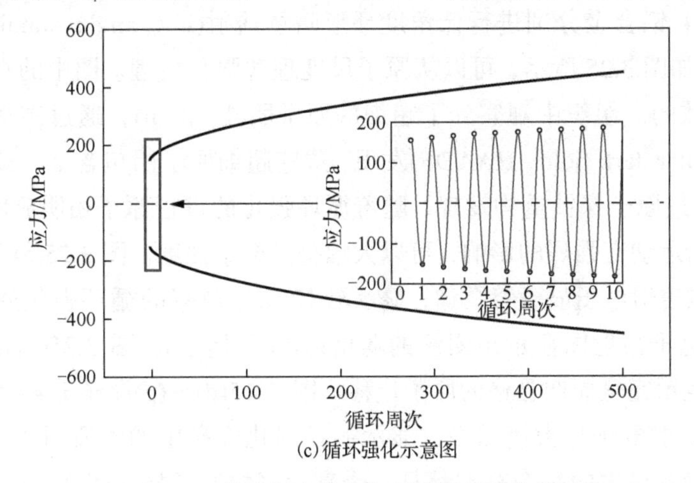

(c) 循环强化示意图

图 3.23 传统析出强化与新型循环强化的对比

通过组织观察发现，循环强化处理后的组织和传统热处理获得的组织非常不一样。如图 3.24 所示，传统组织中分布着很多细小的析出相，而循环强化后的组织可以看到一些位错环，还有其他一些组织特征尺寸为 10～50nm。图 3.24(a)～(c)为峰值时效观结构的低角度环形暗场扫描透射电子显微镜图像；图 3.24(d)～(f)为循环强化微观结构的低角度环形暗场扫描透射电子显微镜图像。电子束在图 3.24(a)、(b)、(d)和(e)中与 $\langle 001\rangle_{Al}$ 平行，在图 3.24(c)和(f)中平行于 $\langle 110\rangle_{Al}$。位错环的形成主要是因为循环强化过程中引入的空位聚集，位错虽然可以起到强化作用，但是新工艺获得的位错比传统组织的位错少，因此必定是其他组织特征起到了重要作用。

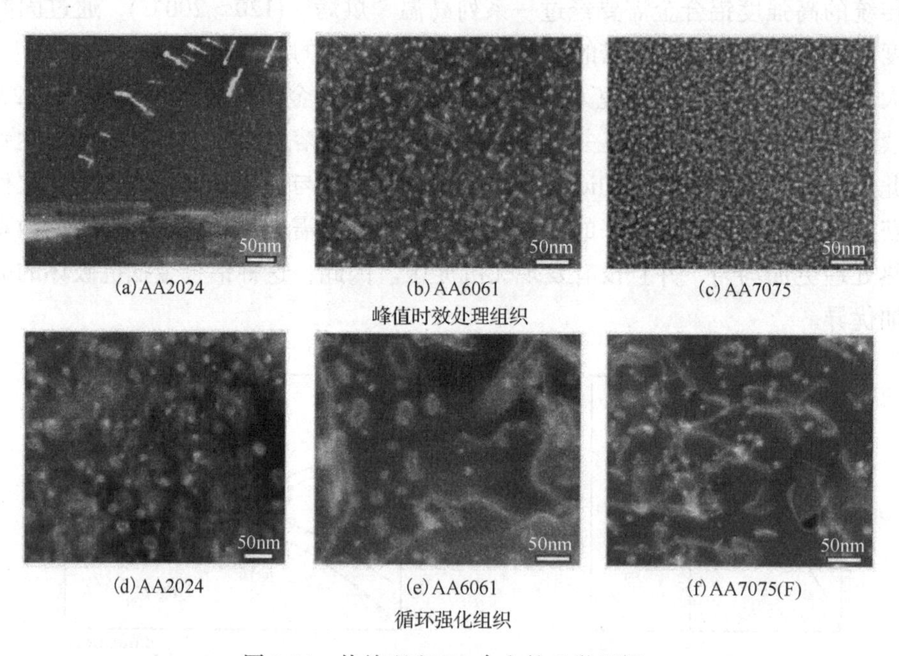

(a) AA2024　(b) AA6061　(c) AA7075

峰值时效处理组织

(d) AA2024　(e) AA6061　(f) AA7075(F)

循环强化组织

图 3.24　热处理和 CS 合金的显微组织

选取 AA2024 铝合金分别进行低角度环形暗场透射(low angle annular dark field，LAADF-STEM)，如图 3.25 所示，可以从原子尺度理解强化机理。图中的亮斑是原子数差异和应变共同导致的。组织中观察到了超细的原子团(1～2nm)，通过高角度环形暗场透射(high angle annular dark field，HAADF)发现，这些超细原子团包含 2 个或者 2 个以上的富 Cu 柱形物。通过原子探针重构发现，随着循环强化的进行原子团明显增多，这种异构的溶质分布对位错运动有强烈的影响，可以大幅提高合金强度。图 3.25(a)为原子分辨率低角度环形暗场扫描透射电子显微镜图像，显示沿 $\langle 001\rangle_{Al}$ 观察的循环强化处理样品中的团簇。相应的选区电子衍射图显示出团簇的弱衍射(箭头所示)。图 3.25(b)和(c)溶质团簇从图(a)扩大，箭头表示完全周期晶格的原子位移。图 3.25(d)～(g)原子分辨率 $\langle 001\rangle_{Al}$ 高角度环形暗场扫描透射电子显微镜图像，显示循环强化样品中的溶质团簇。原子分辨率扫描透射电子显微镜图像中的每个亮点都是一个富含铜的原子柱。图 3.25(d)、(f)和(g)中的箭头表示含有空位的原子列。图 3.25(h)和(i)原子探针重建显示在热历史相同的样品中含有 9 个或更多溶质原子的 Mg-Cu 团簇，分别未经图 3.25(h)和(i)的循环强化处理。

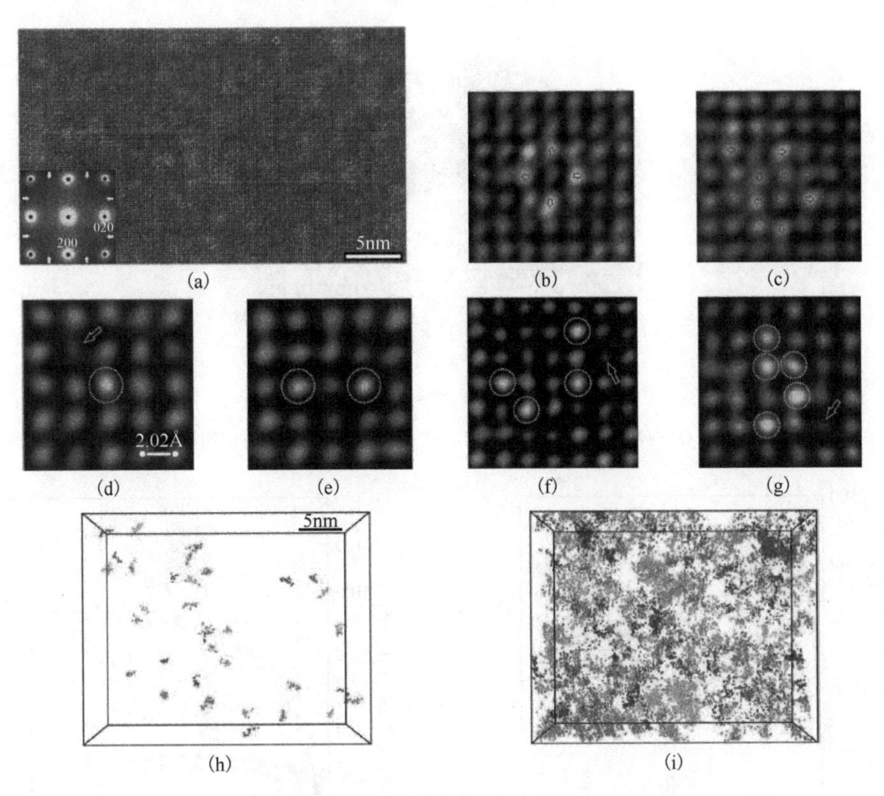

图 3.25　循环强化前后 AA2024 中的溶质团簇(单个簇的颜色不同)

彩图 3.25

3.5.2　利用晶界分层制备强韧组合的超强钢

一直以来，具有优异性能的低成本合金材料都是汽车、航空及国防等工业发展的基础与依靠。然而，材料的强度和断裂韧性往往很难兼顾。香港大学黄明欣教授团队利用巧妙的制备手段成功突破了超高强钢的屈服强度-韧性组合极限，获得了同时具备极高屈服强度(约 2GPa)、极佳韧性(102MPa·$m^{1/2}$)和良好延展性(19%均匀伸长率)的低成本变形分配钢(D&P 钢)。其制备过程、微观组织和力学性能分别如图 3.26 和图 3.27 所示。

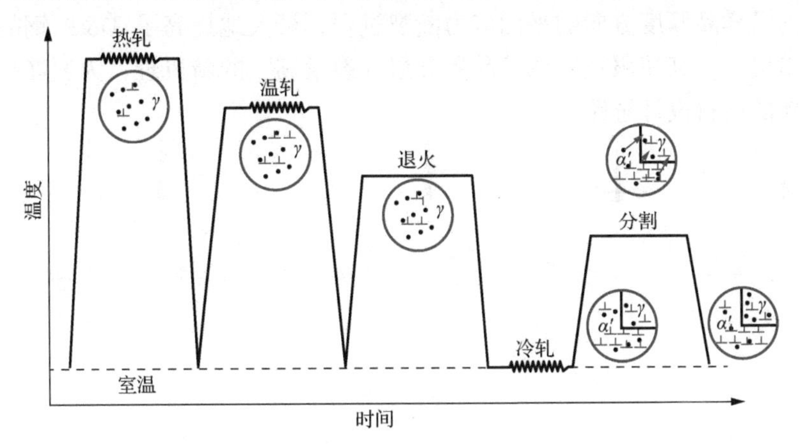

图 3.26　超级钢的制备工艺过程

γ-奥氏体; α'-马氏体; •-碳化物; ⊥-位错

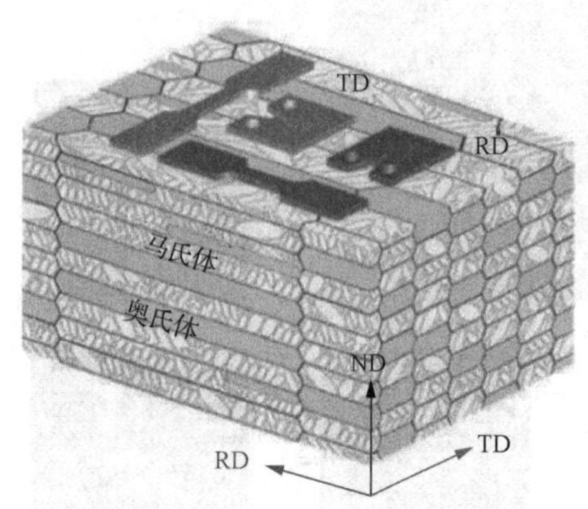

(a) 狗骨形拉伸试样示意图和$C(T)$试样相对于薄钢板方向的示意图

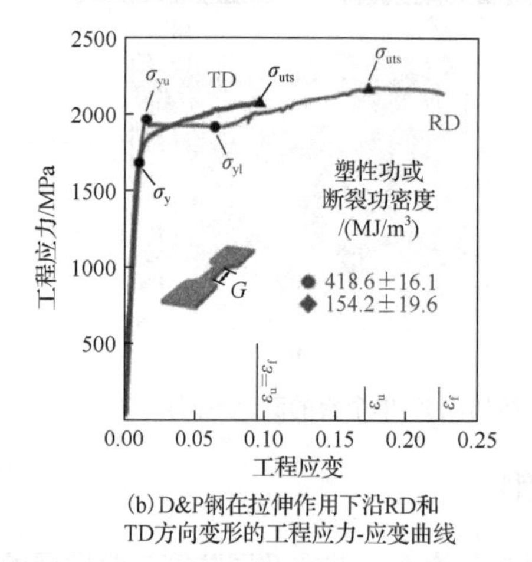

(b) D&P钢在拉伸作用下沿RD和TD方向变形的工程应力-应变曲线

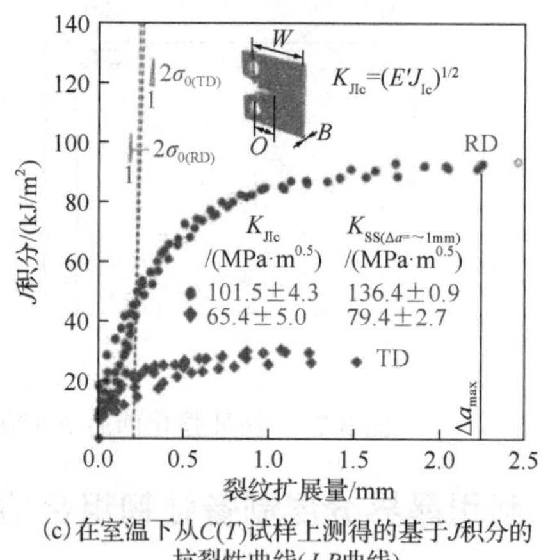

(c) 在室温下从$C(T)$试样上测得的基于J积分的抗裂性曲线(J-R曲线)

彩图 3.27

图 3.27 超级钢的拉伸和断裂性能

该超级钢具有明显的独特两相层状组织结构，特别地，锰元素在原奥氏体晶粒边界富集，同样也保留在组织中。D&P 钢超高的屈服强度诱发锰元素富集的原奥氏体晶界在垂直于主裂纹面的方向上启动分层裂纹，原奥氏体晶界分层开裂之后，使原本的平面应变断裂转变成一系列沿样品厚度方向的平面应力断裂过程，极大地提高了 D&P 钢的断裂韧性。该研究首次提出了“高屈服强度诱发晶界分层开裂增韧”的新机理，为发展高强高韧金属材料提供了新的材料设计思路。

第4章　金属弹塑性力学行为

4.1　张量概念和求和约定

力学中常用的量可以分为三类：只有大小没有方向性的物理量称为标量，如温度、密度、时间等。既有大小又有方向性的物理量称为矢量，常用黑斜体(或加箭头)表示，如矢径、位移、力等。具有多重方向性的更为复杂的物理量称为张量，常用黑斜体(或加下横)表示。例如，一点的应力状态要用应力张量来表示，它是具有二重方向性(应力分量的值与截面法线方向及应力分解方向有关)的二阶张量，记为$\boldsymbol{\sigma}$(或$\underline{\sigma}$)。

矢量可以在参考坐标系中分解。例如，图4.1中P点的位移$\boldsymbol{u}$在笛卡儿坐标系(x_1, x_2, x_3)中分解为

$$\boldsymbol{u} = u_1\boldsymbol{e}_1 + u_2\boldsymbol{e}_2 + u_3\boldsymbol{e}_3 = \sum_{i=1}^{3} u_i\boldsymbol{e}_i \tag{4-1}$$

式中，u_1、u_2、u_3为位移的三个分量；$\boldsymbol{e}_1$、$\boldsymbol{e}_2$、$\boldsymbol{e}_3$为沿坐标轴的三个单位基矢量。由此引出矢量(可推广至张量)的三种记法。

(1) 实体记法：把矢量或张量的整个物理实体用一个黑体字母来表示。例如，把位移记为$\boldsymbol{u}$。

(2) 分解式记法：同时写出矢量或张量的分量和相应分解方向的基矢量。例如，式(4-1)中用$\sum_{i=1}^{3} u_i e_i$表示位移$\boldsymbol{u}$。

(3) 分量记法：把矢量或张量用其全部分量的集合来表示，省略相应的基矢量。例如，用三个位移分量u_i $(i = 1,2,3)$的集合表示位移$\boldsymbol{u}$。

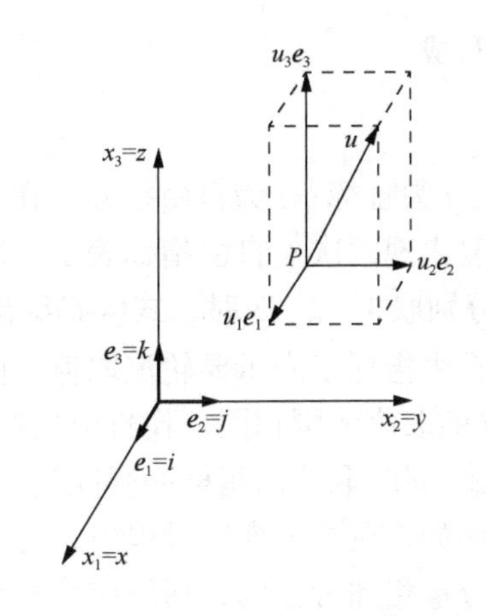

图4.1　P点位移在笛卡儿坐标系中表示

下面详细讨论后两种记法中广泛采用的指标符号。

对于一组性质相关的n个量可以采用**指标符号**来表示。例如，n维空间中矢量$\boldsymbol{a}$的n个分量$a_1, a_2, \cdots, a_n$可缩写成$a_i (i = 1, 2, \cdots, n)$，在笛卡儿坐标系中一律采用下标。后面括号里用$(i = 1, 2, \cdots, n)$标明该指标的取值范围。$n$就是空间维数。通常约定：如果不标明取值范围，则拉丁指标i, j, k均为三维指标，取值1, 2, 3；希腊指标α, β均为二维指标，取值1, 2。初等代数中常用抽象字母a表示某一个数，加上抽象指标i后的指标符号则表示某一组数。

下面通过例子来说明指标符号的正确用法。

(1) 三维空间中任意点 P 的三个直角坐标 x,y,z 用指标符号可缩写成 x_i，其中 $x_1=x$，$x_2=y$，$x_3=z$。

(2) 两个矢量 $\boldsymbol{a}$ 和 $\boldsymbol{b}$ 的分量可记为 a_i 和 b_i。它们的**点积**(或称数量积)为

$$\boldsymbol{a}\cdot\boldsymbol{b}=a_1b_1+a_2b_2+a_3b_3=\sum_{i=1}^{3}a_ib_i \tag{4-2}$$

引进爱因斯坦(A. Einstein)**求和约定**：

若在表达式的某项中，某指标重复地出现两次，则表示要把该项在该指标的取值范围内遍历求和。该重复指标称为**哑指标**，简称哑标。

用哑标代替求和号 $\sum$，式(4-1)和式(4-2)简化成 $\boldsymbol{u}=u_ie_i$ 和 $\boldsymbol{a}\cdot\boldsymbol{b}=a_ib_i$，显然 $a_ib_i=b_ia_i$，即矢量点积的顺序可以交换：

$$\boldsymbol{a}\cdot\boldsymbol{b}=\boldsymbol{b}\cdot\boldsymbol{a} \tag{4-3}$$

由于哑标 i 仅表示要遍历求和，因此可以成对地任意**换标**。例如：

$$\boldsymbol{a}\cdot\boldsymbol{b}=a_jb_j=a_mb_m \tag{4-4}$$

只要指标 j 或 m 在同项内仅出现两次，且取值范围和 i 相同。

(3) 采用指标符号后，线性变换

$$\begin{cases}x_1'=a_{11}x_1+a_{12}x_2+a_{13}x_3=a_{1j}x_j\\ x_2'=a_{21}x_1+a_{22}x_2+a_{23}x_3=a_{2j}x_j\\ x_3'=a_{31}x_1+a_{32}x_2+a_{33}x_3=a_{3j}x_j\end{cases} \tag{4-5}$$

可简写成

$$x_i'=a_{ij}x_j \tag{4-6}$$

式中，j 为哑标；i 为自由指标。在表达式或方程中自由指标可以出现多次，但不得在同项内重复出现两次。自由指标表示：若轮流取该指标范围内的任何值，关系式将始终成立。当 i 分别取 1、2、3 时，式(4-6)给出三个独立方程，即式(4-5)。

自由指标仅表示要轮流取值，因此也可以换标。例如，式(4-6)可写成 $x_k'=a_{kj}x_j$。只要 k 和 i 的取值范围相同。换自由指标时应注意：

① 同时取值的指标必须同名，独立取值的指标应防止重名。

例如，在某个推导过程中，要把两个原来记为 $\boldsymbol{a}_i$ 和 $\boldsymbol{b}_i$ 的矢量相加，得合矢量 $\boldsymbol{c}_k$。根据对应分量相加的原则，指标应取同名而写成 $\boldsymbol{c}_i=\boldsymbol{a}_i+\boldsymbol{b}_i$ 或 $\boldsymbol{c}_j=\boldsymbol{a}_j+\boldsymbol{b}_j$。反之，若要把某矢量的分量 $\boldsymbol{a}_i$ 和曾记为 $\boldsymbol{b}_i$ 的另一个矢量的分量逐个两两相乘，则指标应取异名而写成 $\boldsymbol{a}_i\boldsymbol{b}_j$，当 i 和 j 轮流取 1、2、3 时，$\boldsymbol{a}_i\boldsymbol{b}_j$ 共表示九个数。如果误写为 $\boldsymbol{a}_i\boldsymbol{b}_i$ 则成为矢量点积了，它只是一个数。

② 自由指标必须整体换名，即把方程或表达式中出现的同名自由指标全部改成同一个新名字。而哑标可以成对地局部换名，表达式中不同项内的同名哑标必要时可以换成不同的新名字，或者有的换名，有的保留老名字。因为根据求和约定，哑标的有效范围仅限于本项。

(4) 指标符号也适用于微分表达式。例如，三维空间中线元长度 ds 和其分量 dx_i 之间的关系 $(\mathrm{d}s)^2=(\mathrm{d}x_1)^2+(\mathrm{d}x_2)^2+(\mathrm{d}x_3)^2$ 可写成

$$(\mathrm{d}s)^2=\mathrm{d}x_i\mathrm{d}x_i \tag{4-7}$$

多变量函数 $f(x_1,x_2,\cdots,x_n)$ 的全微分可写成

$$\mathrm{d}f=\frac{\partial f}{\partial x_i}\mathrm{d}x_i \quad (i=1,2,\cdots,n) \tag{4-8}$$

(5) 可用同项内出现两对(或几对)不同哑标的方法来表示多重求和。例如，

$$a_{ij}x_ix_j=\sum_{i=1}^{3}\sum_{j=1}^{3}a_{ij}x_ix_j \tag{4-9}$$

表示共有九项求和。

(6) 若要对在同项内出现两次以上的指标进行遍历求和，一般应加求和号，或者在多余指标下加一横，表示该指标不计指标数，如

$$\boldsymbol{a}_1b_1c_1+\boldsymbol{a}_2b_2c_2+\boldsymbol{a}_3b_3c_3=\sum_{i=1}^{3}\boldsymbol{a}_ib_ic_i=\boldsymbol{a}_ib_ic_{\underline{i}} \tag{4-10}$$

当自由指标在同项内出现两次时，一般应特别声明对该指标不作遍历求和。例如，$s=a_{ii}$ 表示 $s=a_{11}+a_{22}+a_{33}$，但 $c_i=a_{ii}+b_i$ 则表示 $c_1=a_{11}+b_1$、$c_2=a_{22}+b_2$、$c_3=a_{33}+b_3$ 三个方程。

(7) 一般来说，不能由等式

$$a_ib_i=a_ic_i\left(a_1b_1+a_2b_2+a_3b_3=a_1c_1+a_2c_2+a_3c_3\right) \tag{4-11}$$

“两边消去 a_i”导出 $b_i=c_i$。但是，如果 a_i 可以任意取值而式(4-11)始终成立，则只要 $a_1=1$，$a_2=a_3=0$ 就可由式(4-11)导出 $b_1=c_1$。同理，若取 (a_1,a_2,a_3) 为 (0,1,0) 和 (0,0,1)，则可导出 $b_2=c_2$ 和 $b_3=c_3$。

综上所述，通过哑标可把许多项缩写成一项，通过自由指标又可把许多方程缩写成一个方程。一般来说，在一个用指标符号写出的方程中，若有 k 个独立的自由指标，它们的取值范围是 1～n，则这个方程代表 n^k 个分量方程。在方程的某项中若同时出现 m 对取值范围为 1～n 的哑标，则此项含相互叠加的 n^m 个项。显然，指标符号使书写变得十分简洁，但也必须十分小心，因为许多重要的含义往往只表现在指标的细微变化上。熟练地使用指标符号，分清自由指标和哑标并正确地对它们进行换标是张量分析入门的基本功。

4.2　弹性与塑性

单晶体具有一定的各向异性性质，多晶体可近似地看成各向同性体。对于静态变形，金属可看成弹塑性体，但在动载荷或高温下，材料表现出黏性等性质。发生塑性变形后，加载和卸载时的本构方程不同，引起滞后型内耗，塑性变形和位错运动密切相关。本节探讨弹性、内耗和塑性发生的微观机理等。

4.2.1 金属的弹性

1. 弹性变形

材料在外力作用下产生应力和应变(即变形)。当应力未超过材料的弹性极限时，产生的变形在外力去除后全部消除，材料恢复原状，这种变形是可逆的弹性变形。弹性变形分为线弹性变形、非线弹性变形和滞弹性变形三种。线弹性变形服从胡克定律，且应变随应力瞬时单值变化。非线弹性变形不服从胡克定律，但仍具有瞬时单值性。滞弹性变形也符合胡克定律，但并不发生在加载瞬时，而要经过一段时间后才能达到胡克定律所对应的稳定值。除外力能产生弹性变形外，晶体内部畸变也能在小范围内产生弹性变形，例如，空位、间隙原子、位错、晶界等晶体缺陷周围，由于原子排列不规则而存在弹性变形。夹杂物和第二相周围也可能存在弹性变形。

2. 弹性系数

当存在应变能时，一般的本构方程可写为下列两种形式之一：

$$\begin{cases}\sigma_{ij}=C_{ijkl}\varepsilon_{kl};\quad C_{ijkl}=C_{jikl}=C_{ijlk}=C_{klij} & (i,j,k,l=1,2,3)\\ \sigma_i=C_{ij}\varepsilon_j;\quad C_{ij}=C_{ji} & (i,j=1,2,\cdots,6)\end{cases}\tag{4-12}$$

在第二种表达式中通常 $\sigma_i(i=1,2,3,4,5,6)$ 分别代表 $\sigma_{11},\sigma_{22},\sigma_{33},\sigma_{23},\sigma_{31},\sigma_{12}$；而 $\varepsilon_i(i=1,2,3,4,5,6)$ 分别代表 $\varepsilon_{11},\varepsilon_{22},\varepsilon_{33},2\varepsilon_{23},2\varepsilon_{31},2\varepsilon_{12}$。在存在弹性能的情况下，独立的弹性系数有 21 个，由于许多晶体存在或多或少的对称性，因而独立系数的个数会减少。几种晶系独立弹性系数的个数分别为：三斜晶系 21 个，单斜晶系 13 个，正交晶系 9 个，四方晶系 6 个，六方晶系 5 个。常见的立方晶系单晶的弹性系数见表 4.1，坐标轴取在晶轴方向。对于多晶体，由于晶粒取向的随机性，因而是伪各向同性的，此时独立的弹性系数只有两个。

表 4.1 某些金属的弹性系数

晶体	单晶			多晶		
	C_{11}	C_{12}	C_{13}	λ	μ	$\nu=\lambda/2(\lambda+\mu)$
Al	10.82	6.13	2.85	5.39	2.65	0.347
Ag	12.40	9.34	4.61	8.11	3.38	0.354
Au	18.60	15.70	4.20	14.60	3.10	0.412
Cr	35.00	5.78	10.10	7.78	12.10	0.130
Cu	16.384	12.14	7.54	10.06	5.46	0.324
Fe	24.20	14.65	11.20	12.10	8.60	0.291
Mo	46.00	17.60	11.00	18.90	12.30	0.305
Ni	24.65	14.73	12.47	11.70	9.47	0.276

注：ν 无量纲，其余单位为 10^4MPa。

3．影响金属弹性模量的因素

下面讨论影响多晶体弹性模量的因素，对单晶也适用。

(1) 原子结构的影响。元素的弹性性质是金属键合强度的标志之一，因此随原子序数做周期变化。

(2) 温度的影响。一般来讲，随着温度升高，原子间距增大，体积膨胀，原子间结合力减弱，从而弹性模量下降。

(3) 其他方面，如金属的相变、加入合金元素、冷作加工等，均影响弹性模量的数值。

4．伪弹性

产生热弹性马氏体相变的形状记忆合金，在马氏体转变终了温度以上诱发产生的马氏体只在应力作用下才能稳定地存在，应力一旦解除，立即产生逆相变，回到母相状态，在应力作用下产生的宏观变形也随逆相变而完全消失。其中，应力与应变的关系表现出明显的非线性，这种非线性弹性和相变密切相关，称为相变伪弹性，即超弹性。

4.2.2　金属的内耗

完全弹性体的应力应变响应是单值、瞬时的，循环变形时没有能量损耗。但实际金属并非如此，在动载荷、大变形和高温情况下尤为突出。从微观结构来看，产生这一现象的原因大体有三种：

(1) 黏弹性内耗，其特征是应变对应力的响应(或反之)不是瞬时完成的，需要通过一弛豫过程来完成，但卸载后，应变恢复到初始值，不留下残余变形。

(2) 塑性(静滞后型)内耗，加载和卸载时应力-应变关系不同，卸载后留下残余变形，加卸载曲线围成的面积便是塑性耗散功。

(3) 阻尼共振型内耗，如晶体中两端被钉扎住的自由位错，在振动应力作用下运动时产生非弹性应变，出现阻尼，当固有频率和外加应力频率接近时产生共振，内耗达到极大值。

黏弹性内耗和阻尼共振型内耗均与加载频率相关，与振幅关系较小，但前者和温度的关系甚大，而后者较小。塑性内耗和振幅相关，而和频率的关系较小。

4.2.3　单晶体的塑性变形

非晶态固体的永久变形是通过分子位置的热激活交换来进行的，属于黏滞性变形。晶态固体的永久变形是塑性变形，塑性变形并不破坏晶体结构，在绝大多数情况下也不改变晶体的点阵类型。金属的塑性变形有三种基本形式：滑移、孪生和扭折。必须指出，在高温下多晶体金属的晶界也可以产生“准黏滞性”变形。

1．滑移变形

位错并不破坏晶体结构的特点，滑动位错是滑移区和未滑移区的分界区，当作用在位错上的切应力大于晶体点阵的派-纳(Peierls-Nabarro，P-N)力时，位错便沿滑移面滑动。位错线滑动的一种可能方式如图 4.2 所示。位错存在一弯结，当弯结沿 x 轴传播时，位错本身便沿 y 轴传播，这就避免了位错以整体的方式越过 P-N 势垒，减小了位错运动的阻力。一旦位错运动到试样已抛光的表面，便会形成长度为 b 的台阶。成百上千个位错滑移到表面，便会形成显微镜观察到的滑移线。

图 4.3 为铝晶体滑移带的示意图。在光学显微镜下观察到滑移线或一条窄的滑移带，在电子显微镜下便可以观察到其精细结构：滑移带中有许多细线，线间距为 5～50nm。每一条线上的滑移量为 7～120nm。由此可见，滑移线附近的原子面滑移了几百几千个原子间距。从滑移带的分布可以看出滑移集中在某些晶面上，滑移带之间的晶片未发生滑移。

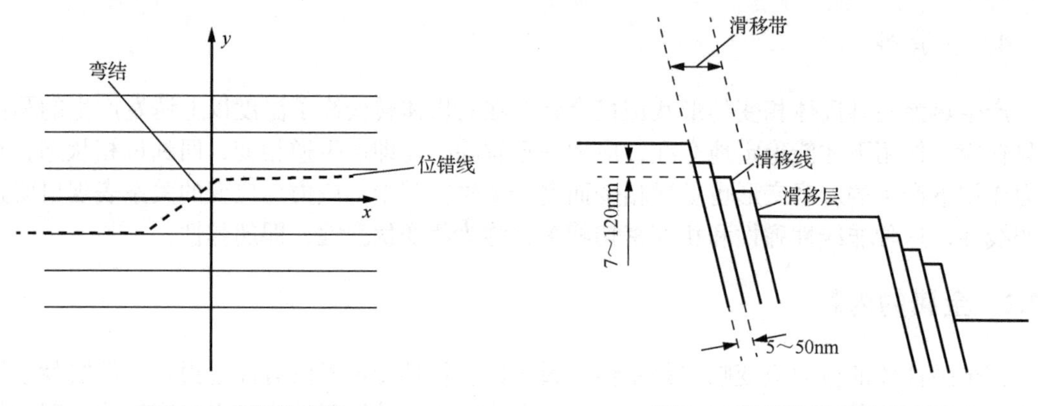

图 4.2　位错的弯结　　　　图 4.3　铝晶体滑移带示意图

锌、镉、镁等密排六方(HCP)金属中 $c/a>1.633$，每个原胞只有一个高原子密度面，密排方向为{1120}，因而形成三个滑移系，很少的滑移系标志 HCP 晶体极端的取向性和很差的塑性。但钛、钴等金属 $c/a<1.633$，可以存在较多的滑移面，也有一定的塑性。

此外还需注意，有些金属的滑移面可因温度而改变。几种重要金属的滑移要素表示于表 4.2。

表 4.2　几种重要金属的滑移要素

金属	晶体类型	温度/℃	滑移面	滑移方向
Al,Cu,Ag,Au,Ni,Pb	FCC	20	{111}	{110}
Al	FCC	$T/T_m>0.72$	{100}	{110}
α-Fe,Mo,Nb	BCC	—	{110}	{111}
α-Fe+4%Si	—	—	{110}	{111}
Zn,Cd,Mg	HCP	20	{0001}	{1120}
Mg	HCP	$T/T_m>0.54$	{1011}	{1120}
α-Ti	HCP	20	{1010}	{1120}

注：表中 T_m 为熔点。

2. 孪生变形

孪生变形是金属塑性变形常见的第二种方式，特别在低温和高速变形的条件下。与滑移变形相似的是，孪生变形引起的体积变化可以略去，是因为孪生变形时，原子在平行于孪晶面的面上沿一定的晶体学方向(切变方向)移动。通过机械变形产生的孪晶称为机械孪晶，变形后退火产生的孪晶称为退火孪晶，退火孪晶一般较宽，且有比机械孪晶更平直的界面。和滑移变形不同的是，原子移动距离随着与孪晶面距离的增大而增大。不同于位错滑移导致的晶格渐进式剪切变形，形变孪晶本质上是一种位移型的快速切变，其形核与长大通常在极短的时间内完成，产生的剪切应变 γ_{tw} 是取决于孪晶面法向、孪晶方向及 c/a 比值的几何常数，因此 γ_{tw} 也称为孪晶的本征剪切应变。此外，平行于孪晶面的原子沿孪晶方向运动，孪晶部分和基体以孪晶面为镜面呈镜像关系，因此形变孪晶具有极性和方向性。

在许多滑移系金属中，如 BCC 和 FCC 金属，孪生变形是塑性形变的主要形式。对滑移系少的 HCP 金属，当晶轴取向不利于底面滑移时，常会发生孪生变形。孪生一般发生在滑移系受到限制，或因某种原因而使临界分解切应力提高时，以致孪生变形所需应力低于滑移所需应力的情形。此外，孪晶变形会导致晶格的重取向，例如，在镁合金中，$\langle 10\bar{1}\bar{1}\rangle\{10\bar{1}2\}$ 拉伸孪晶和 $\langle 10\bar{1}\bar{2}\rangle\langle 10\bar{1}1\rangle$ 压缩孪晶分别使晶格 $\langle c\rangle$ 轴绕 $\langle 11\bar{2}0\rangle$ 方向发生 86.3°和 56.2°转动，如图 4.4 所示，观察方向为 $\langle 11\bar{2}0\rangle$ 方向，黑色为镁密排六方晶格…ABAB…堆垛中的 A 层原子，灰色为 B 层原子。孪晶的晶格重取向和以位错滑移为主导的晶格转动截然不同，是在瞬间发生大角度晶格转动，明显改变晶粒的方位进而影响其他滑移系或孪晶系的分切应力，导致取向软化效应、硬化效应等。

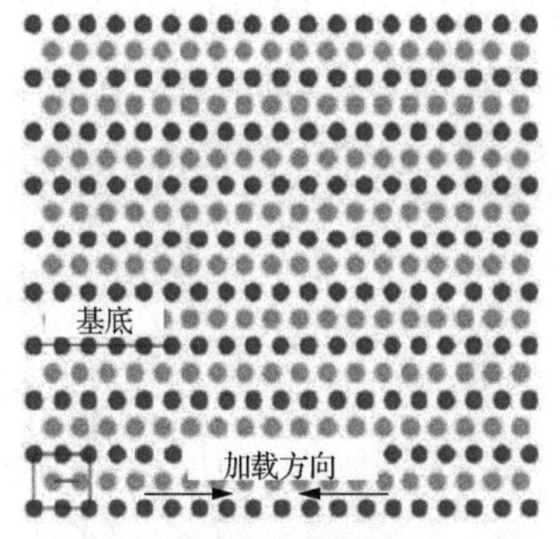

(a) 变形之前的原子排列

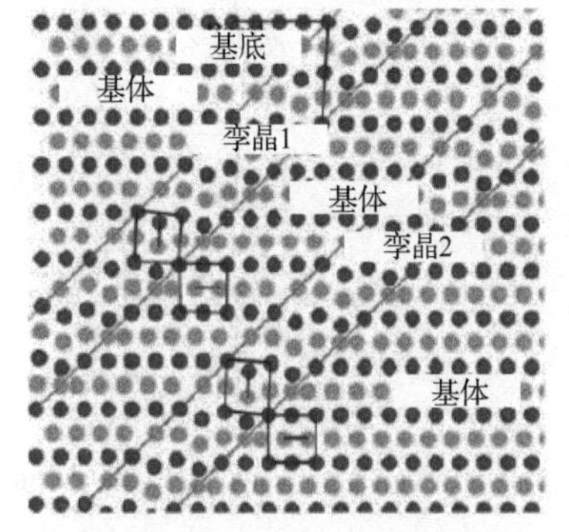

(b) $\{10\bar{1}2\}$ 孪晶产生后的原子排列

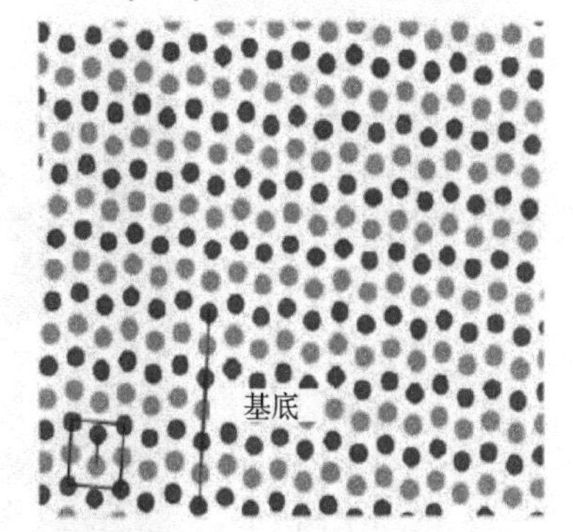

(c) 基体完全被孪生吞噬之后的原子排列

图 4.4　孪晶长大与合并示意图

3. 扭折

当晶体的滑移和孪生变形受阻时，便会出现第三种塑性变形方式——Orowan 发现的扭折变形。造成扭折的原因是滑移面的位错在局部集中，引起晶格弯曲。滑移带的弯曲或在弯曲后的滑移带上继续滑移，均为滑移受阻后为适应外力作用的一种变形方式。例如，拉伸机的夹头对晶体滑移的约束、受到弯曲外力的作用、多滑移系的相互影响、多晶体中相邻晶粒的影响等都能造成晶格的弯曲。图 4.5 表示晶体中滑移带做 S 状弯曲，这一取向转折区域称为扭折带或形变带，扭折带中晶体取向和周围的不同，因此经抛光后腐蚀仍然可见。图 4.6(a)为拉伸锌晶体时出现的扭折带，图 4.6(b)为一系列小的扭折和大量的微扭折。扭折可以看成局部晶格绕着滑移面上与滑移方向垂直的一个轴旋转而成，是不均匀变形。

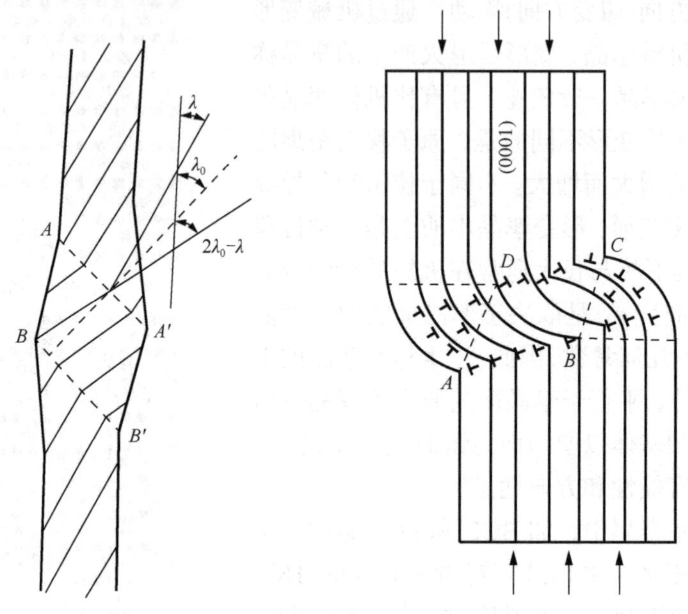

图 4.5　锌晶体中的扭折带示意图

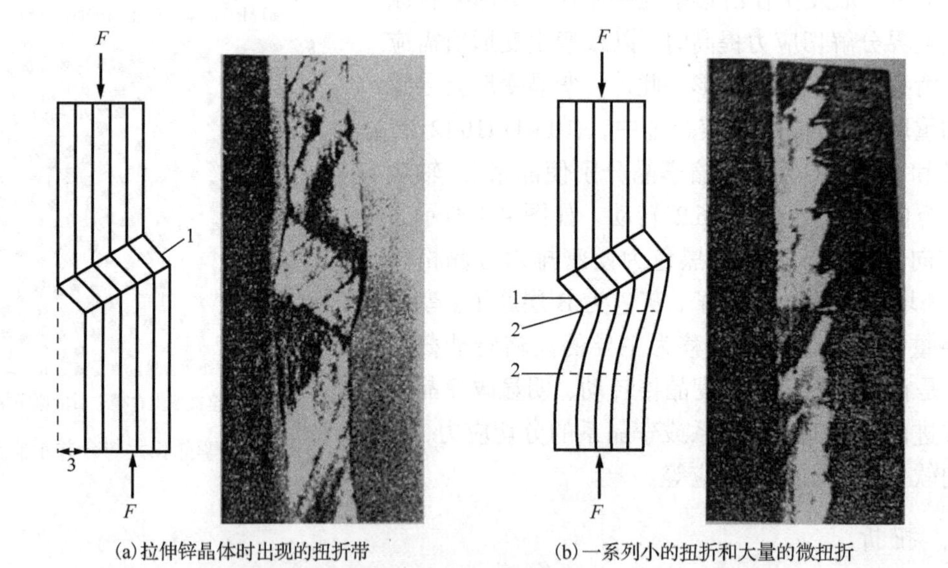

(a) 拉伸锌晶体时出现的扭折带　　(b) 一系列小的扭折和大量的微扭折

图 4.6　金属的扭折带示意图

1-孪晶；2-协调扭折带；3-位移

4.2.4　多晶体的塑性变形

多晶体和单晶体相比有两大区别，即相邻晶粒的取向不同和相邻晶粒间存在晶界。多晶体受到外力作用后，首先是取向有利的晶粒发生塑性滑移，但这些晶粒的变形受到晶界的约束，常常在晶界处终止。外力进一步加大后，其余晶粒的滑移面上的分切应力可能达到临界值，因而也开始滑移变形。一般情况下，由于相邻晶粒的取向不同，两者的滑移必成一定的角度，因而滑移由一晶粒传递到其相邻晶粒很困难，只有当位错在晶界附近大量集中，产生很大的应力集中时，滑移由晶粒到晶粒的传递才成为可能。从微观上看，多晶体变形时各晶粒间的变形极不均匀，晶粒的变形在晶界处受阻促使多滑移系产生，即在单向外力的作用下，均匀试样中各晶粒都处于复杂应力状态，外力卸载后试样还存在残余应力，图 4.7 为高纯度铝多晶体经拉伸后的滑移形貌。图 4.8 为大晶粒多晶体拉伸后在晶界附近呈竹节状。由于同一晶粒不同区域中的滑移系不同、旋转方向和程度不同，晶粒内部产生很大的应力，甚至使晶粒破碎。应当指出，高温时晶界本身的滑动在塑性变形过程中起主要作用。

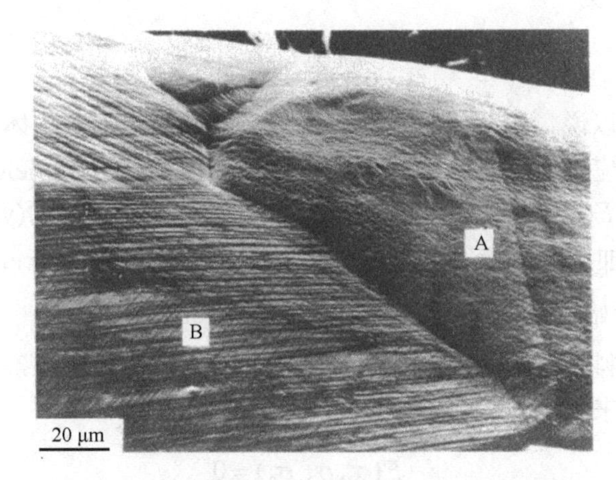

图 4.7　高纯度铝多晶体经拉伸后的滑移形貌

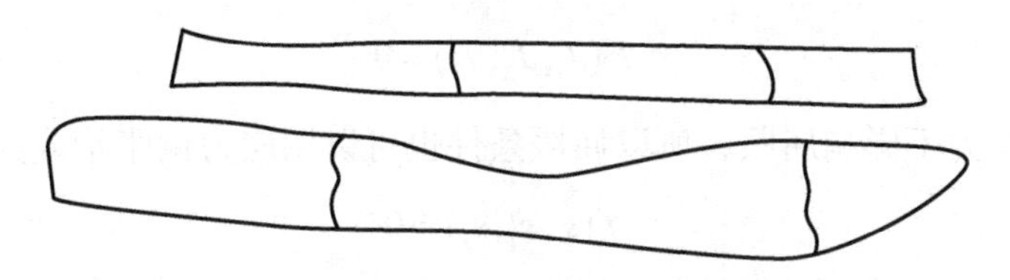

图 4.8　大晶粒多晶体拉伸后的情况

一般来讲，滑移系多的 FCC 金属具有良好的塑性，滑移系少的 HCP 金属塑性较差，但锂镁合金类金属除可沿基面滑移外，还可沿柱面{1010}进行，因而塑性会有一定改善。一些金属高温时塑性优于低温，原因之一便是滑移系增加。

4.3　屈服曲面和屈服准则

4.3.1　屈服曲面

在材料单向拉伸或压缩时，初始弹性状态的极限是拉、压屈强度限应力 $\pm\sigma_Y$。然而，在复杂应力状态下判别材料的屈服十分困难，材料初始弹性状态的界限称为初始屈服条件，有时简称屈服准则(yield criterion)，屈服准则是人们对材料初始弹性极限的假说，其是否成立要靠试验检验。

如何建立一个统一的函数关系来表达各种材料在不同应力状态下的屈服准则呢？对于最一般的情形，这个函数为

$$\varPhi(\boldsymbol{\sigma}_{ij},\boldsymbol{\varepsilon}_{ij},\dot{\boldsymbol{\varepsilon}}_{ij},t,T)=0 \tag{4-13}$$

式中，$\boldsymbol{\sigma}_{ij}$ 为应力张量；$\boldsymbol{\varepsilon}_{ij}$ 为应变张量；$\dot{\boldsymbol{\varepsilon}}_{ij}$ 为应变速率(对真实时间的速率)张量；t 为时间；T 为温度。在不考虑时间效应和接近常温的情形下，$\varPhi$ 中不包含 $\dot{\boldsymbol{\varepsilon}}_{ij}$、$t$ 和 T。由于材料在初始屈服前是处于弹性状态的，应力和应变间有一一对应的关系，$\varPhi$ 中的 $\boldsymbol{\varepsilon}_{ij}$ 可用 $\boldsymbol{\sigma}_{ij}$ 表示。这样，式(4-13)可化简为

$$F(\boldsymbol{\sigma}_{ij})=0 \tag{4-14}$$

在这种情况下可以说，所谓屈服条件，就是在外载作用下，物体内某一点开始产生塑性变形时，该点处的应力所满足条件的函数表达式称为屈服函数(yield function)。

在应力空间中，$F(\boldsymbol{\sigma}_{ij})=0$ 是空间中的一个曲面，称作屈服曲面(yield surface)。当应力点 $\boldsymbol{\sigma}_{ij}$ 位于曲面内，即 $F(\boldsymbol{\sigma}_{ij})<0$ 时，材料处于弹性状态；当应力点 $\boldsymbol{\sigma}_{ij}$ 位于曲面上，即 $F(\boldsymbol{\sigma}_{ij})=0$ 时，材料开始屈服，进入塑性状态。

因为所考虑的材料是初始各向同性的，坐标的变换对初始屈服条件没有影响，故可用主应力或应力不变量来表示：

$$F(\sigma_1,\sigma_2,\sigma_3)=0 \tag{4-15}$$

或

$$F(J_1,J_2,J_3)=0 \tag{4-16}$$

又因为静水应力不影响屈服，所以屈服条件也可以用应力偏张量或其不变量来表示：

$$f(s_1,s_2,s_3)=0 \tag{4-17}$$

或

$$f(J_2',J_3')=0 \tag{4-18}$$

在式(4-18)中未用到 J_1'，故屈服函数简化为两个变量的函数。

主应力空间中，过原点并与坐标轴成等角的直线为 L 直线，其方程为 $\sigma_1=\sigma_2=\sigma_3$。显然，直线 L 上的点代表物体中承受静水应力的点的状态，这样的应力状态将不产生塑性变形。主应力空间中过原点而与 L 相垂直的平面为 π 平面，其方程为 $\sigma_1+\sigma_2+\sigma_3=0$。因为 π 平面上任意一点的平均正应力为零，所以 π 平面上的点对应于只有应力偏张量、不引起体积改变的应力状态。屈服曲面是一个柱面，其母线平行于 L 直线，这个柱面垂直于 π 平面。屈服曲面与 π 平面的交线是一条封闭曲线，称为屈服曲线，或称屈服轨迹。π 平面上 $\sigma_{\mathrm{m}}=1/3(\sigma_1+\sigma_2+\sigma_3)$，也就是 $J_1'=s_1+s_2+s_3=0$，因此屈服曲线的方程就是式（4-18）给出的 $f(J_2',J_3')=0$。

4.3.2　屈服准则

1．Tresca 屈服准则

1864 年，法国工程师 Tresca 根据 Coulomb 对土力学的研究和在金属挤压试验中得到的结果提出以下假设，当最大切应力达到一定的数值时，材料就开始屈服。这个条件可写作

$$\tau_{\max} = k \tag{4-19}$$

当主应力顺序为$\sigma_1 \geqslant \sigma_2 \geqslant \sigma_3$时，也可以写作

$$\frac{1}{2}(\sigma_1 - \sigma_2) = k \tag{4-20}$$

在 Tresca 之后不久，St. Venant 给出了这一条件在平面应变下的数学公式。Tresca 的假设当时受到广泛的支持，因为材料的最大切应力与金属试件简单拉伸时试件表面能观察到的滑移线与轴线大致成 45°，以及静水压力不影响屈服的事实相符。在材料力学中，它就是第三强度理论，即假使材料一旦达到屈服，就已经达到强度极限了。

在复杂应力状态下，已知σ_1、σ_2、σ_3为主应力，但不规定它们的大小顺序，这时式(4-20)改写为

$$\begin{cases} \sigma_1 - \sigma_2 = \pm 2k \\ \sigma_2 - \sigma_3 = \pm 2k \\ \sigma_3 - \sigma_1 = \pm 2k \end{cases} \tag{4-21}$$

Tresca 屈服准则的屈服轨迹和屈服面在图 4.9 中给出。

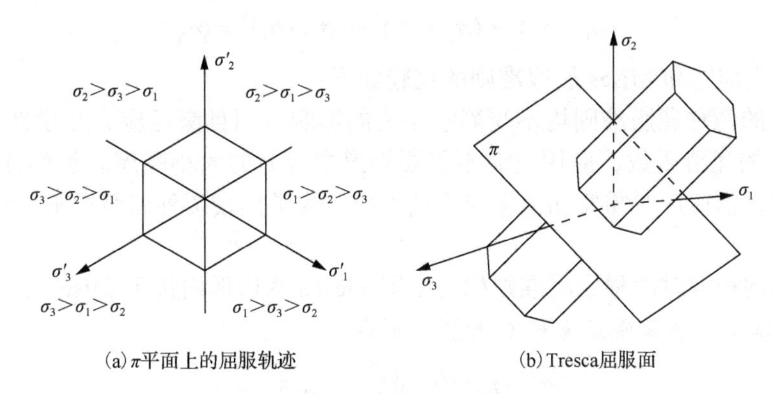

图 4.9　Tresca 屈服轨迹和屈服面

在主应力方向和大小顺序都已知时，Tresca 屈服准则便于应用，其表达式简单，而且是线性的。在主应力方向已知，但其大小顺序未知时，不失一般性，可将式(4-21)改写为

$$\left[(\sigma_1 - \sigma_2) - 4k^2\right]\left[(\sigma_2 - \sigma_3) - 4k^2\right]\left[(\sigma_3 - \sigma_1) - 4k^2\right] = 0 \tag{4-22}$$

常数 k 是由试验决定的材料常数。在单向拉伸时，$\sigma_1 = \sigma_{\mathrm{Y}}$，$\sigma_2 = \sigma_3 = 0$，因此

$\sigma_1-\sigma_3=\sigma_Y=2k$，定出 $k=\sigma_Y/2$；在纯剪切时，$\sigma_1=\sigma_Y$，$\sigma_2=0$，$\sigma_3=-\tau_Y$，因此 $\sigma_1-\sigma_3=2\tau_Y=2k$，定出 $k=\tau_Y$。比较二者可知，采用 Tresca 屈服准则就意味着材料的拉伸屈服强度 σ_Y 与剪切屈服强度 τ_Y 之间应满足

$$\sigma_Y=2\tau_Y \tag{4-23}$$

2. Mises 屈服准则

上面已经提到，在主应力方向已知时，Tresca 屈服准则因其表达式简单且线性而得到广泛的应用。但当主应力未知时，不便于应用。此外，在主应力方向和大小顺序均已知时，Tresca 屈服准则未体现中间主应力对材料屈服的影响，这也显得不尽合理。于是，1913 年 von Mises 指出，在 π 平面上 Tresca 六边形的 6 个顶点是由试验得到的，但是连接这 6 个点的直线却是假设的，其合理性尚需证明，因此，他建议用

$$J_2'=C(\text{常数}) \tag{4-24}$$

来拟合试验点，这就是 Mises 屈服准则。Mises 屈服准则在 π 平面上是一个圆，在主应力空间中是一个母线平行于 L 直线的圆柱面。虽然 Mises 屈服准则的非线性在许多情况下会带来数学处理的不便，但避免了由于曲线不光滑而产生数学上的困难。

在单向拉伸时，$J_2'=1/3\sigma_Y{}^2=C$。在纯剪切时，则有 $J_2'=\tau_Y{}^2=C$。比较这两种情形可知，采用 Mises 屈服准则意味着材料的拉伸屈服强度 σ_Y 与剪切屈服强度 τ_Y 之间应满足

$$\sigma_Y=\sqrt{3}\tau_Y \tag{4-25}$$

确定常数 C 以后，Mises 屈服准则可写成以下常用的形式：

$$(\sigma_1-\sigma_2)^2+(\sigma_2-\sigma_3)^2+(\sigma_3-\sigma_1)^2=2\sigma_Y{}^2 \tag{4-26}$$

或

$$(\sigma_1-\sigma_2)^2+(\sigma_2-\sigma_3)^2+(\sigma_3-\sigma_1)^2=6\tau_Y{}^2 \tag{4-27}$$

Tresca 屈服准则和 Mises 屈服准则的比较如下：

以上给出的两种屈服准则均不受静水压力的影响，而且满足应力互换性。Mises 屈服函数是非线性的光滑函数，应用它时不需要知道主应力的大小顺序。虽然 Tresca 屈服准则是线性函数，但应用时需要知道主应力的方向。为了比较两种屈服准则，现在考虑以下两种情况。

若规定单向拉伸时两种屈服准则相同，则 Tresca 六边形内接于 Mises 圆，用 $\sigma_1=\sigma_Y$，$\sigma_2=\sigma_3=0$ 的应力状态来确定 k 和 C 的值，则有

$$k=\frac{\sigma_Y}{2},\quad C=\frac{1}{3}\sigma_Y{}^2 \tag{4-28}$$

在此种情况下，纯剪切状态时两种屈服准则相差很大，将纯剪切的应力状态 $\sigma_1=-\sigma_3$，$\sigma_2=0$ 代入 Mises 屈服准则，则有

$$\sigma_1=\frac{1}{\sqrt{3}}\sigma_Y \tag{4-29}$$

最大剪应力为

$$\tau_{\mathrm{M}}=\frac{\sigma_1-\sigma_2}{\sqrt{3}}=\frac{\sigma_{\mathrm{Y}}}{\sqrt{3}} \tag{4-30}$$

再将纯剪切时的应力状态代入 Tresca 屈服准则，则有

$$\sigma_1=\frac{\sigma_{\mathrm{Y}}}{2} \tag{4-31}$$

最大剪应力为

$$\tau_{\mathrm{T}}=\frac{\sigma_1-\sigma_3}{2}=\frac{\sigma_{Y}}{2} \tag{4-32}$$

因此有

$$\frac{\tau_{\mathrm{M}}}{\tau_{\mathrm{T}}}=\frac{2}{\sqrt{3}}\approx 1.155 \tag{4-33}$$

若规定纯剪切时两种屈服准则相同，则 Tresca 六边形内切于 Mises 圆。用 $\sigma_1=-\sigma_3=\tau_{\mathrm{Y}}$，$\sigma_2=0$ 的应力状态来确定 k 和 C 的值，则有

$$k=\tau_{\mathrm{Y}},\quad C={\tau_{\mathrm{Y}}}^2 \tag{4-34}$$

在此情况下，单向拉伸时两种屈服条件差别最大。将 $\sigma_1=\sigma_{\mathrm{Y}}$，$\sigma_2=\sigma_3=0$ 分别代入 Mises 屈服准则和 Tresca 屈服准则，可得

$$\begin{aligned}\sigma_{\mathrm{M}}&=\sqrt{3}k\\ \sigma_{\mathrm{T}}&=2k\end{aligned} \tag{4-35}$$

因此

$$\frac{\sigma_{\mathrm{M}}}{\sigma_{\mathrm{T}}}=\frac{\sqrt{3}}{2}\approx 0.866 \tag{4-36}$$

式中，σ_{T} 为 Tresca 屈服条件下的应用。

3. Hill 屈服准则

前面讲的两个屈服准则，适用于各向同性金属材料，如果需要考虑材料方向，则需要更一般的屈服准则。1948 年，Hill 将各向异性引入屈服准则，提出了现在广泛应用的 Hill48 屈服准则，该屈服准则适用于正交各向异性材料，形式简单。但对屈服表面的描述比较粗略，不能很精确地预测材料的变形行为。后来的 Hill 系列屈服准则都是在 Hill48 的基础上的拓展或修正，新屈服准则的不断提出，使其对材料的塑性行为的模拟越来越精确，但模拟精度的提高是以屈服准则参数增多、形式复杂、使用困难为代价的。考虑到各方面的原因，目前应用较多的还是 Hill48 屈服准则，该准则在数值模拟中经常用于钢板等的成形。

Hill 屈服准则只考虑每一点上具有三个互相垂直的对称平面的各向异性，这些平面的交线称为各向异性体的主轴。在整个试件中，这些轴的方向可能变动。假定屈服准则是应力分量的二次式，则 Hill 屈服准则为以下形式：

$$2f(\boldsymbol{\sigma}_{ij})=F(\sigma_{yy}-\sigma_{zz})^2+G(\sigma_{yy}-\sigma_{xx})^2+H(\sigma_{xx}-\sigma_{yy})^2+2L\sigma_{yz}^2+2M\sigma_{zx}^2+2N\sigma_{xy}^2 \tag{4-37}$$

式中，$f(\boldsymbol{\sigma}_{ij})$为屈服函数；$\boldsymbol{\sigma}_{ij}$为应力张量；下标 x、y、z 分别对应正交各向异性主轴；F、G、H、L、M 和 N 表示瞬时状态的各向异性参数，一般通过试验标定。在实际应用中，用各向异性系数来计算 Hill48 屈服准则中的参数。各向异性系数是反映材料沿不同方向物理化学性能差异的指标，对于板料成形，常用厚度方向的各向异性 r 值笼统代表材料的各向异性。各向异性 r 值是指板料试样单向拉伸试验中横向应变 ε_{b} 与厚度应变 ε_{t} 之比，即

$$r=\frac{\varepsilon_{\text{b}}}{\varepsilon_{\text{t}}} \tag{4-38}$$

对单向拉伸而言，其在以各向异性主轴为参考坐标系下的应力张量分量可以表示为

$$\begin{cases}\sigma_x=\sigma_\alpha\cos^2\alpha\\ \sigma_y=\sigma_\alpha\sin^2\alpha\\ \tau_{xy}=\sigma_\alpha\sin\alpha\cos\alpha\end{cases} \tag{4-39}$$

式中，σ_α 为沿 α 方向的单向拉伸应力；α 为应力主轴方向与轧制方向夹角，在以各向异性主轴建立的坐标系中，应力主轴与轧制方向的夹角 α 和应力分量之间的关系可根据应力莫尔圆确定，即

$$\alpha=\frac{1}{2}\arctan\frac{2\tau_{xy}}{\sigma_x-\sigma_y} \tag{4-40}$$

确认夹角后，Hill 屈服可写为

$$\sigma_\alpha=\frac{1}{\sqrt{F\sin^2\alpha+G\cos^2\alpha+H+(2N-F-G-4H)\sin^2\alpha\cos^2\alpha}} \tag{4-41}$$

4.4 本 构 方 程

金属材料在不同加载条件以及加载路径下往往表现出复杂的力学响应。宏观唯象本构模型能够有效预测金属塑性成形能力，通过有限元方法可实现材料塑性成形问题的求解，因此被广泛应用于实际工程中。材料的本构模型通常由屈服函数、流动法则以及硬化规律组成。国内外学者针对不同的材料流变行为提出了一些代表性的唯象型本构方程，如 Johnson-Cook(J-C)、Hansel-Spittel(H-S)、Arrhenius 和其他唯象型本构方程等。

4.4.1 Johnson-Cook 本构方程

J-C 本构方程是一个广泛用于描述各类金属流变的经验方程，其方程形式如下：

$$\begin{cases} \sigma = (A + B\varepsilon^N)(1 + C\ln\dot{\varepsilon}^*)(1 - T^{*M}) \\ T^* = \dfrac{T - T_r}{T_m - T_r} \\ \dot{\varepsilon}^* = \dot{\varepsilon} / \dot{\varepsilon}_0 \end{cases} \tag{4-42}$$

式中，σ为流变应力(MPa)；A 为参考应变速率和参考温度的屈服强度(MPa)；B 为应变硬化系数；ε 为应变；N 为应变硬化指数；C 为应变速率硬化系数；$\dot{\varepsilon}^*$ 为归一化应变；T^*为归一化温度；M 为热软化系数；T 为变形温度(℃)；T_r 为参考温度(℃)；T_m 为材料熔点(℃)；$\dot{\varepsilon}$ 为应变速率(s^{-1})；$\dot{\varepsilon}_0$ 为参考应变速率(s^{-1})。

在过去的几十年里，由于 J-C 本构方程参数少、标定试验简单等优点，被广泛应用于有限元模拟。然而，J-C 本构方程忽略了应变、应变速率和温度的耦合效应。为了提升预测能力，一些研究者已经尝试对 J-C 本构方程进行修正。

例如，为了更好地描述 A356 铝合金热变形过程中表现的软化现象，进行后续的代表性体胞单元的孔洞演化分析，有学者提出了一个修正的 J-C 本构方程。通过更改应变硬化作用项，引入应变与应变速率的相互作用函数和温度、应变与应变速率的相关函数，来考虑应变、温度和应变速率对材料性能的耦合影响。修正后的 J-C 本构方程形式为

$$\sigma = (A\varepsilon^{B+C\varepsilon+D/\varepsilon})(1 + E(\varepsilon,\dot{\varepsilon})\ln\dot{\varepsilon}^*)\exp(F(\varepsilon,\dot{\varepsilon},T^*)T^*) \tag{4-43}$$

式中，σ为流变应力(MPa)；ε 为应变；$\dot{\varepsilon}$ 为应变速率(s^{-1})；$\dot{\varepsilon}^*$ 为归一化应变；T^*为归一化温度；A、B、C、D 为材料常数；$A\varepsilon^{B+C\varepsilon+D/\varepsilon}$ 为应变硬化和软化的相互作用；$E(\varepsilon,\dot{\varepsilon})$ 为应变与应变速率的互耦函数；$F(\varepsilon,\dot{\varepsilon},T^*)$ 为温度、应变与应变速率的互耦函数。

4.4.2 Hansel-Spittel 本构方程

Hansel 与 Spittel 考虑应变、应变速率及温度耦合作用对材料流变行为的影响，提出了 H-S 本构方程，其模型的表达形式为

$$\sigma = A\mathrm{e}^{m_1 T} T^{m_9} \varepsilon^{m_2} \mathrm{e}^{\frac{m_4}{\varepsilon}} (1+\varepsilon)^{m_5 T} \mathrm{e}^{m_7 \varepsilon} \dot{\varepsilon}^{m_3} \dot{\varepsilon}^{m_8 T} \tag{4-44}$$

式中，σ 为流变应力(MPa)；A 为材料常数；m_1 和 m_9 为温度的敏感性系数；T 为变形温度(℃)；ε 为应变；m_2、m_4 和 m_7 为应变的敏感性系数；m_5 为耦合温度和应变系数；$\dot{\varepsilon}$ 为应变速率(s^{-1})；m_3 为应变速率敏感性系数；m_8 为耦合温度和应变速率系数。

Lee 等通过 AA1070 铝合金的拉伸试验，揭示 H-S 本构方程忽略了残差的确定性趋势，并提出了改进的空间。张琦等构建了修正 H-S 本构方程，该方程综合考虑了应变、应变速率以及温度互相耦合作用对流变应力的影响，提高了流变应力的预测平均相对误差。

4.4.3 Arrhenius 本构方程

Arrhenius 本构方程广泛地用于在高温下描述应变速率、温度和流动应力之间的关系，温度和应变速率对变形行为的影响可以用指数型方程中 Zener-Hollomon 参数表示：

$$\dot{\varepsilon} = AF(\sigma)\exp\left(-\frac{Q}{RT}\right) \tag{4-45}$$

其中，$F(\sigma)$ 可以用以下三种方式来表达：

$$F(\sigma)=\begin{cases}\sigma^{n_1} & (\text{低应力})\\ \exp(\beta\sigma) & (\text{高应力})\\ \left[\sinh(\alpha\sigma)\right]^n & (\text{全应力})\end{cases} \tag{4-46}$$

式中，$\dot{\varepsilon}$ 为应变速率(s^{-1})；Q 为变形激活能(kJ/mol)；R 为理想气体常数/(8.314J/(mol·K))；T 为变形温度(K)；σ 为流变应力(MPa)；α、A 和 n 是材料常数。

许多学者利用 Arrhenius 模型预测铝合金在热变形过程中的流动应力。刘晓艳等基于热压缩试验标定了 Al-Cu-Mg-Ag 合金的模型参数，主要软化机理由动态恢复向动态再结晶转变。陈孝学通过引入一个关于应变速率和温度的函数对其进行修正，达到更好描述 2196Al-Li 合金流变行为的目的。

Arrhenius 模型的不足是未考虑应变对材料常数与变形激活能的影响。Lin 等考虑到这个影响，首次提出一种应变补偿的 Arrhenius 模型描述 42CrMo 流变行为，定义 Q、A、n 和 α 是应变的多项式，如式(4-47)所示。Hao 等标定带/不带应变补偿的模型来预测 Al-Zn-Mg-Cu 合金的热变形力学行为，并验证了应变补偿模型具有更好的预测能力。

$$\begin{cases}Q = B_0 + B_1\varepsilon + B_2\varepsilon^2 + B_3\varepsilon^3 + B_4\varepsilon^4 + B_5\varepsilon^5\\ n = D_0 + D_1\varepsilon + D_2\varepsilon^2 + D_3\varepsilon^3 + D_4\varepsilon^4 + D_5\varepsilon^5\\ \ln A = E_0 + E_1\varepsilon + E_2\varepsilon^2 + E_3\varepsilon^3 + E_4\varepsilon^4 + E_5\varepsilon^5\\ \alpha = F_0 + F_1\varepsilon + F_2\varepsilon^2 + F_3\varepsilon^3 + F_4\varepsilon^4 + F_5\varepsilon^5\end{cases} \tag{4-47}$$

式中，$B_0 \sim B_5$ 为激活能与应变的拟合系数；$D_0 \sim D_5$ 为材料常数 n 与应变的拟合系数；$E_0 \sim E_5$ 为材料常数 A 与应变的拟合系数；$F_0 \sim F_5$ 为材料常数 α 与应变的拟合系数。

第 5 章　金属弹塑性力学应用分析

5.1　金属成形分析

利用金属的塑性性质进行加工，使材料获得所需要的形状，这一过程称为金属塑性成形过程。金属材料经过塑性加工可制成板材、型材或轴、环、壳等制品。

卡门(T. von Karman)于 1925 年首先用塑件力学方法分析了金属在轧制过程中的应力分布规律。此后美国的萨克斯(G. Sachs)，德国的西贝尔(E.Sibel)和苏联的温克索夫等都研究了金属塑性成形过程中的应力和应变分布以及内力和外力之间的关系，并取得了有应用价值的研究成果。20 世纪 50 年代初期，英国的希尔(R. Hill)比较系统地总结了前人的工作，并用滑移线法得出不少对金属塑件成形有用的结论。英国的约翰逊(W. Johnson)和日本的工藤英明根据虚功原理提出并发展了求极限载荷的上限法。

目前研究金属塑性成形过程主要采用如下几种方法。

(1) 主应力法，又称切块法。采用近似的屈服条件以及近似的应力分布规律并结合摩擦边界条件分析求出在物体和工具接触表面上的正应力和切应力。由于求解时要做较大的简化，而且摩擦边界条件难以准确地确定，所获得的结果将是近似的。

(2) 上限法。其要点是根据可能的变形速度场建立虚功率方程，用极值原理求出理想刚塑性材料边值问题中的极限载荷。用这一方法算出的极限载荷将不低于实际的极限载荷，应该是极限载荷的上限。该方法计算简单，算出的结果比较安全。如果所假设的变形速度场和实际情况吻合较好，则所计算出的结果将和真实情况相近。

(3) 滑移线法。首先找出滑移线场，再利用滑移线的几何性质找出分布在接触边界上和金属内部塑性区的应力。变形速度场能反映金属内部的变形情况。

(4) 视塑性法。将实际测量和理论分析结合起来，即首先将试件的纵截面刻蚀出网格，在塑性变形后测出试件上各节点的位移。根据这些离散的数据，用数值分析方法算出整个试件的变形和应力分布，得到包括实际边界摩擦条件在内的完全解。采用这一方法分析定常流动、平面应变和轴对称等问题是比较方便的。当用于非定常流动问题时，实际测量的工作量较大。

(5) 密栅云纹法。其原理是将两块印有密集平行线条的透明板(称为密栅)互相重叠后出现明暗相间的条纹来进行应变测量。所产生的条纹(又称云纹)的分布和试件的变形情况有定量的几何关系，因此可以算出试件各处的应变分布。

(6) 板料成形的薄膜理论，主要用来分析板料的成形过程。当板料的厚度较薄时，不能承受弯矩的作用，采用这一理论进行分析合理且十分简便，同时还能用于变形较大的工艺过程。

本章将主要介绍主应力法在镦粗、拉拔、挤压等工序中的应用，以及薄膜理论在深冲工序中的应用。

5.1.1 用主应力法求解平面应变条件下的镦粗

镦粗是工程中常见的锻压工艺，这一过程可以使金属材料达到致密并提高材料屈服抗力。现采用切块法对这一工艺过程进行研究。切块法又称主应力法，这是一种将屈服条件和应力分布进行简化的分析方法，一般用于分析平面应变问题和轴对称问题。其基本出发点是根据金属变形的方向，沿变形体截面切取单元体，假定切面上的正应力是主应力，而且其分布是均匀的。由于分析的是主应力，切应力不在屈服条件中出现，因此屈服条件的数学表达式得到简化。

这一分析方法的优点是数学计算过程简单，不仅能求出各种工艺过程中的总力(如镦粗力、拉拔力和挤压力等)，还能找出应力分布规律以及某些参数(如变形体的几何参数、模孔角度、摩擦系数等)的影响。所做的假设与实际情况越接近，获得的计算结果越准确。

设图 5.1 所示为一介于上、下刚性块体之间的矩形截面板块。在镦粗过程中，做如下简化假设：

(1) 应力分量 σ_x 和 σ_y 与坐标 y 无关，即沿厚度方向为常量。

(2) 切应力 τ_{xy} 和 y 成线性关系，在表面上，即在 $y=\pm h$ 处，切应力 $\tau_{xy}=\nu\sigma_y$, ν 为摩擦系数。

(3) 切应力 τ_{xy} 在材料进入塑性状态的过程中影响很小，因此可以在屈服条件中略去，这时屈服条件的形式为

$$\sigma_x-\sigma_y=2k \tag{5-1}$$

以上各量都画于图 5.2 中。根据上述第二条假设，可得

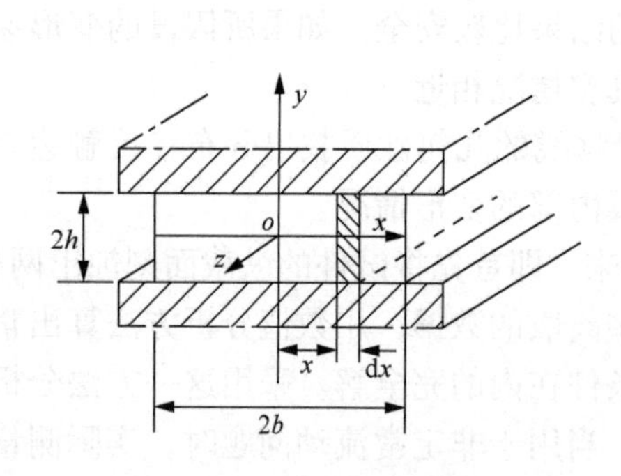

图 5.1 平面应变镦粗

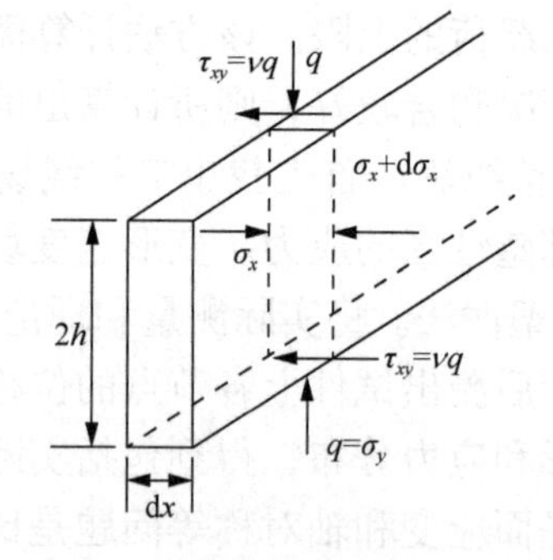

图 5.2 镦粗块体单元受力简图

$$\frac{\partial\tau_{xy}}{\partial y}=\frac{\nu}{h}\sigma_y \tag{5-2}$$

式(5-2)中对 x 求导后，可得

$$\frac{\mathrm{d}\sigma_x}{\mathrm{d}x}=\frac{\mathrm{d}\sigma_y}{\mathrm{d}x} \tag{5-3}$$

平面问题的平衡方程为

$$\begin{cases}\dfrac{\partial\sigma_x}{\partial x}+\dfrac{\partial\tau_{xy}}{\partial y}=0\\ \dfrac{\partial\tau_{xy}}{\partial x}+\dfrac{\partial\sigma_y}{\partial y}=0\end{cases}\tag{5-4}$$

将式(5-2)代入平衡方程的第一式后，可得

$$\frac{\mathrm{d}\sigma_x}{\mathrm{d}x}+\frac{\nu}{h}\sigma_y=0$$

将式(5-3)代入上式后，又可得

$$\frac{\mathrm{d}\sigma_y}{\mathrm{d}x}+\frac{\nu}{h}\sigma_y=0$$

将上式积分后，有

$$\sigma_y=C\exp(-\frac{\nu}{h}x)\tag{5-5}$$

积分常数 C 由边界条件 $x=\pm b$ 处 $\sigma_x=0$ 来确定。根据简化的屈服条件，在这一边界上应有

$$\sigma_y=-2k$$

由此可得积分常数为

$$C=-2k\exp(\frac{\nu}{h}b)$$

将积分常数再代回式(5-5)，则有

$$\frac{\sigma_y}{2k}=-\exp\left[\frac{\nu}{h}(b-x)\right]\tag{5-6}$$

将式(5-6)再代入式(5-2)并积分，则有

$$\tau_{xy}=\frac{\nu}{h}\sigma_y y+C_1\tag{5-7}$$

由于在 $y=0$ 处，$\tau_{xy}=0$，故 $C_1=0$，最后可得

$$\frac{\tau_{xy}}{2k}=-\frac{\nu}{h}y\exp\left[\frac{\nu}{h}(b-y)\right]\tag{5-8}$$

由以上所得各式可知，应力分布是不均匀的，当 $x=0$ 时，各应力分量的绝对值最大。刚件压块上的平均压力可通过积分 σ_y 计算，即

$$q=\frac{1}{b}\int_0^b\sigma_y\mathrm{d}x=-\frac{2k}{b}\int_0^b\exp\left[\frac{\nu}{h}(b-x)\right]\mathrm{d}x$$

为了积分时方便，进行如下替换：

$$\frac{\nu}{h}(b-x)=z,\quad \mathrm{d}x=-\frac{h}{\nu}\mathrm{d}z$$

通过积分可得

$$\frac{q}{2k}=\frac{1}{\nu}\cdot\frac{h}{b}\left(1-\mathrm{e}^{\nu\frac{b}{h}}\right) \tag{5-9}$$

以上的解只有在切应力不超过材料的剪切屈服强度时，其计算结果才是正确的，即

$$\tau_{xy}=\nu\sigma_y\geqslant -k$$

利用式(5-6)，上式可写为

$$\exp\left[\frac{\nu}{h}(b-x)\right]\leqslant\frac{1}{2\nu}$$

在 $x=0$ 处，上式左端取最大值，有

$$\exp\left(\frac{\nu}{h}b\right)\leqslant\frac{1}{2\nu}$$

上式又可写为

$$\frac{\nu}{h}b\leqslant\ln\frac{1}{2\nu}\quad 或\quad \frac{b}{h}+\frac{\ln 2\nu}{\nu}\leqslant 0$$

在实际问题中，还可能遇到切应力在块体的上、下表面的中间部分达到了材料的剪切屈服极限，而在左右两侧小于剪切屈服极限的情况。设 α 为这两个区域的分界线，这时有

$$\begin{cases}\left|\tau_{xy}\right|=\nu\left|\sigma_y\right|\leqslant k & (a\leqslant|x|\leqslant b)\\ \left|\tau_{xy}\right|=k & (0\leqslant|x|<a)\end{cases} \tag{5-10}$$

在区域 $a\leqslant|x|\leqslant b$ 中的解已经在前面得到，现在要找出区域 $0\leqslant|x|\leqslant a$ 中的解。首先应找出两个区域的分界线。若已知在 $x=\alpha$ 处，$\nu\sigma_y=k$，则由式(5-6)可得

$$a=k\frac{\ln 2\nu}{\nu}+b \tag{5-11}$$

由式(5-11)可见，a 的值与摩擦系数和板块尺寸有关。当 $\nu=0.5$ 时，可得 $a=b$，即在整个表面有 $\left|\tau_{xy}\right|=k$。当 $y=\pm h$ 时，$\tau_{xy}=\pm k$，则根据 τ_{xy} 的线性分布规律可得

$$\frac{\mathrm{d}\tau_{xy}}{\mathrm{d}y}=-\frac{k}{h}$$

由式(5-4)的第一式，有

$$\frac{\mathrm{d}\sigma_x}{\mathrm{d}x}-\frac{k}{h}=0$$

将上式积分后，有

$$\sigma_x = \frac{k}{h}x + C$$

由式(5-7)可得，在 $x = a$ 处的 σ_x 为

$$\sigma_x = 2k\left\{1 - \exp\left[\frac{\nu}{h}(b-a)\right]\right\}$$

因此积分常数 C 可通过在 $x = a$ 处的 σ_x 连续条件确定，即

$$C = 2k\left\{1 - \exp\left[\frac{\nu}{h}(b-a)\right]\right\} - k\frac{a}{h}$$

于是

$$\frac{\sigma_x}{2k} = 1 - \exp\left[\frac{\nu}{h}(b-a)\right] - \frac{1}{2h}(a-x)$$

由式(5-11)，有

$$b - a = \frac{h}{\nu}\ln\frac{1}{2\nu}$$

将上式再代入 $\sigma_x = 2k\left\{1 - \exp\left[\frac{\nu}{h}(b-a)\right]\right\}$，可得

$$\frac{\sigma_x}{2k} = 1 - \frac{1}{2\nu} - \frac{1}{2h}(a-x) \tag{5-12}$$

由屈服条件，即式(5-1)可得

$$\frac{\sigma_y}{2k} = -\frac{1}{2}\left(\frac{1}{\nu} + \frac{a-x}{h}\right) \tag{5-13}$$

由式(5-12)和式(5-13)可见，应力分布是线性的。σ_y 在 $y = \pm h$ 处不是均匀分布的，因此刚性压块上的平均压力仍需通过积分 σ_y 来求出，此时有

$$\begin{aligned}\frac{q}{2k} &= -\frac{1}{b}\left\{\int_0^a \frac{1}{2}\left(\frac{1}{\nu} + \frac{a-x}{h}\right)\mathrm{d}x + \int_0^b \exp\left[\frac{\nu}{h}(b-x)\right]\mathrm{d}x\right\} \\ &= -\frac{1}{2b}\left(\frac{a^2}{2h} + \frac{a}{\nu} + \frac{h}{\nu^2} - \frac{2h}{\nu}\right)\end{aligned}$$

或

$$\frac{q}{2k} = -\frac{h}{b}\frac{1}{\nu}\left\{\frac{1}{4\nu}\left[\left(\nu\frac{a}{h} + 1\right)^2 + 1\right] - 1\right\} \tag{5-14}$$

式中，a 可由式(5-11)来确定。现将不同的 ν 值所对应的 $q/(2k)$-b/h 曲线画于图 5.3 中。

由图可见，曲线受摩擦系数 ν 的影响较大，但当 $\nu \geqslant 0.2$ 后，受摩擦系数 ν 的影响逐渐减小。

在以上所做的简化假设下，静力场并不是静力容许的，因为它不满足在 $x = \pm b$ 及对称

轴处切应力 τ_{xy} 为零的条件，而满足这些条件的静力容许应力场在板块上、下表面处的应力为

$$\text{在}x=\pm b\text{处},\quad \sigma_x=0,\quad \sigma_y=-2k$$
$$\text{在}x=0,\quad x=\pm b\text{处},\quad \tau_{xy}=0$$

图 5.4 给出的切应力分布满足这些条件。图中 m 称为粗糙系数。

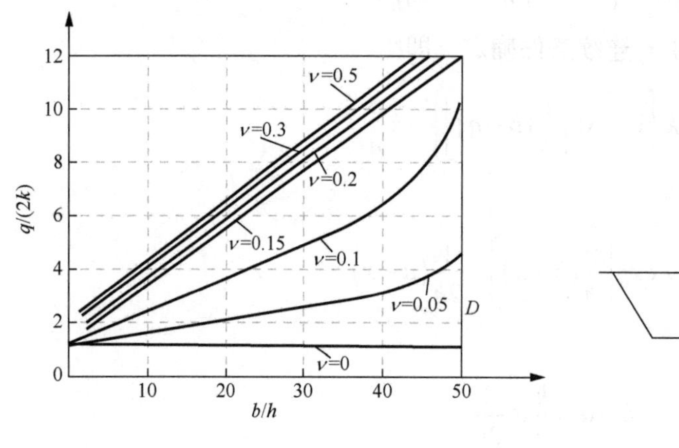

图 5.3　$q/(2k)$-b/h 曲线

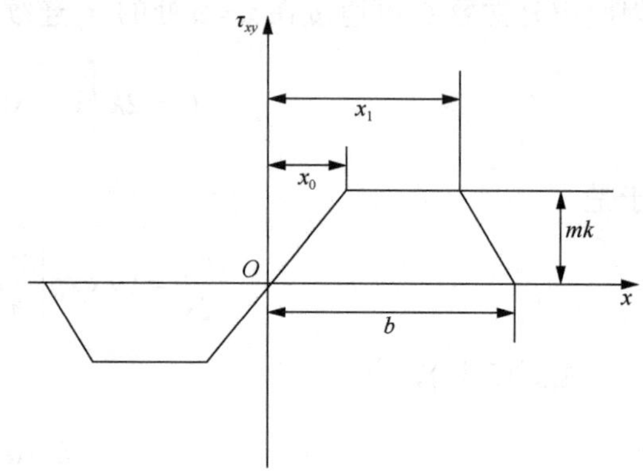

图 5.4　板块上、下表面处的切应力分布

5.1.2　轴对称拉拔

通过锥形孔进行轴对称拉拔工艺是工程中经常遇到的问题。这一过程的分析也可采用简化分析的方法。在轴对称问题中，往往采用柱坐标更为方便。在轴对称问题中，经常采用如下简化假设：

(1) 塑性变形区集中于锥形模具中 z_a 到 z_b 之间[图 5.5(a)]。

(2) 应力分量 σ_r，σ_θ 及 σ_z 和坐标 θ 无关。

(3) 锥形模具表面上的切应力由摩擦引起，其大小等于 νq，ν 为摩擦系数，q 为法向压应力。

(4) 切应力 τ_{rz} 对材料进入塑性状态的影响可以忽略不计。

所研究的是轴对称问题，因此各物理量都与坐标 θ 无关。

设 V 为材料的体积，则可得

$$\frac{\partial V}{\partial r}\mathrm{d}r+\frac{\partial V}{\partial z}\mathrm{d}z=0 \tag{5-15}$$

而对于微元体，其体积为

$$V=\pi r^2\mathrm{d}z \tag{5-16}$$

于是由式(5-15)有

$$\frac{\partial V}{\partial r}\mathrm{d}r+\frac{\partial V}{\partial(\mathrm{d}z)}\mathrm{d}(\mathrm{d}z)=0 \tag{5-17}$$

将式(5-16)微分后，代入式(5-17)，有

$$2\frac{\mathrm{d}r}{r}+\frac{\mathrm{d}(\mathrm{d}z)}{\mathrm{d}z}=0$$

由于 $\mathrm{d}\varepsilon_z=\dfrac{\mathrm{d}(\mathrm{d}z)}{\mathrm{d}z}$，$\mathrm{d}\varepsilon_\theta=\dfrac{\mathrm{d}r}{r}$ 且考虑体积不可压缩条件

$$\mathrm{d}\varepsilon_r+\mathrm{d}\varepsilon_\theta+\mathrm{d}\varepsilon_z=0$$

有

$$\mathrm{d}\varepsilon_r=\mathrm{d}\varepsilon_\theta=\frac{\mathrm{d}r}{r}$$

考虑到上式关系并根据塑性流动法则，有

$$s_r=s_\theta\ ,\quad \sigma_r=\sigma_\theta$$

由 σ_z 为拉应力而 σ_r 为压应力，故 Mises 屈服条件的形式为

$$\sigma_z-\sigma_r=\sigma_{\mathrm{s}} \tag{5-18}$$

式中，σ_{s} 为屈服强度。

若从锥形区域中取出一厚度为 dz 的微元体[图 5.5(b)]。在微元体上作用有锥形表面上的压力 q、摩擦力 νq 以及轴向力 σ_z。将这些力沿 z 轴投影，由平衡条件得

$$\nu q2\pi r\mathrm{d}s\cos\alpha-\sigma_{\mathrm{s}}\pi r^2+(\sigma_z+\mathrm{d}\sigma_z)\pi(r+\mathrm{d}r)^2+q2\pi r\mathrm{d}s\sin\alpha=0$$

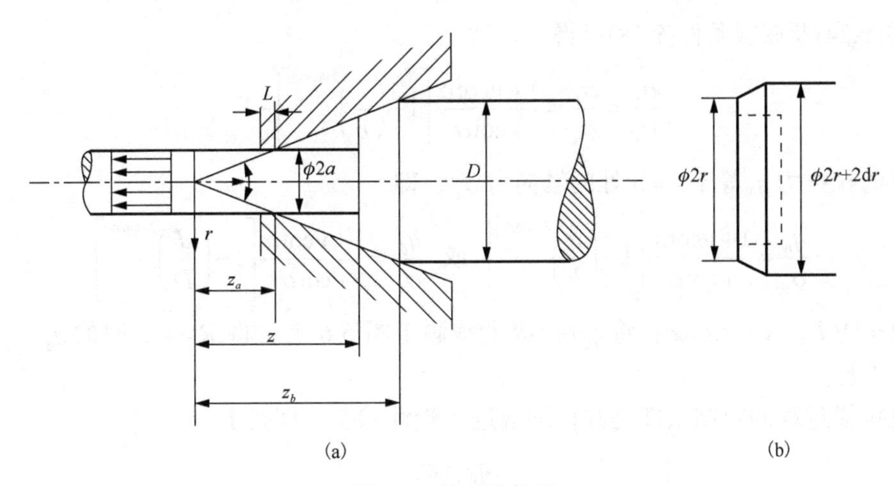

图 5.5　轴对称拉拔

将上式化简后，可得

$$r\mathrm{d}\sigma_z+2\left[\sigma_z\mathrm{d}r+q(\mathrm{d}s\sin\alpha+\nu\mathrm{d}\cos\alpha)\right]=0 \tag{5-19}$$

根据微元体的几何关系，有

$$\frac{\mathrm{d}r}{\mathrm{d}z}=\tan\alpha\ ,\quad \mathrm{d}s\cos\alpha=\mathrm{d}z=\mathrm{d}r\cot\alpha\ ,\quad \mathrm{d}s\sin\alpha=\mathrm{d}r$$

将这些关系式代入式(5-19)，可得

$$r\mathrm{d}\sigma_z + 2\left[\sigma_z + (1+\nu\cot\alpha)q\right]\mathrm{d}r = 0 \tag{5-20}$$

拉拔是在倾角不大的条件下进行的，因此可以进行如下简化假设：

$$\sigma_r = -q(1-\nu\cot\alpha) \approx -q$$

材料轴向受拉，故有 $\sigma_z \geqslant 0$，于是屈服条件为

$$\sigma_z - \sigma_r = \sigma_z + q = \sigma_\mathrm{s} \tag{5-21}$$

由式(5-20)和式(5-21)可得

$$r\mathrm{d}\sigma_z - 2\left[\nu\cot\alpha\sigma_z - (1+\nu\cot\alpha)\sigma_\mathrm{s}\right]\mathrm{d}r = 0 \tag{5-22}$$

将上式分离变量，可得

$$\frac{d\sigma_z}{\sigma_z\nu\cot\alpha - (1+\nu\cot\alpha)\sigma_s} = \frac{2dr}{r}$$

积分上式，可得

$$\frac{1}{\nu\cot\alpha}\ln\left[\nu\cot\alpha\sigma_\mathrm{s} - (1+\nu\cot\alpha)\sigma_\mathrm{s}\right] = 2\ln r + C \tag{5-23}$$

在 $r=b$ 处，$\sigma_z = 0$，由此边界条件可以确定常数 C。将积分常数代入式(5-23)，可得

$$\frac{\sigma_z}{\sigma_\mathrm{s}} = \frac{1+\nu\cot\alpha}{\nu\cot\alpha}\left[1-\left(\frac{r}{b}\right)^{2\nu\cot\alpha}\right] \tag{5-24}$$

由式(5-24)及屈服条件(5-18)可得

$$\frac{\sigma_r}{\sigma_\mathrm{s}} = \frac{\sigma_\theta}{\sigma_\mathrm{s}} = \frac{1+\nu\cot\alpha}{\nu\cot\alpha}\left[1-\left(\frac{r}{b}\right)^{2\nu\cot\alpha}\right] - 1 \tag{5-25}$$

圆杆的拉拔力 q_d 等于 $r=a$ 处的轴向力 σ_z，即

$$\frac{q_\mathrm{d}}{\sigma_\mathrm{s}} = \frac{1+\nu\cot\alpha}{\nu\cot\alpha}\left[1-\left(\frac{a}{b}\right)^{2\nu\cot\alpha}\right] \text{ 或 } \frac{q_\mathrm{d}}{\sigma_\mathrm{s}} = \frac{1+\nu\cot\alpha}{\nu\cot\alpha}\left[1-\left(\frac{d}{D}\right)^{2\nu\cot\alpha}\right] \tag{5-26}$$

令 $R = D/d$，$n = \nu\cot\alpha$，将 $q_\mathrm{d}/\sigma_\mathrm{s}$-$R$ 曲线画于图 5.6 上，将 R≤1.2 时的 $q_\mathrm{d}/\sigma_\mathrm{s}$-$\alpha$ 曲线画于图 5.7 上。

上述拉拔过程的限制条件是圆杆细端进入塑性状态，即要求

$$q_\mathrm{d} = \sigma_\mathrm{s}$$

由式(5-26)可得

$$\frac{1+\nu\cot\alpha}{\nu\cot\alpha}\left[1-\left(\frac{d}{D}\right)^{2\nu\cot\alpha}\right] = 1$$

由此可得圆杆直径的极限变化量 $R_{极}$ 为

$$(R)_{极} = \left(\frac{D}{d}\right)_{极} = (1+\nu\cot\alpha)^{\frac{1}{2\nu\cot\alpha}} \tag{5-27}$$

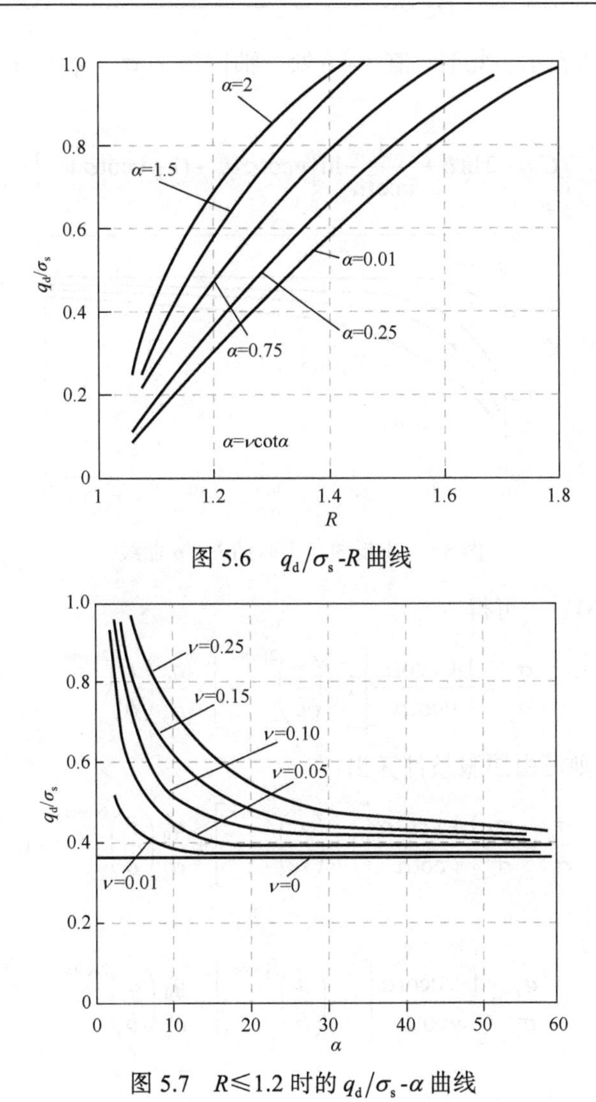

图 5.6　q_d/σ_s-R 曲线

图 5.7　$R \leqslant 1.2$ 时的 q_d/σ_s-α 曲线

将 $R_{极}$-α 曲线画于图 5.8 上。

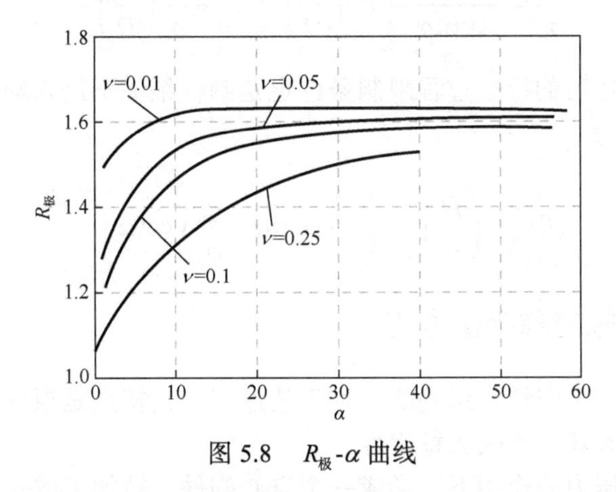

图 5.8　$R_{极}$-α 曲线

若在拉拔过程中有反向拉力 q_0 的作用，则应力分布和拉拔力都将有相应的变化。其

$R_{极}$-α 曲线则由图 5.9 表示。此时，在 $r=b$ 处，轴向应力 $\sigma_z=q_0$，由式(5-23)可得积分常数为

$$C=-2\ln b+\frac{1}{\nu\cot\alpha}\ln\left[\nu\cot\alpha q_0-(1+\nu\cot\alpha)\sigma_s\right]$$

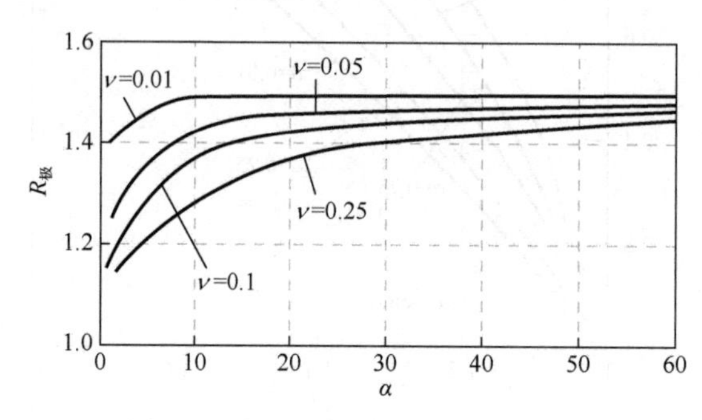

图 5.9　有反向拉力时的 $R_{极}$-α 曲线

将 C 代回式(5-23)后，可得

$$\frac{\sigma_z}{\sigma_s}=\frac{1+\nu\cot\alpha}{\nu\cot\alpha}\left[1-\left(\frac{r}{b}\right)^{2\nu\cot\alpha}\right]+\frac{q_0}{\sigma_s}\left(\frac{r}{b}\right)^{2\nu\cot\alpha} \tag{5-28}$$

其余的应力分量则可由屈服条件算出：

$$\frac{\sigma_r}{\sigma_s}=\frac{\sigma_\theta}{\sigma_s}\frac{1+\nu\cot\alpha}{\nu\cot\alpha}\left[1-\left(\frac{r}{b}\right)^{2\nu\cot\alpha}\right]+\frac{q_0}{\sigma_s}\left(\frac{r}{b}\right)^{2\nu\cot\alpha}-1 \tag{5-29}$$

拉拔力为

$$\frac{q_d}{\sigma_s}=\frac{1+\nu\cot\alpha}{\nu\cot\alpha}\left[1-\left(\frac{a}{b}\right)^{2\nu\cot\alpha}\right]+\frac{q_0}{\sigma_s}\left(\frac{a}{b}\right)^{2\nu\cot\alpha}$$

或可写为

$$\frac{q_d}{\sigma_s}=\frac{1+\nu\cot\alpha}{\nu\cot\alpha}\left[1-\left(\frac{d}{D}\right)^{2\nu\cot\alpha}\right]+\frac{q_0}{\sigma_s}\left(\frac{d}{D}\right)^{2\nu\cot\alpha} \tag{5-30}$$

有反向拉应力作用时的拉拔过程限制条件也是圆杆细端不进入塑性状态，由此可得圆杆直径的极限变化量为

$$(R)_{极}=\left(\frac{D}{d}\right)_{极}=\left(1+\nu\cot\alpha-\frac{q_0}{\sigma_s}\nu\cot\alpha\right)^{\frac{1}{2\nu\cot\alpha}} \tag{5-31}$$

5.1.3　板料冲压的轴对称平衡方程

板料冲压是塑性加工中经常遇到的一种工艺过程，其特点是板料获得塑性变形，并且在变形过程中不发生破坏，不失去稳定性。

一块平板在凸模压力的作用下，形成一个空心构件，被加工成一个壳体，这种过程称为板料的冲压过程。冲压过程不仅用料省、加工方便，而且加工出来的构件还具有较好的

力学性能，因此工程中经常采用这种工艺，以获得各种形状的构件。板料成形工艺除深冲外，还有翻边、扩口、缩口和复合成形等工艺。

当板料的厚度较薄时，采用薄膜理论进行分析是非常方便的。薄膜理论不仅分析简单，而且能合理地应用于塑性变形较大的冲压工艺。采用薄膜理论进行分析时，应进行如下假设：

(1) 板料只承受平面内主方向的单位力，$p_1(=h\sigma_1), p_2(=h\sigma_2)$。

(2) 板料不能承受任何弯矩的作用，即认为 $M_1=M_2=0$。

(3) 当满足屈服条件 $f(p_1,p_2)=0$ 时，将产生塑性变形，而且不考虑弹性变形，即采用刚塑性体模型假设。

(4) 板料是均匀的，每一点的屈服极限都是相等的，即 $\sigma_s=\text{const}$。

(5) 模具和板料之间没有摩擦，模具的压力 g 垂直作用于板料平面。

由以上假设可见，与其他尺寸相比板料厚度越小，摩擦力越小，材料越均匀，便越接近实际情况。

现分析轴对称薄膜的平衡问题。取半径为 r 和 $r+\mathrm{d}r$ 的两个柱面以及通过对称轴互成 $\mathrm{d}\theta$ 角的两个平面所围成的薄膜微元体，在此微元体上作用有周向薄膜力 p_0，径向薄膜力 p_r 和垂直于薄膜平面的均匀压力 q，如图 5.10 所示。若外载荷和板料以及支承条件都是轴对称的，则应力场和应变场也将是轴对称的，于是各物理量都与 θ 角无关。

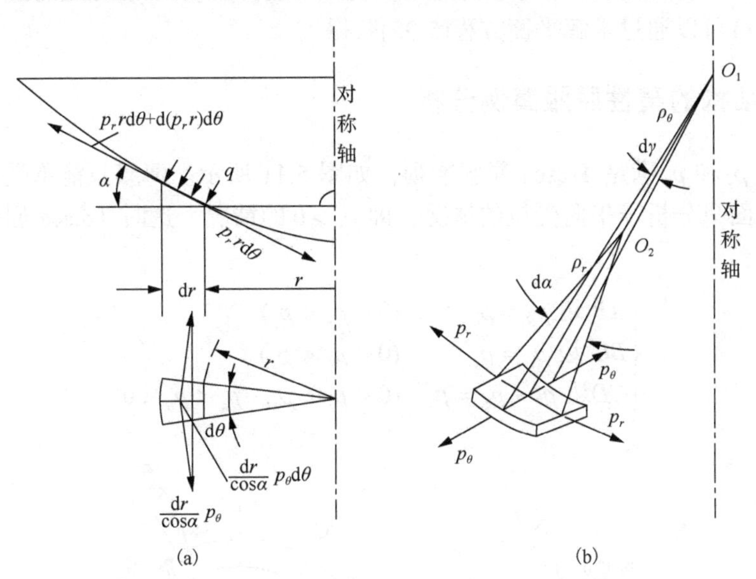

图 5.10　受薄膜力作用的微元体

微元体各面上的合力如图 5.10(a)所示，于是微元体平面内的平衡方程为

$$\mathrm{d}(p_r r)-\frac{p_\theta \mathrm{d}r}{\cos\alpha}\cos\alpha\mathrm{d}\theta=0$$

简化后，可得

$$\mathrm{d}(p_r r)-p_\theta\mathrm{d}r=0$$

将 $p_r r$ 微分并用 $r\mathrm{d}r$ 除上式后，有

$$\frac{\mathrm{d}p_r}{\mathrm{d}r}+\frac{p_r-p_\theta}{r}=0 \tag{5-32}$$

或

$$\frac{\mathrm{d}p_r}{p_r-p_\theta}=-\frac{\mathrm{d}r}{r}$$

设 ρ_r 为薄膜子午向的曲率半径，其中心为 O_2，而与此方向垂直的曲率半径为 p_θ，其中心为 O_1 且位于对称袖上，如图 5.10(b)所示。于是薄膜微元体的边长相应为 $\rho_r\mathrm{d}\alpha$ 和 $\rho_\theta\mathrm{d}\gamma$，$\mathrm{d}\alpha$ 和 $\mathrm{d}\gamma$ 分别为 O_2 和 O_1 处的曲率半径间的夹角，可得

$$\rho_r p_\theta\mathrm{d}\alpha\mathrm{d}\gamma+\rho_\theta p_r\mathrm{d}\alpha\mathrm{d}\gamma=q\rho_\theta\rho_r\mathrm{d}\alpha\mathrm{d}\gamma$$

在等式两侧消去 $\rho_\theta\rho_r\mathrm{d}\alpha\mathrm{d}\gamma$ 后，可得

$$\frac{p_\theta}{\rho_\theta}+\frac{p_r}{\rho_r}=q \tag{5-33}$$

由平衡方程(5-32)和式(5-33)以及屈服条件，可以求出单位力 p_θ 和 ρ_r 的分布规律以及外载荷 q 沿半径 r 的变化规律。外载荷并未出现在平衡方程(5-32)及屈服条件中，因此薄膜力 $p_\theta(r)$ 和 $p_r(r)$ 可以通过求解平衡方程(5-32)获得。

5.1.4　薄膜结构的塑性屈服案例分析

设薄膜力 p_r 和 p_θ 满足 Tresca 屈服准则，如图 5.11 所示。薄膜只能承受径向拉应力的作用，因此下面只分析子午向受拉的情况，即 $p_r>0$ 的情况。这时 Tresca 屈服准则可以写成如下形式：

$$\begin{cases}AB\text{ 边 } p_\theta=p_\mathrm{s} & (0<p_r<p_\mathrm{s})\\ BC\text{ 边 } p_r=p_\mathrm{s} & (0<p_\theta<p_\mathrm{s})\\ CD\text{边 } p_r-p_\theta=p_\mathrm{s} & (0<p_r<p_\mathrm{s},-p_\mathrm{s}<p_\theta<0)\end{cases} \tag{5-34}$$

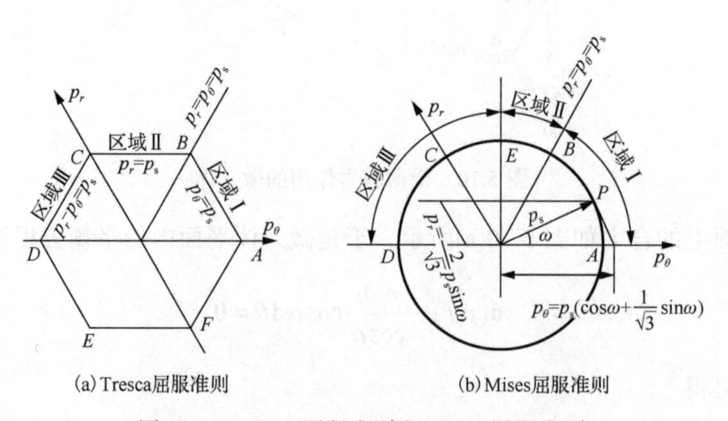

图 5.11　Tresca 屈服准则和 Mises 屈服准则

式(5-34)的各式都只适用于一定的受力情况。根据外载荷的不同作用方式，可以区分如下几个应力区域。

(1) 区域 I(*AB*)边。

$$p_\theta = p_s \quad (0 \leqslant p_r \leqslant p_s)$$

为了确定 p_r 的值，应求解如下方程式：

$$\begin{cases} \dfrac{\mathrm{d}p_r}{p_r - p_\theta} = -\dfrac{\mathrm{d}r}{r} \\ p_\theta = p_s \end{cases} \tag{5-35}$$

将式(5-35)中的第二式代入第一式并积分，可得

$$\ln\left(p_r - p_s\right) = -\ln r + C \tag{5-36}$$

为了确定积分常数 C，设在处 $p_r = 0$，即认为 $r = r_0$ 处为薄膜的自由边界，这时有

$$\ln(-p_s) = -\ln r_0 + C \tag{5-37}$$

由式(5-36)减去式(5-37)可得

$$\ln\frac{p_r - p_s}{-p_s} = \ln\frac{r_0}{r}$$

由上式可得

$$\rho_r = p_s\left(1 - \frac{r_0}{r}\right), \quad p_\theta = p_s \tag{5-38}$$

$p_r > 0$ 的条件要求 $r > r_0$，因此所获得的应力分布对应于内半径为 r_0 的圆环，在外边界作用有拉力 p_r，而在内边界 $r = r_0$ 处没有外力作用。这一应力变化规律如图 5.12 所示。

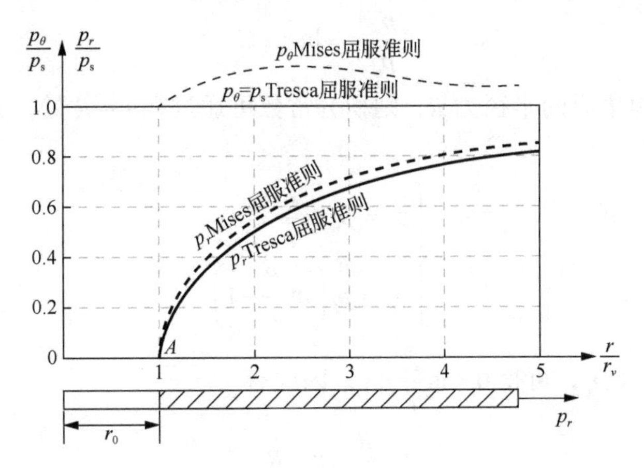

图 5.12　具有圆孔的圆板在外边界受拉力 p_r 的作用

(2) 区域 II(*BC* 边)。

$$p_r = p_s, 0 \leqslant p_\theta \leqslant p_s$$

由于 $p_r = p_s = \text{const}$，故有 $\dfrac{\mathrm{d}p_r}{\mathrm{d}r} = 0$，由平衡方程(5-31)可得

$$p_r = p_\theta = p_s \tag{5-39}$$

这时应力状态由图 5.11 的 B 点表示，相当于均匀受力状态，对应于双向受拉伸的无孔薄膜如图 5.13 所示。

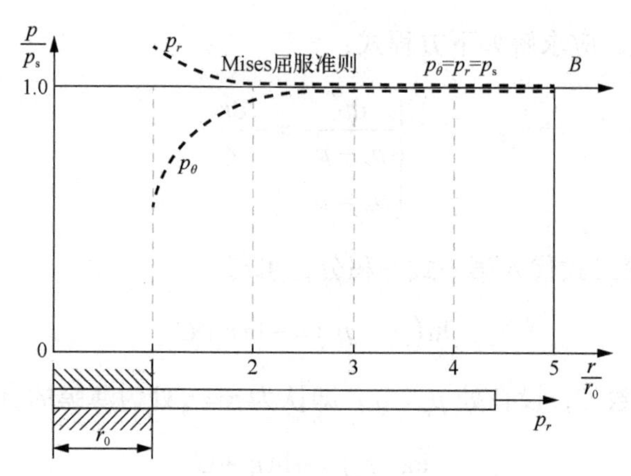

图 5.13　无孔受拉薄膜

(3) 区域Ⅲ(CD 边)。

$$-p_s < p_\theta < 0, 0 < p_r < p_s$$

在此情况下，平衡方程和屈服准则为

$$\begin{cases} \dfrac{\mathrm{d}p_r}{p_r - p_\theta} = -\dfrac{\mathrm{d}r}{r} \\ p_r - p_\theta = p_s \end{cases}$$

将上式中的第二式代入第一式并积分，可得

$$\frac{p_r}{p_s} = -\ln r + C$$

若圆形薄膜自由边界的半径为 R，则积分常数可通过在 $r = R$ 处，$p_r = 0$ 的边界条件确定。最后可得

$$\begin{cases} p_r = p_s \ln \dfrac{R}{r} \\ p_\theta = p_s \left(\ln \dfrac{R}{r} - 1 \right) \end{cases} \tag{5-40}$$

根据条件 $0 < p_r < p_s$，可得 $0 < \ln \dfrac{R}{r} < 1$，因此有

$$\frac{R}{\mathrm{e}} < r < R$$

这一条件说明，由式(5-40)所确定的应力分布规律，可以在外半径为 R 的圆环中出现；而圆环的内半径至少应为 R/e，否则作用于内边缘的 p_r 将不能使整个圆环按区域Ⅱ的屈服准则进入塑性状态，而只能使内边缘附近的局部区域进入塑性状态。式(5-40)所确定的应力分布曲线画于图 5.14 中。

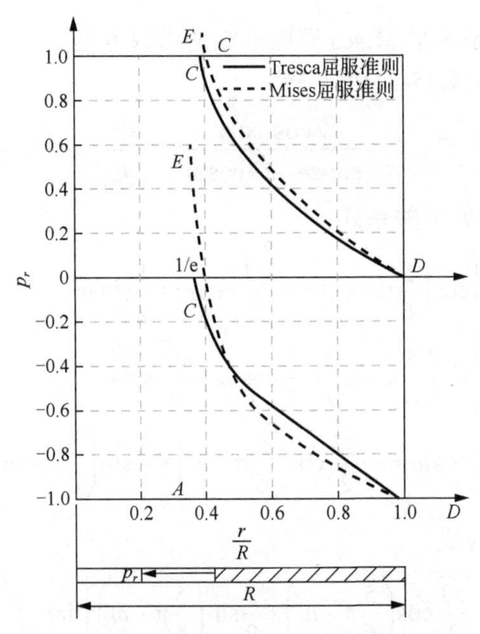

图 5.14　在内孔中受拉力 p_r 作用的圆形薄膜

当采用 Mises 屈服准则时，薄膜力应满足如下条件：

$$p_r^2 - p_r p_\theta + p_\theta^2 = p_s^2 \tag{5-41}$$

Mises 屈服准则在等倾面上是一个圆，因为 p_r 只能是拉力，所以研究半个圆便可以了。在图 5.11(b)中，P 为屈服面上的任意点。由图可见，P 点所对应的 p_θ 和 p_r 分别为

$$\begin{cases} p_\theta = p_s\cos\omega + p_s\sin\omega\tan\dfrac{\pi}{6} = p_s\left(\cos\omega + \dfrac{1}{\sqrt{3}}\sin\omega\right) \\ p_r = p_s\sin\omega\dfrac{1}{\cos\dfrac{\pi}{6}} = \dfrac{2}{\sqrt{3}}p_s\sin\omega \end{cases} \tag{5-42}$$

由式(5-42)可见，不同的 ω 对应于不同的应力状态，例如：

$$\omega = 0,\quad p_\theta = p_s, p_r = 0$$

$$\omega = \frac{\pi}{3},\quad p_\theta = p_s,\quad p_r = p_s$$

$$\omega = \frac{\pi}{2},\quad p_\theta = \frac{1}{\sqrt{3}}p_s,\quad p_r = \frac{2}{\sqrt{3}}p_s,\quad p_\theta = \frac{1}{2}p_r$$

$$\omega = \frac{2\pi}{3},\quad p_\theta = 0,\quad p_r = p_s$$

$$\omega = \pi,\quad p_\theta = -p_s,\quad p_r = 0$$

将式(5-42)代入式(5-41)，可得

$$p_s^2\left(\cos^2\omega + \frac{2}{\sqrt{3}}\cos\omega\sin\omega + \frac{1}{3}\sin^2\omega - \frac{2}{\sqrt{3}}\cos\omega\sin\omega - \frac{2}{3}\sin^2\omega + \frac{4}{3}\sin^2\omega\right) = p_s^2$$

由此可见，式(5-42)是满足 Mises 屈服准则的参数方程。

将式(5-42)代入平衡方程(5-31)后，得

$$\frac{2\cos\omega \mathrm{d}\omega}{\sin\omega-\sqrt{3}\cos\omega}=-\frac{\mathrm{d}r}{r} \tag{5-43}$$

由三角函数关系可得如下关系式：

$$\begin{cases}\cos\left(\dfrac{5}{6}\pi-\omega\right)=-\dfrac{\sqrt{3}}{2}\cos\omega+\dfrac{1}{2}\sin\omega\\ \sin\left(\dfrac{5}{6}\pi-\omega\right)=\dfrac{1}{2}\cos\omega+\dfrac{\sqrt{3}}{2}\sin\omega\\ \cos\omega=-\dfrac{\sqrt{3}}{2}\cos\left(\dfrac{5}{6}\pi-\omega\right)+\dfrac{1}{2}\sin\left(\dfrac{5}{6}\pi-\omega\right)\end{cases} \tag{5-44}$$

由此，式(5-43)可以写成

$$\frac{\left[-\dfrac{\sqrt{3}}{2}\cos\left(\dfrac{5}{6}\pi-\omega\right)+\dfrac{1}{2}\sin\left(\dfrac{5}{6}\pi-\omega\right)\right]\mathrm{d}\omega}{\cos\left(\dfrac{5}{6}\pi-\omega\right)}=-\frac{\mathrm{d}r}{r}$$

上式化简后，可得

$$-\frac{\sqrt{3}}{2}\mathrm{d}\omega+\frac{1}{2}\tan\left(\frac{5}{6}\pi-\omega\right)\mathrm{d}\omega=-\frac{\mathrm{d}r}{r}$$

将上式积分，可得

$$-\frac{\sqrt{3}}{2}\mathrm{d}\omega+\frac{1}{2}\ln\cos\left(\frac{5}{6}\pi-\omega\right)\mathrm{d}\omega=-\ln r+\ln C \tag{5-45}$$

根据式(5-45)和参数方程(5-42)，按问题的边界条件便可确定常数 C。例如，若在 $r=r_0$ 处 $p_r=0$，则有 $\omega=0$，这时有

$$\frac{1}{2}\ln\cos\frac{5}{6}\pi=-\ln r_0+\ln C \tag{5-46}$$

式(5-45)减去式(5-46)可得

$$-\sqrt{3}\omega+\ln\frac{\cos\left(\dfrac{5}{6}\pi-\omega\right)}{\cos\dfrac{5}{6}\pi}=2\ln\frac{r_0}{r}$$

$-\sqrt{3}\omega=\ln \mathrm{e}^{-\sqrt{3}\omega}$，故有

$$\ln\left[\mathrm{e}^{-\sqrt{3}}\frac{\cos\left(\dfrac{5}{6}\pi-\omega\right)}{-\dfrac{\sqrt{3}}{2}}\right]=\ln\left(\frac{r_0}{r}\right)^2$$

上式化简，可得

$$e^{-\sqrt{3}\omega}\left[\cos\omega-\frac{1}{\sqrt{3}}\sin\omega\right]=\left(\frac{r_0}{r}\right)^2 \tag{5-47}$$

式(5-47)显然满足 $r=r_0$ 时，$p_r=0$ 的边界条件。

在图 5.11(b)上，区域 I 对应于 AB 弧，代表内边缘自由、外边缘受拉伸的薄膜受力状态，其应力状态可由式(5-58)求出，并用虚线画在图 5.14 上。

区域 II 对应于图 5.11(b)的 BE 段，这一段有两种可能出现的情况：

(1) 无孔圆形薄膜的均匀受拉状态，即 $p_\theta=p_r=p_s=0$，由图上的 B 点代表。

(2) 内边缘固紧的圆形薄膜板料，固紧处的半径为 r_0，而在薄膜板料的外边缘受单位拉力为 p_r 的作用。p_r 和 p_θ 的分布规律在图 5.12 中用虚线表示。固紧处的应力状态由图 5.11(b)上的 E 点表示。

区域III对应于图 5.11(b)上的 DE 弧，代表外边缘自由的薄膜板料在内边缘处受拉。其应力分布情况由图 5.14 上的虚线表示。

由以上各图中可见，用 Mises 屈服准则和用 Tresca 屈服准则求出的应力分布规律基本上是一致的。下面将主要利用式(5-38)～式(5-40)来分析薄膜板料的加工工艺问题。

5.2　金属管件大变形吸能

5.2.1　圆管的折叠变形

当薄壁圆管轴向压溃时，其塑性破损模式可能是轴对称的或者非轴对称的，主要取决于直径与厚度之比(D/h)。轴对称模式通常称为圆环模式(ring mode)或手风琴模式，而非轴对称模式称为钻石模式(diamond mode)。这些模式的例子分别如图 5.15(a)和(b)所示。钻石模式的特征可以用瓣数表示，对于大多数常用的圆管，瓣数为 2～5 个。对于某些 D/h 值，圆管破损可能开始是圆环模式，然后转化为钻石模式，因此呈现出一种混合模式(mixed mode)，如图 5.15(c)所示。大体上说，$D/h>80$ 的圆管发生钻石模式破损。当 $D/h<50$ 且 $L/h<2$ 时，则发生圆环模式破损，而当 $L/h>2$ 时，发生混合模式破损。对于长圆管则发生 Euler 类型失稳。

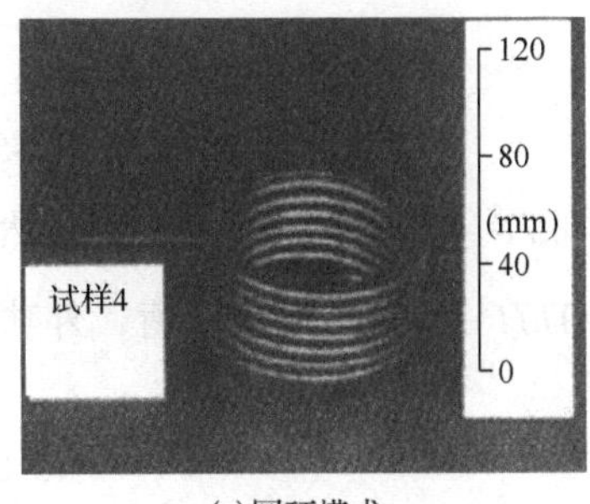

(a) 圆环模式

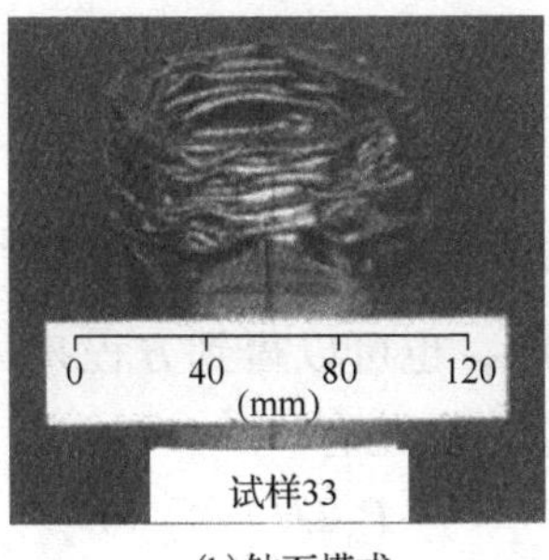

(b) 钻石模式

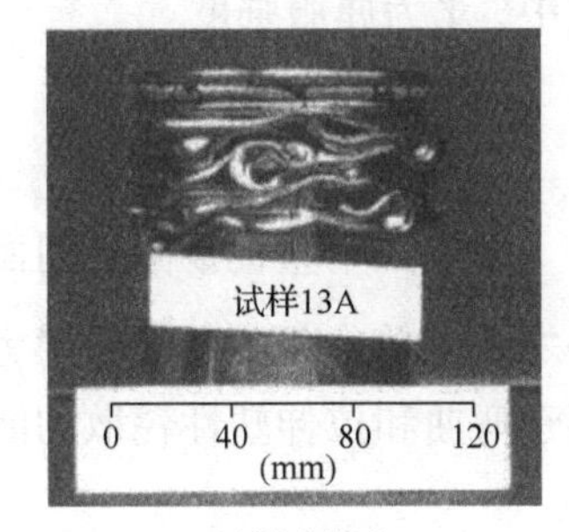

(c) 混合模式

图 5.15　圆管轴向破坏模式

Alexander 第一个提出了圆管在圆环模式下轴向压溃的理论模型，该模型如图 5.16

所示。在单个皱褶形成过程中，出现三个圆形周向塑性铰。假定皱褶是完全向外进行的，则塑性铰之间的所有材料都要经历周向拉伸应变。对圆管所做的外功被三条铰线的塑性弯曲以及塑性铰之间材料的周向伸长所耗散。

在下面分析中，假定材料是理想刚塑性的。此外，在屈服准则中，弯曲和拉伸没有交互作用；因此材料的屈服或是仅由弯曲引起的，或是仅由拉伸引起的。当一个皱褶完全被压扁时，塑性弯曲耗散的能量为

$$W_{\mathrm{b}} = 2M_{\mathrm{o}}\pi D\frac{\pi}{2} + 2M_{\mathrm{o}}\int_{0}^{\pi/2}\pi(D + 2H\sin\theta)\mathrm{d}\theta \tag{5-48}$$

或者

$$W_{\mathrm{b}} = 2M_{\mathrm{o}}\pi(\pi D + 2H) \tag{5-49}$$

式中，H 是皱褶的半长；D 是圆管直径；M_{o} 是单位宽度的塑性极限弯矩。

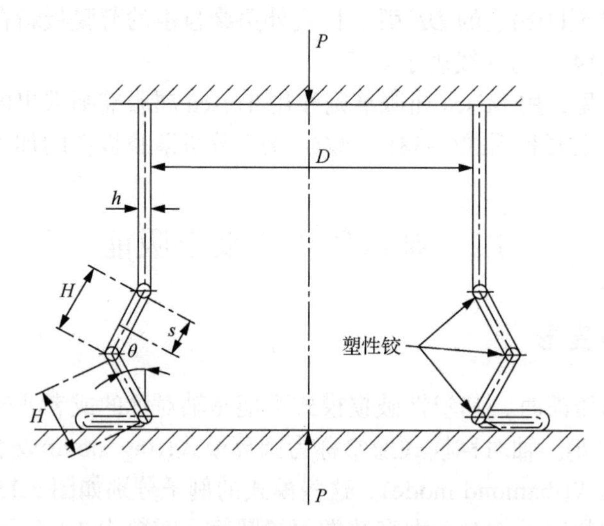

图 5.16　轴对称塑性压溃的简化理论模型

相应地，拉伸耗散能量为

$$W_{\mathrm{s}} = 2\int_{0}^{H} Y\pi Dh\ln\left(\frac{D + 2s\sin\theta}{D}\right)\mathrm{d}s \tag{5-50}$$

式中，Y 为屈服强度。

当 $\theta = \pi/2$ 时，有

$$W_{\mathrm{s}} \approx 2\pi YhH^{2} \tag{5-51}$$

考虑三个塑性铰圆之间面积的改变 $\left\{= 2\left[\pi(D+2H)^{2}/4 - \pi D^{2}/4\right] - 2\pi DH = 2\pi H^{2}\right\}$，然后将之乘以单位长度的屈服膜力 Yh，也可以得到方程 $W_{\mathrm{s}} \approx 2\pi YhH^{2}$。根据能量平衡，外功应等于弯曲和拉伸塑性耗散的能量，因此有

$$P_{\mathrm{m}}2H = W_{\mathrm{b}} + W_{\mathrm{s}} \tag{5-52}$$

式中，P_{m} 是完成整个皱褶过程的平均外力。将式(5-49)和式(5-51)代入式(5-52)，有

$$\frac{P_{\mathrm{m}}}{Y} = \frac{\pi h^{2}}{\sqrt{3}} \times \left(\frac{\pi D}{2H} + 1\right) + \pi Hh \tag{5-53}$$

根据 H 值应当使力 P_{m} 取极小的思想，可以求出未知长度 H。因此，令 $\partial P_{\mathrm{m}}/\partial H=0$，给出

$$H=\sqrt{\frac{\pi}{2\sqrt{3}}}\sqrt{Dh}\approx 0.95\sqrt{Dh} \tag{5-54}$$

将式(5-54)代入式(5-53)，可得

$$\frac{P_{\mathrm{m}}}{Y}\approx 6h\sqrt{Dh}+1.8h^2 \tag{5-55}$$

在上面分析中，假定材料是完全向外变形的。如果材料是向内变形，通过类似分析可得

$$\frac{P_{\mathrm{m}}}{Y}\approx 6h\sqrt{Dh}-1.8h^2 \tag{5-56}$$

正如 Alexander 所阐明的，实际上材料是部分向内变形、部分向外变形的。因此，可以取式(5-55)和式(5-56)的平均值，可得

$$P_{\mathrm{m}}\approx 6Yh\sqrt{Dh} \tag{5-57}$$

这就完成了 Alexander 于 1960 年提出的关于圆管的轴对称压溃分析。

5.2.2　方管的折叠变形

薄壁方管经常受到轴向载荷作用。它们代表许多结构元件，如汽车、铁路车辆和船舶结构中的构件。它们的破损模式和圆管非常不同，但是力-位移的一般特性是类似的。这是因为在受到轴向加载时，方管和圆管都要经历渐进破坏的过程。

图 5.17(a)为完全压溃的正方形箱型柱的典型照片。这是一个 $c/h=23$ 的铝管，这里 c 是正方形边长，h 为厚度。管壁经历了严重的向内和向外的塑性弯曲，可能还有拉伸。请注意，当管壁很薄时可能发生非紧凑型破坏模式，在这种情况下褶皱是不连续的，它们被略微弯曲的方形板分开，如图 5.17(b)所示，其中 $c/h=100$。这个模式整体上可能相对不稳定，有发生 Euler 屈曲的趋势，这是不希望出现的能量耗散机构。

(a) 紧凑型模式(铝管，$c/h=23$)

(b) 非紧凑型模式($c/h=100$)

图 5.17　方管的塑性破损模式

一个典型的力-位移曲线如图 5.18 所示，很清楚，在初始峰值以后，力急剧下降，然后周期性波动，这对应于一个接一个褶皱的形成和完全压扁。

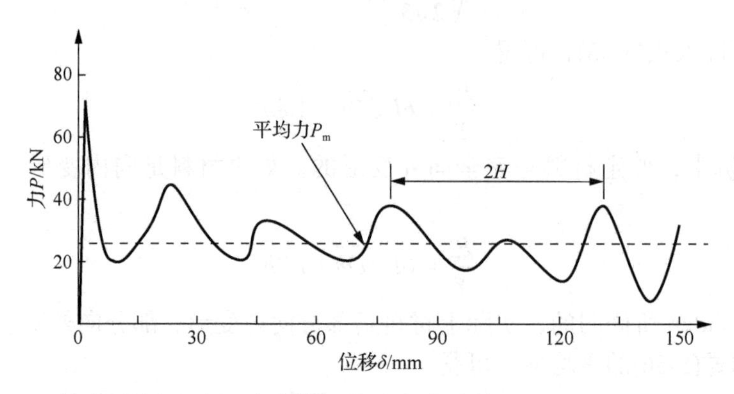

图 5.18 轴向压缩的铝制正方形箱型柱的力-位移特性($c=51.0$mm, $h=2.19$mm)

5.2.3 破损机构的理想化

基于对压溃过程的观察，将典型的褶皱发生顺序总结在图 5.19 中，它表示了 1/4 正方形截面的一个变形阶段。这个理想化机构以及随后的分析是 Wierzbicki 和 Abramowicz 给出的。总体来说，这个单元由两种类型的塑性铰组成：水平固定铰(AC 和 CD)及倾斜移行铰(KC 和 CG)。移行铰 KC 发生于铅垂的棱角 $K'C'$处，倾斜角随着变形的发展而增加。

这个单元的初始几何形状由该单元的总高度 $2H$ 确定，它类似于圆管的皱褶长度。在一般情况下，可以令 $2\psi_0$ 为沿管轴观察的两块相邻板之间的夹角，c 为 AC 和 CD 的边长。假定 $2\psi_0$ 和 c 在变形过程中都是不变的。对于方管，$2\psi_0$ 为 $\pi/2$，$AC=CD=c$。但是，为了容易用于以后其他情况的分析，保留这两个参数。

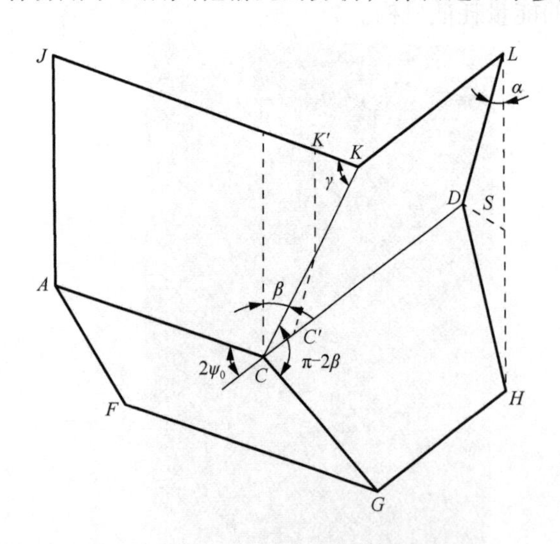

图 5.19 褶皱过程中的 1/4 的正方形截面

这个破损单元的状态可以用下列参数之一描述：压溃距离 δ、方形板 $KLDC$ 的转动角度 α，或者 D 点的水平移动距离 S。当然，它们之间有如下关系：

$$\delta = 2H(1-\cos\alpha) \tag{5-58}$$

$$S = H\sin\alpha \tag{5-59}$$

和

$$\tan\gamma = \frac{\tan\psi_0}{\sin\alpha} \tag{5-60}$$

$$\tan\beta = \frac{\tan\alpha}{\sin\psi_0} \tag{5-61}$$

通过微分上述方程，可得到速度之间的关系

$$\delta = 2H\sin\alpha \tag{5-62}$$

以及 D 点的水平速度：

$$V = S = H\cos\alpha \tag{5-63}$$

在图 5.19 所示的理想化变形模式中，所有塑性变形都发生在局部化的塑性铰上。如果塑性变形没有扩展，它是可以接受的。但是注意到变形过程中塑性铰 KC 在移动，由原来位置 $K'C'$移出。在以后将看到，具有无限大曲率的局部化塑性铰在移动中将吸收无限多的塑性能量。对于从其原来位置 C'移动出来的点 C 情况也是如此。所以需要更切合实际的运动许可的模型。图 5.20 所示的就是这样一个模型，它将塑性变形扩展到塑性区，用以代替集中的塑性铰。在这个模型中，塑性变形只发生在带阴影的区域内。于是，在变形过程中四个平面梯形板以刚体形式运动。两个圆柱面以两条直的塑性铰线为界，这两条铰线向相反方向移动，形成更宽的区域。两个相邻的梯形板通过一个以两条直线为界的锥面相连接。当图 5.19 中的 KC 移动时，一条直线对原来的平面板块($JKCA$ 的部分)施加一个曲率，而另一条直线又将此曲率移去，所以弯曲的板块又弯回来成为平的，与 $KLCD$ 相连接。最后，四个活动的变形区通过一个环形壳(toroidal shell)部分连接起来。这个双曲面具有非零高斯曲率(Gaussian curvature，定义为两个主曲率的乘积)，而穿过这个环形壳之前和之后的圆柱部分，高斯曲率为零。因此当材料变形进入这个壳，然后返回圆柱壳部分时，高斯曲率有一个改变，必定伴有面内拉伸(calladine)。下一个任务是给出四种类型塑性区每一种能量的耗散。

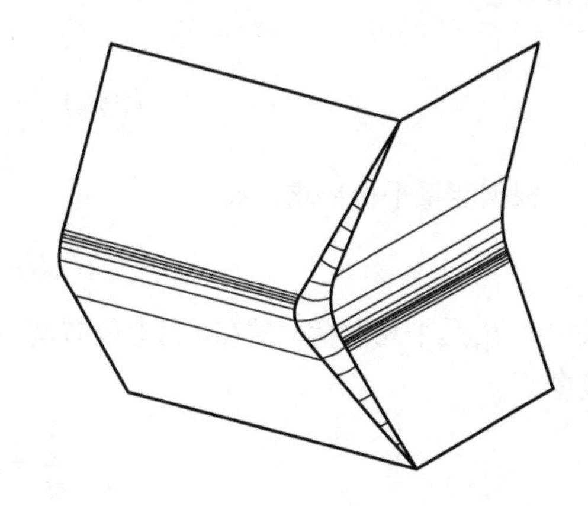

图 5.20　一个更为实际的运动许可皱褶模型

1) 薄板通过环形曲面所耗散的能量

对于图 5.21 所示的环形段，曲面内的任一点可以用两个坐标 (θ,ϕ) 描述。这里 θ 表示子午线坐标[图 5.21(c)]，ϕ 则是沿圆周方向的坐标[图 5.21(b)]。

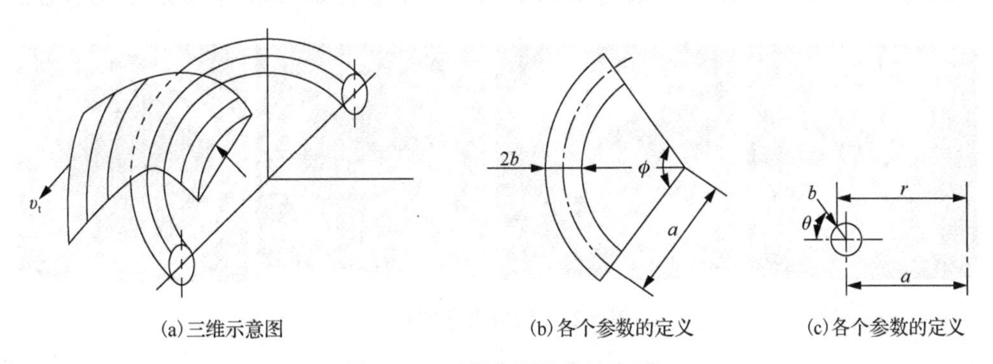

(a)三维示意图　(b)各个参数的定义　(c)各个参数的定义

图 5.21　环形曲面的塑性变形

这里直接给出薄板通过环形曲面所耗散的能量 W_1：

$$W_1 = 16\frac{Hb}{h}I_1(\psi_0) \tag{5-64}$$

式中

$$I_1(\psi_0) = \frac{\pi}{(\pi-2\psi_0)\tan\psi_0} \times \int_0^{\frac{\pi}{2}} \cos\left\{\sin\psi_0 \sin\left(\frac{\pi-2\psi_0}{\pi}\right)\beta + \cos\left[1-\cos\left(\frac{\pi-2\psi_0}{\pi}\right)\beta\right]\right\}\mathrm{d}\alpha \tag{5-65}$$

2) 水平塑性铰处的能量

$$W_2 = \pi M_0 c \tag{5-66}$$

3) 倾斜塑性铰处的能量

$$W_3 = 4M_0 I_3(\psi_0) H^2/b \tag{5-67}$$

式中

$$I_3(\psi_0) = \frac{1}{\tan\psi_0}\int_0^{\frac{\pi}{2}} \frac{\cos\alpha}{\sin\gamma}\mathrm{d}\alpha \tag{5-68}$$

根据能量平衡要求，有

$$2P_{\mathrm{m}}H = W_1 + W_2 + W_3 \tag{5-69}$$

式中，P_{m} 是平均载荷，式(5-67)中仅有两个位置参数，半径 b 和褶皱的半高度 H，可以通过令

$$\frac{\partial P_{\mathrm{m}}}{\partial H} = 0, \quad \frac{\partial P_{\mathrm{m}}}{\partial b} = 0 \tag{5-70}$$

求出。由此给出 H 和 b，进而求解出 P_{m}。

5.2.4　波纹夹芯圆柱壳的折叠变形

如图 5.22 所示，通过线切割(WEDM)及挤压成形(EXTRUSION MOULDING)制备得到波纹夹芯圆柱壳。其中，线切割采用 6061T6 铝合金，挤压成形采用 6063T5 铝合金。

图 5.22　波纹夹芯圆柱壳

对上述两种工艺制备结构开展准静态轴向压缩试验，发现两种试件均发生稳定的压溃

变形，如图 5.23 所示，其中图(a)～(c)为线切割试件，图(d)～(f)为挤压成形试件。其中，挤压成形试件未产生撕裂，线切割试件发生局部及整体的破裂。

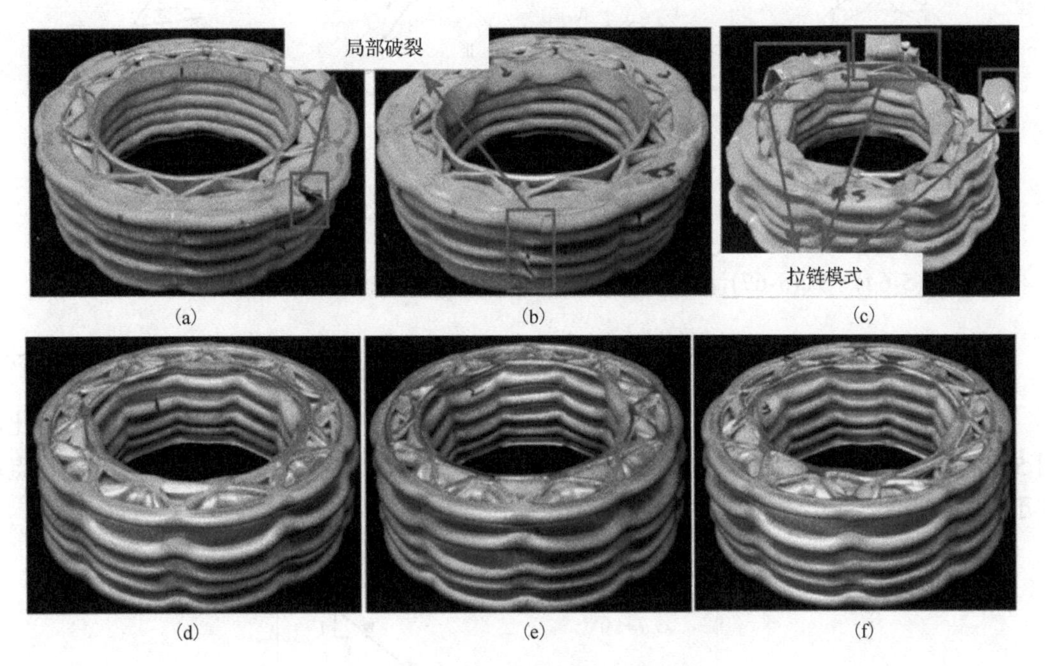

图 5.23　波纹夹芯圆柱壳压溃形貌

针对挤压成形试件，对结构开展压溃仿真。仿真采用 ABAQUS/EXPLICIT 进行，加载条件与实验相同，仿真所得位移-压缩曲线及压溃形貌与实验对比如图 5.24(a)所示。由图 5.24(b)可以看到，仿真与实验结果吻合良好。

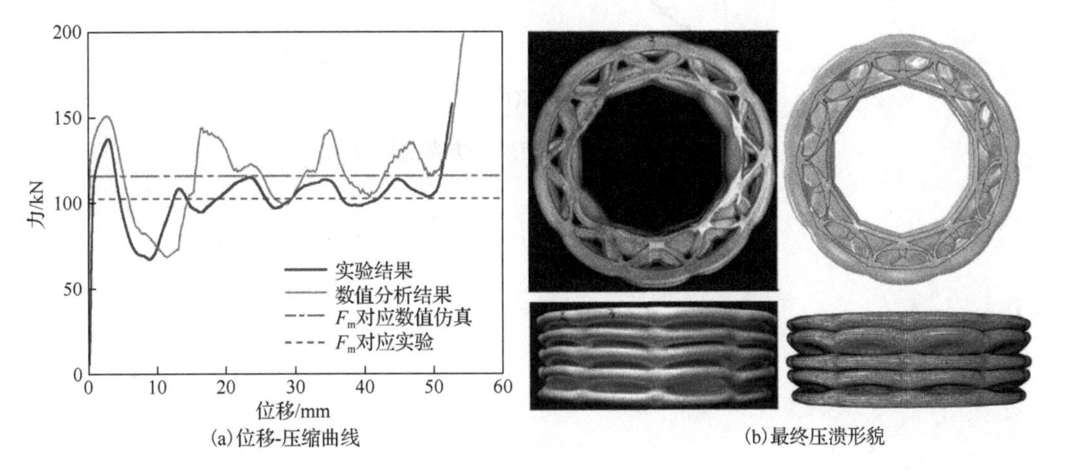

彩图 5.24

图 5.24　仿真与实验结果对比

基于仿真及实验观察到的褶皱模式，将结构分解为如图 5.25 所示的四种基本折叠单元。

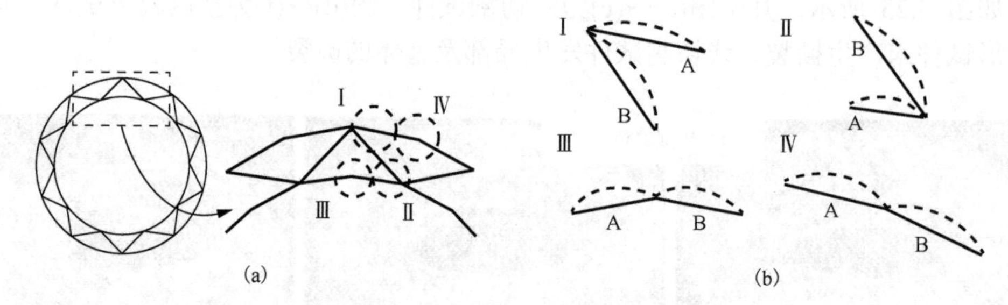

图 5.25　四种基本折叠单元

根据式(5-64)～式(5-67)计算在一个褶皱中结构总能量耗散：

$$W_{\text{total}} = \sum_{i=\mathrm{I}}^{\mathrm{IV}} W_{i1} + W_{i2} + W_{i3} \tag{5-71}$$

进一步根据式(5-68)及式(5-69)，求解得到 P_{m}。将理论与仿真所得平均载荷 P_{m} 对比如图 5.26 所示。图中，横轴为仿真结果，纵轴为对应结构理论预测平均载荷。所有计算点均位于斜率 45°直线上，表明理论预测值与仿真值吻合良好。

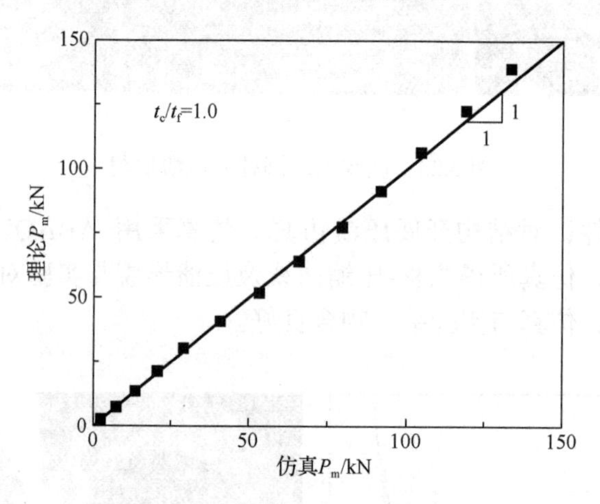

图 5.26　理论预测结果与仿真结果对比

第6章　宏微观断裂行为

6.1　宏观断裂行为

固体在应力作用下分离或破碎为两个或多个部分的过程称为断裂。断裂涉及的学科包括固态物理学、材料科学和连续介质力学。裂纹导致的材料断裂可以通过以下多种方式发生。

(1) 缓慢施加外部载荷。

(2) 快速施加外部载荷(冲击)。

(3) 循环或反复加载(疲劳)。

(4) 与时间有关的变形(蠕变)。

(5) 内部应力，如由热膨胀系数的各向异性或温差引起的热应力。

(6) 环境影响(应力腐蚀开裂，氢脆等)。

在大多数情况下，断裂可细分为以下过程：

(1) 损伤累积。

(2) 一个(多个)裂纹或孔隙的成核。

(3) 裂纹或孔隙的成长与合并。

损伤累积与材料的属性有关，如其原子结构、晶格、晶界和先前的加载历史。当超过局部强度或延展性时，会形成裂纹(两个自由表面)。在继续加载时，裂纹会扩展直到完全断裂。本章将对裂纹进行定量的了解。计算裂纹尖端(或尖端附近)的应力非常重要，因为这些计算有助于回答一个非常重要的实际问题：在什么外部载荷值的情况下裂纹会开始扩展？如图 6.1 所示，按照裂纹与应力方向之间的关系可将裂纹分为三种基本类型，分别为张开型(Ⅰ型)、滑开型(Ⅱ型)与错开型(Ⅲ型)。张开型是由垂直于裂纹平面的载荷引起的，滑开型是由平行于裂纹平面且垂直于裂纹的力产生的，错开型是由与裂纹表面和裂纹平行的力产生的。

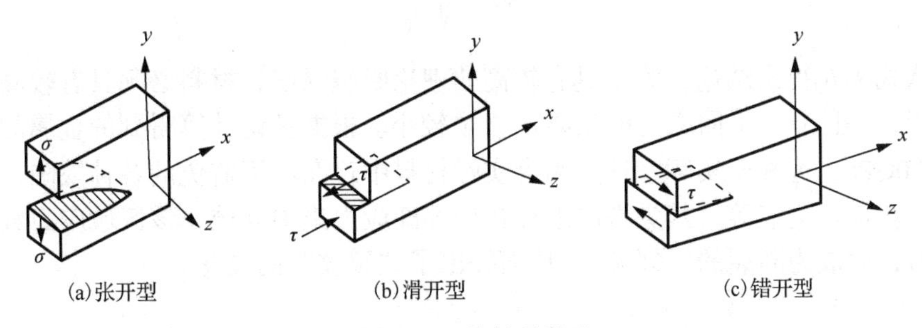

图 6.1　三种断裂类型

断裂韧性的参数与试验方法大部分是在 20 世纪的最后 25 年中发展起来的，其中以定量与可重复的方式描述材料断裂抗力的是平面应变断裂韧性。它被定义为在平面应变和 I 型加载条件下的临界应力强度因子。在该应力强度因子上开始以不稳定的方式生长。断裂韧性与施加应力的关系如下：

$$K_{\mathrm{Ic}} = Y_K \sigma \sqrt{\pi a} \tag{6-1}$$

式中，K_{Ic} 为模式 I 下的断裂韧性；a 为裂纹的特征尺寸(半长)；Y_K 为取决于试样几何形状、裂纹位置和荷载配置的参数。请注意，K_{Ic} 为材料的参数，与硬度和屈服强度相同。得出晶体理论抗拉强度的表达式。

6.1.1 理论抗拉强度

从普通物理中已经知道原子之间具有相互作用：原子间距很小时，它们相互排斥，而间距较大时就相互吸引。材料的破坏过程涉及沿施加应力的方向分离原子。图 6.2 显示了分离两个原子平面所需的应力与平面距离的变化关系。该距离最初等于 a_0。自然，应力随间距的增大而增大，在某点处应力克服了原子之间的作用力，达到一个最大值，随后应力随着间距的增大而减小。将曲线假定为正弦函数。曲线下的面积是切割晶体所需的功。如果单位面积的表面能为 γ，且试样的横截面积为 A，则总能量为 $2\gamma A$ (形成两个表面)。然后，通过以下方程式给出应力对平面分离的依赖性：

$$\sigma = K \sin \frac{2\pi}{2d}(a - a_0) \tag{6-2}$$

$$K = \frac{Ed}{\pi a_0} \tag{6-3}$$

式中，E 为材料弹性模量；K 为应力最大值；正弦函数周期为 $2d$，d 满足

$$\int_{a_0}^{a_0+d} \sigma \mathrm{d}a = 2\gamma \tag{6-4}$$

$$d = \frac{\pi\gamma}{K} \tag{6-5}$$

因此，有

$$\sigma_{\max} = \sqrt{\frac{E\gamma}{a_0}} \tag{6-6}$$

可以从式(6-6)得出结论，为了具有较高的理论断裂强度，材料必须具有较高的弹性模量和表面能，并且原子平面之间的距离 a_0 必须较小。根据理论计算得到的金属的断裂强度通常大于 10GPa，远高于实际。这是因为实际材料中存在不可避免的各种缺陷，如微观裂纹、空穴、切口、刻痕等，其尖端附近存在局部高应力集中区域，该区域应力数倍于远离尖端的应力，而成为断裂的“裂源”。从而提出了“裂纹”的概念。

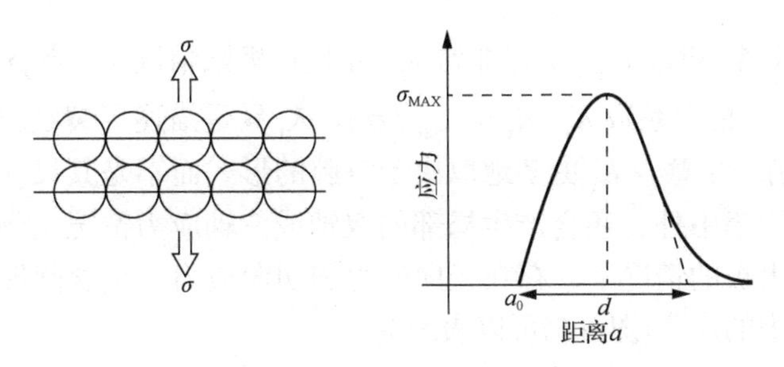

图 6.2　分离两个原子层所需要的应力

6.1.2　应力集中

裂纹扩展的最基本要求是，裂纹尖端的应力必须超过材料的理论内聚强度。这确实是基本准则，但是它不是很有用，因为几乎不可能测量裂纹尖端的应力。Griffith 断裂准则更为有用，它可以预测为扩展裂纹而必须向包含裂纹的物体施加的力。首先了解固体中应力集中的基本概念。

材料的失效与缺陷附近存在高局部应力有关。因此，重要的是要了解裂纹状缺陷周围的这些应力和应变的大小及分布。考虑一块具有缺口并在远离缺口的位置受到均匀拉伸应力的板，如图 6.3 所示，线的方向和密度指示应力的方向及大小。可以想象，外力是通过力线(类似于众所周知的磁力线)从板的一端传递到另一端的。在被均匀拉伸的板的端部，线之间的间隔是均匀的。缺口的存在会严重扭曲板中心区域的力线(即应力场受到扰动)。类似于弹性弦的力线趋向于使其长度最小化，因此在椭圆孔的末端附近聚集在一起。线的这种分布导致在同一区域中存在更多的力线且局部线间距减小，由此导致局部应力(应力集中)的增大。

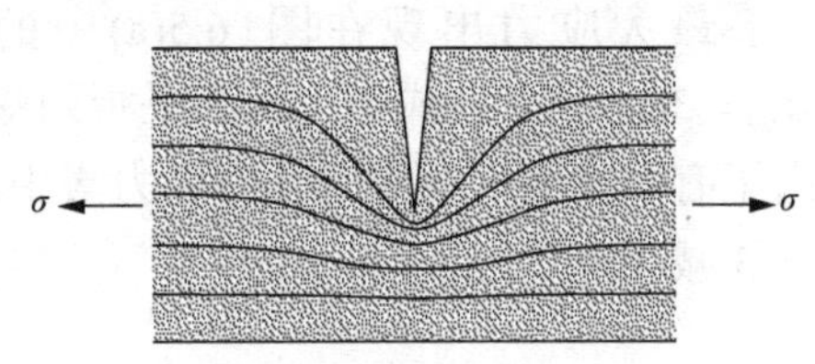

图 6.3　在远离缺口的均匀应力下，板中的“力线”分布

宏观破坏力学学科的先导者是英国科学家 Griffith。他建立了脆断理论的基本框架，他的分析模型基于含有椭圆形空腔的无线平面介质的弹性解，并按照能量平衡的观点导出脆性材料断裂准则。图 6.4 显示了板中的椭圆形空腔，在远离空腔的均匀应力 σ 下，最大应力出现在空腔主轴的两端，为

$$\sigma_{\max}=\sigma\left(1+2\frac{a}{b}\right) \tag{6-7}$$

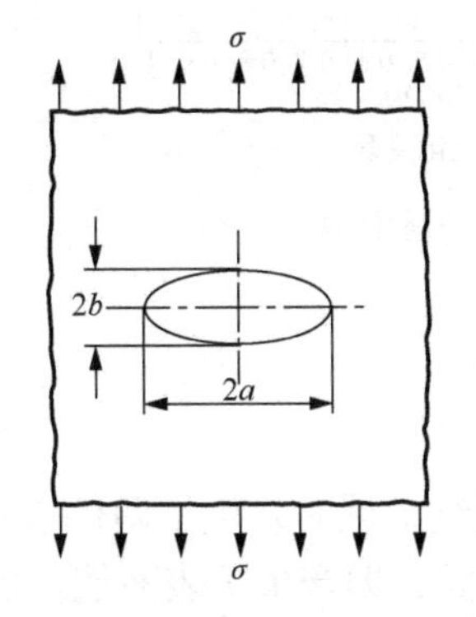

图 6.4　Griffith 假想裂纹模型

式中，$2a$ 和 $2b$ 是椭圆的主轴和次轴。随着椭圆的变平，空腔前缘的应力值变得非常大。在椭圆非常扁平或裂纹长度为 $2a$ 且曲率半径为 $\rho=b^2/a$ 的情况下，公式可写为

$$\sigma_{\max}=\sigma\left(1+2\sqrt{\frac{a}{\rho}}\right)\approx 2\left(\sigma\sqrt{\frac{a}{\rho}}\right)\quad(\rho\ll a) \tag{6-8}$$

注意到，当ρ非常小时，$\sigma_{\max}$变得非常大，并且在极限情况下，当$\rho \to 0$时，$\sigma_{\max} \to \infty$。将$2\sqrt{a/\rho}$定义为应力集中系数$K_{\rm t}$（$K_{\rm t} = \sigma_{\max}/\sigma$）。$K_{\rm t}$只是描述了裂纹对局部应力的几何影响(即在裂纹的尖端)。注意，$K_{\rm t}$更多地取决于空腔的形式而不是其尺寸。

缺口除产生应力集中外，还会产生局部的双轴或三轴应力情况。例如，在包含圆形孔并承受轴向力无限大板的情况下，存在径向应力和切向应力。包含圆形孔(直径为$2a$)并轴向加载的无限大板中的应力(图 6.5)可以表示为

$$
\begin{aligned}
\sigma_{rr} &= \frac{\sigma}{2}\left(1-\frac{a^2}{r^2}\right)+\frac{\sigma}{2}\left(1+3\frac{a^4}{r^4}-4\frac{a^2}{r^2}\right)\cos 2\theta \\
\sigma_{\theta\theta} &= \frac{\sigma}{2}\left(1+\frac{a^2}{r^2}\right)-\frac{\sigma}{2}\left(1+3\frac{a^4}{r^4}\right)\cos 2\theta \\
\sigma_{r\theta} &= -\frac{\sigma}{2}\left(1-3\frac{a^4}{r^4}+2\frac{a^2}{r^2}\right)\sin 2\theta
\end{aligned} \tag{6-9}
$$

最大应力出现在图 6.5(a)中的点 A 处，此处$\theta = \pi/2$，$r = a$。在这种情况下$\sigma_{\theta\theta} = 3\sigma = \sigma_{\max}$，式中，$\sigma$为平板两端施加的均匀应力，应力集中系数$K_{\rm t} = 3$。图 6.5(b)示出了有限宽度平板中圆孔的应力集中，当宽度D减小或圆孔半径增大时，应力集中系数$K_{\rm t}$从 3 减小至 2.2。

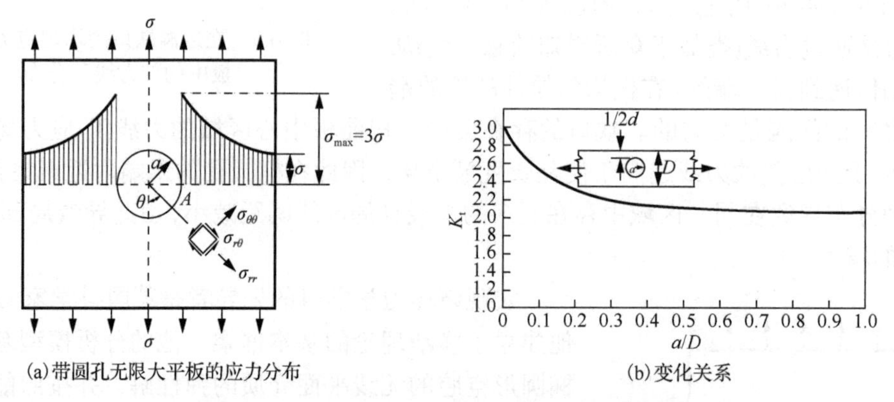

(a)带圆孔无限大平板的应力分布　　(b)变化关系

图 6.5　带圆孔无限大平板的应力分布及有限宽度平板中的应力集中系数$K_{\rm t}$随圆孔半径的变化关系

6.1.3　Griffith 断裂准则

Griffith 提出了一个基于热力学能量平衡的准则。他指出裂纹扩展时发生了两件事：一是在材料内部，弹性应变能被释放；二是形成了两个新的裂纹面，即产生了表面能。因此 Griffith 认为，如果一个裂纹的扩展使得所释放的弹性应变能比产生的两个新裂纹面的表面能更大，那么该裂纹就会扩展。图 6.6(a)所示为平面应力下一个厚度为t，并含有长度为$2a$的裂纹的无限大平板。随着应力的加载，裂纹张开。阴影区域表示材料储存的弹性应变能被释放的近似体积(图 6.6(b))。如图 6.6(c)所示，当裂纹在前端扩展一个距离 da时，弹性应变能释放的体积会增加。在应力作用下，固体中单位体积的弹性应变能为$\sigma^2/2E$。为了得

到释放出的总应变能，需要用单位体积弹性应变能乘以释放出该能量的材料的体积。在本例中，该体积为椭圆形阴影区的面积乘以板厚。椭圆形阴影区的面积为$2\pi a^2$，因此应变能松弛区的体积为$2\pi a^2 t$。这样，释放出的总应变能为

$$\frac{\sigma^2}{2E}(2\pi a^2 t)=\frac{\pi\sigma^2 a^2 t}{E} \tag{6-10}$$

或在平面应力下，单位厚度平板释放的能量为

$$U_{\mathrm{e}}=\frac{\pi\sigma^2 a^2}{E} \tag{6-11}$$

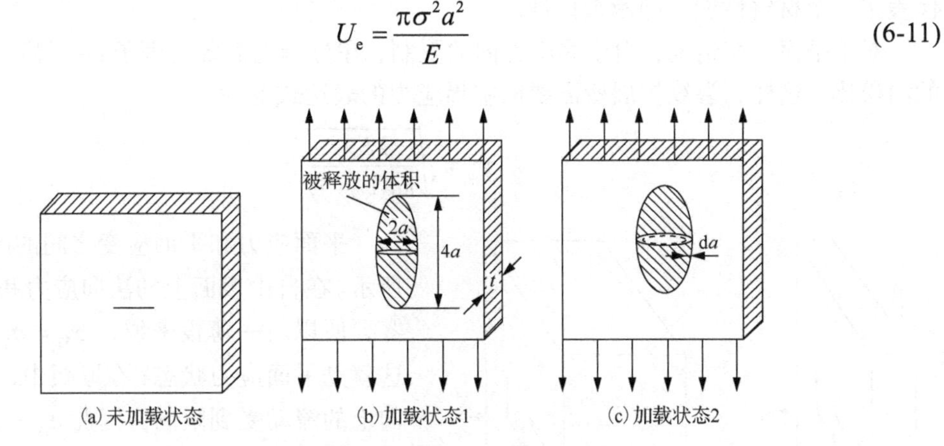

图 6.6　厚度为t的含长度为$2a$的裂纹的平板

当裂纹扩展时，应变能的减少量U_{e}被两个新裂纹面所产生的表面能增加量U_{s}所平衡。这个表面能的增加量等于

$$U_{\mathrm{s}}=(2at)(2\gamma_{\mathrm{s}}) \tag{6-12}$$

式中，γ_{s}为比表面能，即单位面积的能量。就单位厚度的平板而言，表面能的增加量为$4a\gamma_{\mathrm{s}}$。这时，当在平板中引进椭圆形裂纹时，平板的势能变化可以写成

$$\Delta U=4a\gamma_{\mathrm{s}}-\frac{\pi\sigma^2 a^2}{E} \tag{6-13}$$

式中，ΔU为含裂纹的单位厚度平板的势能变化；σ为外加应力；a为裂纹长度的一半；E为平板的弹性模量；γ_{s}为平板的比表面能(即单位面积的表面能)。

随着裂纹扩展，应变能被释放，但也产生了额外表面。当这些能量分量彼此平衡时，裂纹就会变得稳定。如果它们不平衡，裂纹就会失稳(即裂纹会扩展)。通过对势能ΔU作关于裂纹长度的一阶导数，并使其等于零，可得到平衡条件，即

$$\begin{gathered}\frac{\partial(\Delta U)}{\partial a}=4\gamma_{\mathrm{s}}-\frac{2\pi\sigma^2 a}{E}=0\\ 2\gamma_{\mathrm{s}}=\frac{\pi\sigma^2 a}{E}\end{gathered} \tag{6-14}$$

通过对ΔU作关于a的二阶导数，可以进一步检验这一平衡的性质。负的二阶导数意味着式(6-14)表示了一个不稳定的平衡条件，这样裂纹将会增长。重新整理式(6-14)，可以

写出在平面应力条件下裂纹扩展所需要的临界应力：

$$\sigma_c=\sqrt{\frac{2E\gamma_s}{\pi a}} \tag{6-15}$$

$$\sigma_c\sqrt{\pi a}=\sqrt{2E\gamma_s}$$

读者应该能注意到这个表达式的左边包含裂纹扩展的临界应力和裂纹长度的平方根，该乘积称为断裂韧性。注意表达式的右边仅包含材料参数E和γ_s。就是说，上述表达式代表了一个材料性能，即断裂韧性。

对于平面应变情况，由于厚度方向的限制，在分母上需要用因子$1-\nu^2$修正，ν为材料的泊松比。这样，裂纹扩展所需要的临界应力的表达式变为

$$\sigma_c=\sqrt{\frac{2E\gamma_s}{\pi a(1-\nu^2)}} \tag{6-16}$$

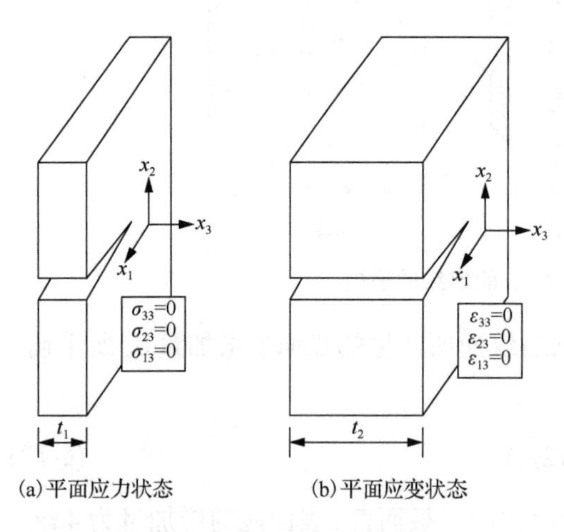

图 6.7　薄板和厚板中的裂纹

平面应力和平面应变之间的区别如图 6.7 所示。在自由表面上的法向应力和切应力均为零，所以对一薄板来说，$\sigma_{33}=\sigma_{23}=\sigma_{13}=0$，这就是平面应力状态；在厚板中，材料在$x_3$方向上的流动受到限制，因此$\varepsilon_{33}=\varepsilon_{23}=\varepsilon_{13}=0$，这就是平面应变状态。注意到因子$1-\nu^2$小于1，且在分母上，因此平面应变状态下断裂所对应的临界应力将高于平面应力状态下的临界应力。正如预期的一样，这是由于平面应变状态下厚度方向的限制。对于很多金属，$\nu\approx0.3$，$1-\nu^2=0.91$，所以对于大多数金属，两种状态的差别不是很大。

在 Griffith 分析中，裂纹长度的重要性并不明显。在现代断裂力学中，稍后会看到，裂纹长度以平方根$\sqrt{a}$的形式引入乘积$\sigma\sqrt{a}$中。根据 Griffith 力学分析，裂纹扩展的必要条件是

$$-\frac{\partial U_e}{\partial a}\geqslant\frac{\partial U_s}{\partial a} \tag{6-17}$$

式中，U_e为系统(即机器和试样)的弹性能；U_s为两个裂纹面的表面能。这是裂纹快速扩展引起断裂的必要条件，但并不一定是充分条件：如果裂纹尖端局部应力不足以破坏原子键，Griffith 能量准则将是不充分的。

若考虑裂纹尖端局部应力，将式(6-8)代入$\sigma\sqrt{a}$，可得

$$\sigma_c\sqrt{a}=\frac{1}{2}(\sigma_{max})_c\sqrt{\rho}=常数 \tag{6-18}$$

式中，σ_c为临界远场应力或均匀应力(即断裂应力)；a为对应σ_c的裂纹长度；$(\sigma_{max})_c$为断裂时裂纹尖端处的应力；ρ为裂纹尖端根部的半径。显而易见的是，参数$(\sigma_{max})_c$和ρ都是

局部参数。两者常难测量。而 Griffith 分析允许使用远场应力和裂纹长度，这些参数却容易测量。$\sigma_c\sqrt{a}$ 这个量称为断裂韧性，且用 K_{Ic} 来表示，后面将详细介绍。

6.1.4　塑性裂纹扩展

如果正在发生裂纹扩展的材料能够塑性变形，那么由于塑性应变的产生，裂纹尖端的形式会发生变化，尖锐的裂纹尖端会被钝化。另外一个重要因素是时间，因为塑性变形需要时间，裂纹尖端的塑性变形量取决于裂纹扩展的速率。图 6.8 所示为 TEM 显微图片，表明位错在裂纹尖端处产生并沿晶体学面扩展。裂纹在图片的左边，铜箔的晶面为(123)。

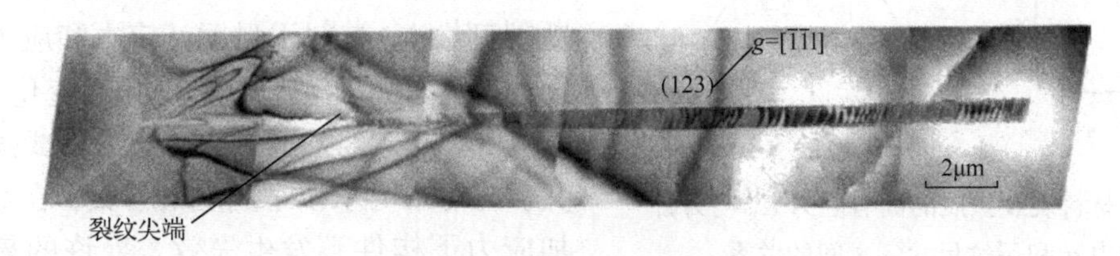

图 6.8　铜中由裂纹尖端产生的位错

对于绝大多数材料，由于应力集中，裂纹尖端处及周围会产生局部塑性变形。在这种情况下，除了两个断裂面产生时的弹性功，裂纹扩展时也有一定量的塑性功。这样，断裂力学将依赖于所做的塑性功 γ_p 的大小，而塑性功则取决于裂纹扩展速率、温度和材料本身的性质。对于本征脆性材料，在低温和裂纹高速扩展时，γ_p 相当小。这种情况下，裂纹扩展将是连续的和弹性的。这些情况可用线弹性断裂力学进行有效处理。无论如何，在有塑性变形时，单位面积断裂面的裂纹扩展所做的功从 γ_s 增大到 $\gamma_p+\gamma_s$。因此，Griffith 断裂准则可改成

$$\sigma_c=\begin{cases}\sqrt{\dfrac{2E(\gamma_s+\gamma_p)}{\pi a}} & (\text{平面应力})\\ \sqrt{\dfrac{2E(\gamma_s+\gamma_p)}{\pi a(1-\nu^2)}} & (\text{平面应变})\end{cases}\tag{6-19}$$

因此，裂纹尖端附近的塑性变形可使裂纹尖端钝化。并通过增大裂纹尖端处的曲率半径来缓解应力集中。裂纹尖端处的局部塑性变形提高了材料的断裂韧性。

6.1.5　线弹性断裂力学

断裂力学提供了一种对材料断裂过程进行定量处理的方法。该方法基于这样的理念：相关材料性能——断裂韧性是衡量材料在受到外力作用下抵抗断裂能力的重要指标。在一定条件下，这种裂纹扩展力(或一个等价参数)并不依赖于试样尺寸，该参数可用作对材料断裂韧性的一种定量度量。

断裂力学采用一种全新的设计方法来阻止断裂。不可否认，结构件中总是会存在缺陷。但是对于一个具有裂纹状缺陷的结构或构件，可以用含长度为 a 的单边缺口的平板来模

拟(图 6.9)。或者可以说是在裂纹尖端增加外加应力强度因子 K，而裂纹尖端的材料具有对裂纹扩展的阻力，可用 K_R (有时以符号 R 代替 K_R 单独使用)来表示这种材料的固有阻力。这样，断裂力学学科可用图 6.9 中的三角形来表示，也就是说，以下 3 个量相互作用：

(1) 远场应力 σ。

(2) 特征裂纹长度 a。

(3) 材料固有开裂阻力 K_R。

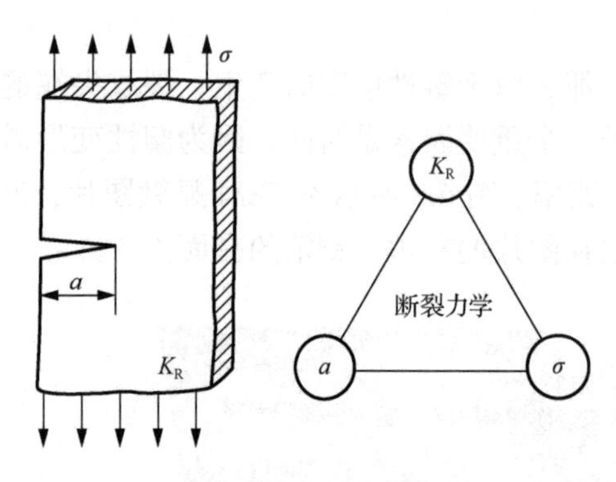

图 6.9 材料裂纹扩展的固有阻力 K_R 与外加应力 σ 和裂纹尺寸 a 之间的关系

符号 K 用于表示在给定外加应力和裂纹长度下裂纹尖端的应力强度因子，符号 K_R 代表断裂韧性。应力强度因子 K 类似于应力，而断裂韧性 K_R 类似于强度。应力和应力强度因子会随着外部加载条件的变化而变化；强度和韧性是材料参数，与加载条件和试样尺寸无关。现在来寻求以下问题的答案：在给定的外加应力下构件不发生失效，允许的最大缺陷(裂纹)尺寸是多大？一旦知道了这个问题的答案，剩下的仅仅是利用合适的检测技术去选择 / 修复 / 替换材料，使材料中不存在大于给定设计应力计算的临界尺寸的缺陷。

线弹性断裂力学的基本假设如下：

(1) 裂纹在材料中是固有存在的，因为任何裂纹探测设备都有灵敏度和分辨率的限制。

(2) 在线弹性应力场中，裂纹是自由的、内在的、平的表面。根据这一假设，线弹性力学给出裂纹尖端附近的应力。

(3) 引起结构件失效的裂纹生长，可通过作用于裂纹尖端的拉应力来进行预测。换言之，裂纹尖端的应力情况可以用 K 值来表征。弹性理论表明，$K = Y\sigma\sqrt{\pi a}$，其中，σ 为外加应力，a 为裂纹长度的一半，Y 为一个常数，取决于裂纹张开类型和试样形状。

下面将给出各向同性材料在 3 种断裂类型下(图 6.1)的应力分量。对于各向异性材料，这些关系必须加以修正，以适应裂纹尖端应力的不对称性。K_{I}、K_{II} 和 K_{III} 分别代表 I 型、II 型和III型的应力强度因子，r 和 θ 是极坐标，对于 I 型：

$$
\begin{bmatrix} \sigma_{11} \\ \sigma_{22} \\ \sigma_{12} \end{bmatrix} = \frac{K_{\mathrm{I}}}{\sqrt{2\pi r}} \cos\frac{\theta}{2} \begin{bmatrix} 1 - \sin\frac{\theta}{2}\sin\frac{3\theta}{2} \\ 1 + \sin\frac{\theta}{2}\sin\frac{3\theta}{2} \\ \sin\frac{\theta}{2}\cos\frac{3\theta}{2} \end{bmatrix} \tag{6-20}
$$

$$
\sigma_{13} = \sigma_{23} = 0
$$

$$
\sigma_{33} = \begin{cases} 0 & \text{(平面应力)} \\ \nu(\sigma_{11} + \sigma_{22}) & \text{(平面应变)} \end{cases}
$$

对于Ⅱ型：

$$
\begin{bmatrix}\sigma_{11}\\ \sigma_{22}\\ \sigma_{12}\end{bmatrix}=\frac{K_{\mathrm{II}}}{\sqrt{2\pi r}}\begin{bmatrix}-\sin\dfrac{\theta}{2}(2\cos\dfrac{\theta}{2}\cos\dfrac{3\theta}{2})\\ \sin\dfrac{\theta}{2}\cos\dfrac{\theta}{2}\cos\dfrac{3\theta}{2}\\ \cos\dfrac{\theta}{2}(1-\sin\dfrac{\theta}{2}\sin\dfrac{3\theta}{2})\end{bmatrix} \tag{6-21}
$$

$$
\sigma_{13}=\sigma_{23}=0
$$

$$
\sigma_{33}\begin{cases}0 & (\text{平面应力})\\ \nu(\sigma_{11}+\sigma_{22}) & (\text{平面应变})\end{cases}
$$

对于Ⅲ型：

$$
\begin{bmatrix}\sigma_{13}\\ \sigma_{23}\end{bmatrix}=\frac{K_{\mathrm{III}}}{\sqrt{2\pi r}}\begin{bmatrix}-\sin\dfrac{\theta}{2}\\ \cos\dfrac{\theta}{2}\end{bmatrix} \tag{6-22}
$$

$$
\sigma_{11}=\sigma_{22}=\sigma_{33}=\sigma_{12}=0
$$

考虑一个含有长度为$2a$的裂纹、无限大、均匀的弹性平板(图6.10)。离裂纹足够远处，平板受垂直于裂纹的拉应力σ。裂纹尖端附近一点应力可由式(6-20)给出。其中，$K_{\mathrm{I}}=\sigma\sqrt{\pi a}$，为平板的应力强度因子，单位为$(\mathrm{N/m^2})\sqrt{\mathrm{m}}$或$\mathrm{Pa}/\sqrt{\mathrm{m}}$或$\mathrm{N/m^{3/2}}$。注意，该$K_{\mathrm{I}}$表达式适用于$r \ll a$区域(即裂纹尖端附近)，对于更大的$r$，需要包含高阶项。

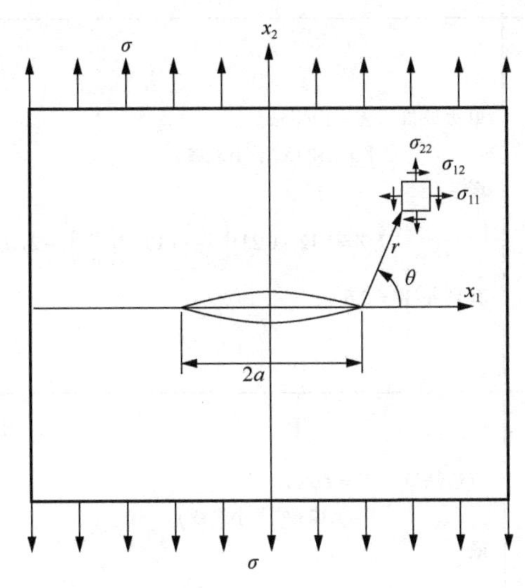

图6.10　含穿透厚度中心裂纹的无限大、均匀弹性板，受到均匀拉应力的作用

重新考虑式(6-20)，其右边有3个量：K_{I}、r和$f(\theta)$，这里$f(\theta)$是式(6-20)中含角度θ的项，r和$f(\theta)$描述了裂纹尖端的应力分布。这两个特点(即依赖于$\sqrt{r}$和$f(\theta)$)对于二维或三维弹性固体中的所有裂纹都是相同的。应力强度因子K包含了外加应力和适当的裂纹尺

寸(这里为裂纹长度的一半)的影响，度量了裂纹尖端应力场的大小，不应该与之前讨论的应力集中系数 K_t 、断裂韧性 K_{Ic} 混淆。应力强度因子 K 是一个不确定的量，是结构组态(即裂纹几何和外载荷的加载方式)变化的函数。因此，对 K 的解析表达式会因系统的不同而不同。断裂韧性 K_{Ic} 为平面应变条件下，裂纹尖端处的应力达到临界值发生断裂时所对应的 $K_{临界}$ 。在各种手册中，都有提供并计算多种载荷与裂纹组合下 K 的形式。图 6.11 示出了一些常见组合及其相应 K 的表达式。

对于有限尺寸的试样，实际中一般考虑无限大平板的解，然后用代数或三角函数对其解进行修正以消除表面牵引力。因此，对于一个长度为 $2a$ 的穿透厚度的中心裂纹，在宽度为 W 的平板中，有

$$K = \sigma\sqrt{W\tan\frac{\pi a}{W}} \tag{6-23}$$

当 $a/W \to 0$ 时，则退化为 $K = \sigma\sqrt{\pi a}$ 。

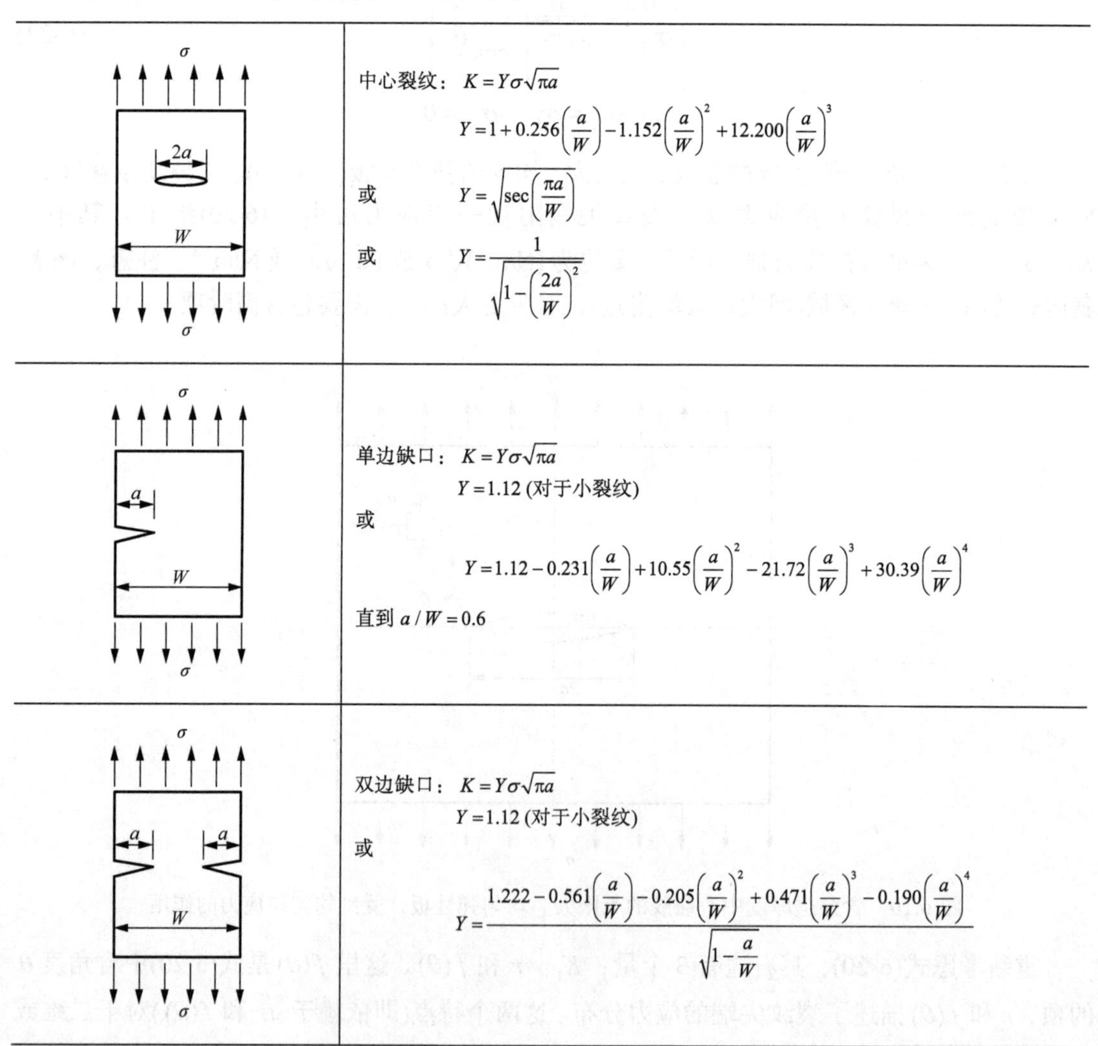

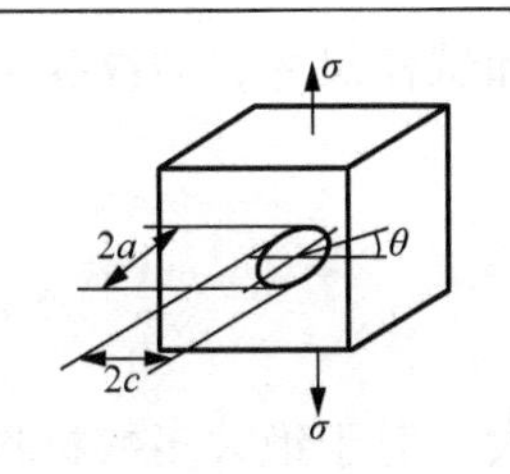	深埋裂纹： 椭圆形裂纹：$K = Y\sigma\sqrt{\pi a}$ $Y = \left(\sin^2\theta + \frac{a^2}{c^2}\cos^2\theta\right)^{1/4} \Big/ \left(\frac{3\pi}{8} + \frac{\pi}{8}\frac{a^2}{c^2}\right)$ 圆形裂纹：$K = Y\sigma\sqrt{\pi a}$ $Y = \frac{2}{\pi}$
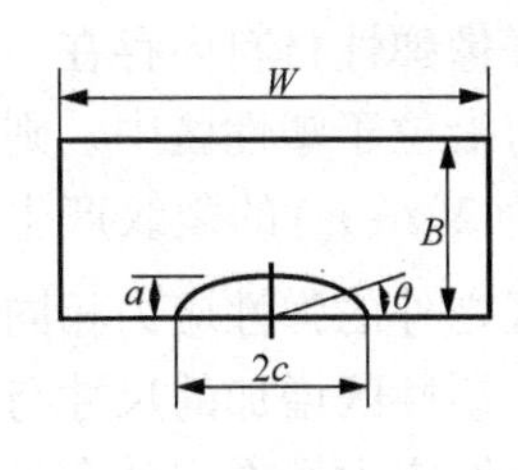	拉应力下的半椭圆面裂纹： 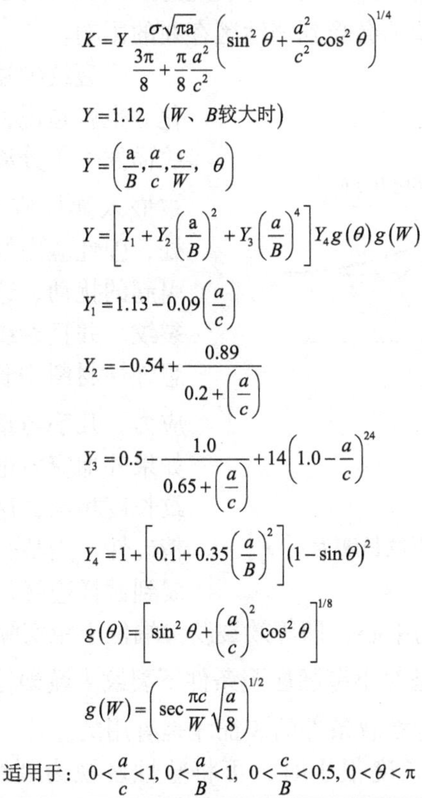 $K = Y\frac{\sigma\sqrt{\pi a}}{\frac{3\pi}{8} + \frac{\pi}{8}\frac{a^2}{c^2}}\left(\sin^2\theta + \frac{a^2}{c^2}\cos^2\theta\right)^{1/4}$ $Y = 1.12$ （W、B较大时） $Y = \left(\frac{a}{B}, \frac{a}{c}, \frac{c}{W},\ \theta\right)$ $Y = \left[Y_1 + Y_2\left(\frac{a}{B}\right)^2 + Y_3\left(\frac{a}{B}\right)^4\right]Y_4 g(\theta) g(W)$ $Y_1 = 1.13 - 0.09\left(\frac{a}{c}\right)$ $Y_2 = -0.54 + \frac{0.89}{0.2 + \left(\frac{a}{c}\right)}$ $Y_3 = 0.5 - \frac{1.0}{0.65 + \left(\frac{a}{c}\right)} + 14\left(1.0 - \frac{a}{c}\right)^{24}$ $Y_4 = 1 + \left[0.1 + 0.35\left(\frac{a}{B}\right)^2\right](1 - \sin\theta)^2$ $g(\theta) = \left[\sin^2\theta + \left(\frac{a}{c}\right)^2\cos^2\theta\right]^{1/8}$ $g(W) = \left(\sec\frac{\pi c}{W}\sqrt{\frac{a}{8}}\right)^{1/2}$ 适用于：$0 < \frac{a}{c} < 1, 0 < \frac{a}{B} < 1,\ 0 < \frac{c}{B} < 0.5, 0 < \theta < \pi$
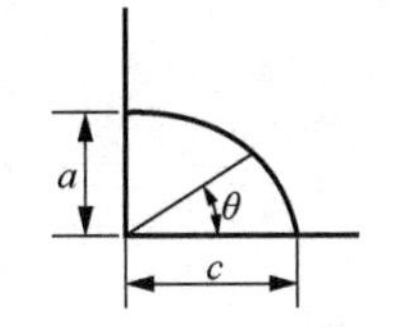	拉应力下 1/4 椭圆角裂纹： $K = Y\frac{\sigma\sqrt{\pi a}}{\frac{3\pi}{8} + \frac{\pi}{8}\frac{a^2}{c^2}}\left(\sin^2\theta + \frac{a^2}{c^2}\cos^2\theta\right)^{1/4}$ $Y = 1.2$

图 6.11 一些常见载荷与裂纹组合及对应的应力强度因子 K 的表达式

在这一点上，应适当地评析线弹性断裂力学的局限性。很早以前，有人指出应力分量的表达式(式(6-20)～式(6-22))仅在裂纹尖端附近有效。读者应该会注意到，当接近裂纹尖端时，即当 r 接近于零时，这些应力分量区域无穷大。目前，在现实中并不存在可以抵抗无穷大应力的材料。事实上，裂纹尖端附近的材料不可避免地会发生塑性变形。因此，这些基于线弹性理论计算的应力分量表达式在裂纹尖端塑性区内是无效的。众所周知，金属材料在塑性变形过程是显微组织的敏感函数。然而，尽管忽视了塑性区的确切性质，弹性断裂力学方法在应力足够低时依然有效，此时，相对于裂纹长度和试样尺寸，裂纹尖端塑性区尺寸很小。

6.1.6 塑性区尺寸修正

式(6-20)～式(6-22)存在奇异项，在裂纹尖端处应力趋于无穷大。对于绝大多数材料，局部屈服会发生在裂纹尖端，并将松弛峰值应力。只要材料的名义应力低于其屈服应力，弹性应力场方程的有效性就不会受到塑性区存在的影响。

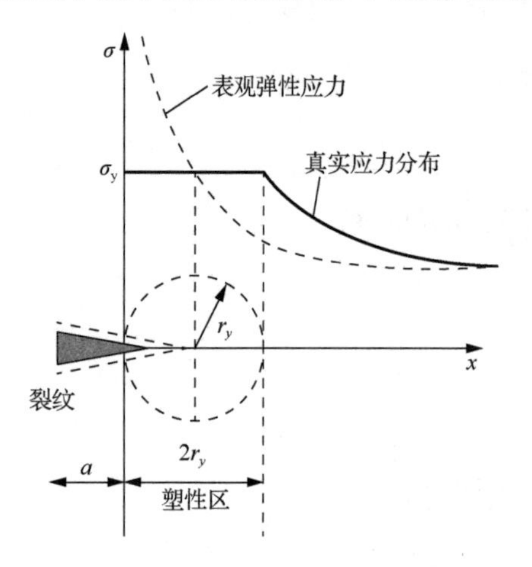

图 6.12 塑性区修正，有效裂纹长度为 $a+r_y$

当裂纹尖端出现屈服时，裂纹尖端会钝化。也就是说，在无裂纹扩展的情况下，裂纹面发生了分离(图 6.12)。塑性区(半径为 r_y)被嵌入弹性应力场中。在塑性区之外很远处，弹性应力场“看见了”该裂纹和塑性区引起的扰动，这就好像弹性材料内存在一个裂纹，并且裂纹的前沿位于塑性区中，则理想弹性材料中长度为 $2(a+r_y)$ 的裂纹产生的应力，几乎与塑性区之外的弹性应力相同。如果外加应力过大，塑性区增加的尺寸与裂纹长度相当，这样弹性应力场方程就会失去精确性。当整个其余区域屈服时，塑性区扩展到试样边缘，作为定义应力场的参数 K 就失去有效性。因此，扰动的中心，即等效裂纹尖端位于距实际裂纹尖端 r_y 处。在弹性应力场方程中用 $a+r_y$ 替换 a，是对小范围屈服条件下裂纹尖端塑性给出的一种充分修正。有了这个修正，应力强度因子对断裂条件的表征才是有用的。

当与塑性区相比裂纹长度很小时，可将塑性区视为裂纹尖端处一个半径为 r_y 的圆(图 6.12)。根据式(6-20)，取 $\theta=0$，$r=r_y$ 以及 $\sigma_{22}=\sigma_y$，则有

$$r_y=\frac{K^2}{2\pi{\sigma_y}^2} \tag{6-24}$$

实际上，塑性区半径要比该式大一点，这是由于在裂纹尖端附近载荷的重新分布。Irwin 模型中考虑了平面应变条件中的塑性约束因子，并给出了如下塑性区尺寸的表达式：

$$r_y\approx\begin{cases}\dfrac{K^2}{2\pi{\sigma_y}^2} & (\text{平面应力})\\[2ex]\dfrac{K^2}{6\pi\sigma_y} & (\text{平面应变})\end{cases} \tag{6-25}$$

在平面应力条件下，裂纹尖端塑性区存在另外一种模型，称为 Dugdale-BCS 模型。在该模型中，塑性在裂纹两端以长度为 R 的窄带形式扩展。在实际裂纹尖端前方的这些窄的

塑性带，受到的应力等于屈服应力，该应力趋于闭合裂纹。Dugdale-BCS 模型中，塑性区 R 长度为

$$R = \frac{\pi K^2}{8\sigma_y^{\ 2}} \tag{6-26}$$

6.1.7 其他断裂韧性参数

1. 裂纹扩展力

裂纹扩展力 G 的概念应归因于 Irwin，它可以解释为一种广义力。考虑一个均匀厚度为 B、内含一个贯穿厚度方向且长度为 $2a$ 的裂纹的弹性体。弹性体的加载如图 6.13 所示。随着载荷 P 的增大，加载点的位移量 e 增大，载荷-位移的关系如图 6.13(b)所示。在 1 点，载荷为 P_0，位移为 e_0。做一个“假想”试验，在试验中裂纹以微小增量 δa 扩展。当裂纹扩展时，由于这个微小增量，加载点发生位移 δe，载荷下降 δP。单位长度裂纹扩展力 G 为

$$GB\delta a = \delta U \tag{6-27}$$

δU 为弹性体内的势能变化。定义柔度 c，则 $e = cP$，还有

$$\delta U = \frac{1}{2}P^2\delta c \tag{6-28}$$

于是

$$G = \frac{1}{2}\frac{P^2}{B}\frac{\delta c}{\delta a} \tag{6-29}$$

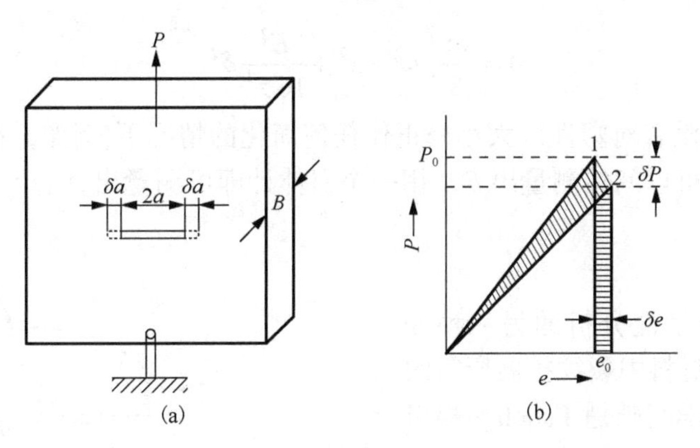

图 6.13 在载荷 P 作用下含有长度为 $2a$ 的裂纹弹性体，以及载荷 P 与位移 e 的关系图

由式(6-29)可知，G 与周围结构和试验机的刚度无关。事实上，G 只与由于裂纹扩展而使含有裂纹的物体的柔度改变有关。因此，为得到一个试样的 G 值，需要测定试样的柔度与裂纹长度之间的函数关系，并测量在合适的初始裂纹长度时函数曲线的斜率 $\delta c / \delta a$。这种方法相对来说更适用于小型试样，以便在实验室能对试样进行精确测量。式(6-29)的一个重要应用是对未曾用解析法处理的复杂结构提供 G 值。

2. 裂纹张开位移

在没有裂纹扩展的前提下，裂纹尖端塑性区的发展引起裂纹表面位移。裂纹的两个相对边缘的相对位移称为裂纹张开位移(crack opening displacement，COD)，如图 6.14 所示，当这个裂纹尖端位移达到某一临界值 δ_c 时断裂将会发生。

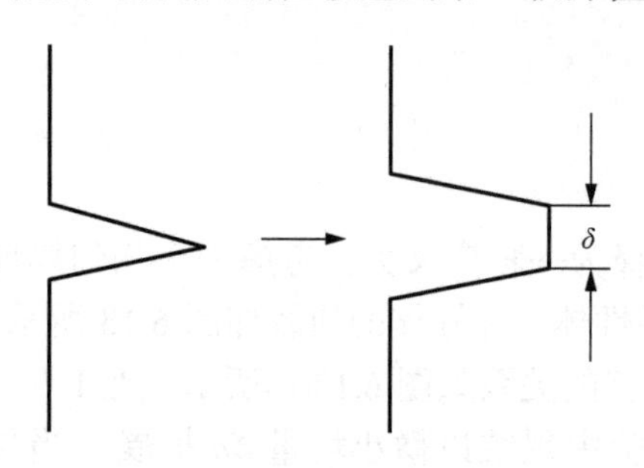

图 6.14　裂纹尖端张开位移 δ

对于大多数延性材料，通过线弹性断裂力学预测的临界应力将高于其屈服强度 σ_y。在这种情况下可以使用裂纹张开位移的概念，在弹性情况下，有

$$\mathrm{COD} = \varDelta = \frac{4\sigma}{E}\sqrt{(a^2 - x^2)} \tag{6-30}$$

应用塑性区修正，有

$$\varDelta = \frac{4\sigma}{E}\sqrt{(a + r_y)^2 - x^2} \tag{6-31}$$

式中，r_y 为塑性区半径；$a + r_y$ 为等效裂纹长度。当 $x = a$ 且 $r_y \ll a$ 时，裂纹尖端张开位移(crack tip opening displacement，CTOD) δ 为

$$\delta = \frac{4}{\pi}\frac{K_{\mathrm{I}}^2}{E\sigma_y} \tag{6-32}$$

当 $K_{\mathrm{I}} = K_{\mathrm{Ic}}$ 时，断裂发生，这对应于 $\delta = \delta_{\mathrm{Ic}}$。

应用裂纹张开位移准则时，需要测量 δ_c。δ_c 的直接测量是不容易的，下面是一种间接的测量方法，有

$$\varDelta = \frac{4\sigma}{E}\left(a^2 - x^2 + \frac{E^2}{16\sigma^2}\delta^2\right)^{1/2} \tag{6-33}$$

根据该式，在没有对塑性区大小修正作任何简化的情况下(例如，在裂纹的中心)，测量裂纹张开位移就可以间接测量出 δ。用一个引伸计即可测量出 $\varDelta$。

3. J 积分

J 积分是断裂韧性分析的另一种变量，提供了弹塑性材料中裂纹扩展所需的能量。J 积分的数学基础是 Eshelby 提出的，他将 J 积分用于位错分析中。Cherepanov 和 Rice 分别独立地将 J 积分用于裂纹。图 6.15 所示为在一个二维物体中的闭合路径 $\varGamma$，当这个物体受到外力作用时，其中产生了内应力。基于能量守恒定律，Eshelby 表明，对于一个闭合路径，积分 J 等于 0，即

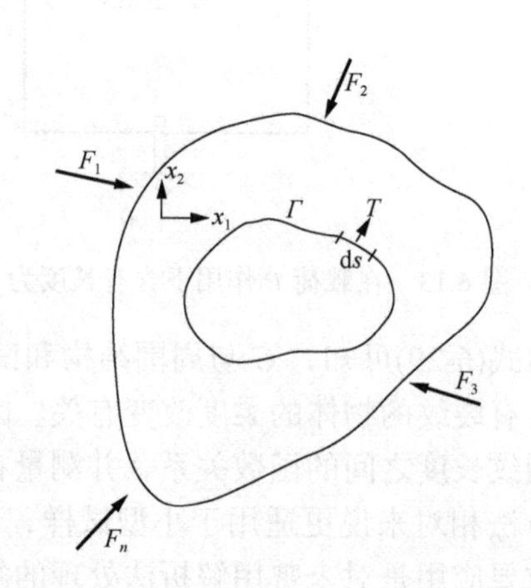

图 6.15　受外力作用，且有一个封闭路径 $\varGamma$ 的物体

$$J = \int_{\Gamma} (W\mathrm{d}x_2 - T\frac{\partial u}{\partial x_1}\mathrm{d}s) = 0 \tag{6-34}$$

其中

$$W = \int_0^{\varepsilon_{ij}} \sigma_{ij}\mathrm{d}\varepsilon_{ij} \tag{6-35}$$

式中，W为单位体积的应变能；T为垂直于路径Γ并且指向路径外部的张力(牵引力)；$\mathrm{d}s$为一个沿路径的微弧长；u为x_1方向的位移。J积分是一个能量相关量，类似于裂纹扩展力，J的单位是单位面积的能量($\mathrm{J/m^2}$)或单位长度受到的力($\mathrm{N/m}$)。

图 6.16 所示为一条裂纹，在其周围作一个闭合路径$ABCDEFA$，总的J一定为 0，即$J = J_{\Gamma_1+\Gamma_2} = 0$。沿着$AF$和$CD$(裂纹表面)，牵引力$T$等于 0，法向应力和切应力也均为 0，$J_{AF} = J_{CD} = 0$，因此$J_{\Gamma_1} = -J_{\Gamma_2}$。任意围绕一条裂纹的两个不同路径的$J$积分具有相同的值。也就是说，围绕一条裂纹的$J$积分通常与路径无关。

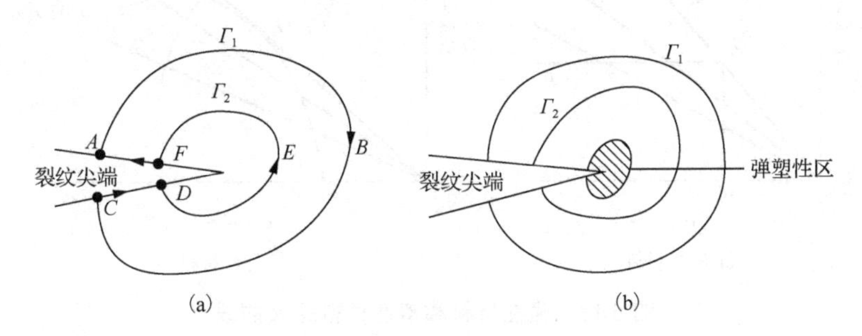

图 6.16　裂纹周围的 Eshelby 路径

根据物理学的观点，J积分表示含有长度为a和$a+\mathrm{d}a$的裂纹的同一物体的势能差值。换言之，围绕一条裂纹的J积分等于一条裂纹扩展$\mathrm{d}a$的势能改变量。对于一个厚度为B的物体，可以写成

$$J = \frac{1}{B}\frac{\delta U}{\delta a} \tag{6-36}$$

J积分的路径无关性连同这种基于能量观点的解释，使J积分成为一个强大的分析工具。当线性或非线性材料表现弹性变形时，J积分与路径无关。当大范围塑性变形发生时，通常的做法是假设塑性屈服可以用塑性变形理论来描述。根据这个理论，应力和应变只是测量点的函数，而与达到该点所取路径无关。当裂纹缓慢而稳定地扩展时，裂纹尖端将会应力松弛，所以将会违反塑性变形理论。于是J积分的使用应被限制在裂纹稳定或不稳定扩展过程的初期。有限元方法中，使用塑性增量或流变理论的研究表明，J积分具有路径无关性。

4. R曲线

R曲线描述了当裂纹缓慢而稳定扩展时材料抵抗断裂的阻力。作为裂纹扩展的函数，R曲线以图像形式表示出材料对裂纹扩展的阻力。在一个有裂纹的结构中，随着载荷的增加，裂纹尖端的裂纹扩展力G也随之增加。然而，裂纹尖端的材料表现出对裂纹扩展的阻力

R。根据 Irwin 的描述，当裂纹扩展力的变化率($\partial G/\partial a$)等于材料的裂纹扩展阻力的变化率($\partial R/\partial a$)时，失效将会发生。材料的裂纹扩展阻力 R 随着塑性尺寸的增大而增大。由于塑性区的尺寸随 a 非线性增大，R 也将会随 a 非线性增大，G 随 a 线性增大。图 6.17 给出了失稳判据：失稳发生于 G - a 曲线与 R - a 曲线的相切点。图 6.17(a)所示为脆性材料的 R 曲线，图 6.17(b)所示为塑性材料的 R 曲线。当 $G>R$ 时，裂纹扩展。当应力为 σ' 时，材料中的裂纹只能由 a_0 扩展到 a'，这是因为当 $a<a'$ 时，$G>R$，当 $a>a'$ 时，$G<R$。随着载荷的增大，G 线的位置发生变化，如图 6.17 所示。当 G 变成 R 的切线时，失稳断裂随之发生。脆性材料的 R 曲线是一个方形曲线，裂纹达到 $G=G_c$ 的接触点时才扩展，进而发生失稳断裂。

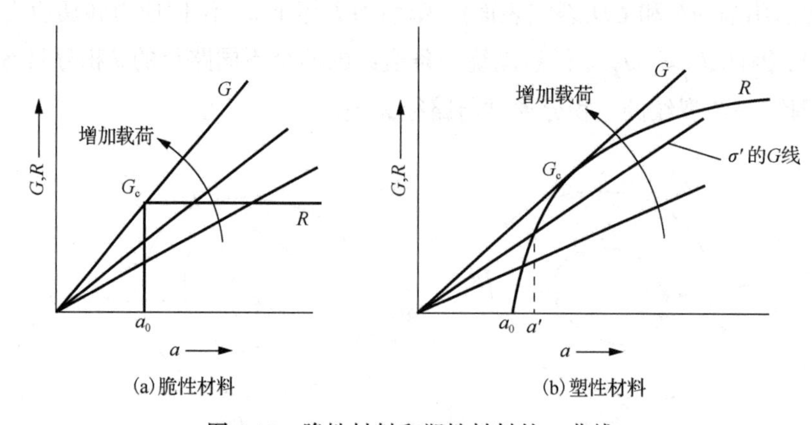

图 6.17　脆性材料和塑性材料的 R 曲线

R 曲线方法是 Griffith 能量平衡的另一种描述。如果得到 R 曲线的解析式，就可以方便地进行这种分析。尽管如此，测定尺曲线是复杂且耗时的。

6.2　微观断裂行为

在 6.1 节中，对材料断裂行为的宏观方面进行了分析描述。就其他特征而言，材料的显微结构对其断裂行为同样具有很大的影响。下文将给出关于裂纹萌生与扩展微观方面的简要概述，以及环境对不同材料断裂行为的影响。图 6.18 所示为各种不同材料中的一些重要断裂方式。本章将对这些不同断裂方式进行较为详细的分析。

金属的失效机制可以分为两大类：延性失效和脆性失效。如图 6.19 所示，延性失效的发生是由于：①孔洞的形核、长大与聚集合并；②金属试样横截面面积持续减小直至等于零；③沿最大剪切(力)面发生剪切断裂。孔洞的形核与长大引起的延性失效通常起始于第二相颗粒。如果这些颗粒遍布于整个晶粒内部，那么断裂将是穿晶(晶内)的。如果这些孔洞优先分布在晶界处，那么断裂将以沿晶(晶间)方式发生。在高倍显微镜(500 倍或更高)下进行观察时，延性断裂表面布满了像是用冰淇淋勺压过的压痕。这种表面形貌被恰当地称为韧窝。大多数金属中都不可避免地存在充当孔洞萌生位置的第二相颗粒，因此完全颈缩所引起的断裂很少发生。然而，高纯金属，如铜、镍、金和其他延性较好的材料的失效往往伴随着试样横截面面积非常明显的减小。

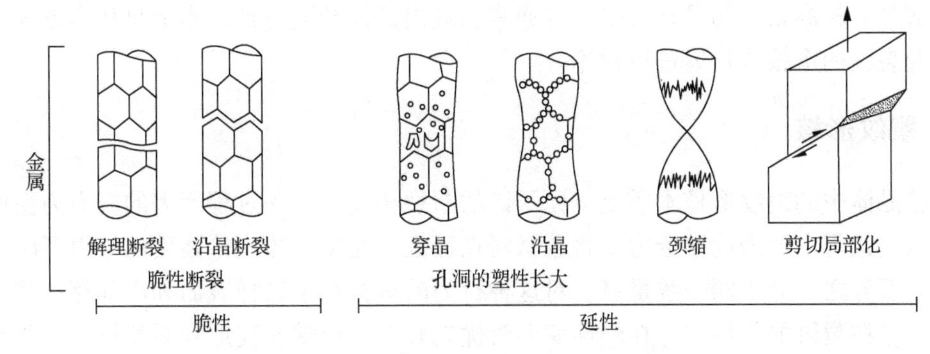

图 6.18　金属的断裂形貌与过程分类

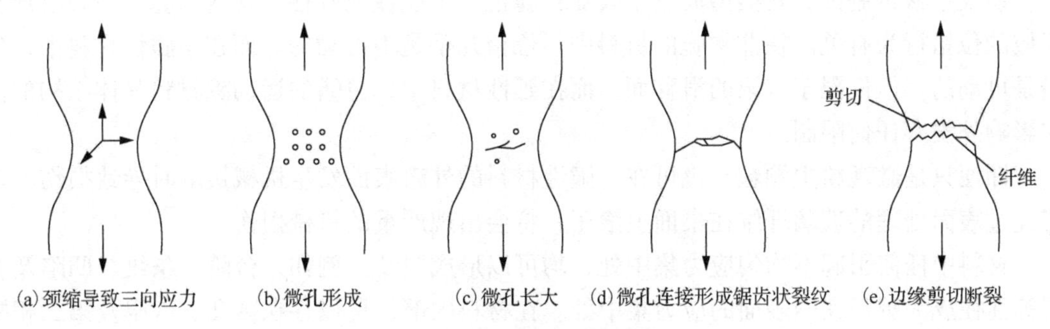

图 6.19　延性失效机理

脆性断裂是指构件未经明显变形而发生的断裂,断裂时材料几乎没有发生过塑性变形,如杆件脆断时没有明显的伸长或弯曲，更无缩颈，容器破裂时没有直径的增大及壁厚的减薄，其特征为一条或多条裂纹在材料结构中的扩展。对于金属，可以观察到两种裂纹扩展方式：穿晶断裂(或解理断裂)与沿晶断裂，图 6.20 所示为解理断裂与沿晶断裂在断裂机制上的差异。从能量的角度考虑，裂纹将倾向于沿阻力最小的路径发生。如果这种扩展路径沿晶界进行，断裂将以沿晶方式发生。虽然完全的弹性断裂可以很好地描述大部分陶瓷的行为,但在金属和部分聚合物中,裂纹尖端经历的不可逆变形却可以影响裂纹的扩展。通常，裂纹也倾向于沿特定晶体学面扩展，如钢中的脆性断裂的情形。根据在高倍镜下的观察结果，穿晶脆性断裂的特征是具有与晶粒尺寸相当的清晰、光滑的小刻面。在钢中，脆性断口具有典型的光亮表面，而延性断口具有暗哑的浅灰色外貌。

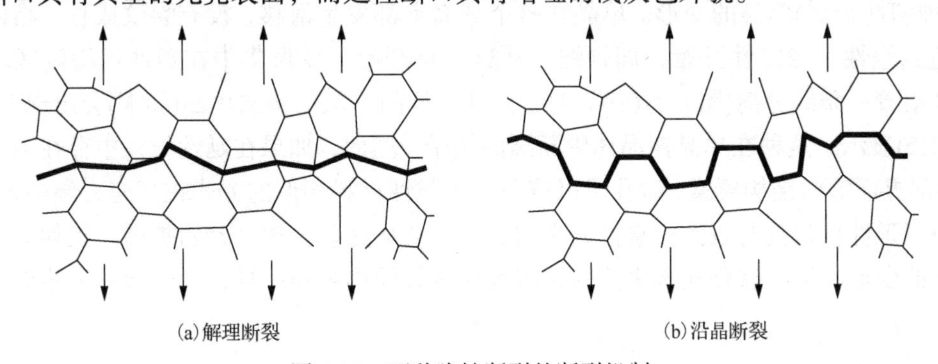

图 6.20　两种脆性断裂的断裂机制

金属具有较高密度的可动位错，且通常表现出延性断裂特征。本节将从多方面对金属中孔洞及裂纹的形核与扩展进行讨论。

6.2.1 裂纹形核

完整晶体中的裂纹形核本质上与原子键的断裂相关。这一过程所需的应力为由原子间作用力表达式得出的理论结合力。普通材料在远低于完整晶体理论强度的应力下断裂与弹性模量的万分之一处于同一数量级。对这种行为的解释在于试样表面和内部存在的缺陷起到了预先存在裂纹的作用，并在塑性变形时优先开裂。当塑性变形和断裂行为均受到抑制时，应力可以达到与理论结合强度同一数量级。

裂纹形核机制因材料类型而发生改变：脆性、半脆性或延性。材料的脆性与裂纹形核区域的位错行为有关。在非常脆的材料中，位错几乎是不可动的。而在半脆性材料中，位错是可动的，但仅限于有限的滑移面。而在延性材料中，位错的运动除材料晶体结构的内在影响外没有任何限制。

即便只是微观粉尘颗粒，也可在与脆性材料的外露表面发生机械接触时导致损伤。没有经过表面处理的玻璃纤维在桌面上滚压，将会出现严重的机械损伤。

材料中任何引起不均匀应力集中处，均可以形成裂纹。例如，台阶、条纹、凹陷及孔洞等往往成为貌似完美表面的应力集中处。在材料内部，可以存在微孔、砂眼及第二相颗粒等，裂纹将在这些缺陷中最易于裂纹形核的最弱处形核。

在半脆性材料中，倾向于开始出现滑移，而随后的断裂沿明确的晶体学面发生。换言之，在变形过程中存在一定的刚性，并且在不能够容纳局部塑性应变的材料中萌生裂纹以松弛应力。

很多模型都是基于裂纹在失效位置形核的观点，例如，滑移带与晶界或与另一个滑移带等的交互作用处均可能是一种失效位置。

6.2.2 延性断裂

在延性材料中，塑性变形的作用是十分重要的，其重要的特征是滑移的灵活性。位错可以在大量滑移系上运动，甚至从一个滑移面过渡到另一个滑移面上。考虑在单轴张力下铜(一种韧性金属)单晶的变形。单晶在整个截面上都发生滑移，没有裂纹成核，晶体塑性变形直到塑性不稳定性开始，即颈缩。从这一点开始，变形集中在塑性不稳定区域，直到晶体沿着一条线分离(图 6.21(a))。对于圆柱形样品，软的金属单晶(如铜)会出现点断裂。图 6.21(b)显示了这种在单晶铜晶体中断裂的例子。然而，如果在延性材料中存在第二相颗粒、内部界面等微结构要素，微孔可以按照与半脆性材料相似的方式在高应力集中区产生，只是由于延性材料具有较大的塑性，裂纹通常不会从这些孔洞处开始扩展。正如对单晶体所描述的变形一样，这些孔洞之间的区域表现得如同小试样一样，由于塑性失稳而拉长和破坏。

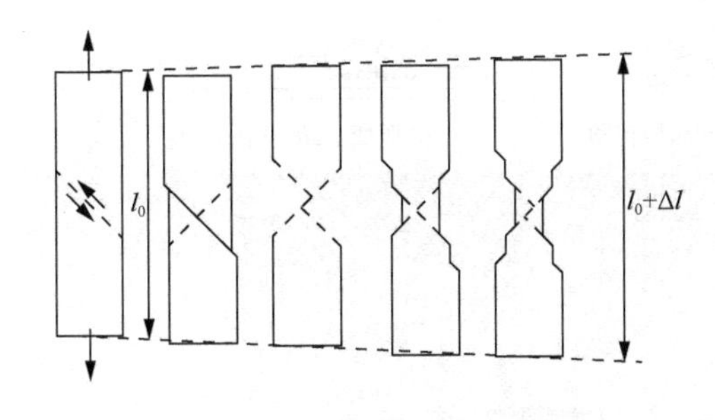

(a)纯金属中的剪切(滑移)失效

(b)铜单晶体试样中的点状断裂

图 6.21 纯金属中的剪切(滑移)失效及铜单晶体试样中的点状断裂

在晶态固体中，裂纹可以因位错群在障碍处的塞积而萌生，这种裂纹称为 Zener-Stroh 裂纹。裂纹的萌生可以缓解塞积位错前方的高应力，如图 6.22 所示，但这只是在障碍另一侧的位错运动没有引起应力松弛的情况下才发生。根据两个部分中的滑移几何形状以及运动的动力学和位错的倍增，可能会发生位错运动未引起应力松弛进而导致裂纹萌生的现象。

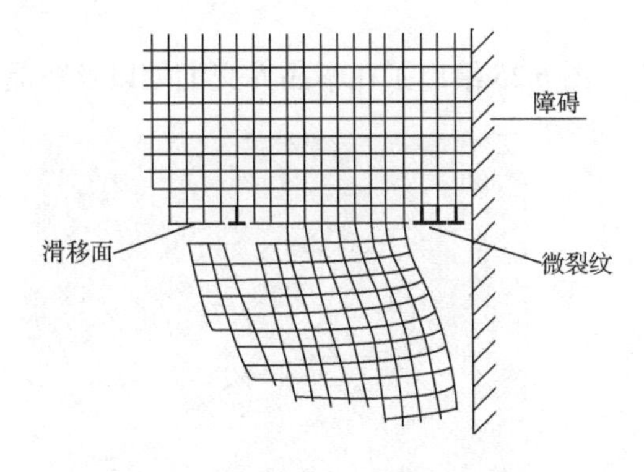

图 6.22 塞积于障碍处的位错群及其导致的微裂纹

图 6.23(a)显示了在晶粒 I 中具有滑移带的双晶体。由于滑移带，障碍处的应力集中通过晶粒Ⅱ中两个系统的滑移而完全松弛。图 6.23(b)显示了仅部分松弛的情况以及在障碍处出现裂纹的现象。与弯曲平面和形变孪晶相关的晶格旋转也会使裂纹成核。

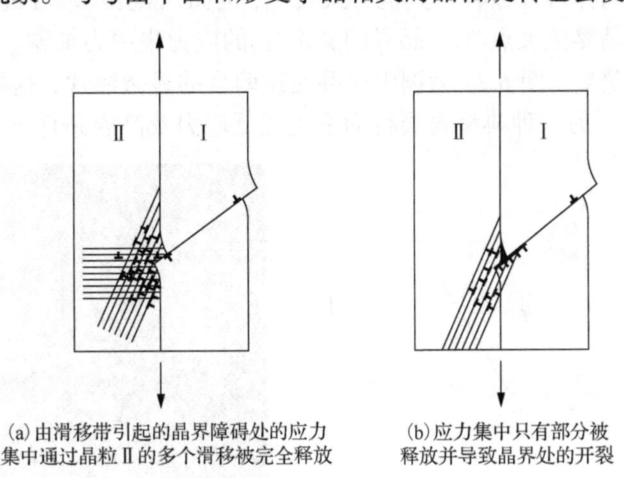

(a)由滑移带引起的晶界障碍处的应力集中通过晶粒Ⅱ的多个滑移被完全释放

(b)应力集中只有部分被释放并导致晶界处的开裂

图 6.23 晶粒 I 中具有滑移带的双晶体

图 6.24 显示了锌中的裂纹形核。裂纹也可以在金属各种边界的交点处开始，这些交点代表应力集中的部位。

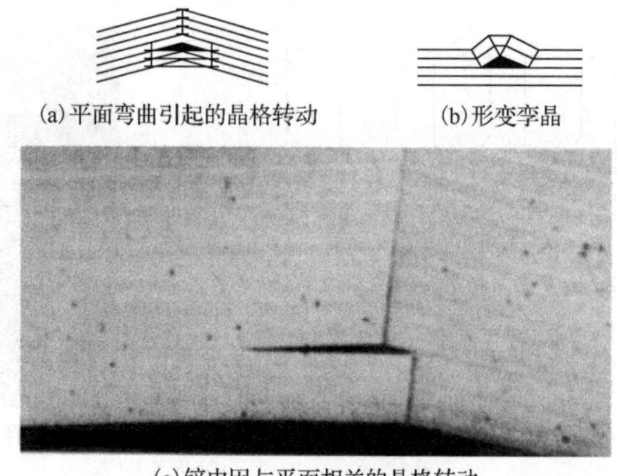

(a) 平面弯曲引起的晶格转动　　(b) 形变孪晶

(c) 锌中因与平面相关的晶格转动

图 6.24　裂纹形核

图 6.25 给出了在孪晶界交汇处以及孪晶台阶与孪晶界相交处裂纹形核的例子。

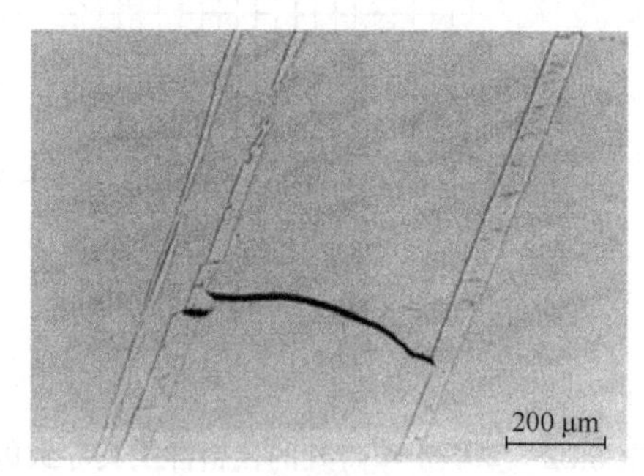

(a) 孪晶台阶

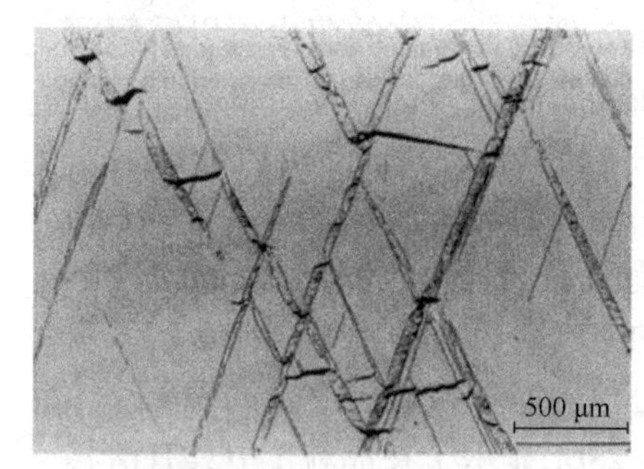

(b) 孪晶台阶和孪晶-孪晶交互作用

图 6.25　在室温下，经约 $10^4 s^{-1}$ 变形的钨中，由微裂纹形成引起失效的萌生

高温下的断裂同样可以以各种其他方式发生，例如，晶界滑动在高温下相当容易发生。晶界滑动可以导致晶界三叉点(3 个晶界的交汇处)的应力集中力加剧。如图 6.26 所示，裂纹会沿上述三叉点萌生。图 6.27 为铜中这种裂纹萌生的显微照片，这种类型的裂纹称为 w 型孔洞或 w 型开裂。另一种典型自裂行为发生在低应力及高温条件下。

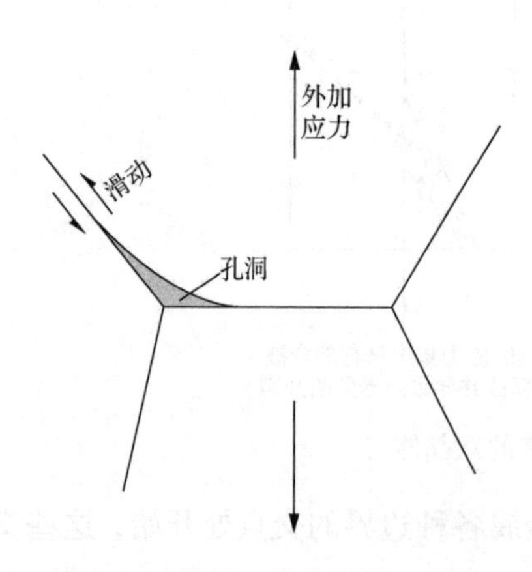

图 6.26　晶界三叉点处的 w 型孔

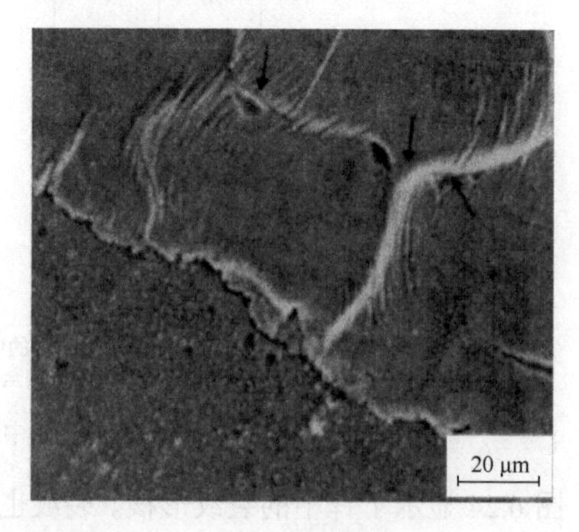

图 6.27　铜中 w 型孔洞于晶界处形核的 SEM 照片

小孔洞主要沿与应力轴约成90°的晶界形成，如图6.28所示。这种孔洞称为r型孔洞或r型开裂。图6.29所示为铜中的r型孔洞。

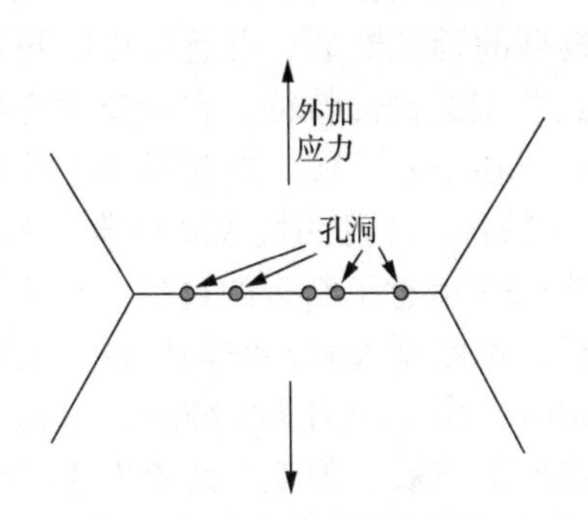

图6.28　与应力轴垂直的晶界处的r型孔

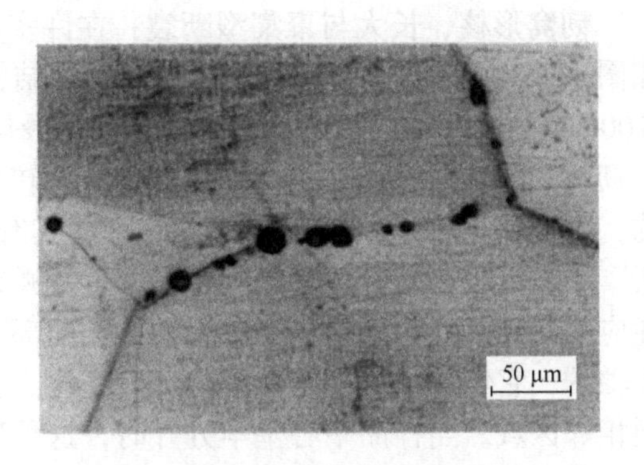

图6.29　通过光学显微镜观察到的铜中萌生于晶界处的r型孔洞

单向拉伸时，延性断裂中最常见的例子便是典型的“杯锥”状断裂。当达到最大载荷时，圆柱状拉伸试样中的塑性变形变得宏观不均匀，并集中在一个小区域内，这种现象称为颈缩。最终断裂出现在这个颈缩区内，并且具有剪切引起的外围锥状区域以及由孔洞造成的中心平坦区域的特征外观。在极纯的金属单晶体(如无夹杂金属等)中，塑性变形连续发生直至试样的横截面减小到一个点。

事实上，材料中通常含有大量的弥散相，它们可以是非常小的颗粒(1～20nm)，如合金元素的碳化物、中等尺寸的颗粒(50～500nm)、钢中的合金元素化合物(碳化物、氮化物及碳氮化合物)，或者铝中的Al_2O_3及镍中的ThO_2等弥散相。大尺寸夹杂(毫米数量级)，如氧化物和硫化物等，通过适当热处理获得的沉淀颗粒(如 Al-Cu-Mg 体系)，也属于这类弥散相。

如果第二相颗粒是脆性的而基体是延性的，前者将不能容纳基体的大塑性应变，因此这些脆性颗粒将在塑性变形最开始阶段发生破裂。在颗粒/基体界面非常弱的情况下，将会发生界面分离。在两种情况下，微孔均会在这些位置形核(图6.30)。

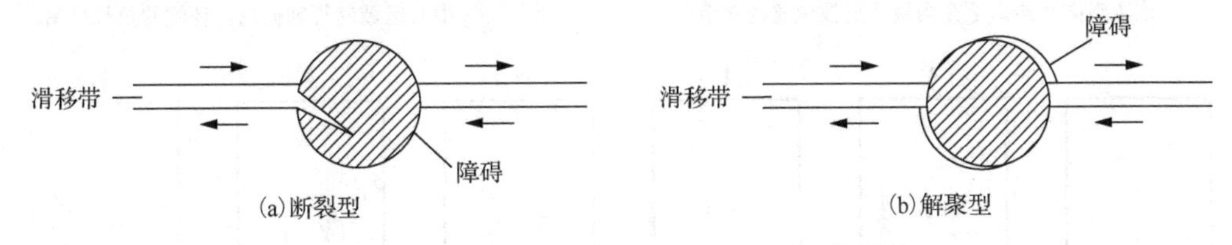

图6.30　延性金属中第二相颗粒处孔洞的形核

通常，孔洞在百分之几的塑性变形后形成，而最终的分离可能发生在约25%的塑性变形时。微孔随滑移长大，并且孔洞之间的材料可以看作一个小拉伸试样。孔洞间的材料经历了微观尺度上的颈缩，并且这些孔洞连接在一起。然而，这些微观颈缩不能对材料的总伸长率产生实质的贡献。这种微孔的萌生、长大及聚集机制使断口表面具有特定的外观。当在扫描电子显微镜下观察时，这种断裂表面由小韧窝组成，它们代表聚集后的微孔。在其中一些韧窝中，可以看到与孔洞形成有关的夹杂(图6.31)。有时，由于不相等的三轴应力的作用，这些孔洞沿一个或不同方向被拉长。由于断裂在金属中的重要性，下面用孔洞形核、长大及聚集机制来描述断裂过程的一些细节。

韧窝形核、长大与聚集型断裂：在许多具有圆柱形横截面的拉伸试样中，可以观察到如图 6.32 所示的典型杯锥状断口。这种结构是一种典型的延性断裂，并且可以在更高倍(1000 或更高，在扫描电子显微镜下观察最佳)下观察到典型的韧窝特征。在断口中心部位的韧窝是等轴的，而在杯侧壁处的韧窝则转变为倾斜的。在中心区域，断裂基本上是拉伸的，其表面垂直于拉伸轴。在侧面，裂缝具有很强的剪切特性，并且凹坑表现出典型的“倾斜”形态，即它们看起来像椭圆形，而一侧缺失了。图 6.33 示意了断裂的过程。当整体塑性应变达到临界水平时，空隙会在试样内部形核并生长，不断增长直到它们聚结，最初是等轴的，它们的形状根据总应力场而变化。当空隙聚结时，由于应力集中效应，它们扩展到相邻区域。当样品中心基本分开时，这种破坏将朝着外部发展。弹塑性约束发生变化，因此需要使用最大剪切平面(相对于拉伸轴大约 45°)，并且裂纹沿这些平面(杯的侧面)将进一步生长。尽管很容易以定性的方式描述此过程，但是分析推导非常复杂，这超出了本书的范围。

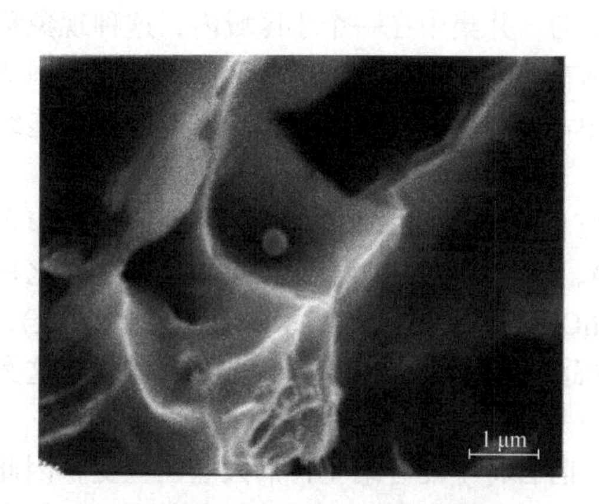

图 6.31　由微孔的形核、长大与聚集引起的韧窝断裂

该微观图片给出了充当微孔形核位置的夹杂

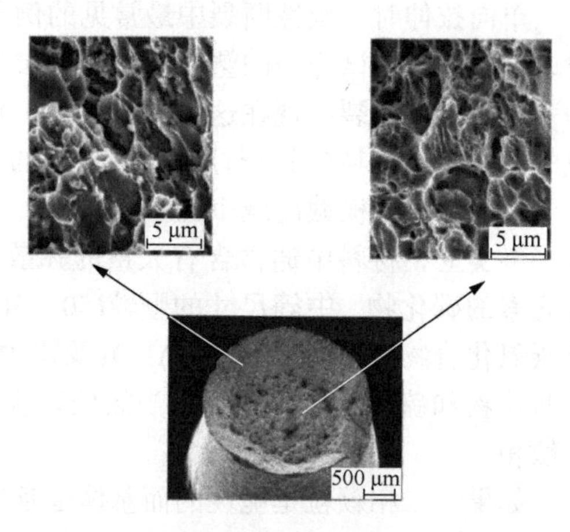

图 6.32　拉伸断裂的 AISI 1008 钢试样的低倍与高倍扫描电子显微照片

中心区域的等轴韧窝与杯侧的拉长韧窝

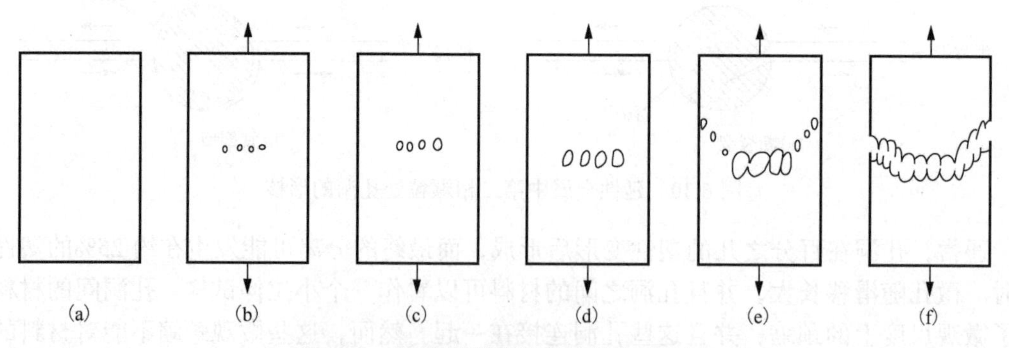

图 6.33　导致杯锥状断裂过程的示意图

孔洞的形核与长大在决定延性材料的断裂特征方面是十分重要的。许多研究者已证实第二相颗粒和夹杂是孔洞的主要形成源。实际上，许多韧窝底部可以看到第二相颗粒，这

些颗粒的尺寸、间距及界面连接决定了裂纹的整体扩展特征，并因而决定材料的延性。关于孔洞长大，研究者提出了很多模型。当长大速度很低或温度很高(如蠕变)时，空位流入孔洞并使其长大。然而，在低温及较高应变速率下，空位的迁移不足以解释孔洞的长大，有必要引入一种与位错相关的机制。温度和应变速率具有相反的作用，高温(或低应变速率)导致高延性，而低温(或高应变速率)则引起低延性。

6.2.3 脆性断裂

脆性断裂按照其断裂机制可以分为解理断裂与沿晶断裂，其断裂机制如图 6.20 所示。解理断裂的倾向随应变速率的增大或材料试验温度的降低而增大。这通常在 Charpy 冲击试验中表现为钢的韧脆转变(图 6.34)。韧脆转变温度(ductile-brittle transition temperature，DBTT)随应变速率的增大而升高。钢在高于 DBTT 时显示出延性断裂，而低于 DBTT 时呈现出脆性断裂。延性断裂比脆性断裂需要更多的能量。

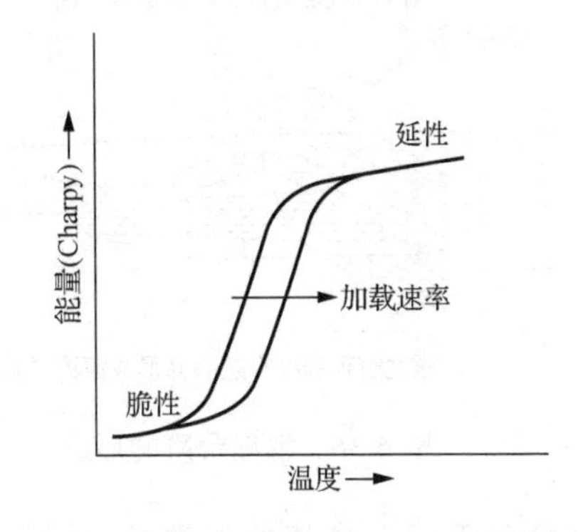

图 6.34 钢中的韧脆转变与加载速率的作用

解理是通过原子键的简单断裂而导致的沿特定晶体学面的直接分离。例如，铁沿它的立方体面(100)发生解理。这使得断口的单个晶粒内呈现出平面外观的特征。有证据表明，某些种类的塑性屈服和位错交互作用是解理断裂的成因。

前面提到，解理沿特定的晶体学面发生。在多晶材料中，相邻的晶粒具有不同的取向，因此解理裂纹在晶界处改变方向以确保其持续沿给定的晶体学面扩展。穿过晶粒的解理刻面具有高反射率，这使得断口呈现出光泽表面，如图 6.35(a)所示。解理断口有时会显示出一些小的不规则性，如图 6.35(b)所示的河流花样。

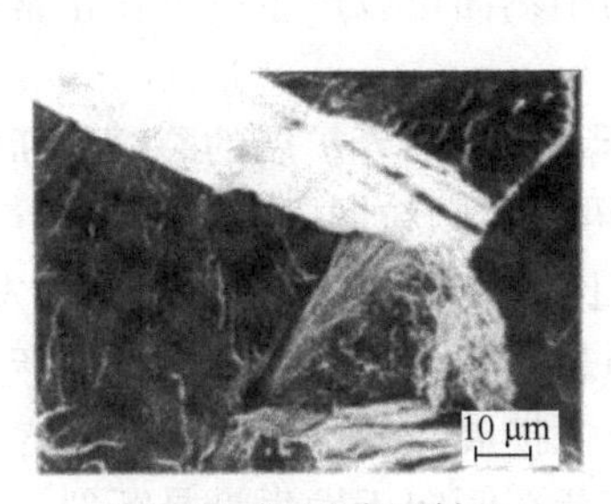

(a) 300-M钢中的解理刻面

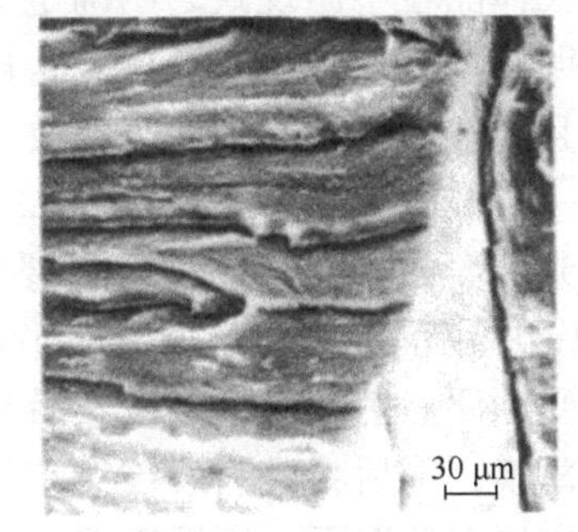

(b) 300-M钢中的一个解理刻面上的河流花样

图 6.35 300-M 钢中的解理刻面及 300-M 钢中的一个解理刻面上的河流花样

此时，在一个晶粒中发生的是裂纹沿两个平行晶体学面的同步扩展，如图 6.36(a)所示。两个平行裂纹通过二次解理或剪切的方式可以相互连接，从而形成台阶。解理台阶可以通

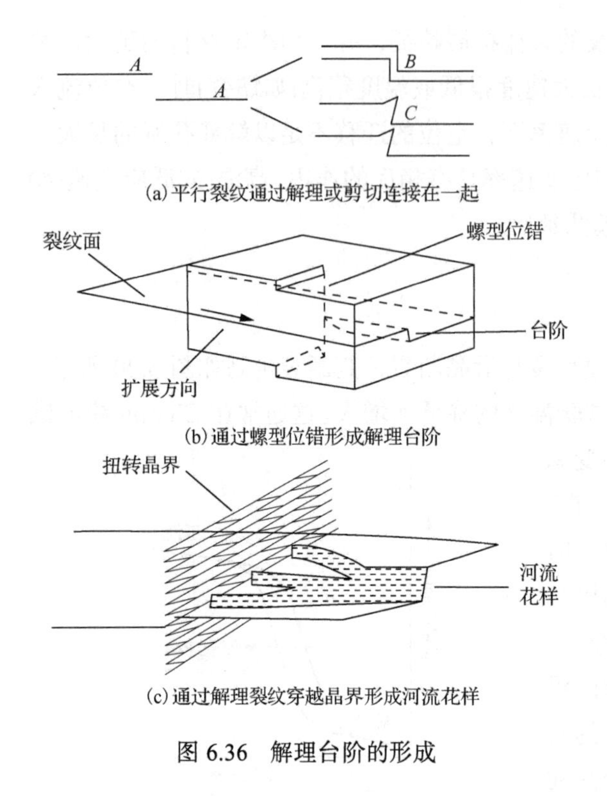

(a) 平行裂纹通过解理或剪切连接在一起

(b) 通过螺型位错形成解理台阶

(c) 通过解理裂纹穿越晶界形成河流花样

图 6.36　解理台阶的形成

过螺型位错形成，如图 6.36(b)所示。解理台阶通常平行于裂纹的扩展方向并垂直于裂纹面，因为这种结构可以通过形成最小的附加表面使台阶形成所需的能量最小化，大量解理台阶可以连接而形成多重台阶。另外，相反方向的台阶可以相互连接而消失，解理台阶的连接导致了河流及其支流花样的形成。河流状条纹可以通过解理裂纹穿越晶界而形成，如图 6.36(c)所示。解理裂纹倾向于沿一特定晶体学面扩展，正因如此，当裂纹穿过一个晶界时，它必须在一个具有不同取向的晶粒中扩展。

图 6.36(c)示出了解理裂纹与晶界相交时的情况，当它们相遇时，裂纹沿解理面的扩展按不同的方式进行调整。裂纹可以在不同的位置以这样的方式传播进入新的晶粒。这样一个过程引起可汇聚在一起的若干台阶形成，进而导致河流花样的形成。支流的汇聚总是沿河流的流向(即“下游”)。这一事实为在显微照片上确定裂纹扩展的局部方向提供了可能。

一般情况下，面心立方(FCC)金属中不会显示出解理，这些金属中，在达到解理所需的应力之前，将发生大量塑性变形。解理通常发生在体心立方(BCC)和密排六方(HCP)结构中，尤其是在铁和低碳钢(BCC)中。钨、铬(均为 BCC)以及锌、铍、镁(均为 HCP)是通常表现出解理的其他金属例子。

准解理出现在非常小的尺度内，且没有明确定义解理面的一种断裂。通常，可以在淬火及回火钢中看到这种类型的断裂。这些钢含有回火马氏体和碳化物颗粒网络，其尺寸及分布可以导致奥氏体晶粒中出现缺乏明确定义的解理面。因此，真正的解理面被萌生于碳化物颗粒处的不明确小解理刻面所取代。这样的小刻面可以产生一种比正常解理延性更高的断裂外观，并且通常不会观察到河流条纹。

沿晶断裂是一种低能断裂方式。如图 6.37 所示，沿晶界扩展的裂纹使断口在宏观尺度上显示出明亮反光的表面。在微观尺度上，裂纹可以在颗粒周围发生偏离并产生局部微孔。图 6.37(b)所示为钢中沿晶断裂显微照片。当晶界比晶体点阵更脆时，倾向于发生沿晶断裂。例如，当不锈钢受到偶然敏化时，将发生沿晶断裂。这种在热处理中意外产生的沿晶界分布的脆性碳化物薄膜，随后将成为裂纹尖端的择优扩展途径。硫或磷在晶界处的偏析也可导致沿晶断裂。在许多情况下，高温断裂和蠕变断裂倾向于发生沿晶断裂。

钢和其他 BCC 金属或合金的韧脆转变温度受晶粒尺寸的显著影响。解理失效(或准脆性裂纹扩展)和延性失效是两种相互竞争的机制。当解理裂纹形成，并以比塑性变形更高的速率扩展时，材料以脆性方式失效。众所周知，小晶粒尺寸可以引起钢中韧脆转变温度的降低。事实上，减小晶粒尺寸是使钢中出现低温延性的一种非常有效的方法。

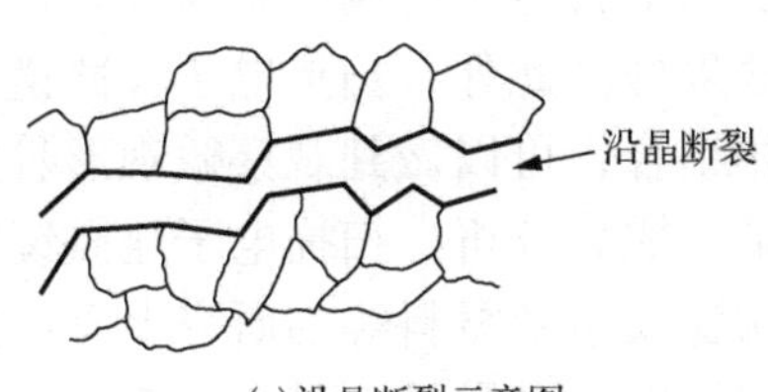

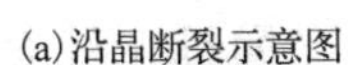

(a) 沿晶断裂示意图

(b) 钢中的沿晶断裂

图 6.37　沿晶断裂示意图及钢中的沿晶断裂

材料的脆性失效是一个严重的问题。关于灾难性脆性失效研究的记录持续增加，且包括了如泰坦尼克号和第二次世界大战自由轮这样的经典案例。在泰坦尼克号中，含高硫高磷的铆钉具有高的韧脆转变温度，并以脆性方式断裂，以至于整个甲板在船与冰山撞击时发生脱离。在第二次世界大战期间匆忙制造的自由轮由焊接板材制成，低质量的焊接导致其在冰冷海洋中脆性失效，造成了 5000 艘建成的船只大约损失了 25%。与过去几个世纪一样，脆性失效问题当今同样存在，如英国士兵发现他们的弹壳在季风季节易于开裂(环境诱发开裂的经典案例)。2001 年，航天飞机迫降两次。第一次是因为发现液态氢流动衬垫的开裂，而第二次则是因为传送飞机前往发射场的履带牵引装置出现开裂。

6.2.4　断口观测与断口分析

断口真实地记录了裂纹由萌生、扩展直至失稳断裂全过程的各种与断裂有关的信息。因此，断口上的各种断裂信息是断裂力学、断裂化学和断裂物理等诸多内外因素综合作用的结果，对断口进行定性和定量分析，可为断裂失效模式的确定提供有力依据。为断裂失效原因的诊断提供线索。

要对断口进行观测与分析首先要进行断口准备。断口准备的目的是为下一步的断口分析提供适于分析的断口。要求断口保存得尽量完整、特征原始，尽量不产生二次，甚至三次损伤。对于断口上附着的腐蚀介质或污染物，还需进行适当清理。当失效件体积太大时，还需分解或切割。总之，在断口准备过程中，要尽量保证断口(特别是关键断口、起始区断口)的原始特征不被破坏和污染。对断口的清理应遵循以下基本原则：先判断后清理，先表面后内层，尽量采用物理方法清理而少用化学方法。常用的清洗方法有机械剥离法、化学腐蚀法、阴极电解法和真空蒸发法等，可根据断口材料特性和附着物的种类等选定。对断口常用的保护方法有涂保护性涂料、密封于内置干燥剂的塑料袋或干燥皿中和浸泡在无水乙醇溶液中等。切割大块失效残骸件时，应先对断口进行宏观分析，确定首断件，然后进一步确定断裂的起始部位。切割前，先将需要分析的部位保护起来；切割时，尽量使用锯、切等不会产生高温的机械方法。需要使用火焰切割或砂轮切割等会产生高温的切割方法时，切口位置应离开需分析部位一定的距离，同时对切割区域进行冷却，以确保需重点分析部位不会因高温而产生二次损伤。

断口的微观形貌分析设备主要有扫描电子显微镜、透射电子显微镜等。

扫描电子显微镜是一种介于透射电子显微镜和光学显微镜之间的观察手段。其利用聚焦得很窄的高能电子束来扫描样品，通过光束与物质间的相互作用，来激发各种物理信息，对这些信息收集、放大、再成像以达到对物质微观形貌表征的目的。新式的扫描电子显微

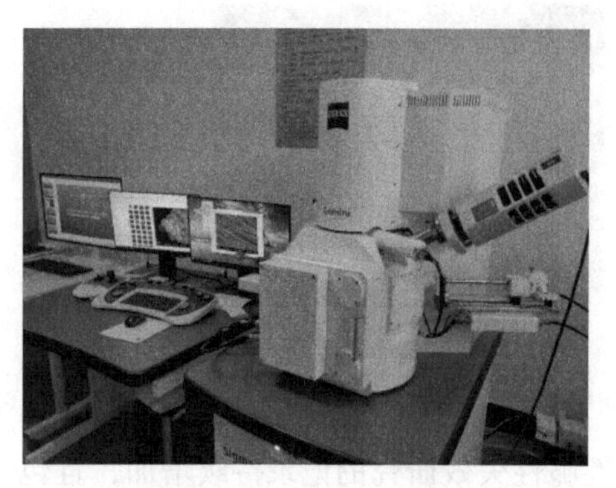

图 6.38　扫描电子显微镜

镜的分辨率可以达到 1nm；放大倍数可以达到 30 万倍及以上且连续可调；景深大，视野大，成像立体效果好。此外，扫描电子显微镜和其他分析仪器相结合，可以做到观察微观形貌的同时进行物质微区成分分析。扫描电子显微镜在岩土、石墨、陶瓷及纳米材料等的研究上有广泛应用。因此，扫描电子显微镜在科学研究领域具有重大作用。图 6.38 为某款扫描电子显微镜。

透射电子显微镜，可以看到在光学显微镜下无法看清的尺寸小于 0.2μm 的细微结构，这些结构称为亚显微结构或超微结构。要想看清这些结构，就必须选择波长更短的光源，以提高显微镜的分辨率。1932 年，Ruska 发明了以电子束为光源的透射电子显微镜，电子束的波长要比可见光和紫外光短得多，并且电子束的波长与发射电子束的电压平方根成反比，也就是说电压越高波长越短。透射电子显微镜的分辨率可达 0.2nm。图 6.39 为某款透射电子显微镜。

属于不同断裂机制的断裂，其断口微观结构各具有独特的形貌特征。图 6.40 为延性断裂的表面微观图片。其断口特征为：宏观形貌呈纤维状，微观形态呈蜂窝状，断裂面由一些细小的窝坑构成，窝坑实际上是长大了的空洞核，通常称为韧窝，它是延性断裂最基本的形貌特征和识别韧窝断裂机制最基本的依据。系统观察表明，韧窝的尺寸和深度与材料的延性有关，而韧窝的形状则与破坏时的应力状态有关。由于应力状态不同，相应地在相互匹配的断口耦合面上，其韧窝形状和相互匹配关系是不同的。

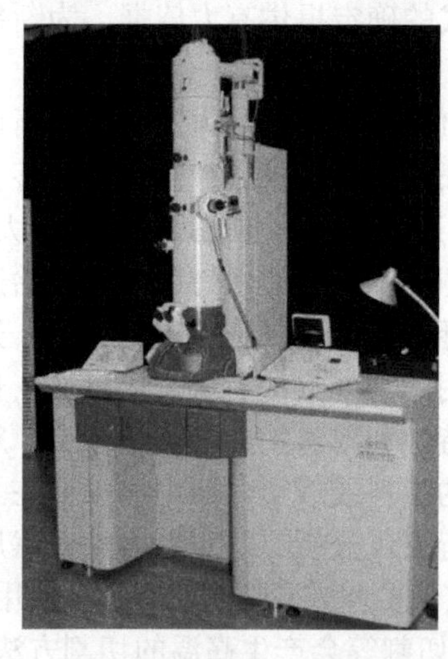

图 6.39　透射电子显微镜

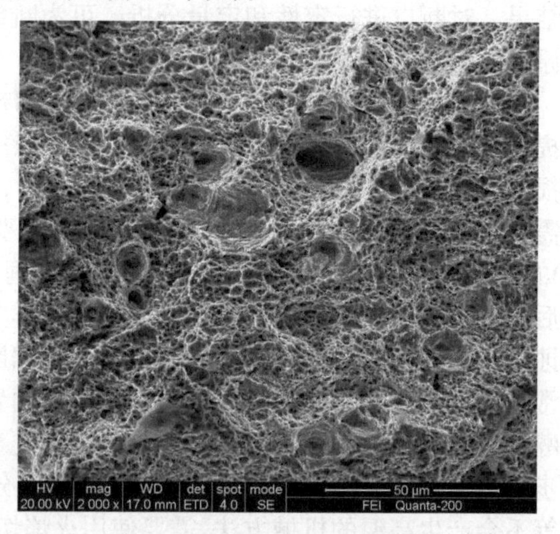

图 6.40　延性断裂微观图片

图 6.41 为解理断裂的表面微观形貌。解理断裂的特点是：断裂具有明显的结晶学性质，即它的断裂面是结晶学的解理面，裂纹扩展方向沿着一定的结晶方向。解理断口的特征是宏观断口十分平坦，而微观形貌则由一系列小裂面(每个晶粒的解理面)构成。在每个解理面上可以看到一些十分接近裂纹扩展方向的阶梯，通常称为解理阶。解理阶的形态是多种多样的，同金属的组织状态和应力状态的变化有关。其中，河流花样是解理断口最基本的

微观特征。河流花样解理阶的特点是：支流解理阶的汇合方向代表断裂的扩展方向；汇合角的大小同材料的塑性有关，而解理阶的分布面积和解理阶的高度同材料中位错密度和位错组态有关。因此，通过对河流花样解理阶进行分析，就可以帮助寻找主断裂源的位置，判断金属的脆性程度，确定晶体中位错密度和位错容量。

图 6.42 为沿晶断裂的表面微观图片。沿晶脆性断裂的断口特征是：在宏观断口表面上有许多亮面，每个亮面都是一个晶粒的界面。如果进行高倍观察，就会清晰地看到每个晶粒的多面体形貌，类似于冰糖块的堆集；又由于多面体感特别强，在三个晶界面相遇之处能清楚地见到三重结点。沿晶脆性断裂的发生在很大程度上取决于晶界面的状态和性质。实践表明，提纯金属，净化晶界，防止杂质原子在晶界上偏聚或脱溶，以及避免脆性第二相在晶界析出等，均可以减少金属发生沿晶脆性断裂的倾向。因此，应用 X 射线能谱分析法和俄歇电子能谱分析法确定沿晶断裂面的化学成分，对从冶金因素来认识材料的致脆原因和提出改进工艺措施有指导意义。

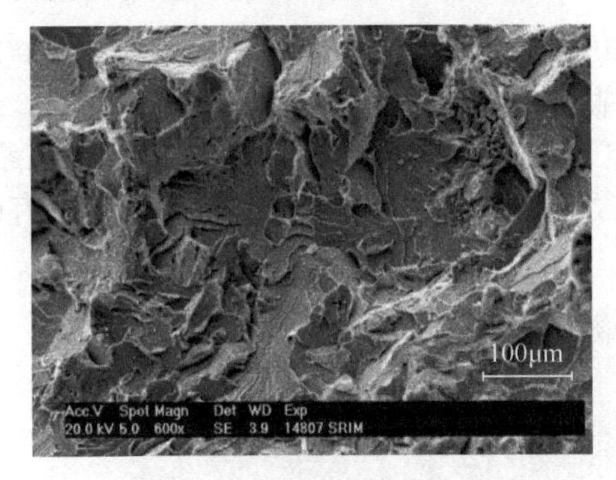

图 6.41　解理断裂微观形貌

图 6.42　沿晶断裂微观图片

6.3　应用案例分析

6.3.1　卡车转向横拉杆球头销断裂分析

球头销是汽车转向连杆连接转向机构的重要组成部分，在服役过程中主要功能是实现车辆的上下运动和转向动作，承受摩擦、冲击等影响，是车辆运行中保证安全性能的关键零部件，对可靠性有很高的要求。球头销一般采用优质合金钢制造并进行热处理和表面处理(如渗碳、渗氮等)以使表面具有良好的耐磨性，心部又具有较高的强度和足够的韧性。失效件采用 42CrMo 材料制造，作用是连接转向节与下横臂，在服役状态下受力状态较复杂，断裂发生在野外颠簸路段。查找相关生产文档，该球头销制造工艺流程如下：热轧棒材→球化退火→冷拔→剪料→去应力退火→表面磷化→冷挤压成形→车削→淬火→回火→磨球头→磁粉探伤→包装入库。球头销采用 860～880℃高频淬火，然后油冷至室温后 200℃回火处理。

球头销的结构示意图如图 6.43 所示，查阅相关生产图纸，对球头销的基本尺寸进行检测，虽然该产品已使用过，且个别位置已经有明显磨损，但残件的主要尺寸检测结果均在图纸规定的范围内，故可确定产品供货时的尺寸合格。球头销的断裂发生在颈部下方，断裂位置附近无明显引起应力集中的结构。将残件置于超声波设备中清洗，取出后使用放大镜观察，球头销断口状态保护良好，附近无明显的塑性变形和磕碰痕迹，呈灰色，断面平整无腐蚀和锈蚀，由中心向四周呈发散状，最外圈可见剪切唇，断口宏观形貌如图 6.44 所示。断口呈脆性断裂特征，断裂起始于断口中心，并向四周扩展，断口边缘剪切唇区为终断区。

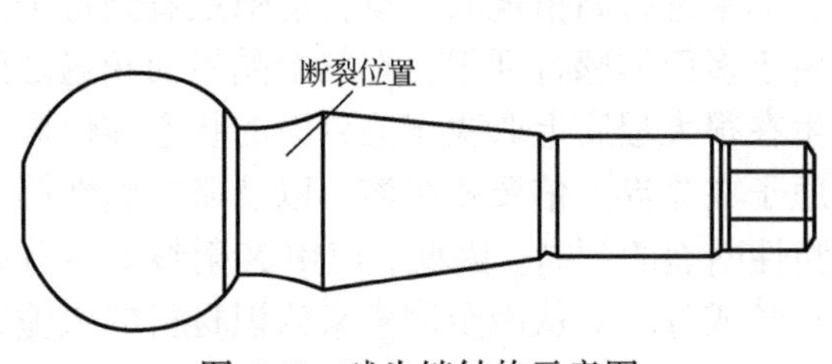

图 6.43　球头销结构示意图

图 6.44　断口宏观形貌

断口微观形貌及能谱图如图 6.45 所示。对断面中心源区、放射状扩展区及边缘剪切唇区分别进行高倍观察，可见断口形貌分别为解理形貌(图 6.45(b))、韧窝形貌(图 6.45(c))。进一步将球头销残件沿纵向剖开，磨抛制样后置于电子显微镜下观察，可见明显的疏松迹象。对样品进行能谱线扫描，发现在疏松痕迹处的碳含量有异常增高的现象，说明该部位有碳聚集(图 6.45(d))。

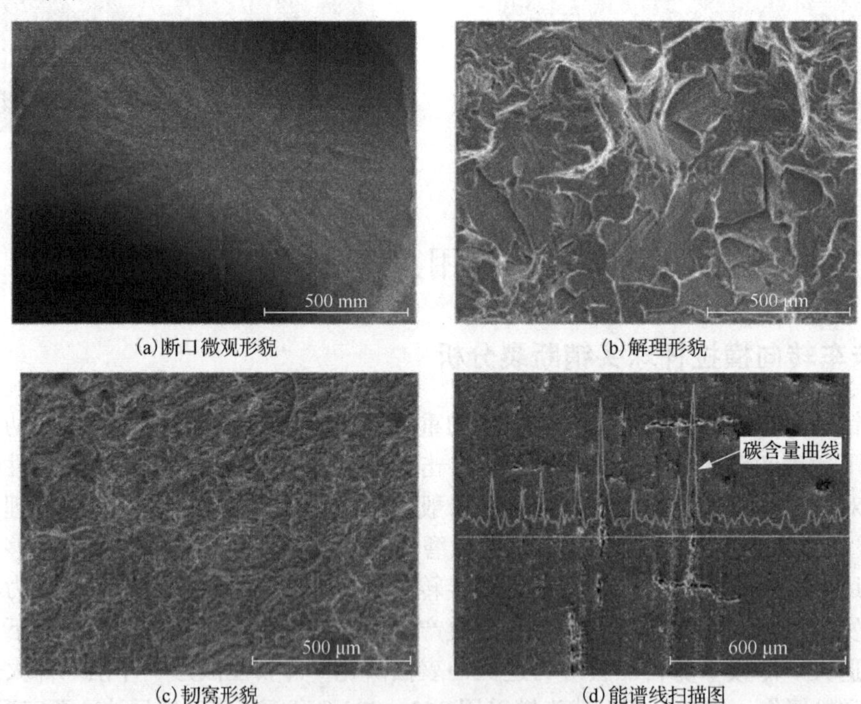

(a)断口微观形貌　(b)解理形貌

(c)韧窝形貌　(d)能谱线扫描图

图 6.45　断口微观形貌及能谱图

为进一步确定中心碳偏析情况，分别在断口附近截取试样进行横向和纵向低倍酸浸试验，酸浸试验结果如图 6.46 所示。横向截取试样后将试样放在磨抛设备上制备，然后使用硝酸乙醇溶液浸蚀，腐蚀处理后可见试样近中心位置有明显的深色黑点，该位置与宏观照片中的断口中心点位置一致(图 6.46(a))。纵向截取残件试样后，使用相同的方法制样并腐蚀处理，可见明显的金属流线和偏析带(图 6.46(b))。残件的横向和纵向酸浸试验结果均表明试样存在碳偏析，且在纵向试样中发现有碳偏析引起的典型内部裂纹，裂纹为沿轴线方向分布的横向裂纹(图 6.46(c))。

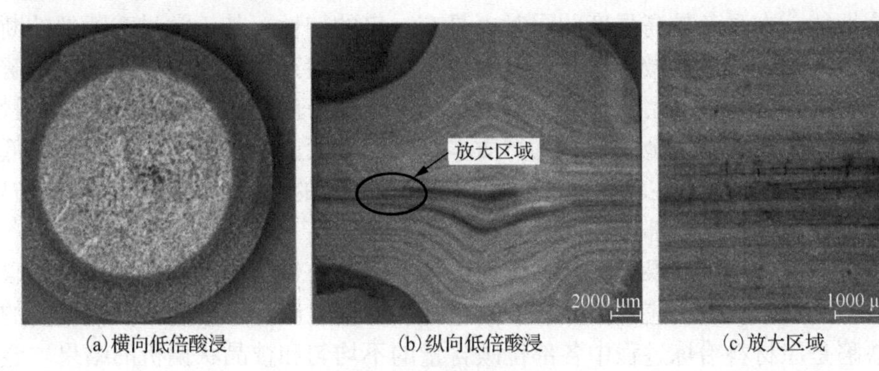

(a) 横向低倍酸浸　(b) 纵向低倍酸浸　(c) 放大区域

图 6.46　酸浸试验结果

在断口附近截取块状试样，制成金相试样，在显微镜下观察，球头销的表面组织和心部组织均为回火索氏体，是调质处理后的正常显微组织，断口附近显微组织如图 6.47(a)所示。纵向试样心部显微组织如图 6.47(b)和图 6.47(c)所示。纵向试样抛光态可见微小横向裂纹，腐蚀态显示，微小裂纹处于偏析带，且可见碳化物聚集，微观形貌结果与低倍观察结果一致。断口附近带状偏析组织如图 6.47(d)所示，可见明显的带状偏析。

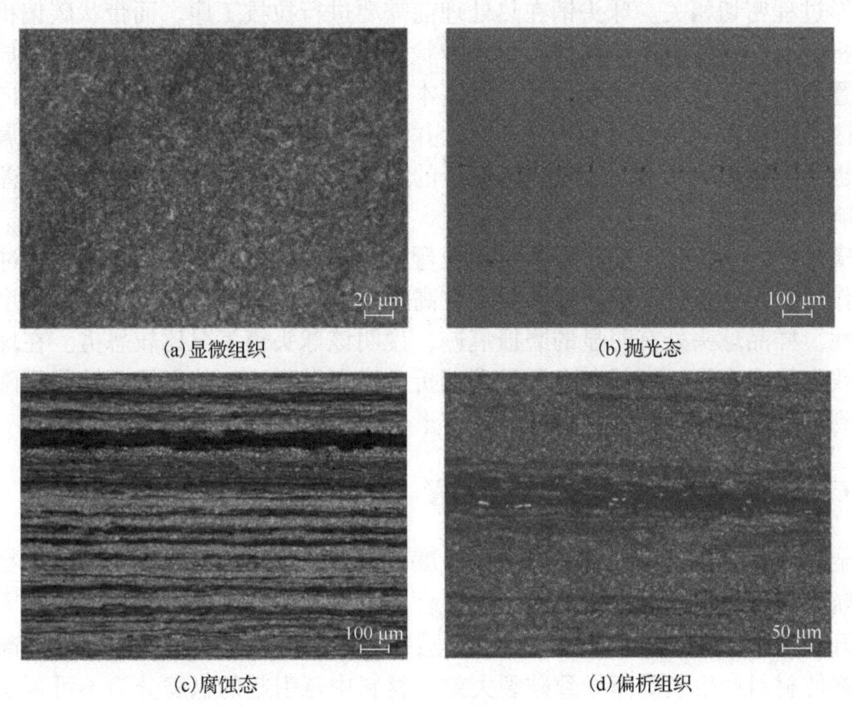

(a) 显微组织　(b) 抛光态

(c) 腐蚀态　(d) 偏析组织

图 6.47　显微组织分析

球头销的化学成分和硬度符合技术规范的要求，宏观检查未发现明显的磕碰现象。残件断口平坦，有明显的撕裂棱且呈现放射状花样，由中心向四周发散，表明裂纹的起源在杆部的中心，即撕裂棱的收敛中心，然后向四周扩展。微观形貌显示，中心起源区、放射扩展区均为典型的解理形貌，面积占比超过 95%。因此，判断送检试样失效模式为脆性过载断裂。

失效球头销材质为 42CrMo，经调质处理后心部组织为回火索氏体。回火索氏体具有良好的综合性能，在具备较高强度的同时也具有一定的韧性，其正常过载断裂的断口特征应是具有一定的塑性变形且微观形貌以韧窝为主。但送检试样整个断面几乎均为解理脆性形貌，且宏观断口无明显塑性变形，因此该断裂形式不属于正常的过载断裂。一般情况下，解理脆性断裂产生于以下几个方面：①材质本身脆性较大或出现脆性有害相；②低温下发生冷脆转变；③材料内部存在较大的应力集中。从球头销的服役环境及相关检测结果推断，可排除前两个原因，材料内部存在应力集中的可能性较高。

低倍组织与显微组织结果显示：材质内部存在明显的带状偏析，从纵截面的碳含量扫描结果可见，此类带状偏析应为碳偏析。通过金相低倍组织进一步确认了碳偏析的存在，该类偏析缺陷是原材料冶炼过程中各部位碳含量的不均匀和枝晶状偏析的结果。金属材料该类偏析主要发生在材料的冶炼阶段，在冶炼过程中金属材料会发生结晶现象，材料结晶首先需要形成晶核，然后晶核逐渐长大形成枝干，该部分的枝干先结晶，比较纯净，碳的浓度比较低。枝干形成后便逐渐形成枝间，枝间由于结晶比枝干迟，碳浓度较高，甚至局部还会形成碳分布不均匀，造成碳在某些部位聚集。因为碳的塑性差，在枝晶发达的局部塑性和韧性都会降低，在外力作用下很容易开裂，有些甚至在内应力作用下会出现开裂。组织检查发现，在残件上碳偏析严重的区域已经存在横向微裂纹。此类微裂纹的产生和球头销的成形过程密切相关。球头销在热处理前需要进行拉拔工序，而带状碳偏析的存在，降低了偏析区域材料的塑性与韧性，导致带状偏析区域产生拉拔微裂纹。断口放射线收敛中心的位置与酸浸试验得到的碳偏析位置基本一致，因此可能碳偏析引起的横向微裂纹即断裂起始区。横向微裂纹割裂基体连续性，并引起较大的应力集中。另外，金属材料中的冶金缺陷也会直接影响产品的质量，碳偏析的存在会造成产品力学性能的显著差异，特别是直接影响高强度紧固件使用安全。

转向横拉杆球头销在服役状态下，承受弯曲、扭矩、拉伸、剪切、压缩、冲击等多种复合载荷作用，技术条件要求该零件具有较高的抗拉强度和抗压强度、疲劳强度、耐磨性和冲击韧性。样品球头处有明显的磨损痕迹，说明该球头销工况比较恶劣。在球头销心部所受轴向残余拉应力最大区域存在严重碳偏析及横向微裂纹，使得局部性能下降，在服役过程中受到外界振动冲击，容易在薄弱环节形成微裂纹，直至最后断裂。

6.3.2 TC4 钛合金压紧杆断裂分析研究

钛合金具有密度小、比强度高、工作温度范围宽、耐介质腐蚀和良好的生物相容性，在航空、航天等领域得到了广泛的应用。钛合金本身就是一种储氢合金，极易因吸氢而造成脆化或开裂(氢脆)。钛合金虽是对氢不敏感的合金，但过量吸氢会使强度提高，塑韧性下降，最终使材料产生氢脆而导致破裂失效。材料中氢引起的氢脆分为不可逆氢脆和可逆氢脆。不可逆氢脆的机理已有一致认识，但对于可逆氢脆，仍有很大争议。金属氢脆表现形式主要有两大类：一类是延迟断裂；另一类是材料性能变坏、变脆。合金钢氢脆的主要表现形式是前者，而钛合金氢脆的主要表现形式是后者。氢渗入金属内部导致损伤，从而使金属零件在低于材料屈服极限的静应力作用下失效。

压紧杆外观见图 6.48，箭头所指处为断裂位置，断裂发生在压紧杆的第一螺纹根部。压紧杆断口宏观形貌见图 6.49，断口高低不平，断面粗糙，呈银灰色，断面上有反光小刻面。

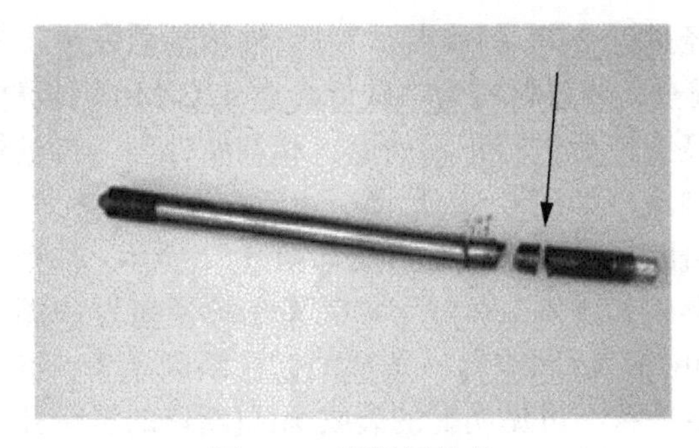

图 6.48　压紧杆外观

图 6.49　断口宏观形貌

将断口进行超声波清洗后放入扫描电子显微镜观察，发现断裂起源于螺纹根部，呈多源特征，源区断裂特征见图 6.50(a)。整个断口表面干净，断口源区未见明显的冶金缺陷。源区放大后如图 6.50(b)和(c)所示，是典型的脆性解理断裂特征。距源区约 1mm 处的断裂特征见图 6.50(d)，也是典型的脆性解理断裂特征。断口中部为韧窝断裂特征[图 6.50(e)]，是钛合金正常的拉伸断裂形貌。瞬断区为韧窝断裂特征，如图 6.50(f)所示。

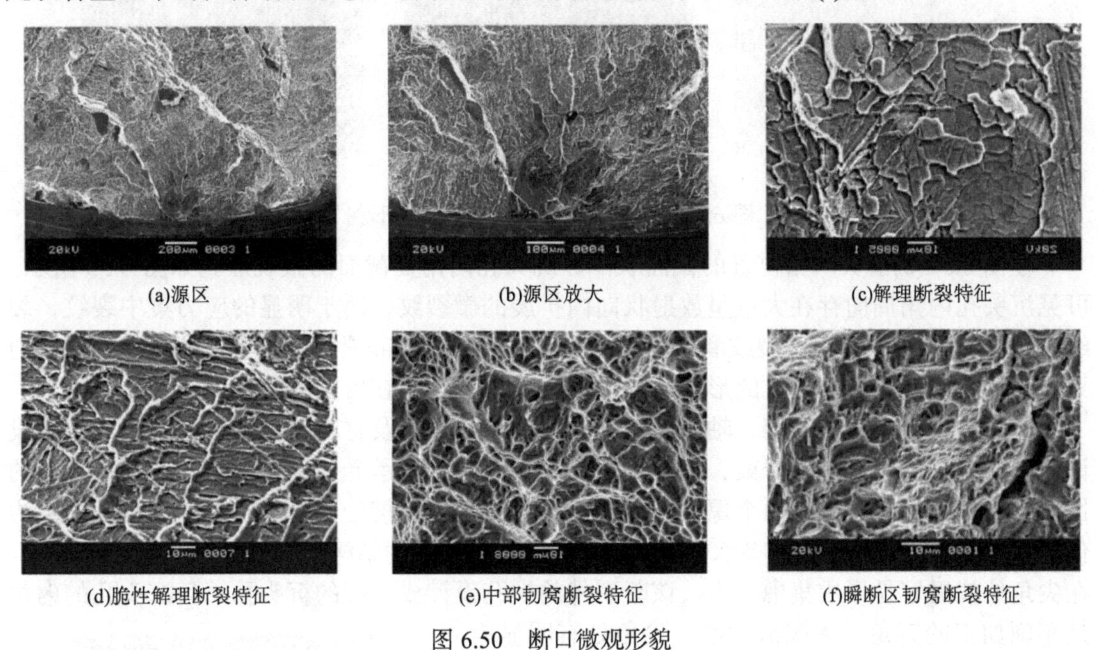

(a)源区　(b)源区放大　(c)解理断裂特征

(d)脆性解理断裂特征　(e)中部韧窝断裂特征　(f)瞬断区韧窝断裂特征

图 6.50　断口微观形貌

通过压紧杆断口的宏观和微观观察结果可知，断口源区呈明显的解理脆性断裂特征，瞬断区呈韧窝断裂特征。从断口表面断裂特征的不同可以判断，零件的断裂存在两个不同的扩展阶段。一个阶段是裂纹的起始阶段，即断口的源区部分，该部分的断裂性质为解理断裂；另一个阶段是裂纹的扩展阶段，即断口的瞬断区，该部分的断裂性质为韧窝断裂特征，该区域的形成是第一阶段裂纹产生后在工作应力作用下快速扩展形成的。因此，压紧杆的断裂主要是由源区解理裂纹的产生导致的。

6.3.3　42CrMo 钢轴箱端盖疲劳断裂原因

某批次轨道列车车辆转向架轴箱端盖在经过近 240h 的疲劳试验后，轴箱端盖发生了断裂，且断裂时间远低于原本预测的时间。据调查，端盖材料为中碳低合金 42CrMo 钢板材，端盖由坯料经锻造后进行正常的退火和调质处理，再进行机械加工而制成，如图 6.51 所示。

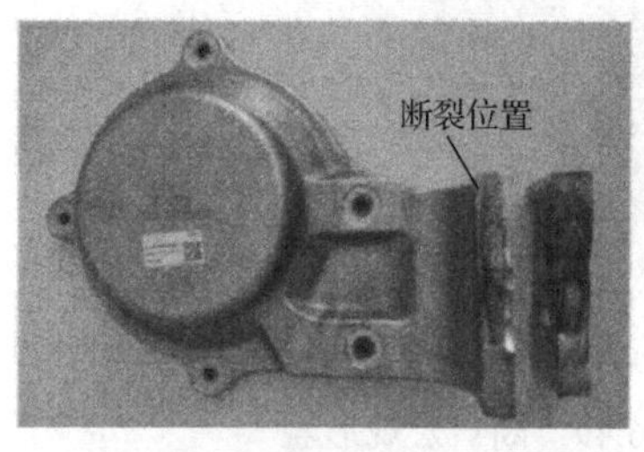

图 6.51　断裂轴箱端盖的宏观形貌

轴箱端盖断口及周边宏观形貌如图 6.52 所示。轴箱端盖断口宏观形貌如图 6.52(a)所示，沉头孔的径向另一侧边缘[图 6.52(a)中箭头所指]有一条窄的韧性断裂条带。整个断口呈凹凸不平状，可见明显的裂纹源区(断口的沉头孔边缘)、裂纹扩展和碾压变形区、最后瞬断区。由图 6.52(b)可知，断口处端盖右侧板上分布两个相距很近的沉头孔，沉头孔根部没有圆滑过渡，呈尖锐的直角。整个断口上无明显的塑性变形痕迹。由图 6.52(c)可知，断口上沿沉头孔断裂边缘向外分布着许多放射状台阶条纹，这些应该是发生开裂的裂纹源点。

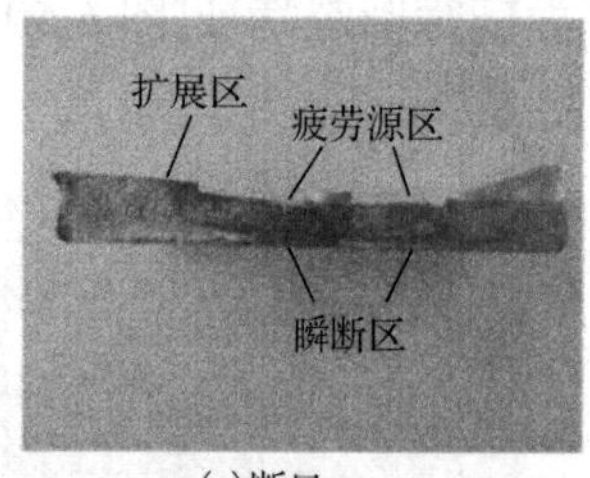

(a)断口

(b)沉头孔

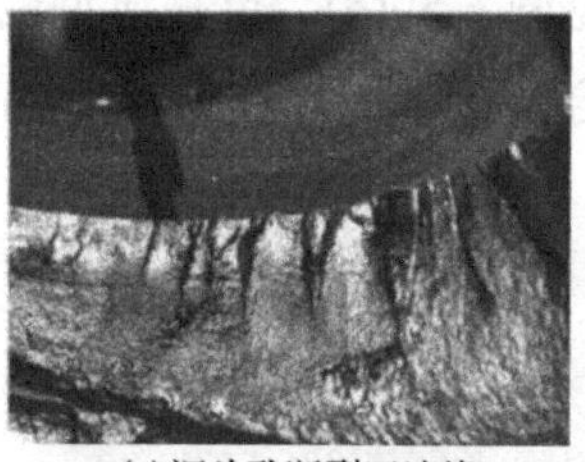

(c)沉头孔断裂区边缘

图 6.52　轴箱端盖断口及周边宏观形貌

在图 6.52(b)箭头所指位置的截面取样，沉头孔内角处截面的微观形貌如图 6.53 所示。可见沉头孔内角周向存在大量呈放射状向内扩展的微裂纹，属于明显的应力集中裂纹，裂纹深度为 348μm。尖角微裂纹和平面宏观裂纹的两侧组织正常，均不存在脱碳层，裂纹内无氧化物填充，这说明裂纹的形成与热处理无关，裂纹是在后期的疲劳试验中产生的。

综合各项检验结果可知，轴箱端盖的断裂有结构设计及材料性能两方面原因。结构设计原因：端盖侧弯板是悬臂梁，在试验和使用过程中，其承受一定的应力，在螺栓紧固的情况下，受力的作用点是两个螺孔周边平面，如果螺栓连接处于松动状态，则其受力点为包括螺孔的上下侧壁，此处将承受较大的应力。如果螺孔的结构形状设计不当且存在尖角，在尖角处就极容易形成集中应力。该断裂件的螺孔设计成下凹的沉头孔，且沉头孔的内角是车削加工的直角，无圆滑过渡，尖角处有明显粗大的刀痕。在交变应力反复作用下，在尖角处极易产生应力集中而形成微裂纹。同时，弯板平面上的两个螺栓的间距过近，这将促进裂纹扩展后的断裂进程。材料性能原因：拉伸试验结果表明，端盖材料的抗拉强度和屈服强度比标准要求低。如果螺纹沉头孔内角发生应力集中，则外加应力会加速微裂纹的形成。

图 6.53　沉头孔内角处截面的微观形貌

第 7 章　金属材料微观组织表征

金属材料微观组织结构表征有许多物理方法，如金相分析法、电子显微分析法、X 射线衍射分析法等。本章主要对这几种方法进行介绍。

7.1　金 相 分 析

7.1.1　金相试样的制备

金相试样的制备主要包括取样、研磨、抛光、浸蚀等步骤。好的金相试样包括以下几个特点：组织具有代表性；组织真实、无假象；析出相、夹杂物和石墨等不脱落；无磨痕、麻点或水迹等。

1. 取样

一般在对金属铸件、锻件进行常规检验时，其取样部位在有关技术标准中都有明确的规定。进行零件破损部位取样时，需要在破损部位和完好部位同时取样，以便对比分析。

试样的切取方法主要有手锯、砂轮切割、气割、线切割等。线切割产生的热损伤层最薄，因而对试样组织的影响最小。

观察面的选择也很重要。对于一些锻、轧及冷变形的工件一般沿轧向观察带状组织和夹杂物变形情况。而横向截面观察可用于检测化学热处理的渗层、淬火层、晶粒度、脱碳层等。

若试样太小或形状特殊，可以考虑对试样进行镶嵌。镶嵌材料有热固性材料(如胶木粉)、热塑性材料(如聚氯乙烯)及冷凝性塑料(如环氧树脂加固化剂)等。

2. 研磨与抛光

研磨的目的是使试样表面平整。首先将试样用砂轮初步打磨，此过程中试样要充分冷却以免过热引起组织变化。然后用粗、细砂纸继续进行研磨，研磨过程中试样要受力均匀、压力适中。

抛光的目的是去除细磨痕以获得光滑的镜面，并去除形变损伤层。常用的抛光方法主要有机械抛光和电解抛光。

机械抛光需要合适的研磨料(如钒土、氧化镁、金刚砂粉等)，最终抛光常采用小于 1μm 的细研磨料。金刚砂研磨膏是良好的抛光磨料之一，切削锋利，抛光速度快，损伤层浅，能保留夹杂物，但价格昂贵。细粒度的氧化镁特别适于铝、铜、纯铁等软性材料的最终抛光。

电解抛光是靠电化学的溶解作用使试样平整光亮，装置如图 7.1 所示。电解抛光基本原理是试样表面凸起部分优先溶解。金属和电解液的相互作用，在试样粗糙表面上形成一层电阻较大的黏性薄膜。在试样表面凸起处液膜较薄，凹陷处液膜较厚。液膜较薄处电流密度较大，使得试样凸起部分的溶解比凹陷处快，以此形成平整的抛光表面。对 304L 不锈钢材料进行电解抛光，处理前后效果如图 7.2 所示，可以看到处理后材料表面更加平整和光滑。

电解抛光的优点主要有：无形变损伤层，适用于铝、铜和奥氏体钢等软性材料；抛光速度快，效果稳定；表面光整，无磨痕。其缺点是对于不同材料需要摸索具体的使用规范。

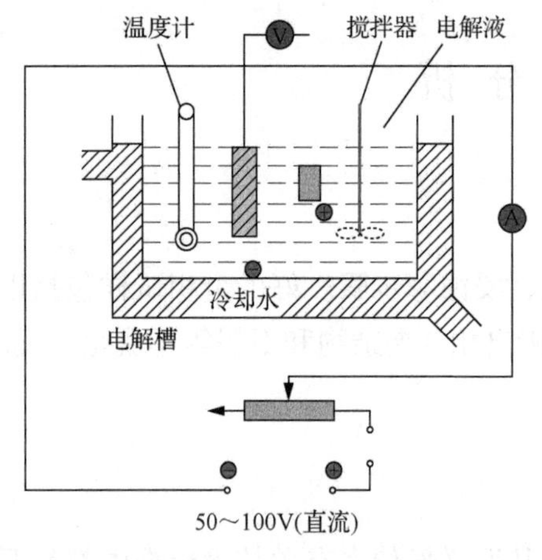

图 7.1　电解抛光装置

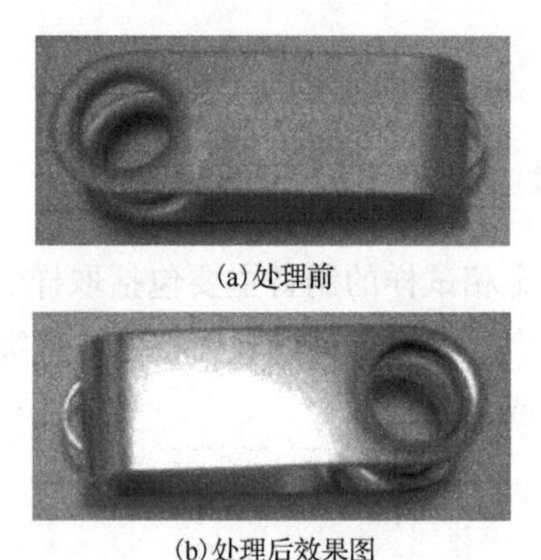

(a)处理前

(b)处理后效果图

图 7.2　电解抛光

3. 浸蚀

抛光后的试样表面是平整光亮的，在显微镜下仅能看到孔洞、裂纹等。要观察金属的显微组织，必须采用合适的浸蚀方法。常用的浸蚀方法主要有化学浸蚀法、电解浸蚀法、着色显示法和热染法等。

1) 化学浸蚀法

化学浸蚀法中采用的化学试剂的主要组成有腐蚀剂(如盐酸、硫酸、磷酸等)、缓冲剂(如乙醇、甘油水等)、氧化剂(如 H_2O_2、Fe^{3+}、Cu^{2+}等)。

将抛光好的试样磨面在化学试剂中浸润或擦拭一定时间，便可显示组织。试样浸蚀后能显示多种组织的原理是，由于金属材料各处的化学成分和组织不同，它们的电极电位不同，腐蚀性能也就不同，由此试样各处的浸蚀速度不同而产生浮凸。化学浸蚀显示组织有两个要点：一是选择合适的浸蚀剂；二是控制浸蚀时间。表 7.1 列出了常用浸蚀剂及其在金相显微镜下产生的不同衬度特征。

表 7.1　常用浸蚀剂及规范

序号	试剂名称	成分	适用范围	注意事项
1	硝酸酒精溶液	硝酸 HNO_3 1～5mL 酒精 100mL	碳钢及低合金钢的组织显示	硝酸含量按材料选择，浸蚀数秒钟

续表

序号	试剂名称	成分	适用范围	注意事项
2	苦味酸盐酸乙醇溶液	苦味酸 1～5g 盐酸 5mL 乙醇 100mL	显示淬火及淬火回火后钢的晶粒和组织	浸蚀时间较快些，约数秒钟至一分钟
3	氢氧化钠苦味酸水溶液	氢氧化钠 25g 苦味酸 2g 水 100mL	钢中的渗碳体染成暗黑色	加热煮沸浸蚀 5～30min
4	王水甘油溶液	硝酸 10mL 盐酸 20～30mL 甘油 30mL	显示奥氏体镍铬合金的组织	先将盐酸与甘油混合，然后加入硝酸，试样浸蚀前先行用热水预热
5	氢氟酸水溶液	氢氟酸(浓)0.5mL 水 99.5mL	显示一般铝合金组织	用棉花揩拭

2) 电解浸蚀法

电解浸蚀的装置和操作与电解抛光相同，两者既可以分别进行，也可在电解抛光后随即降压进行浸蚀。几种常见的电解浸蚀液及规范列于表 7.2。

表 7.2　几种常见的电解浸蚀液及规范

序号	电解液成分	电解参数规范			适用范围
		空载电压/V	电流密度/(A/cm^2)	时间/s	
1	草酸 10mL 水 100mL	10	0.3	5～15	奥氏体钢等区别σ相及碳化物等
2	铬酐 10g 水 100mL	6	—	30～90	显示钢中铁素体、渗碳体、奥氏体等
3	明矾饱和水溶液	18	—	30～60	显示奥氏体不锈钢晶界等
4	磷酸 20mL 蒸馏水 80mL	1～3	—	—	显示耐热合金中金属间化合物等

3) 着色显示法

着色显示法可以使不同组织呈现不同的彩色衬度。原理是使经过抛光的试样表面在化学试剂的作用下，形成一层薄膜(覆盖层)，其厚度与各相组成物的晶体学取向或化学成分有关。薄膜外表面反射光束与薄膜和试样表面交界处反射光束之间的干涉，使各相的衬度提高并呈现色彩。当化学浸蚀法和电解浸蚀法难以区分合金中的多相组织时，采用着色显示法有可能对其进行鉴别。

7.1.2　金相显微镜

1. 共聚焦激光扫描显微镜

共聚焦激光扫描显微镜(confocal laser scanning microscope)，简称共聚焦显微镜。它是一个集成光学显微镜系统，由荧光显微镜、激光点光源、具有光学和电子装置的扫描头、计算机、显示监视器和图像获取处理分析的软件所组成。

扫描头产生光子信号，由此重构共聚焦图像。它含有以下装置：外置一个(或多个)激光源、荧光滤片组件、电流计为基的光栅扫描机构、产生共聚焦图像的一个(或多个)可变针孔光阑和用于探测不同荧光波长的光电倍增管(photomultiplier tube，PMT)探测器。

扫描头中各个组件的布置如图 7.3 所示。计算机把光电倍增管的电压波动转化成数字信号，从而在显示监视器上显示图像。共聚焦显微镜的光学原理如图 7.4 所示。

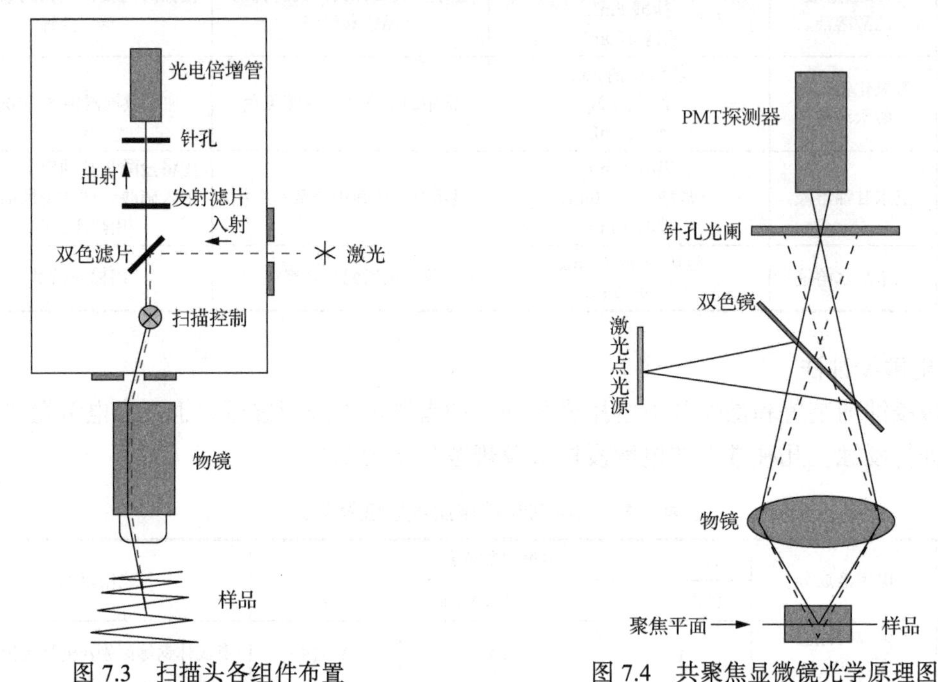

图 7.3 扫描头各组件布置　　图 7.4 共聚焦显微镜光学原理图

图 7.5 展示了共聚焦测得的样件表面形貌图，由于原始高度方向测得的数值较小，需要调节高度方向缩放因子来更好地观察表面情况。

2. 偏振光显微镜

金相显微镜均采用反射式，反射式偏振光显微镜光学布置如图 7.6 所示。在一般大型金相显微镜光路中，只要加入两个偏振片即可，即在入射光路中加入一个起偏器，在物镜和目镜之间的成像光路中加入检偏器，即可实现偏振光照明。

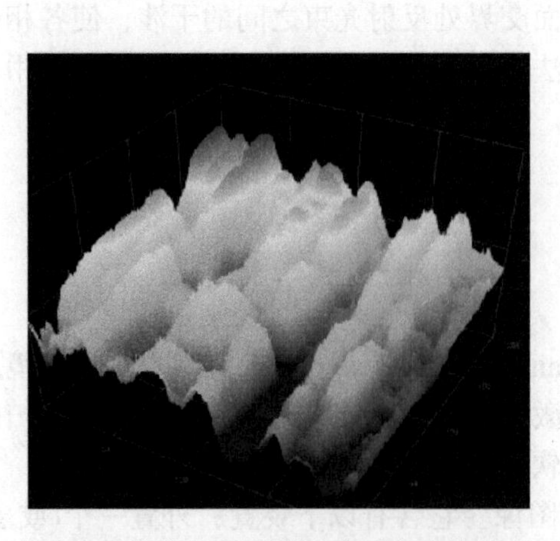

图 7.5 共聚焦显微镜表面观测图(高度方向缩放因子 50 倍)

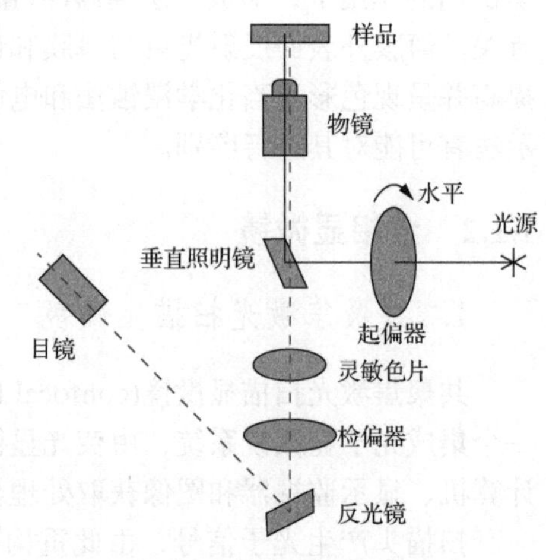

图 7.6 反射式偏振光显微镜光学布置

图 7.7 展示了钛合金使用反射式偏振光显微镜观测到的微观组织示意图，可以看到明显的网状结构微观组织。

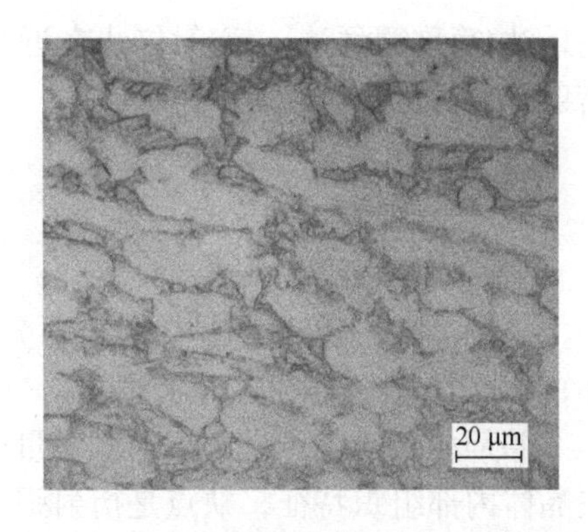

图 7.7　钛合金使用反射式偏振光显微镜观测到的微观组织示意图

3. 相位衬度显微镜

相位衬度显微镜的特点是在一般金相显微镜中加两个特殊的光学零件，如图 7.8 所示，当光线经遮板狭缝后成环形光束射入显微镜，借助透镜调整遮板，使圆环狭缝(遮板 A)恰好聚焦在相板 B 上，射入的环形光束与相板上的环状涂层完全吻合，环形光束通过相环后经物镜投射在试样表面上。

4. 干涉显微镜

双光束干涉显微镜的原理如图 7.9 所示。光学平面(P_1 和 P_2)分开，采取一定的方法使两支光束形成光程差，相互干涉而形成斐佐干涉条纹。当试样表面存在凹凸时，斐佐干涉条纹将在凹凸处发生弯曲。

干涉显微镜在金相分析中的应用，主要是观测金相磨面微观几何外形与高度差。

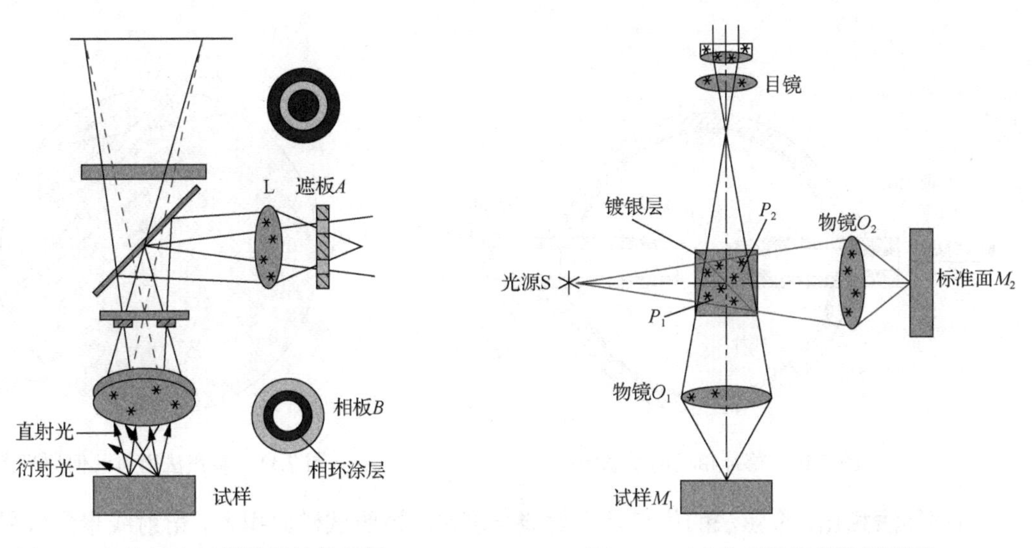

图 7.8　相位衬度显微镜的结构简图

图 7.9　双光束干涉显微镜原理图

7.2　X 射线衍射分析

7.2.1　X 射线衍射方法简介

X 射线衍射方法可以分为照相法和衍射仪法。照相法最早应用于衍射分析中，如德拜-

谢乐法(简称德拜法)。衍射仪法在近几十年中得到了很大发展，出现了粉末衍射仪、四圆衍射仪和微区衍射仪等。

1. 照相法

1) 德拜-谢乐法

德拜-谢乐法用于多晶体的衍射分析，此法以单色 X 射线作为光源，摄取多晶体衍射环，图 7.10 为德拜相机的示意图。

德拜相机的优点是所需的试样量少，记录的衍射角范围宽，衍射环的形貌能直观地反映晶体内部组织特征，缺点是衍射强度低，需要的曝光时间较长。

2) 聚焦法

将具有一定发散度的单色 X 射线照射到弧形的多晶试样表面，由各{*hkl*}晶面族产生的衍射束分别聚焦成一细线，此衍射方法称为聚焦法。图 7.11 为聚焦原理示意图，X 射线从狭缝 M 入射照到试样表面，其各点同{*hkl*}晶面族所产生的夹角都为 2θ，因而聚焦于相机壁上的同一点。图中 $MABN$ 圆周即为聚焦圆，利用聚焦原理的相机称聚焦相机或 Seemann-Bohlin 相机，其布拉格角 θ(°)可按式(7-1)计算：

$$4\theta = \frac{MABN + FN}{R}(180 / \pi) \tag{7-1}$$

式中，弧长 $MABN$ 是相机的参数；弧长 FN 由底片测得；R 为相机半径。

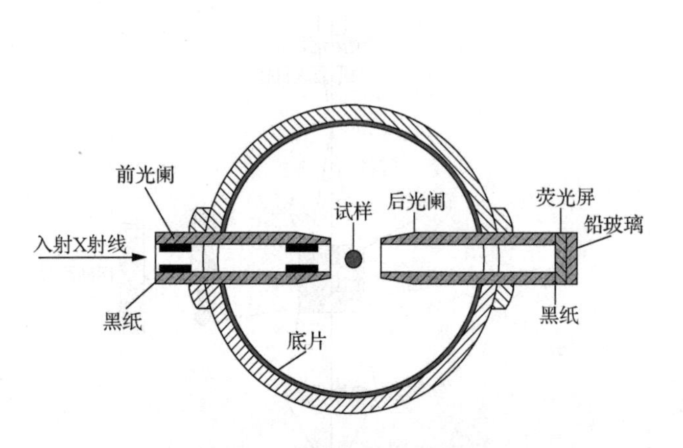

图 7.10　德拜相机的示意图

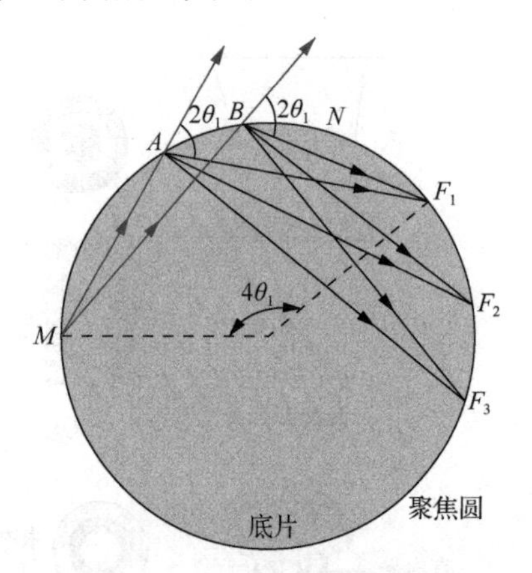

图 7.11　聚焦法衍射几何原理图

与德拜法相比，聚焦法的优点是入射线强度高，被照试样面积大，衍射线聚焦效果好，曝光时间短，而且相机半径相同时聚焦法的线条分辨本领高。该方法的缺点是角度范围小，例如，背射聚焦相机的角度范围仅为 92°～166°。

3) 针孔法

X 射线通过针孔光阑照射到试样上，用垂直于入射线的平板底片接收衍射线，这种拍摄方法称为针孔法，如图 7.12 所示。该方法又可分为透射法和背射法两种。利用单色 X 射线照射多晶体试样，所形成的针孔像为一系列同心圆环。如果衍射环半径 r 及试样到底片的距离 D 已知，则布拉格角 θ(°)可从式(7-2)获得：

透射法 $$\theta = \frac{\arctan(r / D)}{2}$$

背射法 $$\theta = \frac{180° - \arctan(r / D)}{2} \quad (7\text{-}2)$$

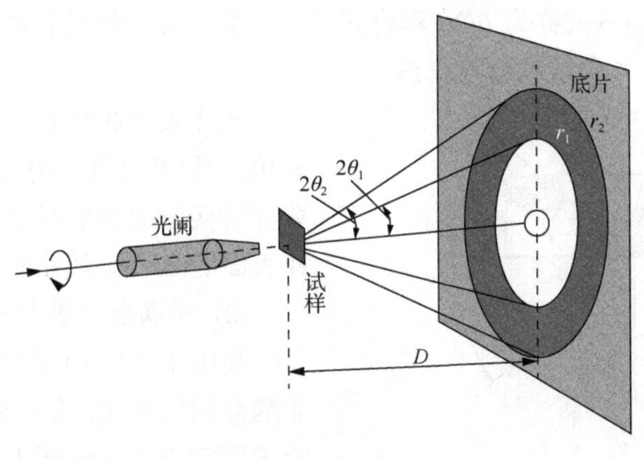

图 7.12　针孔法

由于利用的是单色 X 射线，上述针孔像中只包含少数衍射环。如果利用连续 X 射线照射单晶体，仍可利用上述针孔平板相机，这样实际已经变为劳厄衍射法，劳厄像反映出晶体的取向。这也是单晶定向的一种方法。

2. 衍射仪法

衍射仪法是利用计数管来接收衍射线，可以省去照相法中的暗室工作，具有快速、灵敏及精确等优点。

X 射线衍射仪包括辐射源、测角仪、探测器、控制测量与记录系统等，可以安装各种附件，如高低温衍射、小角散射、织构及应力等测量部件。

下面简单介绍与测量有关的仪器部件，包括测角仪和计数器。

1) 测角仪

粉末衍射仪中均配备常规的测角仪，其结构简单且使用方便，扫描方式可分为耦合扫描和非耦合扫描两种类型。

(1) 耦合扫描方式。

图 7.13 为粉末衍射仪的卧式测角仪示意图。平板状试样 D 安装在试样台 H 上，两者可围绕 O 轴旋转。S 为 X 射线的光源，其位置始终是固定不动的。一束 X 射线由 S 点发出，照射到试样 D 上并发生衍射，衍射线束指向接收狭缝 F，然后被计数管 C 所接收。

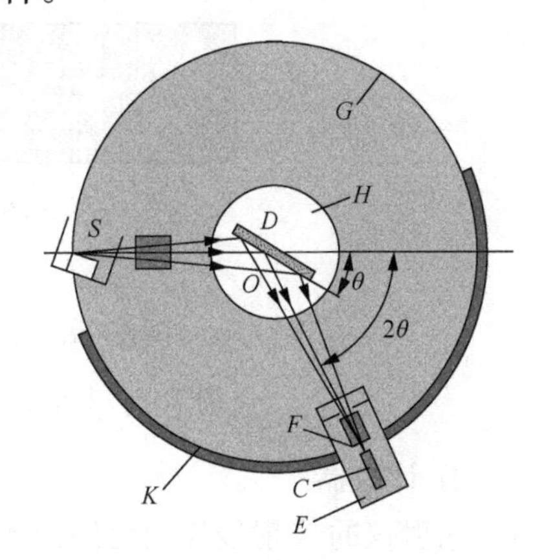

图 7.13　卧式测角仪示意图

G-测角仪圆；S-X 射线源；D-试样；H-试样台；F-接收狭缝；C-计数管 E-测角臂；K-刻度

接收狭缝 F 和计数管 C 一同安装在测角臂 E 上，

它们可围绕 O 轴旋转。当试样 D 发生转动，即 θ 改变时，衍射线束 2θ 角必然改变，同时相应地改变测角臂 E 的位置以接收衍射线。衍射线束 2θ 角就是测角臂 E 所处的刻度 K，该刻度制作在测角仪圆 G 的圆周上。

在测量过程中，试样台 H 和测角臂 E 保持固定的转动关系，即当 H 转过 θ 角时 E 恒转过 2θ 角，这种联动方式称为 $\theta/2\theta$ 耦合扫描。计数管在扫描过程中逐个接收不同角度下的计数强度，即得到 X 射线的衍射谱线。

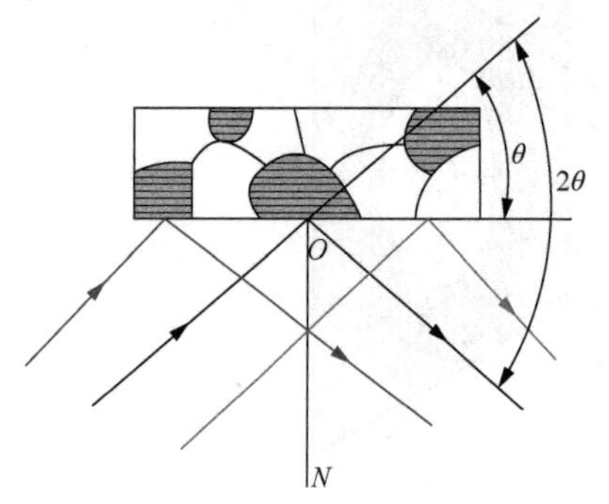

图 7.14　耦合扫描方式下对衍射有贡献的晶面

试样表面法线始终平分入射与衍射线的夹角，当 2θ 符合(hkl)晶面布拉格条件时，计数管所接收的衍射线始终是由那些平行于试样表面的(hkl)晶面所贡献的，如图 7.14 所示。

(2) 非耦合扫描方式。

利用图 7.13 所示的测角仪，也可以实现非耦合扫描方式，如 α 和 2θ 扫描。如果测角臂 E 固定仅让试样架 H 转动，实际是衍射角 2θ 固定而入射角变动，由于此时入射角并非是布拉格角，故写成 α，这种扫描方式就是 α 扫描。若试样架 H 固定，仅让测角臂 E 转动，实际是入射角固定而衍射角 2θ 变动，故称为 2θ 扫描。

图 7.15(a)和(b)分别示出了 α 扫描过程中的两个试样位置，这两个位置的衍射角 2θ 相同，即被测晶面为同族晶面，但两个位置的 X 射线入射角 α 不同，即参加衍射的晶面取向不同，所测量的是不同取向的同族晶面的衍射强度。考虑到块体试样大都不同程度地存在晶面择优取向问题，故利用这种扫描方式，能够初步判断材料中同族晶面的取向不均匀性。

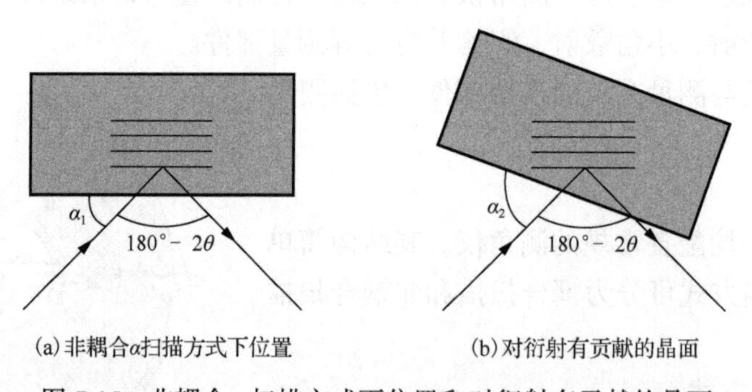

(a) 非耦合 α 扫描方式下位置　　(b) 对衍射有贡献的晶面

图 7.15　非耦合 α 扫描方式下位置和对衍射有贡献的晶面

2) 计数器

衍射仪的 X 射线探测元件为计数管。计数管及其附属电路称为计数器。目前，使用最为普遍的是闪烁计数器。在要求定量关系较为准确的场合下，仍习惯使用正比计数器。近年来，有的衍射仪还使用较先进的锂漂移硅探测器。

(1) 正比计数器。

正比计数器都是以气体电离为基础的，其构造示意图如图 7.16 所示。它由一个充气的圆筒形金屑套管(作为阴极)和一根与圆筒同轴的细金属丝(作为阳极)构成。在圆筒的窗口上盖有一层对 X 射线透明的材料(云母或铍片)。

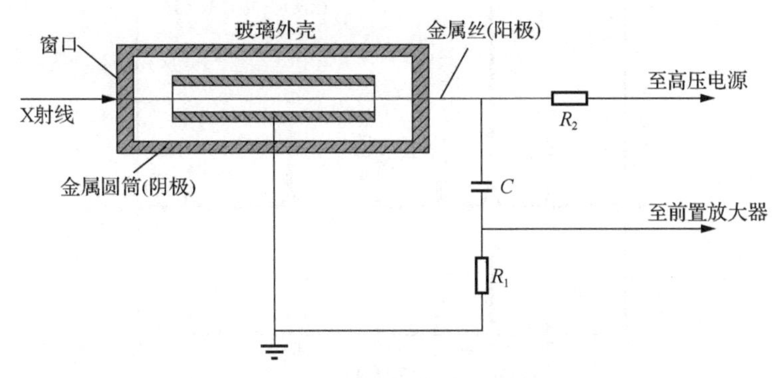

图 7.16　正比计数器示意图

正比计数器的反应极快，对两个连续到来的脉冲分辨时间只需 10^{-6}s。它性能稳定，能量分辨率高，背底脉冲低，光子计数效率高，在理想情况下可以认为没有计数损失。正比计数器的缺点是对温度比较敏感，计数管需要高度稳定的电压，而且雪崩放电所引起的电压瞬时降落只有几毫伏。

(2) 闪烁计数器。

闪烁计数器是利用 X 射线激发某种物质会产生可见的荧光，而且荧光的多少与 X 射线强度成正比的特性而制造的。

在闪烁计数器中，其闪烁晶体能吸收所有的入射光子，因此在整个 X 射线波长范围，其吸收效率都接近 100%。但是闪烁计数器的主要缺点是本底脉冲过高，即使在没有 X 射线电子射进计数管时仍会产生无照电流的脉冲，其来源是光敏阴极因热离子发射而产生电子。此外，闪烁计数器价格较贵，体积较大，对温度的波动比较敏感，受振动时亦容易损坏，晶体易于受潮解而失效。

(3) 锂漂移硅检测器。

锂漂移硅检测器是原子固体检测器，通常表示 Si(Li)检测器。Si 检测器的优点是分辨能力高、分析速度快、检测效率 100%(即无漏计损失)。但在室温下由于电子噪声和热噪声的影响难以达到理想的分辨能力，为了降低噪声和防止锂扩散，要将检测器和前置放大器用液氮冷却。

7.2.2　多晶物相分析

任何多晶物质都具有其特定的 X 射线衍射谱，在衍射谱中包含大量的结构信息。图 7.17 展示了 X 射线衍射谱图，衍射谱如同人的指纹，是鉴别物质结构及类别的主要标志。根据此特点，国际上建立了相应的标准物质衍射卡片库，收集了大量多晶物质的衍射信息。卡片库中包含标准物质晶面间距和衍射强度，是进行物相分析的重要参考数据。

Cu-PDF#70-3039
Cu_2O-PDF#78-2076
强度/a.u.
(111)
(200)
(311)
(222)
(110)
(111)
(200)
(211)
(220)
(321)
20 30 40 50 60 70 80
2θ/(°)

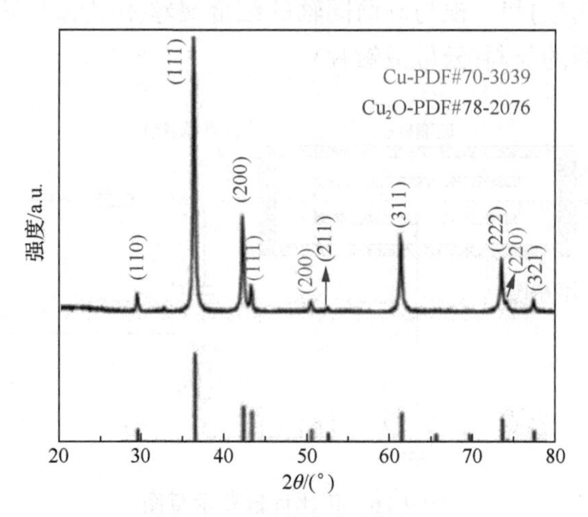

图 7.17　X 射线衍射谱图

X 射线物相分析包括定性分析与定量分析。定性分析就是通过实测衍射谱线与标准卡片数据进行对照，来确定未知试样中的物相类别。定量分析则是在已知物相类别的情况下，通过测量这些物相的积分衍射强度，来测算它们各自的含量。

1. 标准卡片的组成

标准卡片的格式都是相同的，如图 7.18 所示。下面就标准卡片中各栏内容以及缩写符号含义进行介绍。

1a 1b 1c 为衍射三根最强线的面间距，1d 为最大面间距。2a 2b 2c 2d 为上述线条的相对强度，其中规定最强线的强度为 100。

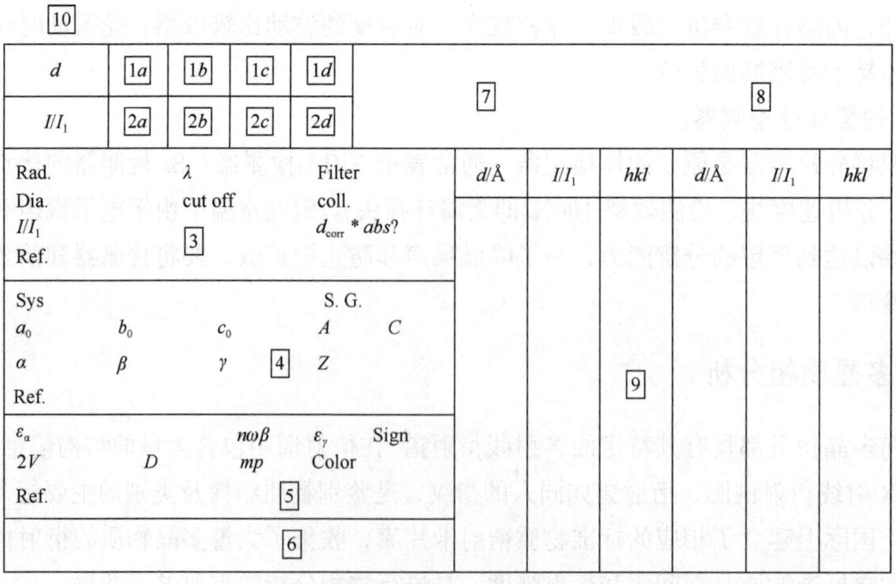

10
d 1a 1b 1c 1d
I/I1 2a 2b 2c 2d
7
8
Rad. λ Filter
Dia. cut off coll.
I/I1 3 dcorr * abs?
Ref.
d/Å I/I1 hkl d/Å I/I1 hkl
Sys S. G.
a0 b0 c0 A C
α β γ 4 Z
Ref.
9
εα nωβ εγ Sign
2V D mp Color
Ref. 5
6

图 7.18　标准 PDF 衍射卡片格式

第③栏为所用的试验条件，第④栏为物质的晶体学数据，第⑤栏为物质的光学及其他物理性质数据，第⑥栏列出试样来源、制备方式及化学分析数据等。

第⑦栏为物质的化学式及英文名称，在化学式之后常用数字及大写字母，其中数字表示单胞中的原子数，英文字母(并在其下画上一横道)则表示布拉维点阵的类型。

第⑧栏为物质的矿物名称或普通名称。如果有可能，则在名称上写出其点式(dot formula)或结构式。本栏中凡带有☆号者则表明卡片数据高度可靠，○表明其可靠程度较低；无符号者表示一般；i 表示经过指标化及强度估计但不如有星号者更可靠；C 表示衍射数据来自计算。

第⑨栏为晶面间距、相对强度及晶面指数。第⑩栏为卡片序号。

图 7.19 示出了 NaCl 晶体的实际 PDF 卡片，读者可逐项对照卡片中各栏目的具体内容以及符号含义，进一步理解上述的有关卡片介绍。

05-0628　Quality*

<table>
<tr><td>d</td><td>2.82</td><td>1.99</td><td>1.63</td><td>3.258</td><td colspan="6" rowspan="2">Nacl
SODIUM CHLORIDE(HALITE)</td></tr>
<tr><td>I/I_1</td><td>100</td><td>55</td><td>15</td><td>13</td></tr>
<tr><td colspan="5" rowspan="2">Rad.　CuK_a　λ　1.540 5　Filter　Ni
Dia.　cut off　coll.
I/I_1　G. C. DIFFRACTOMETER d_{corr}*abs?
Ref. SWANSON AND FUYAT.
NBS CIRCULAR 539. VOL. Ⅱ. 41(1953)</td><td>d/Å</td><td>I/I_1</td><td>hkl</td><td>d/Å</td><td>I/I_1</td><td>hkl</td></tr>
<tr><td rowspan="4">3.258
3.821
1.994
1.701
1.628
1.410
1.294
1.261
1.151 5
1.086 6
0.996 9
0.953 3
0.940 1
0.891 7
0.860 1
0.860 3
0.814 1</td><td rowspan="4">13
100
55
2
15
6
1
11
7
1
2
1
3
4
1
3
2</td><td rowspan="4">111
200
220
311
222
400
331
420
422
511
440
531
600
620
533
622
444</td><td rowspan="4"></td><td rowspan="4"></td><td rowspan="4"></td></tr>
<tr><td colspan="5">Sys.　CUBIC　S. G.O_h^5–Fm3m
d_0　5.6402　b_0　c_0　A　C
α　β　γ　Z4
Ref. IRID.</td></tr>
<tr><td colspan="5">ε_α　$n\omega\beta$　1.542　ε_γ　Sign
2V　D_x2.164　mp　Color　Colorless
Ref. IBID.</td></tr>
<tr><td colspan="5">AN ACS REAGENT GR ADI SAMPLE RECRY-
STALL IZED TWICE FROM HYDR OCHLORIC
ACID.
X-RAY PATTERN AT 26℃.
REPLACES1–0993,1–0994,2–0818</td></tr>
</table>

图 7.19　NaCl 晶体 PDF 卡片

2. 索引方法

PDF 卡片的数量是巨大的，要想利用这些卡片顺利地进行物相分析，必须借助索引，只有通过索引后才能得到所需要的卡片。常用索引主要包括无机物和有机物两类，每类又可分为数字索引和字母索引两种主要方式。

1) 数字索引

当被含物质的化学成分完全未知时需要数字索引，这类索引以衍射线 d 值作为检索依据，按其排列方式的不同，又分为哈那瓦特(Hanawalt)索引和芬克(Fink)索引。

Hanawalt 索引的特点是每个物质条目中列出 3 条最强衍射线的 d 值，以任意一条为排首，然后强度按递减顺序循环排列，后面给出另外五条线的 d 值和强度，表 7.3 示出 Hanawalt 索引中的一个亚组。

表 7.3　无机物 Hanawalt 索引中的有一个亚组

2.　-2.(± 0.01)　Flle No

2.84x	2.208	1.857	1.737	1.595	1.555	3.064	1.424	$FeBr_3$	5-627
2.89x	2.193	1.193	1.7837	1.802	2.0225	1.392	2.671	$CaMg(CO_3)_2$	11-78
2.88x	2.167	3.25x	1.966	1.706	1.666	4.872	2.432	$K3(MnO_4)_2$	21-997
2.899	2.155	3.24x	1.733	1.953	1.412	1.672	1.441	$Ba_3(AsO_4)_2$	13-492
2.89x	2.077	3.00x	4.193	3.672	2.282	2.222	2.502	$KHSO_3$	1-864

Fink 索引的特点是，在某一物质的条目中，d 值排列是以其大小为序的。选 8 条强线，最新版以 4 条最强线中任一条排首，然后按 d 值递减顺序循环排列。Fink 索引的这种排列方式特别适合电子衍射花样的标定。其分组、条目的排列以及各条目内容等，均与 Hanawalt 索引类似。

2) 字母索引

当已知待测试样的主要化学成分时，可应用字母索引。字母索引是按物质化学元素英文名称的第一个字母顺序排列的，在同一元素档中以第二元素或化合物名称的第一个字母为序排列，名称后则列出化学式、三强线的 d 值和相对强度(用脚标表示)，最后给出卡片号。对于含多种元素的物质，各主元素都作为检索元素编入，如 Mg_2Si 可分别在 Magnesium silicide、Silicide 和 Magnesium 条目中查找。在字母索引中，如果结合数字索引，即利用衍射谱中强线的 d 值，使查找卡片更为容易，从而提高工作效率。

3. 定性物相分析

定性物相分析需要进行以下三步工作：

(1) 利用照相法或衍射仪法获得被测试样的 X 射线衍射谱线，确定每个衍射峰的衍射角 2θ 和衍射强度 I'，规定最强峰的强度为 $I'_{max} = 100$，依次计算其他衍射峰的相对强度，$I = 100(I' / I'_{max})$。

(2) 根据辐射波长λ和各个 2θ 值，由布拉格方程计算出各个衍射峰对应的晶面间距 d，并按照 d 由大到小的顺序分别将 d 与 I 排成两列。

(3) 利用这一系列 d 与 I 数据进行标准卡片检索，通过这些数据与标准卡片中的数据进行对照，从而确定待测试样中各物相的类别。

4. 定量物相分析

定量分析的依据，是物质中各相的衍射强度。多晶材料衍射强度由式(7-3)确定，原本它只适用于单相物质，但对其稍加修改后，也可用于多相物质。设试样是由 n 个相组成的混合物，则其中第 j 相的衍射相对强度可表示为

$$I_j = (2\bar{\mu}_1)^{-1}\left[(V/V_c^2)P|F|^2 L_p e^{-2M}\right]_j \tag{7-3}$$

式中，$(2\bar{\mu}_1)^{-1}$ 为对称入射即入射角等于反射角时的吸收因子；$\bar{\mu}_1$ 为试样平均线吸收系数；

V 为试样被照射体积；V_c 为晶胞体积；P 为多重性因子；$|F|^2$ 为结构因子；L_p 为角因子；e^{-2M} 为温度因子。

材料中各相的线吸收系数不同，因此当某相 j 的含量改变时，平均线吸收系数 $\bar{\mu}_l$ 也随之改变。若第 j 相的体积分数为 f_j，并假定试样被照射体积 V 为单位体积，则第 j 相被照射的体积 $V_j = Vf_j = f_j$。当混合物中 j 相的含量改变时，强度公式中除 f_j 及 $\bar{\mu}_l$ 外，其余各相均为常数，它们的乘积定义为强度因子，则第 j 相某根线条的强度 I_j 和强度因子 C_j 分别为

$$\begin{cases} I_j = (C_j f_j)/\bar{\mu}_l \\ C_j = \left[(1/V_c^2)P|F|^2 L_p e^{-2M}\right] \end{cases},\quad j=1,2,\cdots,n \tag{7-4}$$

用试样的平均质量吸收系数 $\bar{\mu}_m$ 代替平均线吸收系数 $\bar{\mu}_l$，可以证明

$$I_j = \frac{C_j \omega_j}{\rho_j \bar{\mu}_m} \tag{7-5}$$

式中，ω_j 及 ρ_j 分别是第 j 相的质量分数和质量密度。

当试样中各相均为晶体材料时，体积分数 f_j 和质量分数 ω_j 必然满足

$$\sum_{j=1}^{n} f_j = 1,\quad \sum_{j=1}^{n} \omega_j = 1 \tag{7-6}$$

式(7-4)和式(7-6)就是定量物相分析的基本公式，通过测量各物相衍射线的相对强度，借助这些公式即可计算出它们的体积分数或质量分数。这里的相对强度是相对积分强度。而不是相对计数强度。

7.2.3　应力测量与分析

残余应力是指产生应力的各种因素不存在时(如外力去除、温度已均匀、相变结束等)，由于不均匀的塑性变形(包括由温度及相变等引起的不均匀体积变化)，材料内部依然存在且保持平衡的弹性应力，又称为内应力。残余应力的存在对材料的疲劳强度及尺寸稳定性等均造成不利的影响，出于改善材料性能的目的(如提高疲劳强度)，在材料表面还要人为引入压应力(如表面喷丸)。

当多晶材料中存在内应力时，必然还存在内应变与之对应，造成材料局部区域的变形，并导致其内部结构(原子间相对位置)发生变化，从而在 X 射线衍射谱线上有所反映，通过分析这些衍射信息，就可以实现内应力的测量。目前，虽然有多种应力测量的方法，但 X 射线应力测量方法最为典型。由于这种方法理论基础比较严谨，实验技术日渐完善，测量结果十分可靠，并且又是一种无损测量方法，因而在国内外都得到普遍应用。

1. 测量方法

应力测量方法属于精度要求很高的测试技术。测量方式、试样要求以及测量参数选择等，都会对测量结果造成较大影响。

根据Ψ平面与测角仪2θ扫描平面的几何关系，可分为同倾法与侧倾法两种测量方式。

1) 同倾法

同倾法的衍射几何特点，是Ψ平面与测角仪2θ扫描平面重合，同倾法中设定Ψ角的方法有两种，即固定Ψ_0法和固定Ψ法。

固定Ψ_0法的要点是，在每次探测扫描接收反射X射线的过程中，入射角Ψ_0保持不变，故称为固定Ψ_0法，如图7.20所示。

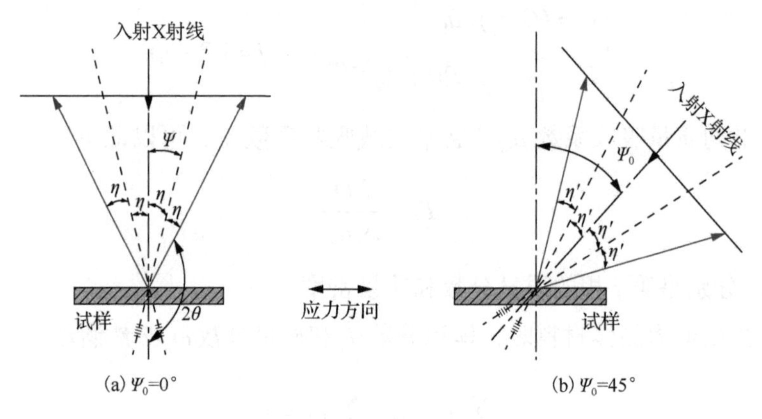

图 7.20　固定Ψ_0法的衍射几何

同倾固定Ψ_0法既适合衍射仪，也适合应力仪。由于此方法较早应用于应力测试，故在实际生产中的应用较为广泛。

固定Ψ法的要点是，在每次扫描过程中衍射面法线固定在特定Ψ角方向上，即保持Ψ不变，称为固定Ψ法。

测量时X射线管与探测器等速相向(或相反)而行，每个接收反射X射线时刻，相当于固定晶面法线的入射角与反射角相等，如图7.21所示。

通过选择一系列衍射晶面法线与试样表面法线之间夹角Ψ进行应力测量工作。同倾固定Ψ法同样适合于衍射仪与应力仪，其Ψ角设置要受到下列条件限制

$$\Psi + \eta < 90^\circ \rightarrow \Psi < \theta \tag{7-7}$$

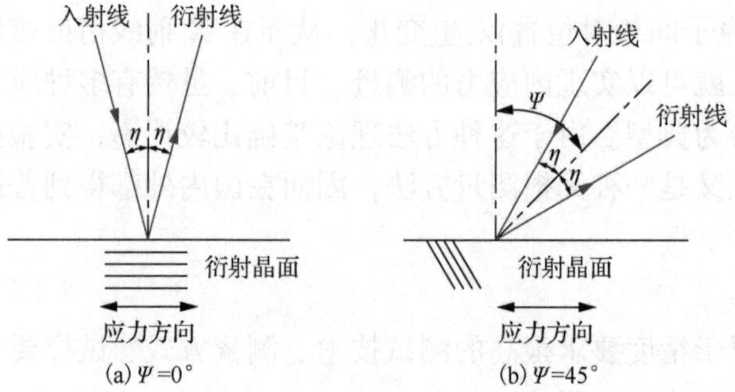

图 7.21　固定Ψ法衍射几何

2) 侧倾法

侧倾法的衍射几何特点是Ψ平面与测角仪 2θ 扫描平面垂直。由于 2θ 扫描平面不再限制Ψ角转动空间，两者互不影响，Ψ角设置不受任何限制。

侧倾法主要具备以下优点：①由于扫描平面与Ψ角转动平面垂直，在各个Ψ角衍射线经过的试样路程近乎相等，因此不必考虑吸收因子对不同Ψ角衍射线强度的影响；②由于Ψ角与 2θ 扫描角互不限制，因而增大了这两个角度的应用范围；③由于几何对称性好，可有效减小散焦的影响，改善衍射谱线的对称性，从而提高了应力测量精度。

3) 试样要求

真实且准确地测量材料中的内应力，必须高度重视被测材料组织结构、表面处理和测点位置设定等。

2. 数据处理方法

采集到良好的原始衍射数据后，还必须经过一定的数据处理及计算，才能最终获得可靠的应力数值。数据处理包括衍射峰形处理、确定衍射峰位、应力计算及误差分析等内容。

1) 衍射峰形处理

对原始衍射谱线进行峰形处理，如扣除背底强度、强度校正和 $K\alpha$ 双线分离等，以得到良好的衍射峰形，有利于提高衍射峰的定峰精度。但必须指出，当衍射峰前后背底强度接近时，不必进行强度校正，当谱线 $K\alpha$ 双线完全重合时，即使衍射峰形有些不对称，也不需要进行 $K\alpha$ 双线分离；在此情况下，只需扣除衍射背底即可，简化了数据处理过程。

2) 定峰方法

应力测量，实质是测定同族晶面不同方位的衍射峰位角，定峰方法十分关键。定峰方法有多种，如半高宽中点法、抛物线法、重心法、高斯曲线法及交相关因数法。在实际工作中，主要根据衍射谱线具体情况，来选择合适的定峰方法。

常规的半高宽中点定峰法，在实际操作中具有随意性，测量误差较大。这里主要介绍改进的半高宽中点定峰法。如图 7.22 所示，首先扣除衍射背底，将衍射峰两侧 $0.3\,I_{\max}$ ～ $0.7\,I_{\max}$ 区间的衍射数据($I_{\max}$)分别拟合为左右两条直线，即

$$
\begin{aligned}
(I_i)_i &= C_1 + C_2(2\theta_i), \quad i = 1,2,\cdots,n_i \\
(I_r)_i &= C_3 + C_4(2\theta_i), \quad i = 1,2,\cdots,n_r
\end{aligned}
\tag{7-8}
$$

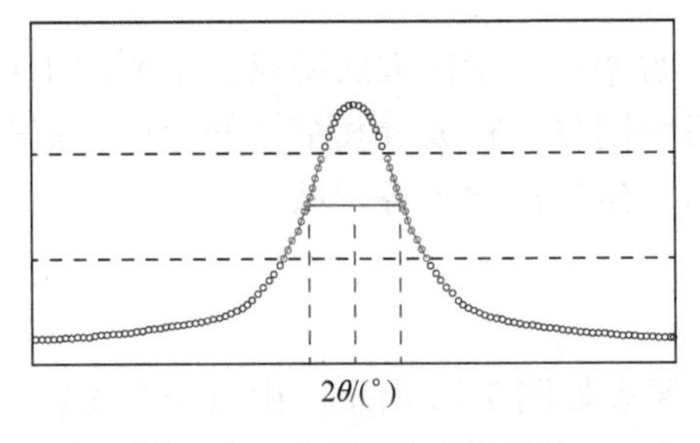

图 7.22　半高宽中点定峰法

借助最小二乘法线性回归分析，左侧直线方程系数为

$$C_1 = \frac{\sum_{i=1}^{n_l}(I_1)_i - C_2\sum_{i=1}^{n_l}2\theta_i}{n_1} \tag{7-9}$$

$$C_2 = \frac{n_1\sum_{i=1}^{n_l}2\theta_i(I_1)_i - \sum_{i=1}^{n_l}(2\theta_i)\sum_{i=1}^{n_l}(I_1)_i}{n_i\sum_{i=1}^{n_l}(2\theta_i)^2 - \left(\sum_{i=1}^{n_l}2\theta_i\right)^2} \tag{7-10}$$

式中，n_1为左侧 $0.3I_{\max}$～$0.7I_{\max}$区间衍射数据点数。将式(7-9)中的C_1换为C_3，式(7-9)中的C_2换为C_4，I_1变为I_r及n_1变为n_r，即得到右侧直线方程的系数。令式(7-8)中$I_1 = I_r = 0.5I_{\max}$，得到相应的衍射角为

$$2\theta_1 = \frac{I_{\max}/2 - C_1}{C_2}, \quad 2\theta_r = \frac{I_{\max}/2 - C_3}{C_4} \tag{7-11}$$

衍射峰位角$2\theta_{\mathrm{p}}$为

$$2\theta_{\mathrm{p}} = \frac{2\theta_1 + 2\theta_r}{2} \tag{7-12}$$

3) 误差分析

在处理衍射峰形及确定好衍射峰位之后，进行应力计算，然后对测量结果进行误差分析。对试样同一测点进行重复应力测量，然后计算多次测量结果的平均值及标准误差。假定进行了n次应力测量，应力值分别为$\sigma_1, \sigma_2, \cdots, \sigma_n$，则平均应力及标准误差分别为

$$\overline{\sigma} = \frac{\sum_{i=1}^{n}\sigma_i}{n}, \quad \Delta\sigma = \sqrt{\frac{\sum_{i=1}^{n}(\sigma_i - \overline{\sigma})^2}{n(n-1)}} \tag{7-13}$$

7.3 电子显微分析

7.3.1 扫描电子显微镜

扫描电子显微镜具有分辨率高、景深大的特点，主要用于观察厚的金相样品形貌和断口样品，还可以通过配置各种附件进行成分和结构的分析。扫描电子显微镜已经广泛应用于物理、化学、半导体材料、生物医学等各领域。

1. 工作原理

扫描电子显微镜的工作原理如图 7.23 所示。由电子枪发射的电子束在 1～50kV 的高压加速作用下经过磁透镜系统的缩小，形成直径为 5～10nm 的细电子束，聚焦在样品表面。

在第二聚光镜与第三聚光镜(物镜)有一组偏转线圈，电子束在样品表面呈光栅状扫描。电子束与样品相互作用形成各种信号，其被相应的检测器检测之后，再经视频放大器进一步放大处理，最终在显示系统中成像。

2. 成像原理

扫描电子显微镜的成像原理如图 7.24 所示。试样表面发出的电子在收集板电场作用下通过闪烁晶体转换为光子，光子经光导管在光电倍增管中被放大转换为信号电流，再通过放大器放大转换成信号电压，输入信号处理和成像系统中，从而完成成像过程。

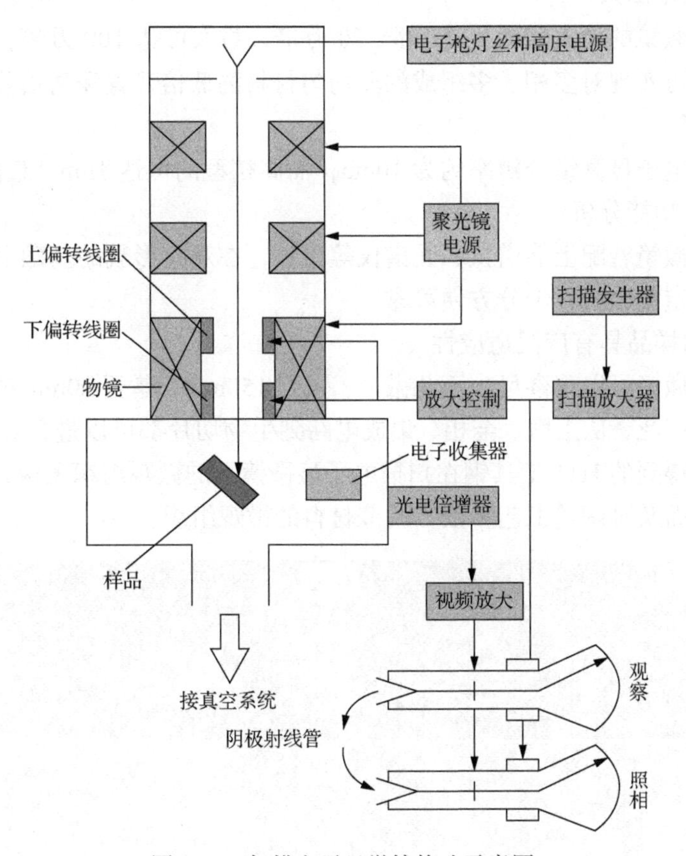

图 7.23　扫描电子显微镜构造示意图

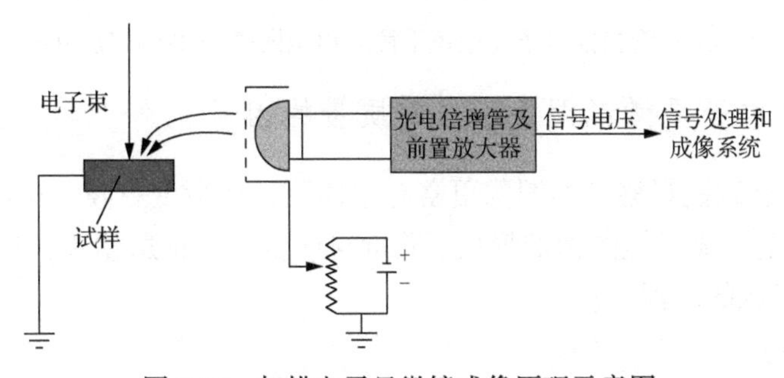

图 7.24　扫描电子显微镜成像原理示意图

3. 扫描电子显微镜的特点

扫描电子显微镜具有许多新的特点。

1) 成像立体感强

扫描电子显微镜适合用于粗糙表面形貌和断口的分析观察，图像富有立体感、真实感，易于辨识和解释。扫描电子显微镜的景深(指电子束在试样表面扫描时能够获得清晰图像的深度范围)大概是透射电子显微镜的 10 倍，光学显微镜的 100 倍。

2) 放大倍数范围大

扫描电子显微镜的放大倍数为 15 万～20 万倍，最大可达 100 万倍，可方便地测量微结构的尺寸，也可实现对多相、多组成的非均匀材料的低倍普查和高倍观察分析。

3) 分辨率高

普通的扫描电子显微镜分辨率约为 10nm，而高档型的可达 1nm，最高可达 0.01nm。

4) 可进行多功能分析

扫描电子显微镜若配上能谱仪、光谱仪等附件，在观察形貌的基础上还可实现微区多种成分的定性、定量分析，十分方便可靠。

5) 对观察的样品具有广泛适应性

扫描电子显微镜可以观察尺小至几微米，大到 150mm，厚至 20mm 的样品。其能够观察的种类也十分广泛，从土壤、金相、集成电路到生物切片都可以进行观察。图 7.25 展示了不同加工工艺得到的 H11 工具钢在扫描电子显微镜下的微观组织图像，通过观察可以分析加工效果，从而及时调整工艺参数，调节材料的微观组织。

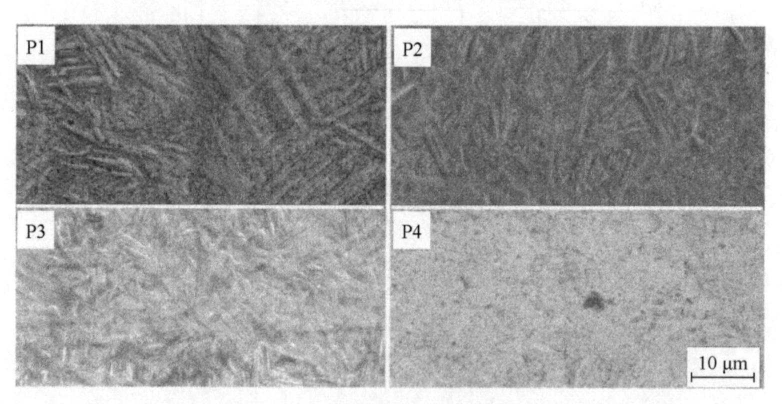

图 7.25　H11 工具钢扫描电子显微镜下微观组织图(P1～P4 对应不同加工工艺)

4. 影响扫描电子显微镜图像形成和质量的因素

通过扫描电子显微镜观察到的图像更富有立体感，清晰度更高，这与它本身的成像有密切的关系。扫描电子显微镜图像的形成、质量与许多因素息息相关，下面对其进行介绍。

1) 影响图像形成的因素

(1) 倾斜角效应。

二次电子的发射是入射电子碰撞样品的核外电子，在逸出试样表面之前进行了多次散射，最后只能在样品浅层几纳米至几十纳米的深度探测到二次电子。因此，电子束的入射角影响图像的形成。当入射电子束与试样表面相互垂直时($\theta=0°$)，二次电子逸出区域小，发生量最少(最暗)；当入射角$\theta>0°$时，逸出区域大，发生量就多(更亮)。换言之，二次电子产率取决于电子束的入射角：

$$\eta \propto \frac{1}{\cos\theta} \tag{7-14}$$

式中，η为二次电子产率；θ为电子束入射角。

(2) 边缘效应。

在样品尖端及边缘部位射入一次电子，其二次电子容易脱离样品，所以产生的二次电子数量多，图像异常明亮，称为边缘效应。但其造成反差不明显，降低了图像质量。减小边缘效应的措施主要有降低加速电压，减少二次电子的发生量，或减小对比度。

(3) 原子序数效应。

原子序数高的元素在被激发时产生的二次电子多，原子序数低的元素产生得则少。因此，在同等条件下，前者的图像明亮，该现象称为原子序数效应。在样品表面均匀喷镀一层原子序数高的金属膜，可提高图像质量。

(4) 焦点深度。

焦深是指高低不平试样各部分聚焦的最大限度。它是扫描电子显微镜一个非常重要的指标，也是影响图像清晰度的一个重要因素。增加放大倍数，焦深受束斑尺寸的影响越来越大。在倍数较大时，可以选择直径较大的物镜光阑，或者缩小工作距离进行观察。

(5) 加速电压效应。

电子探针射入样品的能量取决于加速电压。加速电压较低时，为获得清晰图像需要采用短的工作距离和细的电子探针。一般情况下，加速电压高时，探针容易聚焦变细，分辨率高，适用于高倍放大，但扫描电子显微镜图像会显得不自然。反之，加速电压低，扫描信息局限于试样表面，图像变得自然，但不能得到高倍放大图像。

2) 影响图像细节清晰的因素

分辨率是衡量扫描电子显微镜图像质量最重要的指标之一。但分辨本领为4nm并不意味着所有大于4nm的细节都能显示清楚。图像不仅与仪器本身有关，还与样品的性质、制作和环境等因素有关。影响图像分辨率的因素有很多。

(1) 电子束斑直径。一般认为分辨率不可能小于电子束斑直径，这主要取决于电子枪的类型和性能、束流大小、末级聚光镜光阑孔径大小、污染程度等。

(2) 信噪比。影响信噪比的因素也多种多样，如扫描电子束流轻度、入射电子入射角、扫描时间等。信号强度是成像的关键，主要取决于入射电子能量和束。噪声干扰成像，使图像变得模糊，噪声的大小主要取决于检测器及样品情况。信噪比越高，分辨率越高，一般信噪比大于等于100。

(3) 宽容度。宽容度的含义是能显示出图像中明暗层次差异的级数。若图像的原衬度效应所贡献的反差和信噪比较大，则相应图像应该具有较大的宽容度。任何人工衬度控制皆会导致信噪比降低，损害图像宽容度。

(4) 杂散磁场。周围环境的杂散磁场可能会改变电子束形状，从而改变二次电子的运动轨迹，降低图像质量，降低分辨率。

3) 影响图像反差的因素

扫描电子显微镜图像反差主要由试样表面凹凸状态决定。凸出越多的部分产生二次电子的数量越多，图像越明亮。试样表面凹凸状态通过产生的二次电子数量反映到反差上，而二次电子产生速率受各种因素影响(如倾斜角效应、边缘效应、充放电效应、加速电压效应、加速电压、电子束流、束斑直径等等)，由二次电子数量所表现出图像的实际亮度有时与试样实际表面形状有差异，如图 7.26 所示。

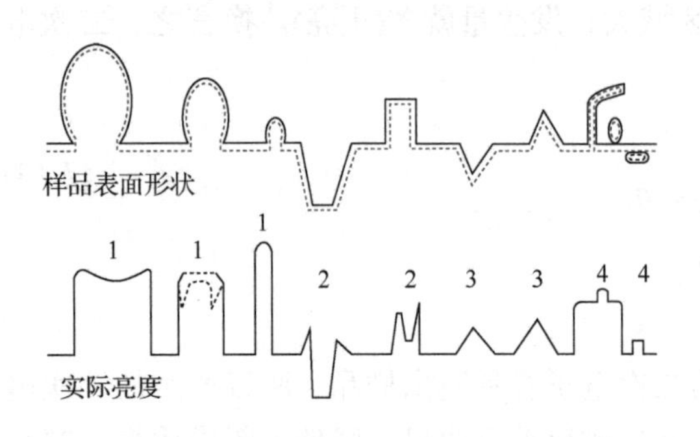

图 7.26　表面形状变化与二次电子数量变化

1-异常反差；2-边缘效应；3-倾斜角效应；4-加速电压效应

7.3.2　透射电子显微镜

透射电子显微镜是以电子束透过样品经过聚焦与放大后产生的物像，投射到荧光屏或照相底片上进行观察。通常，透射电子显微镜的分辨率为 0.1～0.2nm，放大倍数可以达到几千倍至几十万倍，用于观察超微结构。

1. 工作原理

透射电子显微镜的系统结构如图 7.27 所示。电子由钨丝阴极发出，在阳极加速电压作用下，经过聚光镜汇聚为电子束照明样品。

电子束穿过样品后，携带着样品的结构信息通过物镜，在像平面上形成放大像，随后经过中间镜和投影镜两次放大，最终形成三级放大像，显示于荧光屏或被记录在照相底片上。

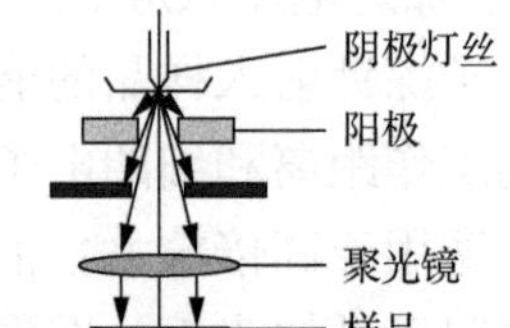

阴极灯丝
阳极
聚光镜
样品
物镜
中间镜
投影镜
荧光屏或照相底片

图 7.27　透射电子显微镜的系统结构

2. 成像原理

透射电子显微镜的成像原理一般可以分为三种。

1) 吸收像

当电子射到质量、密度较大的样品时，成像主要依靠散射作用。质量密度大的地方对电子的散射角大，通过的电子较少，像的亮度较暗。

2) 衍射像

电子束被样品衍射后，试样不同位置的衍射波振幅分布对应于样品中晶体各部分不同的衍射能力，当出现晶体缺陷时，缺陷部分的衍射能力与完整区域不同，从而使衍射的振幅分布不均匀，反映出晶体缺陷的分布。

3) 相位像

当试样薄至 100nm 以下时，电子可以透过试样，波的振幅可以忽略，成像来自相位的变化。

3. 透射电子显微镜的优缺点

透射电子显微镜具有很高的分辨本领，最高分辨率可达 0.01～0.02nm，已达到原子水平，能够适用于各种样品的研究需要，在物理和材料学纳米级的研究领域中是其他仪器无法取代的，但透射电子显微镜也有它的局限性和特殊要求。

(1) 样品制备技术有限，一般只能达到 2nm 的分辨水平。

(2) 电子显微镜的光源是电子波，波长在非可见光范围内无颜色反应，形成的图像是黑白图像，要求具有一定的反差。

(3) 电子束的穿透能力较弱，样品必须制成超薄切片。可获得分辨率一般是样品厚度的 1/10。

(4) 观察时电子显微镜筒内必须保持真空，为了保证样品在真空下不损伤，对样品要求应无水分，不能观察活体的生物样本。

4. 电子显微镜与光学显微镜的主要区别

1) 成像原理和反差来源

电子显微镜的光源是电子束，透射电子显微镜可以观察样品内部的形态和结构，图像是二维的。扫描电子显微镜主要观察样品表面形貌的立体图像，是三维的。光学显微镜则利用可见光作为光源，样品是吸收成像，一般是彩色或黑白的二维图像。

透射电子显微镜中，样品与扫描电子束相互作用，透射电子携带样品信息，再经磁透镜成像、放大后形成透射像。图像的反差，由样品元素的散射能力所决定，一般由样品的质量厚度所决定。

扫描电子显微镜中，入射电子探针和样品相互作用，产生的二次电子经收集、放大处理在显像管上成像，无磁透镜参与。图像反差取决于样品二次电子的产率。

2) 分辨本领和放大倍数

电子显微镜利用短波长和电磁透镜提高分辨率和控制放大倍数。透射电子显微镜分辨率由像差决定，最高分辨率为 0.1nm，放大倍数最低几百倍，最高可达上百万倍，放大倍数由成像透镜决定。在超真空条件下，扫描电镜的最大水平分辨率为 0.14nm，垂直分辨率甚至达到了 0.01nm。分辨本领主要取决于电子探针的入射电子束光斑的大小。放大倍数最低 10 倍，最高可达上百万倍。放大倍数由显像管偏转线圈电流与电子显微镜扫描线圈电流之比决定。而光学显微镜的极限分辨率仅为 200nm，放大倍数为 1～2000 倍。

3) 视野、景深和焦深

视野里能看到的被检测样品的范围，与分辨本领和放大倍数有关。景深是指电子束在试样上扫描时可获得清晰图像的深度范围。对于试样上某一点，不仅可以在焦面上清晰成像，焦面前后一定范围内，也可清晰成像，焦面前后的深度称为焦深。

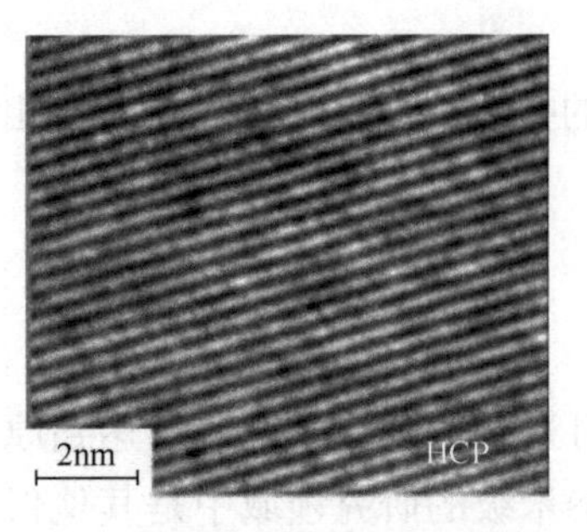

图 7.28 合金材料透射电子显微镜下的相结构图

透射电子显微镜的视野很小，大概为 0.1μm～1.0mm，景深大，便于聚焦和进行立体摄影。焦深很大，有利于荧光屏和照相底片的放置。扫描电子显微镜视野比透射电子显微镜大很多，为 10μm～10mm。景深也比透射电子显微镜要大，可以直接观察到试样凹凸不平的微细结构，适于立体分析，而光学显微镜的视场为 100mm～0.1mm，景深小。图 7.28 展示了合金材料在高精度透射电子显微镜下的密排六方相结构图。

4) 样品制备

透射电子显微镜中的电子必须穿过样品才能成像，所以要求样品很薄，视野很小。扫描电子显微镜对导电性好的样品厚度要求不严格，金属等导电性好的样品可以直接放入电子显微镜中观察。光学显微镜需要石蜡包埋切片，切片厚度比透射电子显微镜的厚，一般为 12～15μm。

7.4 其他微观组织表征方法

7.4.1 电子探针 X 射线显微分析仪

电子探针 X 射线显微分析仪(electron probe X-ray micro analyzer，EPMA)，习惯上简称电子探针。它是在电子光学和 X 射线光谱学基础上发展起来的一种明电子光学仪器。

1. 电子探针的分析原理和构造

当细聚焦电子束轰击样品表面时，如果入射电子束的能量大于某元素原子的内层电子临界激发能，将使样品中的原子分离。当外层电子向内跃迁时，有可能以 X 射线的形式辐射，此时 X 射线光子的能量就等于始态与终态能级值之差。每一种元素都有它自已的特征能量即特定波长的 X 射线。根据特征 X 射线的能量或波长就可鉴别所含元素的种类，这种方法称为定性分析。被检测元素的波长范围为 0.1～10nm。在定性分析的基础上，再根据特征 X 射线的相对强度就可确定各种元素的相对含量，这种方法称为定量分析。定量分析时，一种方法是把样品的特征 X 射线强度与成分已知的标样的谱线强度做比较，将测得的强度先根据测量系统的特性做某些仪器因素的修正和背景修正，背景的主要来源是 X 射线连续谱。对已修正的强度进行“基质较正”，即可算出分析点上的成分。另一种方法不需要标样(只能在能谱仪中进行)，直接根据 X 射线的强度，通过理论模型加以计算和修正。

电子探针主要有电子光学系统(镜筒)、X 射线谱仪和信息记录、显示系统，如图 7.29 所示。电子探针和扫描电子显微镜在电子光学系统的构造基本相同，它们常常组合成单一的仪器。

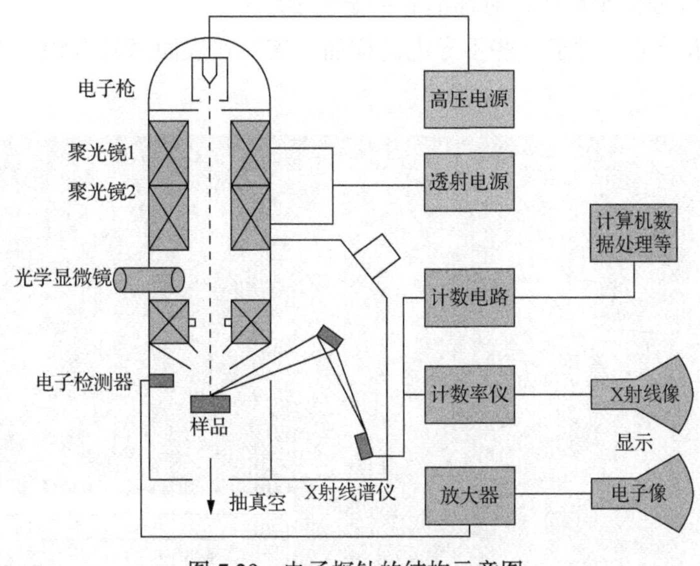

图 7.29 电子探针的结构示意图

2. 电子探针的分析方法

使用电子探针对样品进行分析可解决的问题归纳为如下三种：①样品上某一点的元素浓度；②在样品一个方向上的元素浓度分布；③与显微图像相对应的样品表面的元素浓度分布。因此，对它们的分析方法也各有所不同，分别采用点分析、线分析和面分析。

1) 点分析

用光学显微镜观察表面选定待分析的微区或颗粒，移动样品台使之位于电子轰击之下，驱动谱仪中的晶体和检测器，连续改变 L 值，即改变晶体的衍射角 θ，记录 X 射线信号强度 I 随波长λ的变化曲线。用能谱仪分析时，以二次电子扫描像来选定待分析的微区或颗粒，使电子束固定轰击试样的分析点，几分钟内即可得到 ^{11}Na～^{92}U 内全部元素的谱线。

2) 线分析

将 X 射线谱仪设置在测量某一元素的特征 X 射线波长或能量位置上，使样品和电子束沿特定的直线做相对运动(可以是样品不动，电子束扫描；也可以是电子束不动，样品移动)，同时用 X-Y 记录仪或阴极射线管记录和显示该元素的 X 射线强度在该直线方向上的变化，可以方便地取得该元素在线度方向上的分布信息。测定完一个元素，将谱仪设置到另一个待测元素对应的谱仪长度位置上，重复上述过程，可获得另一元素在该直线方向分布的情况。

3) 面分析

面分析时谱仪与线分析时一样，固定在接收某一元素的特征 X 射线位置上，让入射电子束在样品表面做二维的光栅扫描，便可测得该元素的 X 射线扫描像，图 7.30 展示了对合金材料进行 X 射线扫描得到的面元素分布图像，可以清晰地看到合金不同组成元素的分布情况。

利用电子探针分析元素前，对样品有一定的要求：

(1) 样品要求导电。对于一些不导电的样品，需要在表面蒸发沉积对 X 射线吸收少的碳、铝等薄膜。

彩图 7.30

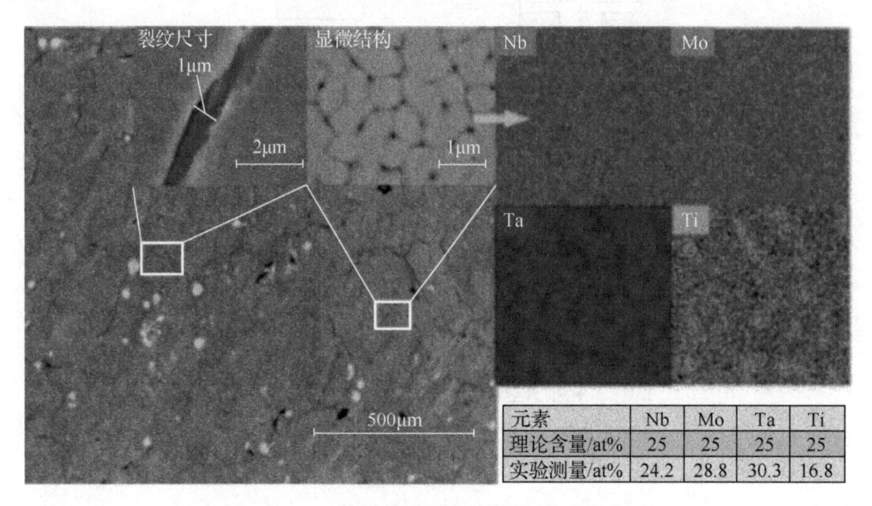

元素	Nb	Mo	Ta	Ti
理论含量/at%	25	25	25	25
实验测量/at%	24.2	28.8	30.3	16.8

图 7.30　X 射线扫描得到的材料面能谱图

(2) 样品表面要经一定的处理。用波谱仪做成分分析时，检测 X 射线是以与样品表面成一定角度的方式进行的。若样品表面凹凸不平，则有可能阻挡一部分 X 射线，造成测量到的 X 射线减少，而且使不同位置的分析点发生高度误差，影响波谱仪的聚焦条件，因此断口表面不可能得到满意的定量分析结果。对定性和半定量分析来说，试样可按金相样品制备。如果做定量分析时，试样表面要求很平，最好是抛光态，不要浸蚀。对能谱仪来说，由于其没有聚焦要求,可方便地对断口那样表面粗糙的试样进行定性和半定量的成分分析，如断口中夹杂物的成分分析。当然，断口试样仍不能获得像抛光态和金相浸蚀态试样那样好的定量结果，其原因除上述 X 射线强度降低外，还有粗糙表面常常带来一些虚假的 X 射线强度，因为分析点以外的凸起处受到背散射电子或 X 射线的激发而产生附加的 X 射线信号。

(3) 样品尺寸对不同仪器有不同的要求。例如，JCXA-733 型电子探针允许试样的尺寸为 Φ25mm×20mm。特别小的样品要用导电材料镶嵌起来。

3. 应用

金属的微观组织对性能起着重要的作用。在冶炼、铸造、焊接或热处理过程中，材料往往不可避免地会出现众多的微观现象，如夹杂物、析出相、晶界偏析、树枝状偏析、焊缝中成分偏析、表面氧化等，用电子探针可以对它们进行有效分析。另外，金属材料在电子束袭击下较稳定，非常适合电子探针分析。

(1) 测定合金中相成分。合金中的析出相往往很小，有时几种相同时存在，因而用一般方法鉴别十分困难。例如，不锈钢在 1173K 以上长期加热后，析出很脆的σ相和 χ 相，其外形相似，金相法难以区别。但用电子探针测定 Cr 和 Mo 的成分，可以从 Cr/Mo 的比值来快速区分σ相(Cr/Mo 为 2.63～4.64)和 χ 相(Cr/Mo 为 1.66～2.15)。

(2) 测定夹杂物。大多数非金属夹杂物对性能有不良的影响。用电子探针和扫描电子显微镜附件能很好地测定出它们的成分、大小、形状和分布，这为选择合理的生产工艺提供了依据。

(3) 测定元素的偏析。晶界与晶内、树枝晶中的枝干和枝间，母材与焊缝常造成元素的富集和贫乏等现象，这种偏析有时对材料的性能带来极大的危害，用电子探针很容易分析。

(4) 晶体结构和取向测定。当配备电子背散射衍射装置后，可对晶体样品的织构和晶粒间取向等进行测定。

7.4.2　原子探针层析技术

原子探针层析技术(atom probe tomography，APT)，可以确认原子种类并直观地重构出其空间位置，相对真实地显示材料中不同元素原子的三维空间分布，称为空间分辨率高的分析测试手段。

1. 构造及基本原理

图 7.31 为带有离子反射型能量补偿装置的常规原子探针。当样品被加上一个高于蒸发场强的脉冲高压时，该原子的颗粒可被蒸发而穿过小孔到达飞行管道的终端而被高灵敏度的离子检测器所检测。由于样品表面上突出的原子具有较高的位能，总是比那些不处于台阶边缘的原子更容易发生蒸发，它们也正是最有利于因其场致电离的原子。

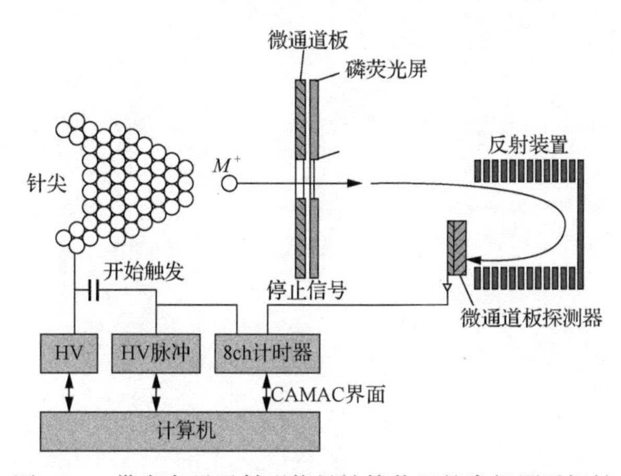

图 7.31　带有离子反射型能量补偿装置的常规原子探针

若在针尖样品上施加直流高压电源 U_{cd}，脉冲高压为 U_p，针尖到检测器距离为 D，离子的价数为 n，质量为 m，则离子的能量和飞行速度 v 有如下关系：

$$\frac{1}{2}mv^2 = ne(U_{cd} + cU_p) \tag{7-15}$$

式中，c 是脉冲因素；$v = D/(t-\delta)$，t 是离子飞行时间，δ 是延迟系数。

由式(7-15)可得离子的质量电荷比为

$$\frac{m}{n}=\frac{2e}{D^2}(U_{\mathrm{cd}}+cU_{\mathrm{p}})(t-\delta)^2 \tag{7-16}$$

当准确测出离子飞行时间 t 时，根据式(7-16)可计算出离子的质量电荷比，从而鉴别出是什么元素，达到原子分辨水平的化学成分分析的目的。当取 $c=1,\delta=0$ 时，式(7-16)变为

$$\frac{m}{n}=\frac{2e}{D^2}(U_{\mathrm{cd}}+cU_{\mathrm{p}})t^2 \tag{7-17}$$

但常规原子探针只能确定探测到的从试样最表层蒸发出来的离子，但无法确定该离子原来在表面层上的位置。当第一层蒸发后，记录第二层蒸发出来的离子。

因此，常规原子探针只能确定离子沿深度方向的 z 坐标，精确到一个原子面间距的距离，但失去了离子在表面层位置 (x,y) 坐标的信息。

2. 应用

原子探针可以对不同元素的原子逐个进行分析，并给出纳米空间中不同元素原子的三维分布图形，分辨率接近原子尺度，是目前最微观、分析精度最高的一种定量分析手段。

第 8 章　金属的疲劳与蠕变

20 世纪以前，就有许多因为金属结构的疲劳而引起的重大事故。然而，疲劳损伤是不可见的，没有任何征兆的情况下金属疲劳损伤就发生了，因此疲劳曾被认为是材料中不可思议的神秘现象。进入 20 世纪以后，开始认识到重复施加的载荷作用会在材料中引起疲劳损伤，表现为小裂纹的产生，接着是裂纹的扩展，最终导致结构强度的失效。时至今日，工程结构的疲劳破坏层出不穷，包括轴、齿轮、弹簧、螺栓等机械零件以及飞机、铁轨、桥梁、锅炉等大型结构件等。因此，建立一套完整的金属疲劳损伤机理，在金属结构设计时对其寿命进行预测和验证，来保证机械结构在使用寿命内安全可靠是十分必要的。

疲劳损伤可以以许多不同的形式出现，如仅由外加变动载荷造成的机械疲劳；变动载荷与高温联合作用引起的腐蚀疲劳；机件温度变化导致热应力交变而引起的热疲劳；外加载荷及温度共同变化引起的热机械疲劳；在存在腐蚀性化学介质或致脆介质的环境中施加变动载荷引起的腐蚀疲劳；由两个部件循环接触引起的磨损疲劳(包括接触疲劳、微动疲劳)等。在上面提到的不同疲劳形式中，循环应力的存在是共同因素，也是最关键的因素。

本章从金属材料出发，叙述结构疲劳损伤行为，包括疲劳的特征和规律、破坏机理；疲劳的性能指标、影响因素和测试原理。最后介绍金属蠕变与蠕变试验。

8.1　金属疲劳的概念、特征和机理分析

8.1.1　金属疲劳的概念

金属疲劳是指材料、零部件在循环应力或循环应变作用下，在一处或几处逐渐产生局部永久性累积损伤，经一定循环次数后产生裂纹或突然发生完全断裂的过程。当材料和结构受到多次重复变化的载荷作用后，在应力值始终没有超过材料的强度极限，甚至比弹性极限还低的情况下就可能发生破坏，这种在交变载荷重复作用下材料和结构的破坏现象就称为金属的疲劳破坏。

8.1.2　金属疲劳损伤的特征

金属结构在交变载荷作用下发生疲劳损伤时具有以下特点：

(1) 并非交变应力最大值超过材料强度极限而导致的结构失效，而是交变应力下损伤积累发生的破坏，通常表现为低应力下的脆性断裂。

(2) 局部的破坏。无论是脆性还是塑性金属材料，疲劳损伤在宏观上无明显塑性变形。

(3) 交变载荷下疲劳损伤的积累过程。疲劳损伤要经历裂纹形核、裂纹稳态扩展和裂纹失稳扩展三个阶段。

(4) 疲劳寿命受多重因素的影响，包括载荷及环境、材料及结构设计、加工工艺等。

(5) 疲劳断口在宏观和微观上都具有相当显著的特点。分析断口信息，对研究疲劳损伤过程、疲劳损伤机理以及事故原因具有重要意义。

根据上述的五点特征，疲劳损伤可概括为：金属材料或结构的某一点或某些点，承受重复、交变、波动的应力和应变情况下，发生渐进的、局部的、永久性变化的过程。

8.1.3 疲劳损伤的机理

1. 裂纹的形成

微观裂纹的形核和扩展是金属材料寿命演化的一个重要阶段，是材料疲劳寿命的一个主要过程，通常在高周疲劳中可达 90%以上。材料微观结构检测困难，对于裂纹形核和微观裂纹扩展的定量信息是缺乏的，因此金属材料疲劳寿命的这个阶段经常称为裂纹萌生，在一般工程结构中指可发现的裂纹。

Suresh 在 1998 年对裂纹形核机理进行了总结，分为以下几种：

(1) 表面裂纹形核。此类裂纹形核发生在金属材料表面，由于晶面滑移不可逆造成的滑移带的侵入或挤出，或者由于氧化和腐蚀作用以及磨损而形成的损伤裂纹。

(2) 表面下裂纹形核。这类裂纹形核发生在空洞或者位错塞积处。

(3) 晶界或不同相界面裂纹形核。这类裂纹形核发生在晶界空穴，或形成疲劳楔形裂纹。

在上面叙述的裂纹形核形式中，除了制造过程中产生的缺陷，如铸造空洞和锻压崩裂或脱离的沉积颗粒，还有由于环境影响，如氧化和腐蚀作用形成的损伤。

通过电子显微镜可以看到，在重复循环加载的金属表面滑移带会产生“挤出”和“侵入”现象。图 8.1 所示为“挤出”和“侵入”示意图。发生“挤出”的另一面常呈现“侵入”，或在“挤出”的部位产生空洞。金属中“侵入”和空洞的部位会形成应力集中，是裂纹萌生的地方。

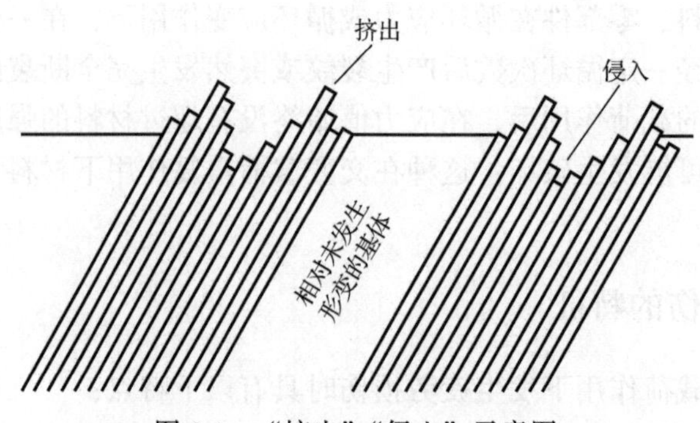

图 8.1 “挤出”“侵入”示意图

2. 裂纹扩展

金属疲劳裂纹向材料内部扩展一般分为两个阶段。在第Ⅰ阶段，裂纹在滑移带形成后，在最大切应力的方向上(与正应力方向成 45°角)进行扩展。而这一阶段最开始的扩展量很小，通常只有一个晶粒[图 8.2(a)]或几个晶粒[图 8.2(b)]尺寸大小。对于几个晶粒尺寸大小的裂纹扩展，可以观察到，由于相邻走向的随机性而造成裂纹扩展方向的变化。第Ⅰ阶段的裂纹扩展具有显而易见的结晶性质，这一性质在第Ⅱ阶段就会出现部分消失。在金属材料的疲劳寿命范围内，第Ⅰ阶段所占的比例在一个很宽的范围内变化，为 10%～90%。第Ⅰ阶段中，裂纹扩展尺度很小，很难进行定量确定，因此研究工作是相当困难的。对于第Ⅱ阶段的裂纹扩展，宏观上呈现沿最大正应力的垂直方向扩展，但是在微观上呈现不断变化的特点。如图 8.2 所示，绝大部分的裂纹扩展都会穿晶。裂纹沿晶界扩展虽很少见，但也是有可能的。

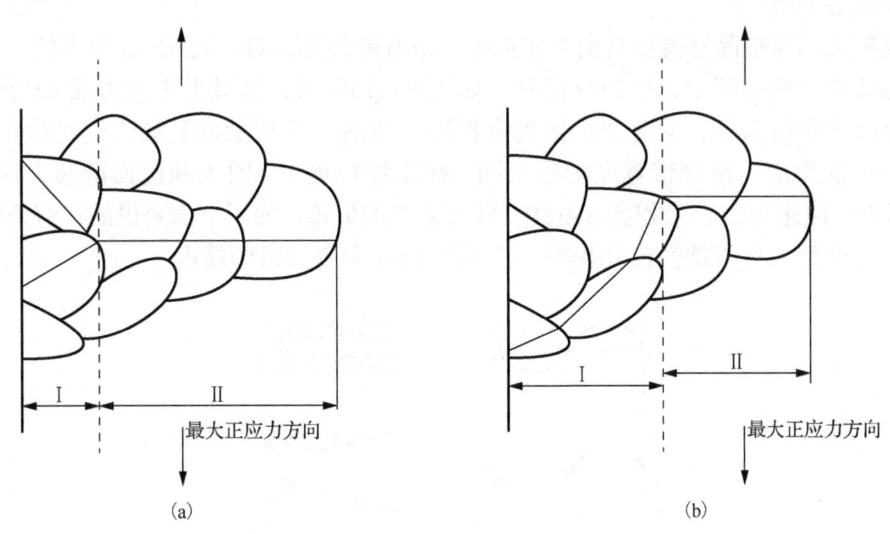

图 8.2 裂纹扩展的两个阶段

裂纹扩展的机理有很多模型，有简单的，也有复杂的。本书选择两个比较容易理解的模型来介绍，一个是结晶性模型，另一个是非结晶性模型。

1) 结晶性模型

和前面介绍的“挤出”和“侵入”模型基本类似，纽曼(P. Newman)模型也包括金属疲劳裂纹的形核和扩展。该模型依据滑移系的交叉滑移和硬化组合而成，如图 8.3 所示。

在左右拉伸和压缩的循环中，在平面 1 滑移形成的滑移台阶中应力集中的区域[图 8.3(a)]，当应力集中达到一定值时，平面 2 的滑移会被循环的拉伸形成激活，平面 1 和平面 2 几乎垂直[图 8.3(b)]；在图 8.3(c)所示的压缩行程中，平面 1 先进行滑移，然后在图 8.3(d)所示的情况中的平面 2 再起作用；此刻相互接触的滑移面已分离，形成了分离面，也就是疲劳裂纹的起始。这些接触的裂纹面会释放一部分的应力集中。

在接下来的一个循环中，拉伸行程形成如图 8.3(e)所示的情况，和平面 1 相平行的平面 3 被激活。如图 8.3(g)所示，在接下来的压缩行程中，滑移面起作用，从而形成如图 8.3(h)所示的裂纹。裂纹的扩展就是由上述过程不断重复造成的。

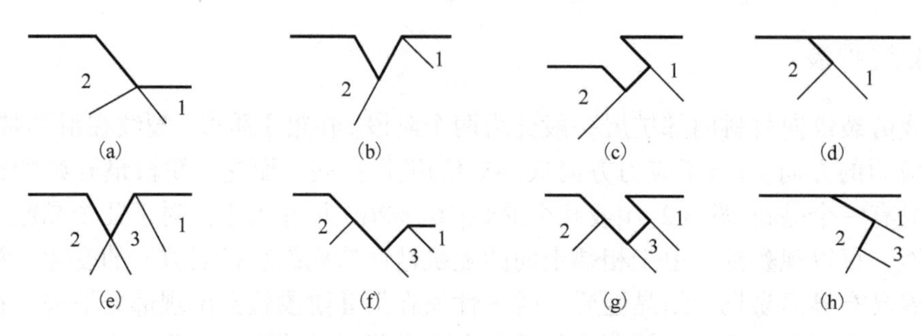

图 8.3　裂纹形核和扩展的纽曼模型

在循环中，压缩行程的滑移与拉伸行程的滑移数量级不一定相同，还有可能出现双滑移，如果是这种情况，裂纹的形核和扩展就和图 8.3 所示的情况完全不一样了。

纽曼模型在单晶铜的拉伸-压缩试验中得以证明。

2) 非结晶性模型

裂纹扩展的非结晶性模型是由莱尔德(C.Laird)和史密斯(G.C.Smith)提出来的，如图 8.4 所示。在拉伸压缩循环中，拉伸行程时，如图 8.4(b)所示，和最大正应力成 45°角的多重滑移会使疲劳裂纹张开，同时塑性区也会扩展，如图 8.4 所示的裂纹尖端发生钝化，同方向的一对箭头表示滑移带宽度的示意图。在压缩行程中，因为和前面滑移方向相反的滑移的影响，钝化变成了锐化[图 8.4(e)]。疲劳裂纹的尖角说明了下面要说的疲劳条带结构。该裂纹扩展模型又称为塑性钝化模型，主要适合较大应力值的情况。

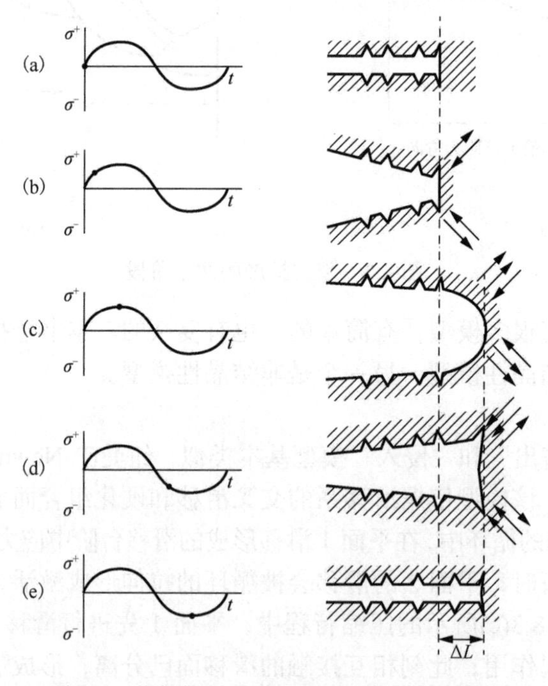

图 8.4　莱尔德-史密斯的疲劳裂纹扩展模型

3. 断口分析

金属疲劳断口的分析，有利于对失效原因的判别，也可以为疲劳研究和抗疲劳设计提供参考的依据。研究的过程中应尽量保护断口信息的完整，避免丢失宝贵的信息。断口分析方法一般分为宏观和微观两种。

对疲劳断口进行微观分析是为了了解疲劳破坏这个过程的本质，从金属微观组织研究金属疲劳裂纹的形核扩展机制、扩展的迟滞和速率，同时结合内部因素和外部因素的特点及影响进行定量计算。这一分析方法主要是通过电子显微镜和光学显微镜实现的。

宏观分析是通过肉眼或低倍(25 倍以下)放大镜对断口的总体形貌特征进行观察，同时结合金属材料的结构、载荷分布以及类型等特征进行定性分析。

从宏观上看，金属疲劳损伤断口有 3 个特征区域，从疲劳损伤的过程来看，依次呈现为疲劳源区、疲劳裂纹扩展区和瞬时断裂区，如图 8.5 所示。

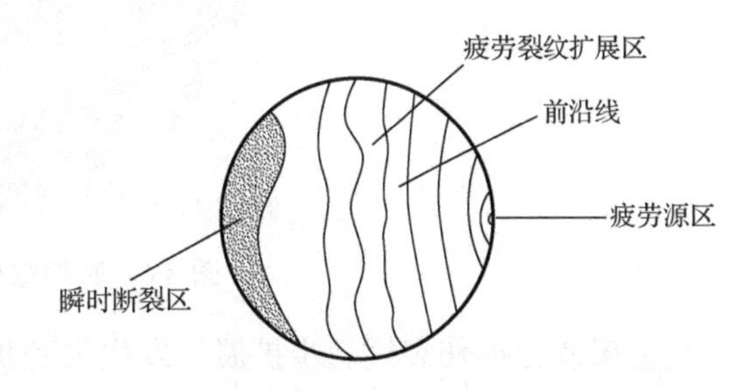

图 8.5　金属疲劳断口的三个特征区

疲劳源区是金属材料疲劳裂纹形核的地方，因此该区域一般位于应力集中的表面或者内部缺陷处。可能出现的区域如下。

(1) 金属材料结构形状设计不合理的地方：突变截面、拐角、缺口等。

(2) 金属材料表面的组织缺陷，如晶粒粗大处等。

(3) 金属材料表面机加工的工艺损伤：切削刀痕或划痕等。

(4) 金属材料成形时此表面出现严重冶金缺陷：夹渣、疏松、偏析等。

疲劳源区受到重复的挤压和摩擦，因此该区域具有光泽，硬度高，表现为细结晶状态。由于加载条件的差异，疲劳源可以为一个，也可以为多个。例如，单向的弯曲载荷仅会产生一个疲劳源，但是双向的重复弯曲载荷则会产生多个疲劳源。如果存在多个疲劳源，根据断口疲劳源区的光泽程度可以判断出疲劳源出现的先后顺序，一般光亮的疲劳源出现早，光泽暗一点的产生得较晚。由于反复加载时间的延长，疲劳裂纹会逐步进行扩展，而且越来越深，形成疲劳裂纹扩展区。

金属疲劳损伤裂纹稳步扩展(亚临界扩展)所形成的区域称为疲劳扩展区。疲劳扩展区的特点如下：

(1) 裂纹扩展区域断面平整、光滑。反复循环加载时，循环式的变形，开裂的两个面不断张开、闭合，相互摩擦提高了光泽。

(2) 断面通常为“疲劳线”或者“贝壳状条带”，又被称为“海滩条带”。这是由载荷的剧烈变化引起的，如变幅值加载，以及机器启动时突然出现过载，导致疲劳裂纹前端出现较大应力从而留下塑性变形痕迹。

(3) 裂纹扩展区通常为白色或者黑色条纹。白色条纹是由裂纹在材料内部，与外界相隔绝引起的。相反，黑色条纹是疲劳损伤的断口裂纹与外部环境相通，通过腐蚀而形成的。

通过对“贝壳状条纹”分布的观察，可以得到一些裂纹扩展的特征和信息以及载荷的特点。若没有“贝壳状条纹”，则说明材料承受了连续、稳定的常应力幅值；若“贝壳状条纹”分布很有规律，则说明材料所受载荷具有规律性和周期性的变化特点；“贝壳状条纹”之间的距离无规律分布，说明材料在受载过程中载荷或其他因素变化不规律。图 8.6 为断裂螺栓断口宏观形貌，断面较平整，断口附近无明显塑性变形，断口边缘可见轮辐状台阶；断面内可见明显的“贝壳状条纹”，由左侧、右侧、下侧边缘向中心扩展。螺栓主要承受轴向拉伸载荷，但此螺栓的宏观形貌说明，螺栓发生松动从而承受了额外的剪切载荷和弯曲载荷。

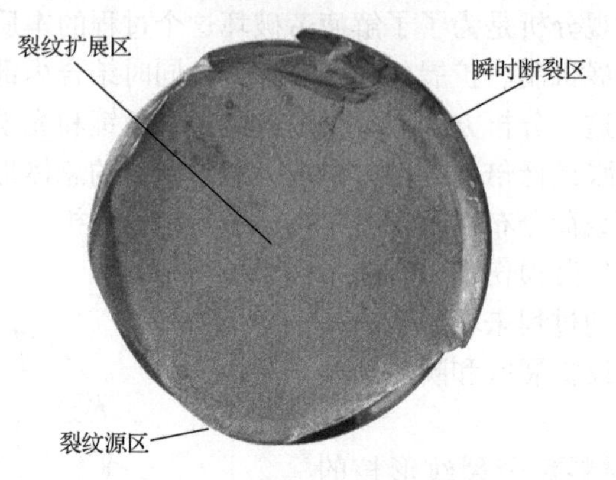

图 8.6　断裂螺栓断口宏观形貌

金属疲劳损伤裂纹稳步扩展、发生失稳扩展到断裂的区域被称为瞬时断裂区。瞬时断裂区的形态和断裂韧度试样断口接近，靠近中心的部位是平面应变状态的平断口，和疲劳裂纹扩展的区域在同一个平面上；边缘部分则是平面应力状态下的剪切唇。

图 8.7 所示为不同循环载荷下的疲劳裂纹宏观形貌。图中 O 表示疲劳源的位置，箭头为裂纹扩展方向，阴影区域为疲劳裂纹断裂区。要注意的是，裂纹扩展的方向、疲劳源的位置，以及断裂区的大小。

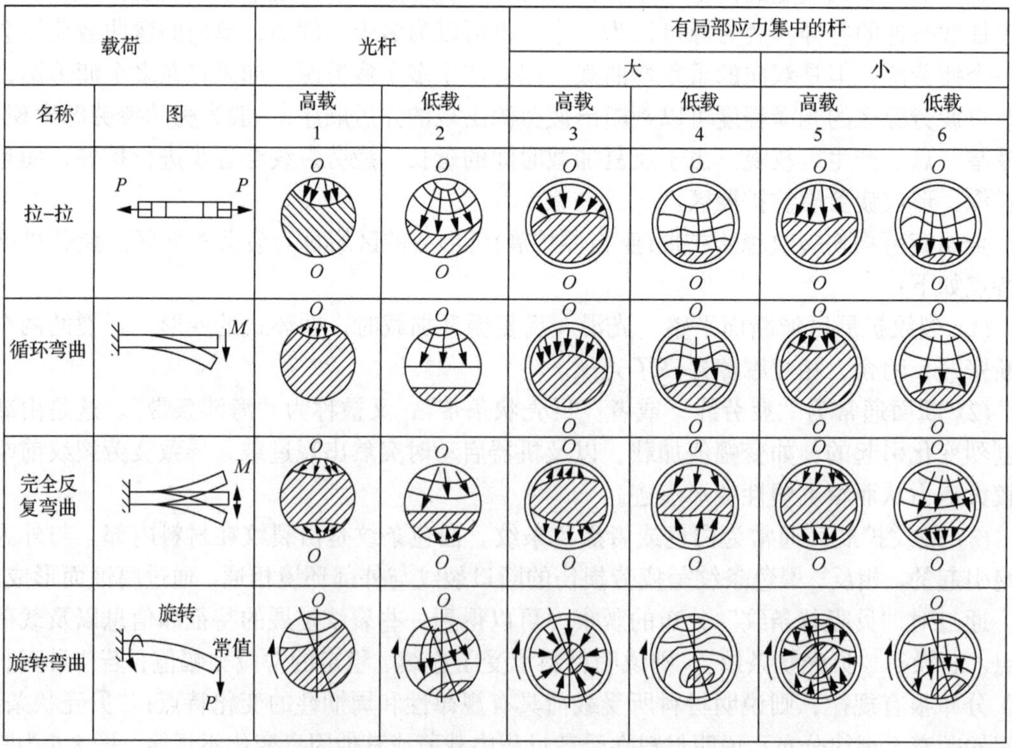

载荷		光杆		有局部应力集中的杆			
				大		小	
名称	图	高载	低载	高载	低载	高载	低载
		1	2	3	4	5	6
拉-拉	P　P						
循环弯曲	M						
完全反复弯曲	M						
旋转弯曲	旋转　常值　P						

图 8.7　不同循环载荷下的疲劳裂纹宏观形貌

循环扭转载荷作用下，疲劳裂纹可能在最大切应力方向或最大正应力方向发生，因为这两个方向的应力值一样。前一种情况下，断面垂直或平行于扭转轴；后一种情况下，断面与扭转轴夹角为 45°。也可能出现混合型的断面，裂纹从最大切应力平面开始然后扩展到最大正应力平面，或相反。这也就是图 8.8 所示疲劳断裂的原因。图 8.8(a)和(b)中断裂发生在最大切应力平面，图 8.8(c)中断裂发生在最大正应力平面，图 8.8(d)中断裂发生在最大正应力和最大切应力两个平面，图 8.8(e)、(f)和(g)为高应力缺口构件，图 8.8(h)、(i)和(j)为低应力情况。

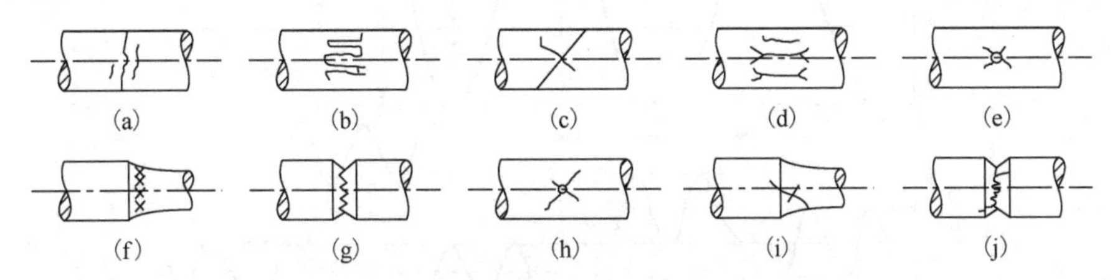

图 8.8 循环扭转载荷下疲劳裂纹可能的方向

8.2 金属疲劳的相关概念

8.2.1 变动应力

金属材料在变动载荷(或变动应力)的作用下，经过一定的时间材料会发生疲劳破坏。变动应力(变动载荷)是指应力的大小和方向随时间做周期性或不规则变化的应力(或载荷)。因此，变动应力可分为周期性变动应力和随机性变动应力两个大的种类。如图 8.9(a)、(b)和(c)所示，这种应力的大小和方向都呈周期性变化的变动应力称为周期性变动应力，又称为循环应力。火车曲轴和车轴在火车运行过程中所受的为周期性变动应力。应力的大小和方向随时间不规则的变化则称为随机性变动应力，如图 8.9(d)所示。飞机、汽车和挖掘机上的一些零件承受的是随机性变动应力。

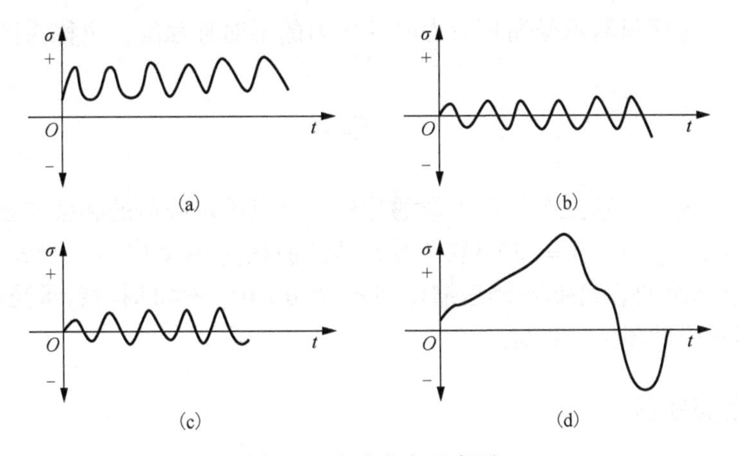

图 8.9 变动应力示意图

实际的循环应力的波形可以是非常复杂的，试验模拟时通常用正弦波形、方波形和三角波形。正弦波形最常用，因为许多金属材料所受的应力就是这种正弦循环应力，而一些复杂的波形(包括随机变动应力的波形)可以用许多正弦波来叠加。以正弦波为例，循环应力的几个表征参数如图 8.10 所示。

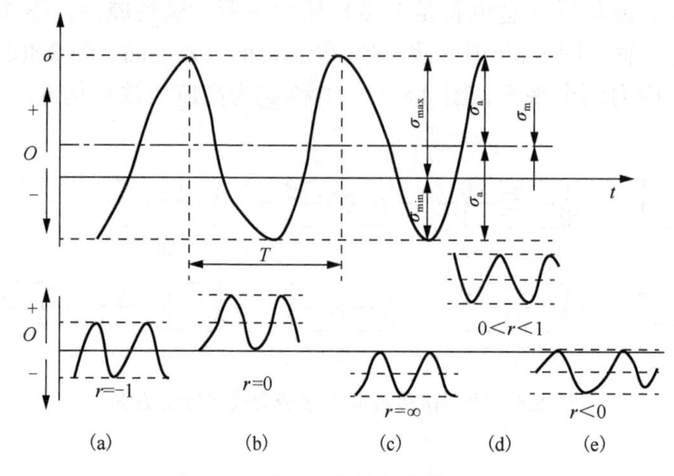

图 8.10　循环应力特征参数示意图

T(周期)：金属材料受循环应力时，应力的大小和方向都相同并且变化方向也相同的最小时间间隔。

$\sigma_{\max}$ (最大应力)：金属材料受循环应力时，应力值最大的应力。

$\sigma_{\min}$ (最小应力)：金属材料受循环应力时，应力值最小的应力。

σ_{m} (平均应力)：金属材料受循环应力时，应力值的静态分量，其大小为

$$\sigma_{\mathrm{m}}=\frac{\sigma_{\max}+\sigma_{\min}}{2} \tag{8-1}$$

σ_{a} (应力半幅)：金属材料承受循环应力时，应力的变化分量，其大小为

$$\sigma_{\mathrm{a}}=\frac{\sigma_{\max}-\sigma_{\min}}{2} \tag{8-2}$$

r (应力比)：金属材料承受循环应力时，应力的不对称程度，也称为循环特征，其大小为

$$r=\frac{\sigma_{\min}}{\sigma_{\max}} \tag{8-3}$$

通过对 σ_{m} 、σ_{a} 和 r 这三个特征参数的分析，可以确定载荷的类型和疲劳应力的强弱程度。当 $\sigma_{\mathrm{m}}>0$ ，$\sigma_{\mathrm{a}}=0$ ，$r=1$ 时材料承受拉伸的静载荷(脉动拉伸)；当 $\sigma_{\mathrm{m}}<0$ ，$\sigma_{\mathrm{a}}=0$ ，$r=1$ 时材料承受压缩的静载荷(脉动压缩)；当 $\sigma_{\mathrm{m}}>0$ ，$0\leqslant r<1$ 时材料承受循环拉伸载荷；当 $r<0$ 时材料承受循环拉压载荷。

8.2.2　金属疲劳曲线

为了预测或者估计金属材料的疲劳寿命，必须进行大量的试验。1860 年，疲劳试验的先河被德国人 Wohler 开启，他对火车车轴的疲劳寿命进行了研究，第一次采用旋转弯曲的

疲劳试验方法，测得了火车车轴金属材料所受循环应力 S 与疲劳寿命 N 之间的关系曲线，称为疲劳曲线，又称 S-N 曲线。

进行疲劳曲线测定的方法是，选取 n 组依次减小的最大循环应力水平 $\sigma_{\max1}, \sigma_{\max2}, \sigma_{\max3}, \cdots, \sigma_{\max n}$，在每一个最大循环应力水平下测得若干个试样的疲劳寿命，计算这些试样的平均值作为该应力水平下的疲劳寿命，得到不同应力水平所对应的疲劳寿命 $N_1, N_2, N_3, \cdots, N_n$，再在坐标系中用这些数据绘出 $\sigma_{\max}$-N 曲线，如图 8.11 所示，通常也可绘制成 $\sigma_{\max}$-$\lg N$ 曲线或者 $\lg_{\sigma}$-$\lg N$ 曲线。同样，可以采用其他的加载方式测得该加载方式下的疲劳曲线，常用的有扭转疲劳曲线、拉-压疲劳曲线等。这些都统称为 S-N 曲线，S 可以是最大应力值，也可以是应力的幅值；N 则表示应力 S 作用下金属材料断裂前所经历的循环周期，也就是疲劳寿命。

图 8.12 为完整的疲劳曲线图。对于曲线 AB 阶段，循环应力太大，接近金属材料抗拉强度 σ_b，因此疲劳寿命很短(N<10)，可近似为准静态断裂。曲线 BD 段为有限疲劳寿命曲线，在 BC 段应力值较大，导致疲劳寿命较短，称为低周疲劳；而 CD 段循环应力值较小，疲劳寿命较长，称为高周疲劳。金属材料高周疲劳和低周疲劳之间没有明显的分界线，一般为 $10^4 \sim 10^5$ 周。在恒定幅值的加载情况下，当应力小于一个值时，金属材料的疲劳寿命会趋于无限，对应的这个应力称为疲劳极限，用 σ_r 表示。

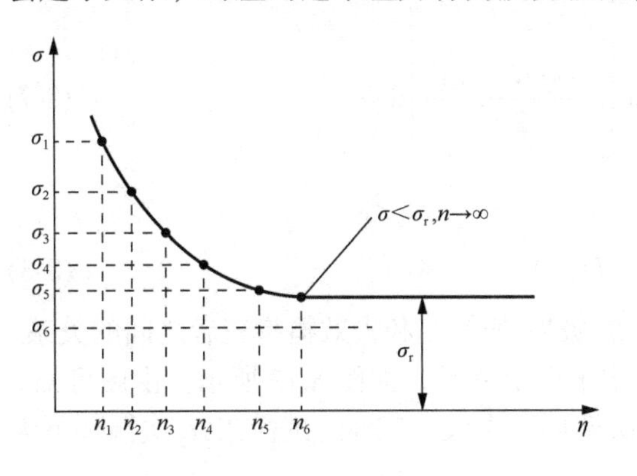

图 8.11　疲劳曲线示意图

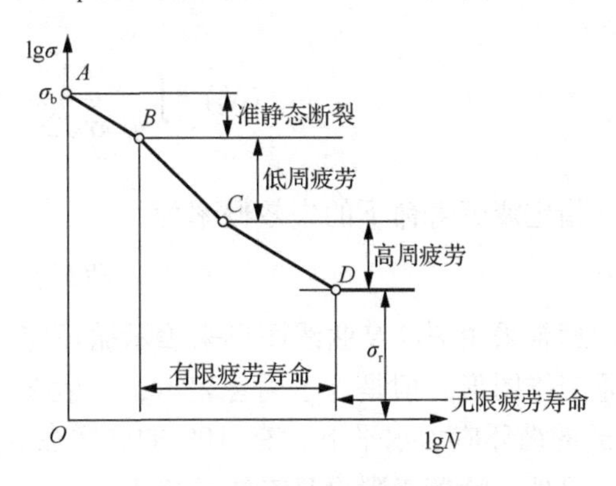

图 8.12　疲劳曲线全图

需要指出的是，材料在低周疲劳曲线阶段由于应力比较大，会产生一定的塑性变形。这时金属材料的应力变化较小，而应变变化较大，因此采用控制应变比较合理。因此，当加载循环应力后，金属材料疲劳寿命大于 10^4 周时采用通常意义上特指的应力-寿命曲线的疲劳曲线；而金属材料处于低周疲劳时，一般采用专用的应变-寿命曲线表征。

由于疲劳曲线(和应变-寿命曲线)都是通过大量的试验测得的，试验数据具有一定的误差和分散性，疲劳寿命和疲劳极限均为统计性的数值。因此，在指出金属材料在特定循环应力下的疲劳寿命(疲劳极限)时，有必要指出其取值的概率。通常来讲，缺口或有缺陷试样采集的数据分散性较光滑试样小；低强度金属材料采集的数据分散性较高强度材料小；高应力水平时采集的数据分散性较低应力水平小。

在采集的数据分散性较大的情况下，要精准确定每一循环应力水平下的疲劳寿命，不能简单采用求得所有试样疲劳寿命算数平均值的方法，需要考虑数据的统计特性，求得其数学期望和方差。因此，为了保证所得数据的准确性，在同一循环应力水平下就需要更多的试样。例如，Muller-Stock 在同一循环应力水平下对 200 个试样进行试验，发现该金属材料的疲劳寿命 N 呈正态分布。

假定金属材料疲劳寿命 N 呈对数正态分布，密度分布函数为

$$f(N)=\frac{1}{\sigma\sqrt{2\pi}}\exp\left[-\frac{(\lg N-\overline{N})^2}{2\sigma^2}\right] \tag{8-4}$$

数学期望为

$$\overline{N}=\frac{\lg N_1+\lg N_2+\lg N_3+\cdots+\lg N_n}{n}=\frac{\sum_{i=1}^{n}\lg N_i}{n} \tag{8-5}$$

方差为

$$\sigma=\sqrt{\frac{\sum_{i=1}^{n}(\lg N_i-\overline{N})^2}{n}} \tag{8-6}$$

某一指定疲劳寿命下的概率为

$$L(N_i)=\int_{N_i}^{\infty}\frac{1}{\sigma\sqrt{2\pi}}\exp\left[-\frac{(\lg N-\overline{N})^2}{2\sigma^2}\right]\mathrm{d}N \tag{8-7}$$

指定疲劳寿命下的失效概率为

$$P(N_i)=1-L(N_i) \tag{8-8}$$

通常采用 P-S-N 曲线图形来表示循环应力 S、疲劳寿命 N 和失效概率三者之间的关系，它是三维图形。但是为了简化表示，一般在二维平面上表示，如图 8.13 所示。由图可知，在 σ_1 的循环应力水平下，有 10%的试样在 N_1 次循环下失效；90%的试样在 N_2 次循环下失效。另外，疲劳极限也具有统计特性。

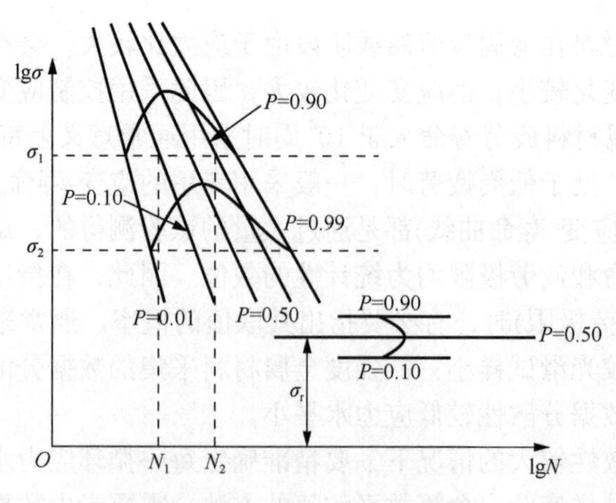

图 8.13　P-S-N 曲线示意图

8.2.3 低周疲劳

飞机起落架、炮筒、气缸等构件以及桥梁等建筑物在一定工作寿命内只承受有限次较大的循环应力，若按照应力-寿命曲线或疲劳极限来设计会造成运行效率低下和材料浪费。以气缸的设计为例，如果每天充两次气，50 年内只会承受 36500 次循环载荷，但是采用经过大于 10^5 次循环后才会断裂的 *S-N* 曲线来设计势必会有很大的安全裕度，必然会造成材料的浪费。因此，研究疲劳寿命小于 10^5 次循环的低周疲劳问题是很有必要的。

1. 低周疲劳的特征

低周疲劳通常具有以下几个特点。

(1) 变动应力的幅值(σ_a)大。循环应力比较大，因此金属材料设计的许用应力比较大，构件难免会存在应力集中的区域，从而导致材料局部区域应力大于材料的屈服极限而产生塑性变形，故低周疲劳也称为应变疲劳。

(2) 载荷循环的频率低。在工程应用中高循环载荷导致应力较大，因此承受低周疲劳的构件一般循环载荷的频率较低。低周疲劳试验所采用的循环载荷的频率也较低，通常都小于 2Hz。从而低周疲劳也称为低频疲劳。

(3) 加载的循环应力比较大，因此金属材料的疲劳寿命也较短。

(4) 控制恒定应变幅。塑性变形导致低周疲劳试验一般在控制恒定应变幅(而不是恒定应力)的水平下进行，用应变-寿命(ε-N)曲线或者塑性应变-寿命(ε_p-N)曲线(而不是应力-寿命曲线)来表示低周疲劳抗力。

2. 金属材料低周疲劳下的循环硬化和软化

由于循环应力较大，金属材料处于低周疲劳时会产生一定的宏观塑性形变，会导致应力-应变滞后回线的形成。由于对应变进行了控制，滞后回线并不封闭。图 8.14 为金属材料在控制应变条件下载荷循环前期的应力随时间的变化曲线和应力与应变对应关系曲线。图 8.14(a)中随着循环次数的增加，应力逐渐增大，这种循环的特性会导致循环硬化；图 8.14(b)中随着循环次数的增加，应力逐渐减小，这种循环的特性会导致循环软化。

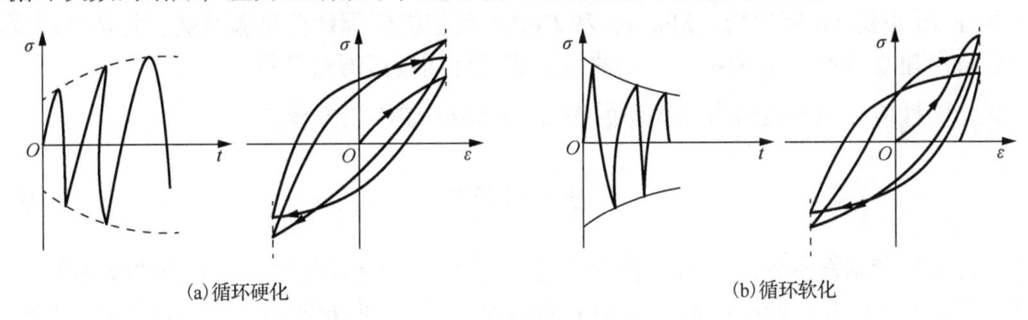

图 8.14　低周疲劳前期循环关系曲线

不管形成循环硬化还是循环软化，循环超过一定次数(一般小于 100 次)后都会产生封闭、稳定的滞后回线。如图 8.15 所示，ε 为总的应变幅，ε_p 为塑性应变幅，ε_e 为弹性应变幅。在试验中若规定的应变幅不同，则稳定后形成的应变-应力回线的环就大小不同。因此，选取一组相同试样或单个试样，在逐级递增的应变幅下进行循环加载，待循环达到稳定时将各个应变幅对应的应力-应变滞后回线环的顶点连接起来，就得到了循环应力-应变曲线，如图 8.16 所示。图中也绘制出了静拉伸的一次曲线，与应力-应变滞后回线对比可知，该金属材料具有循环软化的特性。

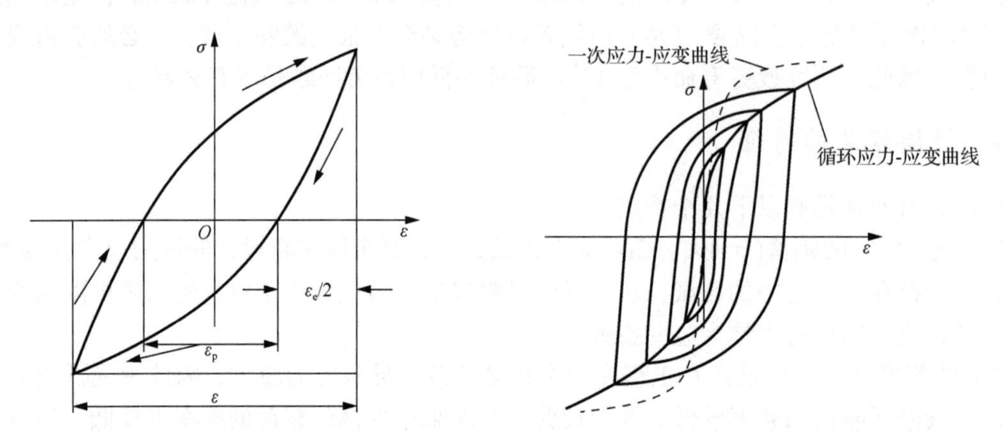

图 8.15　低周疲劳稳定后的应力-应变滞后回线　　图 8.16　一次应力-应变曲线和循环应力-应变曲线

金属材料发生循环软化还是循环硬化，是由材料的初始状态、结构特点以及温度和应变幅等因素决定的。通过试验发现，低周疲劳特性和金属材料的 $\sigma_b/\sigma_{0.2}$ 有关。当 $\sigma_b/\sigma_{0.2}<1.2$ 时，材料表现为循环软化；当 $\sigma_b/\sigma_{0.2}>1.4$ 时，材料表现为循环硬化；当 $1.2\leqslant\sigma_b/\sigma_{0.2}\leqslant1.4$ 时，材料倾向不定，但是这类金属材料通常比较稳定。

综上所述，低周疲劳的循环应变会引起金属材料的变化抗力发生变化，从而使金属材料的强度变得不稳定。特别是当用循环软化的金属材料制作受大应力、低周的构件时，在工作过程中会因循环软化产生较大的塑性变形而导致构件失效。所以，通常用循环硬化或循环稳定金属材料制作承受大应变、低周的构件。

3. 低周疲劳的塑性应变-寿命(ε_p-N)曲线

早在 20 世纪 50 年代初，Manson 和 Coffin 就依据低周疲劳试验数据，将塑性应变幅和疲劳寿命建立联系，用 M-C(ε_p-N)曲线来表征低周疲劳寿命数据。

表示塑性应变幅与疲劳寿命关系的 Manson-Coffin(M-C)方程为

$$\frac{\varepsilon_p}{2}=\varepsilon_f(2N)^c \tag{8-9}$$

式中，ε_f 为疲劳延性系数，由 M-C 曲线推导得到第一个半循环($2N=1$)的塑性应变幅；c 为疲劳延性指数，在双对数坐标系中为 M-C 曲线的斜率，c 通常取 $-0.7\sim-0.5$，在工程中一般取 $c=-0.6$ 进行分析。

ε_f (疲劳延性系数)与 ε_c (拉伸断裂的真应变)之间有一定的关系。大量研究表明，ε_f 一般在 $0.35\varepsilon_c\sim\varepsilon_c$ 变化，但通常求得可靠疲劳延性系数的方法是试验求得 M-C 曲线。

图 8.17 所示为通过试验绘制 11423 碳钢的 M-C 曲线。通过低频(80Hz)循环载荷获得低频疲劳区的结果，通过高频循环载荷获得高频疲劳区的结果。通过对应变幅的控制进行试验得到的结果试验点与双对数坐标上的直线拟合得很好，这说明式(8-9)的幂函数 M-C 方程是非常合理的。当应变幅 ε_p 接近 10^{-5} 这个数量级(对应循环次数为 10^7 次)时，该数值附近会有一个门槛值，低于门槛值时不会发生疲劳破坏，因此这个门槛值称为应变持久极限或者应变疲劳极限。

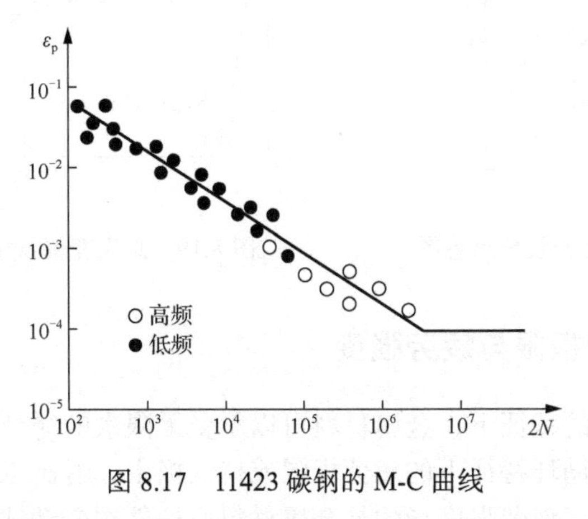

图 8.17 11423 碳钢的 M-C 曲线

4. 低周疲劳的总应变-寿命(ε_t-N)曲线

在试验中控制塑性应变是很难的，通常采用控制总应变幅的方法。总应变幅等于弹性应变幅(ε_e)和塑性应变幅(ε_p)之和，如图 8.18 所示，即

$$\frac{\varepsilon_t}{2}=\frac{\varepsilon_e}{2}+\frac{\varepsilon_p}{2} \tag{8-10}$$

弹性应变幅与应力幅联系到胡克定律可得

$$\frac{\varepsilon_e}{2}=\frac{\sigma_b}{E} \tag{8-11}$$

进一步由式(8-9)、式(8-10)以及式(8-11)可得

$$\frac{\varepsilon_t}{2}=\frac{\sigma_b}{E}(2N)^b+\varepsilon_f(2N)^c \tag{8-12}$$

对镁、铝、钛、银、钢等近 30 种金属材料经过试验拟合，结果得到如下经验关系：

$$\frac{\varepsilon_t}{2}=\frac{3.5\sigma_b}{E}N^{-0.12}+{e_f}^{0.6}N^{-0.6} \tag{8-13}$$

式中，σ_b 为抗拉强度；E 为杨氏模量；e_f 为断裂真实伸长率。

图 8.19 所示为总应变幅-寿命双对数曲线，两条直线分别表示塑性应变幅和弹性应变幅对总疲劳寿命的贡献。显然，在低周疲劳的条件下塑性变形对总疲劳寿命的影响起主导作用；而高周疲劳条件下弹性变形对总疲劳寿命的影响起主导作用。两直线的交点所对应疲劳寿命称为转折寿命，大于转折寿命为高周疲劳；反之，则为低周疲劳。材料的转折寿命与其性能有关，提高材料的强度时转折寿命左移；而提高材料的韧性和塑性时转折寿命右移。

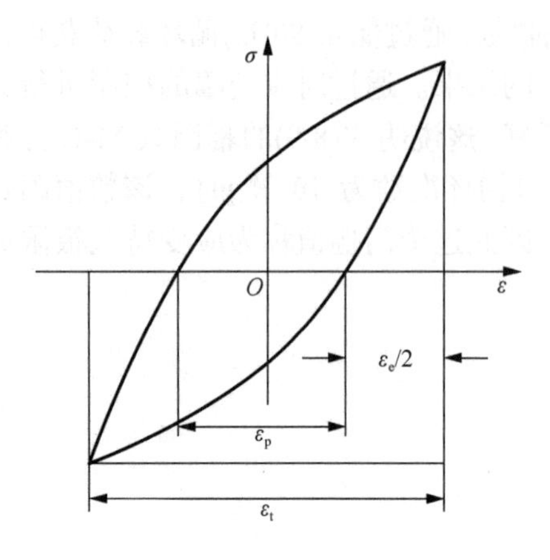

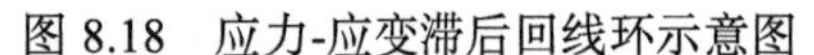
图 8.18　应力-应变滞后回线环示意图

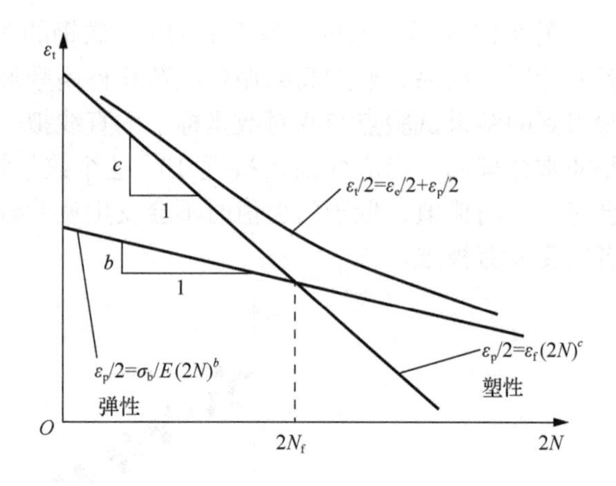

图 8.19　总应变幅-寿命双对数曲线示意图

8.2.4　金属材料疲劳极限与疲劳强度

在一定的循环加载的特征下，金属材料可以承受无限次的循环应力而不会产生失效破坏的最大应力称为这一循环特征下的疲劳极限或持久极限，用σ_r表示，它是金属材料抵抗疲劳损伤的重要特征。而疲劳强度指的是金属材料或构件在变动载荷下的强度。

当$r=-1$时，材料的疲劳极限数值最小。若不加说明，金属材料的疲劳极限就指$r=-1$时的最大应力。此时最大应力值为应力幅的值，用σ_{-1}表示。

很显然，在工程中无法实现无限次的循环加载，一般规定以足够大的有限次循环加载的循环次数N_c来进行疲劳极限的试验测定。也就是在一定的循环特性下，材料被加载N_c次循环应力而不发生破坏失效的最大应力作为该材料在该循环特性下的疲劳极限。因此，也称为使用疲劳极限或者条件疲劳极限，N_c一般取10^7数量级。

一些合金和金属的疲劳极限已经由试验测得，如表 8.1 所示。试验条件为实验室环境，试样为机械抛光，零平均应力，切割方向平行于受载方向。

需要说明的是，表 8.1 中的值都是在一定的条件下测得的，还应根据具体情况考虑诸多因素，如温度、表面质量、加载条件、应力集中和加载环境等因素。

表 8.1　一些金属材料的疲劳极限

材料名称	拉伸强度/MPa	疲劳极限/MPa
退火铜	216	± 62(108)
冷作铜	310	± 93(108)
退火黄铜	325	± 100(108)
冷作黄铜	620	± 140(108)
退火镍	495	± 170(108)
冷作镍	830	± 280(108)
镁	210	± 70(108)
铝	108	± 46(108)

续表

材料名称	拉伸强度/MPa	疲劳极限/MPa
4.5%铜-铝合金	465	±147(108)
5.5%锌-铝合金	540	±170(108)
片状石墨铸铁	310	±130
可锻铸铁	385	±185
磁性铁	294	±185
低碳钢	465	±230
铬-镍合金	1000	±510
高强钢	1700	±695(108)
钛	570	±340(107)

8.3　影响金属材料疲劳强度的因素

金属材料所制成的构件，在形状、尺寸和表面质量方面并不和测定材料 *S-N* 曲线或 ε-*N* 曲线的光滑标准试样相同，因此对金属材料的构件进行疲劳强度设计时还必须考虑这些不同的因素对其疲劳强度的影响。影响金属材料疲劳强度的因素有很多，如表 8.2 所示。本节将简单介绍工况中常见的因素对金属材料疲劳强度的影响，如表面粗糙度、尺寸和应力集中等。

表 8.2　影响金属材料疲劳强度的因素

构件的条件	影响因素
材料特点	化学成分、纤维方向、金相组织，内部缺陷
载荷条件	循环特点、应力状态、载荷变动频率、高载效应
几何形状	缺口效应、尺寸效应
表面状态	表面质量，表面腐蚀，表面强化
工作条件	工作环境、工作温度

8.3.1　表面粗糙度对金属材料疲劳强度的影响

金属材料表面的状态对其疲劳强度有很大影响，有些表面处理则可以增加金属材料的抗疲劳能力，如表面防腐蚀处理、表面强化处理等。金属零件表面机加工后导致表面缺陷，粗糙度较大，会引起应力集中，从而降低材料的疲劳强度。

已知低合金钢和各种碳钢的精磨试件和机械抛光试件的旋转弯曲持久极限几乎差不多。通过试验发现，粗车能使金属材料的持久极限降低 10%左右，而粗磨会使金属材料的持久极限降低 10%～25%。对铝合金而言，精抛光试件的持久极限似乎比粗车和粗磨的试件持久极限增加了 10%～20%。表 8.3 给出了四种表面加工工艺下两种铝合金疲劳强度和抗拉强度之比的数据。

表 8.3　四种表面加工工艺下两种铝合金疲劳强度和抗拉强度之比

表面加工方法	表面粗糙度/μm	疲劳强度与抗拉强度之比(10^7)	
		DTD683 $\sigma_b = 550\text{MPa}$	BS6L1 $\sigma_b = 350\sim510\text{MPa}$
粗加工	2.5	0.29	0.31
精加工	1.6	0.29	0.31
外圆抛光	0.23	0.31	0.33
纵向抛光	0.14	0.33	0.35

8.3.2　尺寸效应对金属材料疲劳强度的影响

通过大量试验发现，金属材料的疲劳强度随零件尺寸的增大而减小。

如图 8.20 所示的圆柱试样，大圆柱的长度和半径都比小圆柱大，均承受循环弯矩载荷 M。如果使两个试样的 $\sigma_{\max}$ (最大应力)相同，对于高应力区域[$\sigma_1, \sigma_{\max}$]，由于金属材料内部缺陷必然存在，以及材料不均匀性，对大尺寸的试样而言，因为尺寸的增加，相比于小尺寸试样，高应力区的金属材料要多。因此，大尺寸试样缺陷出现的概率要大于小尺寸的试样，也就是说缺陷的数目比小尺寸试样多。从而造成大尺寸试样抗疲劳性能的下降，产生金属疲劳裂纹的可能性就增加了，因此大尺寸试样的疲劳强度比小尺寸的持久极限要小。

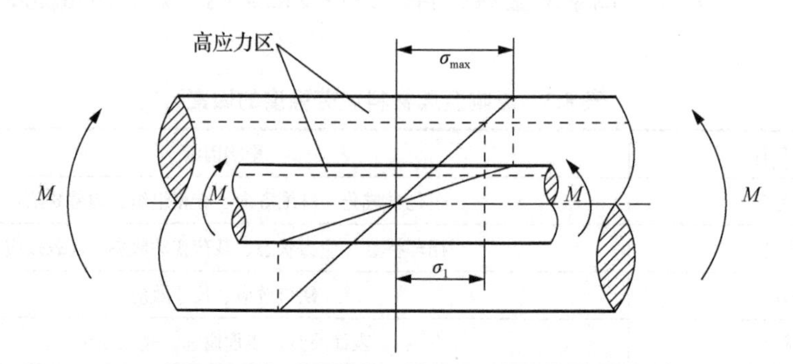

图 8.20　承受循环弯曲载荷的圆柱试样

从金属材料晶粒尺寸角度而言，低强度钢的晶粒尺寸要比高强度钢的晶粒尺寸更粗大。在试样尺寸相同的情况下，晶粒尺寸越粗大，在相同的应力水平作用下，高应力区包含的晶粒个数就越少，这样就更不容易出现疲劳裂纹形成的条件。所以低强度钢受尺寸效应的影响比高强度钢要小。

同样的情况，低强度钢对应力集中的敏感程度要比高强度钢低。

试验表明，加载方式会影响尺寸效应。当试样进行抗拉疲劳试验时，在试样直径 0～50mm 的范围内没有发现显著的尺寸效应。而当进行弯曲疲劳试验时，尺寸效应产生的影响最大，而扭转疲劳试验时的尺寸效应与之相比要小一些。

当循环特性为对称循环时，若光滑的大尺寸试样疲劳强度为 S_{rd}，光滑小尺寸试样持久极限为 S_{r}，则两者的比值称为尺寸效应系数，用 κ 表示，即

$$\kappa = \frac{S_{rd}}{S_r} \tag{8-14}$$

因为 $S_{rd} < S_r$，故尺寸效应系数 κ 总小于 1。

8.3.3　应力集中对金属材料疲劳强度的影响

金属材料制成构件时，承受载荷以后，其外形尺寸、几何形状发生突变，导致局部范围内应力显著增加的现象被称为应力集中。

图 8.21 为薄板中心开一个孔，在拉力 F 加载下的应力云图，颜色越深表明应力越大。因此，说明孔的边缘应力最大，出现应力集中。

图 8.21　应力集中示意图

若薄板的厚度为 t，宽度为 b，孔的半径为 r，则孔边缘最大的名义应力 σ_n 为

$$\sigma_n = \frac{F}{(b-2r)t} \tag{8-15}$$

设薄板孔边最大的实际应力为 σ_{max}，将 σ_{max} 和 σ_n 的比值称为应力集中系数，用 K_t 表示，则

$$K_t = \frac{\sigma_{max}}{\sigma_n} \tag{8-16}$$

大量研究表明，金属材料的应力集中使疲劳裂纹的形核和扩展速度大大增加，从而应力集中使构件的疲劳强度大幅降低。

把存在应力集中的构件的疲劳强度与没有应力集中的光滑试件的疲劳强度的比值称为疲劳缺口系数，用 K_f 表示。若设 S_{rd}^K 为对称循环特征下存在应力集中试样的疲劳强度，S_{rd} 为对称循环特征下光滑大试样的疲劳强度，则疲劳缺口系数为

$$K_f = \frac{S_{rd}}{S_{rd}^K} \tag{8-17}$$

很明显，疲劳缺口系数 $K_f > 1$，其大小由试验确定。

加载扭转循环载荷时，有效应力集中系数用 K_τ 表示；加载弯曲(或拉压)循环载荷时，有效应力集中系数用 K_σ 表示，则

$$K_\tau = \frac{\tau_{rd}}{\tau_{rd}^{K}} \tag{8-18}$$

$$K_\sigma = \frac{\sigma_{rd}}{\sigma_{rd}^{K}} \tag{8-19}$$

式中，τ_{rd} 为对称循环特征下光滑大试样承受扭转循环载荷时的疲劳强度；σ_{rd} 为对称循环特征下光滑大试样承受弯曲循环载荷时的疲劳强度；τ_{rd}^{K} 为对称循环特征下存在应力集中大试样承受扭转循环载荷时的疲劳强度；σ_{rd}^{K} 为对称循环特征下存在应力集中大试样承受弯曲循环载荷时的疲劳强度。

接下来讨论有效应力集中系数 K_f 和理论应力集中系数 K_t 之间的关系。对于塑性好的金属材料(如低碳钢)，其 K_f 值低于 K_t，但对于塑性差的金属材料(如碳钢)，其 K_f 值一般接近 K_t。这是由于塑性金属材料局部应力集中达到材料屈服极限时，这些局部区域或产生塑性变形，从而降低应力集中的影响。

为了描述有效应力集中系数 K_f 和理论应力集中系数 K_t 之间的关系，通常采用敏感系数 q 描述，其定义关系式为

$$q = \frac{K_f - 1}{K_t - 1} \tag{8-20}$$

或

$$K_f = 1 + q(K_t - 1) \tag{8-21}$$

由上面的分析可以得到敏感系数 q 在 0～1 变化。当应力集中对持久极限只有很小影响时，K_f 接近 1，此时 $q \to 0$，即说明金属材料对应力集中不敏感。当应力集中对疲劳强度影响很大时，K_f 接近 K_t，此时 $q \to 1$，即说明金属材料对应力集中十分敏感。敏感系数和材料本身的特性有关。

对于飞机常用铝合金材料，敏感系数估算的经验公式为

$$q = \frac{1}{1 + 0.9/\rho} \tag{8-22}$$

式中，ρ 为缺口处的曲率半径。

Neuber 进行大量试验和研究发现，有效应力集中系数 K_f 和理论应力集中系数 K_t 的区别和应力的梯度有关，假设应力在很小的范围 A 内取其均值，用下面近似公式求 K_f：

$$K_f = 1 + \frac{K_t - 1}{1 + \sqrt{A/\rho}} \tag{8-23}$$

式中，ρ 为缺口根部半径；A 为材料常数，见表 8.4。

表 8.4　钢和钛合金的 Neuber 常数 A

性能	钢			钛合金			
σ_b /MPa	500	1000	2000	150	300	600	—
A/mm	0.25	0.08	0.0002	2	0.6	0.4	0.0508

要指出的是，确定有效应力集中系数最可靠的方法是查阅有关试验数据或直接进行试验，式(8-23)和式(8-22)只在没有任何可参考依据的情况下使用。

8.4　金属材料蠕变

金属材料在连续应力作用下(即使在最大应力远低于其弹性极限的情况下)会产生缓慢的塑性变形。熔点越低的金属，越容易出现这种现象；金属材料服役时所处的温度越高，这种现象也越明显。在一定温度条件下，金属材料在连续应力的作用下出现缓慢塑性变形的现象称为金属材料的蠕变。造成蠕变的这一应力称为蠕变应力。在这种连续应力作用下，蠕变变形会逐渐累加，最终会导致构件的断裂，这种断裂称为蠕变断裂。导致断裂的这一初始应力称为断裂应力。在某些情况下(特别是在工程应用中)，将蠕变应力及蠕变断裂应力当作金属材料在一定条件下长期服役时的强度指标时，通常又将它们称为蠕变强度和蠕变断裂强度，蠕变断裂强度又称为持久强度。蠕变现象的产生是温度和应力共同作用的结果。温度和应力的作用方式可以是变动的，也可以是恒定的。一般的蠕变试验则是专门研究金属材料在恒定载荷以及恒定温度下的蠕变规律。为了与应力和温度变动的情况相区别，通常把这种试验称为静态蠕变试验。

工业技术的发展促进了对金属材料蠕变现象的研究。随着对金属材料工作环境温度的提高，材料蠕变现象表现得越来越明显，这就对材料蠕变强度提出了越来越高的要求。不同的工作温度下，需选用具有不同蠕变强度的材料，所以蠕变强度就成为决定耐高温金属材料使用价值的重要指标。

8.4.1　蠕变曲线

在恒定温度 T 下，一个受单向恒定载荷 σ (拉或压)作用的试样，其变形 ε 与时间 t 的关系可用图 8.22 所示的蠕变曲线表示。曲线可分下列几个阶段。

第Ⅰ阶段：减速蠕变阶段(图中曲线 ab 段)，在加载的瞬间产生了的弹性变形量 ε_0，随着随加载时间的延续，变形量连续增加，但变形速率不断降低。

第Ⅱ阶段：恒定蠕变阶段，如图中曲线 bc 段所示，此阶段蠕变变形速率随加载时间的延续而保持不变，且为最小蠕变速率。

第Ⅲ阶段：曲线上从 c 点到 d 点断裂为止，称加速蠕变阶段，随蠕变过程的进行，蠕变速率显著增加，直至最终产生蠕变断裂。d 点对应的 t_r 就是蠕变断裂时间，ε_r 是总的蠕变应变量。

温度和应力也会影响蠕变曲线的形状。如图 8.23 所示，在低温($<0.3T_m$)、低应力下(曲线 B)实际上不存在蠕变第Ⅲ阶段，而且第Ⅱ阶段的蠕变速率接近零；在高温($>0.8T_m$)、高应力下(曲线 C)主要是蠕变第Ⅲ阶段，而第Ⅱ阶段几乎不存在。

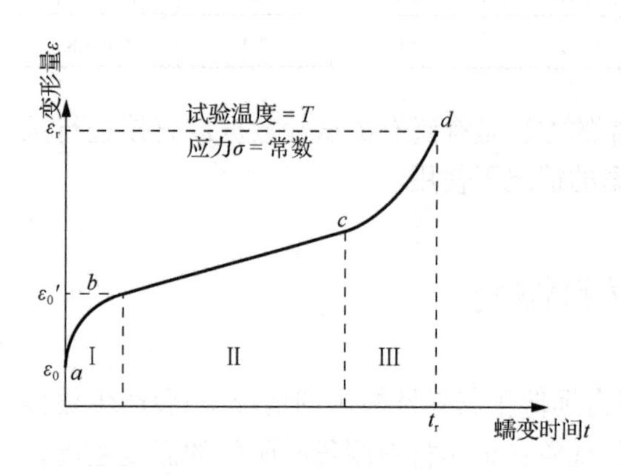

图 8.22　典型的蠕变曲线

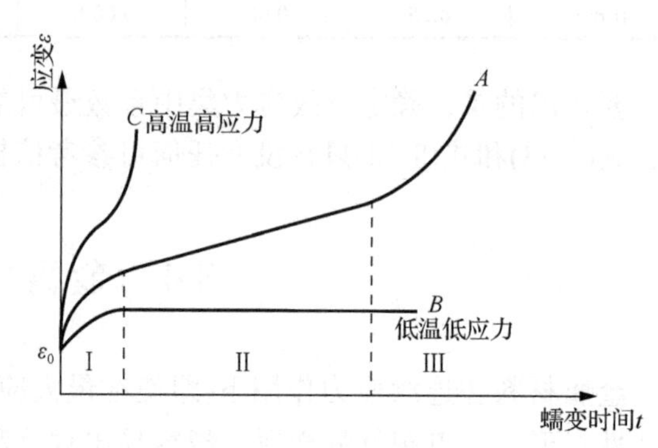

图 8.23　不同应力和温度下的蠕变曲线对比示意图

8.4.2　蠕变强度和持久强度

工程应用上，在金属材料选取时，要按蠕变强度和持久强度确定许用应力，进一步根据许用应力确定材料的种类。蠕变强度和持久强度是表征金属材料抵抗因外力作用而导致构件产生蠕变变形或蠕变断裂的能力，是金属材料本身所具有的一种固有属性。蠕变强度是金属材料在特定的蠕变条件(在一定的温度下及一定的时间内，达到一定的蠕变变形或蠕变速率)下保持不失效的最大承载应力。在测量中以失效应力表示，因为在规定条件下两者的数值相等。通常，以试样在恒定温度和恒定拉伸载荷下，在规定时间内伸长(总伸长或残余伸长)率达到特定规定值或第二阶段蠕变速率达到某规定值时的蠕变应力表示蠕变强度。根据不同的试验要求，蠕变强度有以下两种表示法：

(1) 在规定时间内达到规定变形量的蠕变强度，记为 $\sigma_{\delta/t}^{T}$，单位为 MPa，其中 T 为温度(℃)，δ为伸长率(总伸长率或残余伸长率，%)，t 为持续时间(h)。例如，$\sigma_{0.2/1000}^{700}$ 表示 700℃、1000h 达到 0.2%伸长率的蠕变强度。

这种蠕变强度一般用于需要提供总蠕变变形的构件设计。对于短时蠕变试验，蠕变速率往往较大，第一阶段的蠕变变形量所占的比例较大，第二阶段的蠕变速率不易确定，所以用总蠕变变形作为测量对象比较合适。

(2) 稳态蠕变速率达到规定值时的蠕变强度，记为 σ_{v}^{T}，单位为 MPa，其中 T 为温度(℃)，v 为稳态蠕变速率(%/h)。例如，$\sigma_{1\times10^{-5}}^{600}$ 表示 600℃、稳态蠕变速率达到 1×10^{-5}%/h 的蠕变强度。

这种蠕变强度通常用于一般受蠕变变形控制的运行时间较长的构件。因为在这种条件下蠕变速率较小，第一阶段的变形量所占的比例较小，蠕变的第二阶段明显，最小蠕变速率容易测量。

8.5 应用案例分析

8.5.1 激光选区熔化 17-4PH 不锈钢疲劳行为的影响

德国 Fraunhofer 研究所于 1995 年最早提出激光选区熔化(selective laser melting, SLM)技术的构想，SLM 技术的工作原理如图 8.24(a)所示。本节将介绍 SLM 成形方向(即垂直与水平)和热处理对 17-4 PH SS 应变控制疲劳行为的影响。

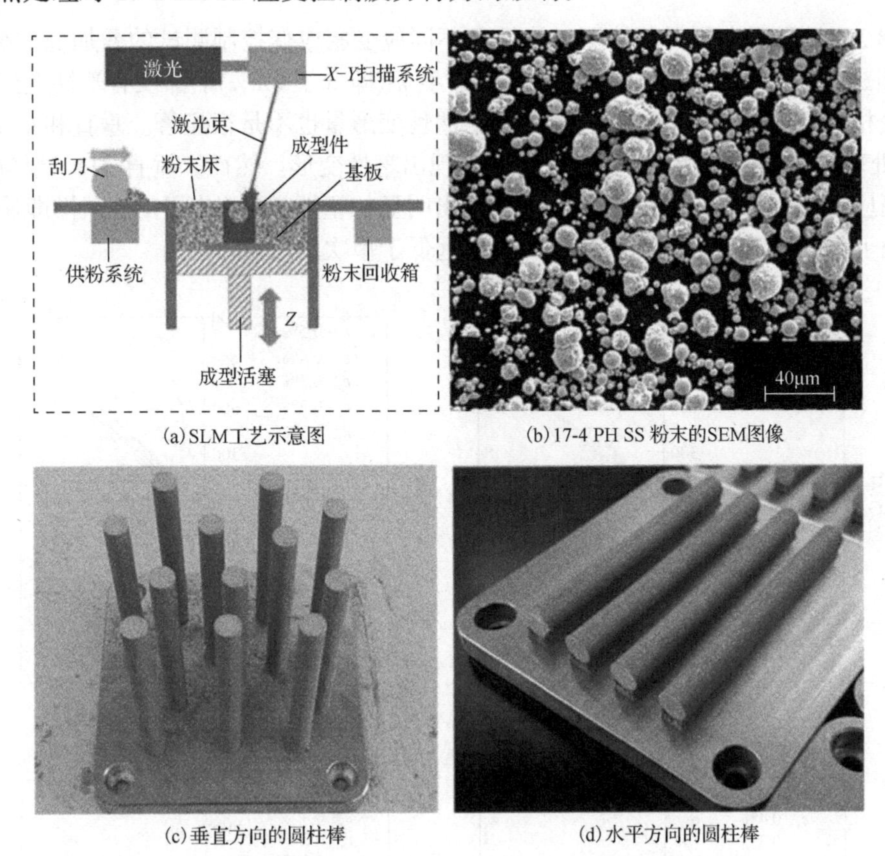

(a) SLM工艺示意图　(b) 17-4 PH SS 粉末的SEM图像

(c) 垂直方向的圆柱棒　(d) 水平方向的圆柱棒

图 8.24 SLM 工艺示意图、17-4 PH SS 粉末的 SEM 图像及 SLM17-4PH SS 样品

1. 疲劳试验

采用 SLM 工艺成形垂直和水平方向的圆柱棒(图 8.24(c)和(d))，来自“垂直”和“水平”组的一半样品经过 SLM 后热处理。热处理工艺为：在 1040℃下固溶退火 30min，空冷至室温，在 482℃下沉淀硬化 1h，然后空冷至室温。热处理和非热处理样品被加工成疲劳试验样品，如图 8.25 所示。使用 MTS Tabletop 858 机器在室温、各种应变幅下进行对称循环($r = -1$)应变控制疲劳试验。疲劳试验是根据 ASTM E606 使用正弦负载波形进行的，直到发生故障或达到 10^6 个循环。对每次测试的疲劳测试频率进行了调整，以使所有疲劳测试的应变率大致相同。

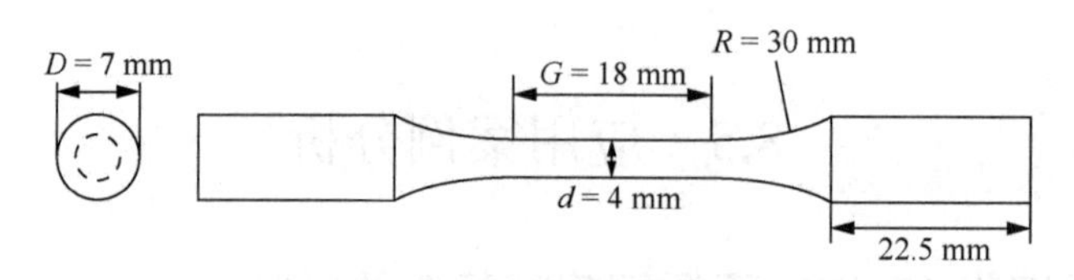

图 8.25　疲劳试验样品的尺寸

G-标距长度；*d*-标距截面直径；*R*-圆角半径；*D*-夹持界面直径

2. 试验结果

图 8.26 显示了在所有条件下对称循环不同应变幅应变控制测试的叠加稳定循环滞后回线。如图 8.26 所示，在所有条件下，在低应变幅(即低于 0.2%)下都没有塑性变形。此外，与总应变相比，即使在中等和高应变幅下，塑性变形量也不是很显著。垂直和水平 AB 试样(未热处理)均在应变幅水平高于 0.3%时表现出塑性变形。然而，垂直 HT 试样(热处理)仅在较高应变幅水平(即 0.4%及以上)下表现出明显的塑性变形。水平 HT 试样即使在 0.4%的应变幅下也没有显示出塑性变形，因为这远低于单次屈服点。

彩图 8.26

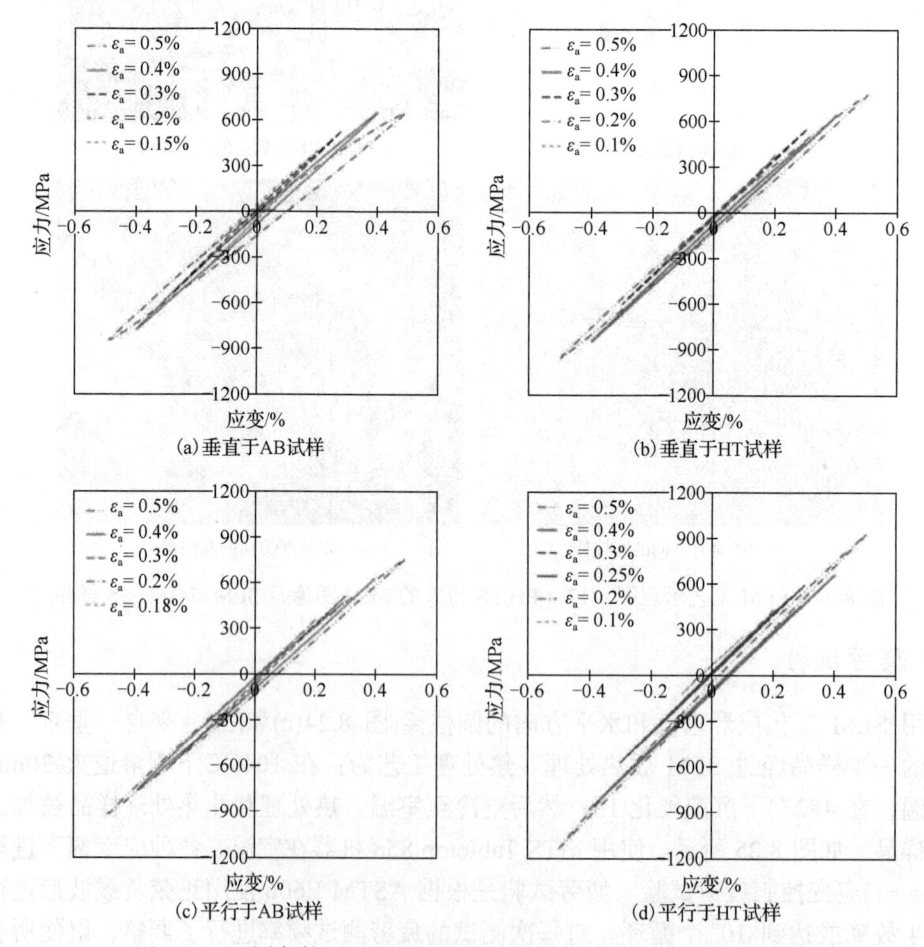

图 8.26　不同条件下对称循环恒应变幅控制疲劳试验的滞后回线

使用恒定幅度、对称循环的疲劳测试数据，可以从方程式(8-24)生成应变-寿命曲线，其中应变幅值与疲劳寿命有关。

$$\frac{\Delta\varepsilon}{2}=\varepsilon_{\mathrm{a}}=\frac{\Delta\varepsilon_{\mathrm{e}}}{2}+\frac{\Delta\varepsilon_{\mathrm{p}}}{2}=\frac{\sigma_{\mathrm{f}}'}{E}(2N_{\mathrm{f}})^{b}+\varepsilon_{\mathrm{f}}(2N_{\mathrm{f}})^{c} \tag{8-24}$$

式中，σ_{f} 是疲劳强度系数；b 是疲劳强度指数，分别从与弹性应变幅值 $\Delta\varepsilon_{\mathrm{e}}/2$ 拟合的最佳线的截距和斜率与对数尺度的失效数据 $2N_{\mathrm{f}}$ 反推得到。常数 ε_{f} 是疲劳延性系数，c 是疲劳延性指数，分别从塑性应变幅 $\Delta\varepsilon_{\mathrm{p}}/2$ 的最佳拟合线的截距和斜率与对数尺度的失效数据 $2N_{\mathrm{f}}$ 的反推得到。σ_{f}'、ε_{f}、b 和 c 的值是根据 ASTM 标准 E739 通过最小二乘数据拟合获得的。为了获得更保守的估计，从数据拟合中排除了跳动数据。计算和测量的弹性/塑性应变之间的差异是不可忽略的，因此测量值用于确定疲劳系数。弹性、塑性和总应变寿命数据以及从对称循环($r=-1$)恒幅应变控制疲劳试验中获得的拟合结果如图 8.27 所示。与 AB 和 HT 条件下的弹性应变相比塑性应变要小几个数量级且与成形方向无关。因此，即使在高应变幅值下，总应变-寿命曲线也遵循弹性应变-寿命曲线。

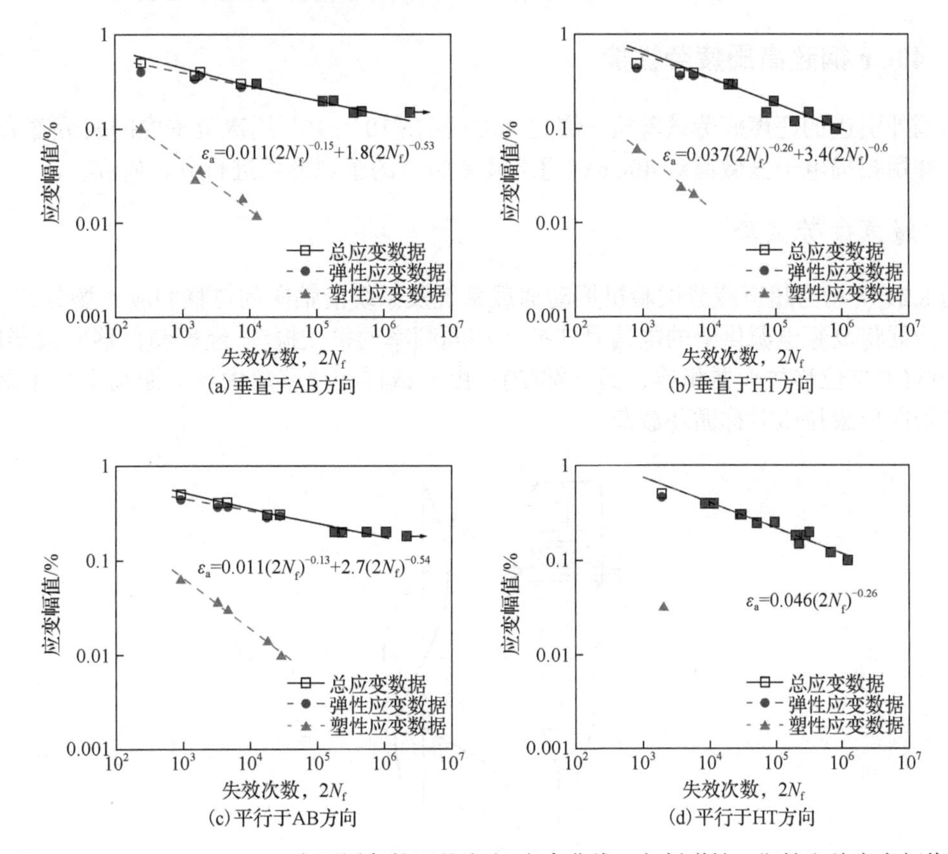

彩图 8.27

图 8.27　SLM 17-4 PH SS 在不同条件下的应变-寿命曲线，包括弹性、塑性和总应变幅值

在图 8.28 中比较了各种 SLM 17-4 PH SS 试样(在不同条件下)的应变幅值与疲劳寿命。可以看出，HT 试样(无论成形方向如何)在低周疲劳下都表现出相对于 AB 试样更高的疲劳

强度，但在高周疲劳出现相反的趋势。高周疲劳中热处理 SLM 试样的行为与钢的高周疲劳强度通常随着抗拉强度(或硬度)的增加而增加的预期形成鲜明对比。裂纹萌生通常支配高周疲劳的总疲劳寿命，因此预计 HT 试样与 AB 试样相比具有更长的高周疲劳寿命。HT 试样具有更高的强度和更强的位错运动阻力，这导致其对裂纹萌生的抵抗力增强。

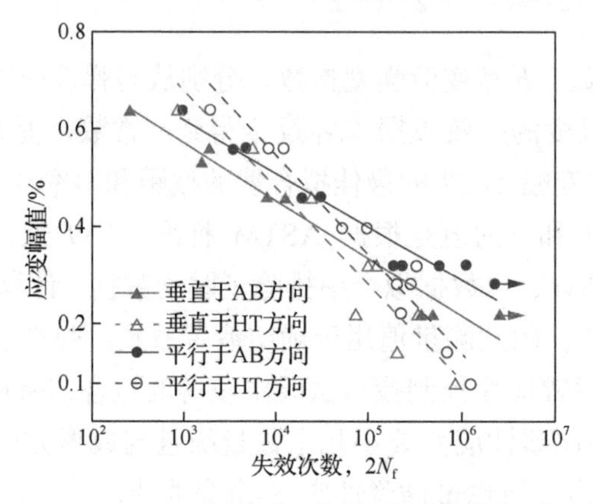

图 8.28　SLM 17-4 PH SS 试样在不同条件下的应变-寿命疲劳曲线

8.5.2　40Cr 钢超高周疲劳性能

用国外引进的超声疲劳试验机，测定 40Cr 钢在 $10^5 \sim 10^{10}$ 周次范围内的疲劳寿命(*S-N*)曲线，并用扫描电子显微镜对 40Cr 钢超声疲劳断口的微观形貌进行分析研究。

1. 超声疲劳试验

图 8.29 所示为超声疲劳试验机振动加载系统及系统沿轴向的位移和应力场分布。压电陶瓷换能器将高频电源供给的电信号转换成相同频率的机械振动，经振动位移放大器放大，试样一端(*A*)与位移放大器相连，另一端(*B*)自由，试样在位移放大器的激励下发生谐振，沿试样轴向形成拉压对称循环载荷。

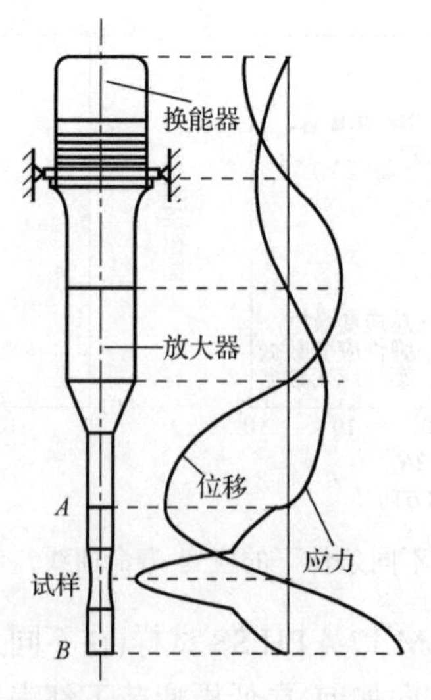

图 8.29　超声疲劳振动系统及位移、应力场

试验用材料为 40Cr 钢，化学成分为：$w(C) = 0.41\%$，$w(Cr) = 0.95\%$，$w(Mn) = 0.65\%$，$w(Si) = 0.27\%$，余 Fe。$\Phi 12$ 的 40Cr 圆钢经 850℃奥氏体化，水淬，560℃回火调质处理，热处理后的力学性能为$\sigma_b = 915MPa$，$\sigma_s = 805MPa$。超声振动频率为 20kHz，试样材料 40Cr 钢的动态弹性模量 $E_d = 211GPa$，$\rho = 7\ 820kg/m^3$。试样几何形状如图 8.30 所示，试样几何尺寸取 $R_1 = 1.5mm$，$R_2 = 5mm$，$L_1 = 14.1mm$，谐振长度 $L_2 = 16.4mm$。为了试样中部喇叭形便于机械加工，用圆弧代替式，由此引起的几何及应力值误差忽略不计。本试验用试样 $R_0 = 30mm$，位移-应力参数 $M = 27.32MPa/\mu m$。

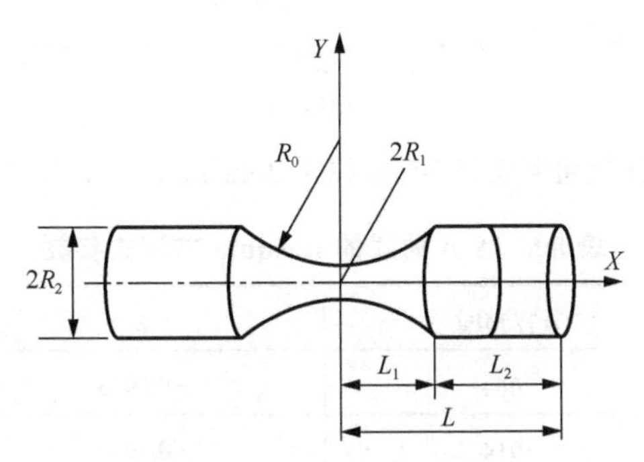

图 8.30 超声疲劳试样

试验载荷为轴向拉压对称循环载荷，载荷频率为 20kHz，应力比 $R=-1$。试验环境温度为室温，试件振动时，由于吸收超声振动能和材料的内摩擦，发生升温现象，试验过程中用水对试样进行冷却。超声疲劳试样的机械加工工艺要求与常规疲劳试样相同，中间试验段经纵向研磨，其表面粗糙度达到 $Ra = 0.32 \sim 0.64\mu m$。

2. 疲劳寿命(*S-N*)曲线

40Cr 钢超声疲劳($f = 20kHz, r = -1$)载荷下 $10^5 \sim 10^{10}$ 周次范围内的疲劳寿命(*S-N*)曲线如图 8.31 所示，图中同时给出了 40Cr 钢在常规疲劳载荷下($f = 83.3Hz, r = -1$)得到的 10^7 周次以下的疲劳寿命试验结果。将试验结果拟合为 Basquin 方程式：

$$\sigma_a = \sigma_f (2N_f)^b \tag{8-25}$$

式中，σ_f 为疲劳强度系数；b 为疲劳强度指数或 Basquin 指数。40Cr 钢超声疲劳高频和常规疲劳低频载荷下的 Basquin 参数的拟合结果如表 8.5 所示。图 8.31 中曲线为 Basquin 方程式结果，点为试验结果。常规疲劳试验结果显示，超过 10^6 循环周次，*S-N* 曲线变化趋于平缓；但对于超声疲劳试验结果，在 $10^5 \sim 10^{10}$ 周次循环范围内，40Cr 钢的 *S-N* 曲线随疲劳破坏循环的增加，循环应力幅σ_a连续降低，在 10^6 循环周次处并未出现水平平台，曲线下降趋势也未明显变化。当疲劳循环数超过 10^9 周次后，40Cr 钢 *S-N* 曲线下降趋势开始变缓。在 $10^5 \sim 10^7$ 周次范围内，比较超声疲劳和常规疲劳的 *S-N* 曲线表明，超声疲劳寿命大于常规疲劳性能；但两者的 *S-N* 曲线下降趋势相近。对应于 10^7 周次循环的条件疲劳强度极限，常规疲劳试验结果为 420MPa，而超声疲劳试验结果为 443MPa。相对于 10^{10} 周次循环，40Cr 钢的条件疲劳强度极限σ_{-1}在 20kHz 约为 235MPa，可见 10^{10} 周次的疲劳强度明显低于 10^7 周次的疲劳强度。

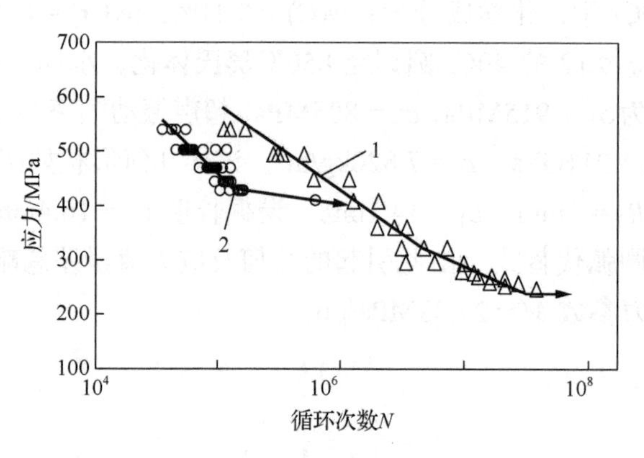

图 8.31　40Cr 钢超声疲劳 S-N 曲线(1. 20kHz，r=−1；2. 83.3Hz，r=−1)

表 8.5　S-N 曲线的 Basquin 方程式参数

载荷形式	σ'_f / MPa	b	方差
超声疲劳	2064	−0.0913	0.9504
常规疲劳	1914	−0.1032	0.7479

8.5.3　金属间化合物 TiAl(W,Si)合金的蠕变行为

这里研究欧盟COST行动计划中的Ti-47Al-2W-0.5Si(ABB-2)合金在650～750℃的蠕变性能。

1. 试验材料和方法

名义成分为 Ti-47Al-2W-0.5Si(ABB-2)的铸态试棒(Φ16mm)由瑞士 ABB 动力设备公司提供。经热等静压处理予以致密化，热等静压制度为 1260℃，172MPa，4h，氩气气氛；然后在氩气保护下进行热处理，热处理制度为 1300℃，20h，4h 风扇冷却。

蠕变试验是在恒载荷和变载荷条件下进行的。试样标距段的直径为 5.6mm，计算长度为 28mm。利用 3 个铂铑-铂热电偶监视试样标距段的温度，以把温度梯度控制在 ± 1℃。蠕变数据由计算机控制系统自动采集。

2. 蠕变行为

由图 8.32 可见，在低应力(450MPa)作用下，应变量随着时间的延长缓慢增大。当应变量超过 10%后，应变速率迅速增大，并在 1955.7h 发生断裂。随着施加应力上升，合金的蠕变寿命迅速降低。例如，当施加应力增加 20MPa 时，蠕变寿命为 916.5h，约下降了一半；当施加应力进一步增加到 490MPa 时，蠕变寿命只有 663.7h，约为 450MPa 条件下的 1/3。在高应力作用下几乎没有恒应变速率的第 2 阶段出现，蠕变直接进入第 3 阶段。在蠕变最后阶段，应变速率急剧增大，是受载试样发生颈缩，导致施加应力迅速增加而造成的。

同时，由图 8.33 可知施加应力-蠕变寿命两者之间存在线性的双对数关系。

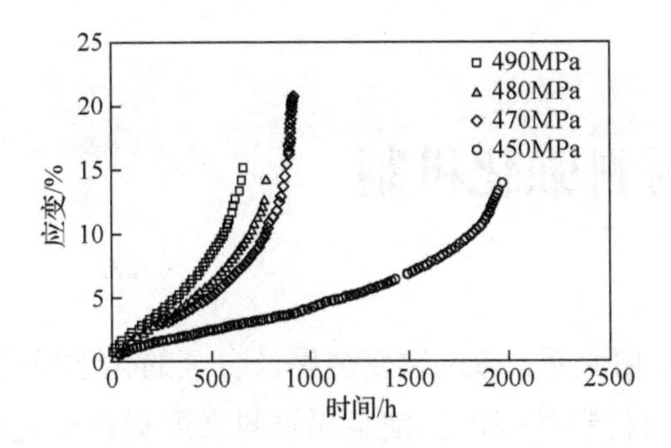

图 8.32　Ti-47Al-2W-0.5Si 在 650℃不同载荷下的蠕变曲线

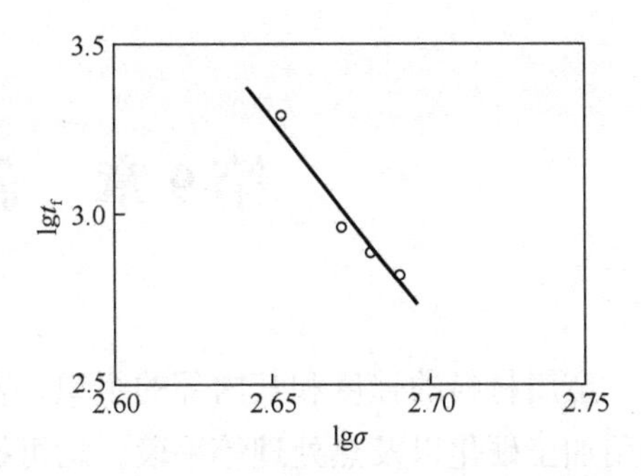

图 8.33　Ti-47Al-2W-0.5Si 在 650℃蠕变寿命

第9章　金属材料强化机制

金属材料的强度和其内部的组织、结构有密切关系。通过改变金属及合金的化学成分、使用加工硬化以及热处理等手段，均可提高金属材料的强度。使金属材料强度提高的过程称为金属材料的强化。金属材料的强化与其内部位错密切相关。大多数金属材料都具备一定的晶体结构，其塑性变形是通过位错运动来实现的，因此位错密度及位错运动的难易程度对塑性变形能力有重要的影响。图 9.1 为位错密度与金属材料强度之间的关系，可见提高材料的强度可以通过两个途径实现。

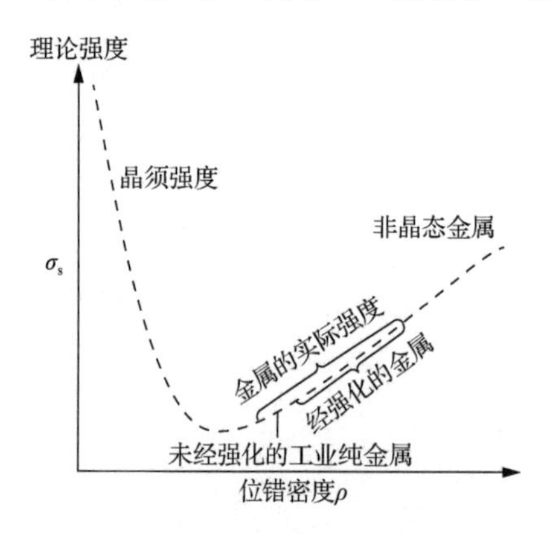

图 9.1　位错密度与金属材料强度的关系

(1) 制备缺陷尽可能少甚至没有缺陷的晶体，即在完全无位错存在时，在外力作用下没有可以发生运动的位错，使材料实际强度接近理论强度。例如，铜理论计算的临界切应力约为 1500MPa，而实际测出来仅有 0.98MPa。但制造这种材料非常困难，只能在很小尺寸的晶体中实现(晶须)，在新型复合材料中将晶须作为增强体，也是为了利用无缺陷晶体的高强度来大幅度提高复合材料的强度。

(2) 大大增加晶体缺陷的密度并限制其运动。由于金属中存在大量的晶体缺陷，极大地增强了位错与位错之间、位错与其他晶体缺陷之间的交互作用，从而阻碍了位错的运动，提高了金属的强度。因此，在工业应用中通常采用第二种途径，即综合利用加工硬化、弥散强化、细晶强化、固溶强化等方式提高材料的强度。例如，单晶纯铁的临界分切应力只有 30MPa，而高碳冷拔钢丝的屈服强度可高达 3000MPa，抗拉强度可达 4000MPa 左右。在接下来的章节中，将对上述提到的几种强化机制进行详细阐述。

9.1　细 晶 强 化

9.1.1　细晶强化的基本概念

金属材料通常是由许多晶粒组成的多晶体结构，晶粒的大小可以用单位体积内晶粒的数目来表示，数目越多，晶粒越细。大量试验表明，在常温下，同一成分的金属，细晶粒比粗晶粒金属具有更高的强度、硬度、塑性和韧性。例如，图 9.2 所示为纯镍的强度随晶粒结构尺寸的变化曲线，因此在实际工程应用中，使用细晶强化的方式来提高金属的力学性能成为最主要的金属强化机制之一。

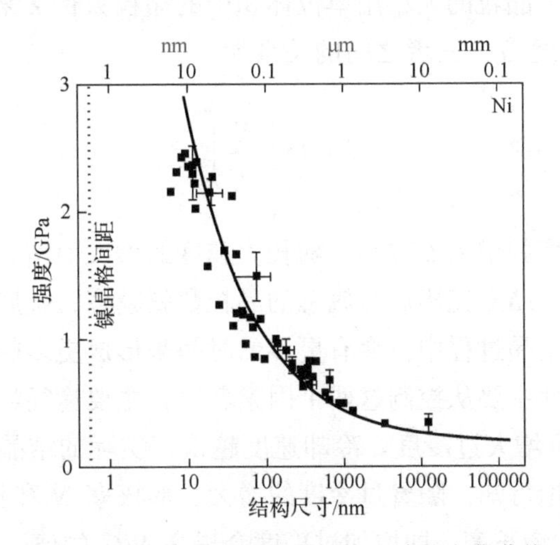

图 9.2　纯镍的强度随晶粒结构尺寸的变化曲线

9.1.2　细晶强化的原理

细晶强化的关键在于晶界对位错滑移的阻滞效应。稳态多晶体金属的晶粒边界通常是大角度晶界，相邻不同取向的晶粒受力产生塑性变形时，部分施密特(Schmid)因子大的晶粒内的位错源首先开动，并沿一定晶面产生滑移和增殖，滑移至晶界前的位错被晶界阻挡。这样，一个晶粒的塑性变形就无法直接传播到相邻的晶粒中，从而造成塑性变形晶粒内的位错塞积。在外力作用下，晶界上的位错塞积产生的应力场，可以作为激活相邻晶粒内部位错源开动的驱动力。当应力场对位错源的作用力等于位错开动的临界应力时，相邻晶粒内的位错源开动并产生滑移与增殖，出现塑性形变。

塞积位错应力场强度与塞积位错数目和外加应力场有关，而塞积位错数目正比于晶粒尺寸。因此，当晶粒尺寸变小时，必须加大外加作用力以激活相邻晶粒内位错源。所以，细晶材料产生塑性变形时要求更高的外加作用力，也就是说细化晶粒对金属起到强化作用。

霍尔-佩奇(Hall-Petch)根据位错塞积模型，从理论上推导出钢的屈服强度与晶粒直径的定量关系式：

$$\sigma_s = \sigma_0 + K_s d^{-1/2} \tag{9-1}$$

式中，σ_s 为屈服强度；σ_0 为位错在单晶体中移动的阻力；d 为晶粒直径；K_s 为与材料本质相关而与晶粒直径无关的常数，又称晶界阻碍强度系数。

由式(9-1)可以看出，多晶体强度高于单晶体；晶粒越细，强度越高。Hall-Petch 关系式是一个应用很广的公式，除钢之外，也广泛应用在其他金属及其合金中，并且在大多数情况下可以定量反映材料组织与强度的关系。

9.1.3 细化金属晶粒的方法

从凝固学角度来讲，晶粒的大小用单位体积中的晶粒数目 Z 来表示，它取决于凝固过程中形核率 N 和长大速度 G_r，三者之间的关系为

$$Z = 0.9\left(\frac{N}{G_r}\right)^{3/4} \tag{9-2}$$

可见晶粒的大小随形核率的增大而减小，随长大速度的增大而增大。形核率越高，单位体积中形成的晶核就越多，结晶完毕后金属总的晶粒数就越多，金属的晶粒就越细小；晶粒的长大速度越小，则在结晶过程中就会有更多的时间来形成更多的晶核，因而晶粒就越细小。所以，控制晶粒尺寸主要从控制这两个因素着手，主要途径如下。

(1) 提高冷却速度，增大过冷度。冷却速度越快，实际的结晶温度就越低，过冷度就越大。由金属的凝固理论可知，随着过冷度的增大，形核率 N 和长大速度 G_r 都将增大，但 N 的增长率大于 G_r 的增长率，即增加过冷度会提高 N/G_r 的值，Z 随之增大，晶粒变细。近年来，由于超高速急冷技术(10^5～10^{11}K/s)的发展，已经获得了具有优良力学性能和物化特性的超细化晶粒合金。

(2) 变质处理。金属结晶时的晶核有两种：一种是依靠液态金属自身达到一定过冷条件而形成的晶核，称为自发晶核；一种是金属原子依附于某些固体颗粒而形成的晶核，称为非自发晶核或异质晶核。实际生产中的金属结晶都属于异质晶核，自发形核只有在某些特定的实验条件下才会发生。变质处理就是在金属液浇注之前向液态金属中加入少量高熔点的元素或化合物作为变质剂，以促进异质形核，提高形核率 N 或降低长大速度 G_r，以细化晶粒。例如，钢水中加入 Ti、V、Al、Nb 等细化晶粒，铝硅合金中加入钠盐可以降低硅的成长速度，从而达到合金细化的目的。

(3) 振动结晶。实践证明，浇注时让溶液在铸模中运动，能够得到细小的晶粒。实现的方式可以是机械振动、电磁搅拌、超声振动等。通常认为，液体运动细化作用主要通过两个方面来实现：能量的输入使液相的形核率提高；振动作用使生长着的晶体破碎从而提供更多的结晶核心。

(4) 后加工处理方式。合金凝固后的金属坯还可通过其他机械手段方式实现晶粒的再次细化处理。例如，通过锻压、挤压、轧制等手段打破粗枝晶，引入位错，还可通过控制终轧温度和轧后冷却等途径实现再结晶晶粒细化；在冶炼钢材过程中，亦可通过循环奥氏体热处理、快速奥氏体化、多级热处理、形变热处理、临界热处理等多种手段实现金属晶粒细化。

9.2 加 工 硬 化

9.2.1 加工硬化的基本概念

金属在再结晶温度以下进行冷变形过程后，由于晶粒被压扁、拉长，晶格扭曲、晶粒变形，使金属的塑性降低、强度和硬度增加，把这种现象称为形变强化或加工硬化。对于那些不能通过热处理方法来强化且使用温度远低于再结晶温度的材料，经常利用加工硬化这种手段来提高其强度。

加工硬化效应可以通过其应力-应变曲线表现出来，图 9.3 所示为单晶体的切应力-切应变曲线，当切应力达到晶体的临界分切应力时变形开始，并经历三个阶段。第 I 阶段接近直线，加工硬化速率或称加工硬化系数 θ_1(即 $d\tau/d\gamma$ 或 $d\sigma/d\varepsilon$)很小，一般为剪切模量 G 的 10^{-4} 数量级，硬化效应较小，被称为易滑移阶段；第 II 阶段应力急剧升高，θ_2 很大，几乎恒定地达到约 $G/300$，加工硬化效应显著，称为线性硬化阶段。第III阶段加工硬化率 θ_3 随应变的增加而下降，曲线呈抛物线状，故称抛物线型硬化阶段。上述三阶段加工硬化曲线属于典型情况，实际中会因为晶体类型、晶体位向、杂质含量以及试验温度等因素的不同而有所变化，但总体来说其基本特性是一样的，只是各阶段长短不同甚至某一阶段未能出现而已，而金属加工硬化效应的产生主要是位错在形变过程中增殖以及位错间复杂的相互作用造成的。

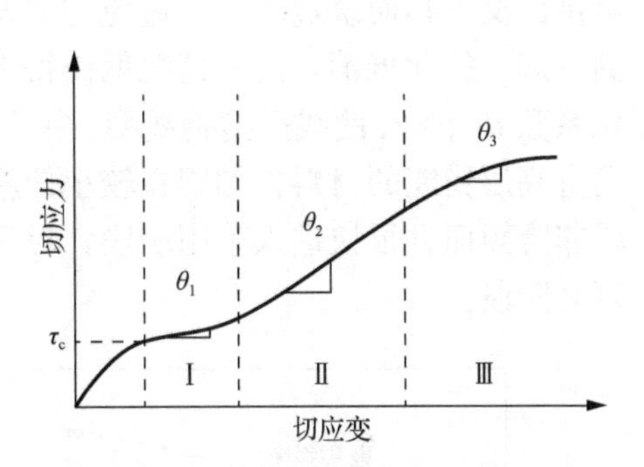

图 9.3　单晶体的切应力-切应变曲线

9.2.2 加工硬化的原理

在硬化曲线第 I 阶段，由于晶体中只有一组滑移系发生滑移，在平行的滑移面上移动的位错很少受其他位错的干扰，故可移动相当长的距离并可能达到晶体表面，这种位错源就能不断地增殖出新的位错，使第 I 阶段产生较大的应变。显然，此阶段的位错移动和增殖所遇到的阻力都是很小的，故加工硬化速率很低，θ_1 很小。

当变形是以两组或者多组滑移系进行时，曲线就进入第 II 阶段，由于滑移系上位错的交互作用，产生了割阶、固定位错等障碍，晶体中的位错密度迅速增大，产生塞积群或形成缠结和胞状亚结构，使位错不能越过这些障碍而被限制在一定范围内移动，因此继续变形所需增加的应力与位错的平均自由程 L 有关，即与 L 成反比关系：

$$\Delta\tau \propto \frac{Gb}{L} \tag{9-3}$$

L 可用平均位错密度 ρ 表示，即

$$\rho \propto \frac{1}{L^2} \tag{9-4}$$

$$\Delta\tau \propto Gb\sqrt{\rho} \tag{9-5}$$

即流变应力 τ 与 $\sqrt{\rho}$ 成线性关系，其关系式为

$$\tau = \tau_0 + \alpha Gb\sqrt{\rho} \tag{9-6}$$

式中，τ_0 为无加工硬化时所需要的切应力；α 为常数，视材料不同，为 0.3～0.5。

此关系式已被大量试验结果所证实，它表明在第Ⅱ阶段中，随着塑性应变的增大，由于晶体中位错密度迅速增高，胞结构的尺寸不断减小，使继续变形的流变应力显著升高，加工硬化系数 θ_2 很大。

第Ⅲ阶段与位错的交滑移过程有关。当流变应力增高到一定程度后，滑移面上的位错可借助交滑移而绕过障碍，避免与之发生交互作用，而且异号的螺型位错还通过交滑移走到一起，彼此抵消。这些情况就使得部分硬化作用被消除，通常称为动态回复，使加工硬化系数 θ_3 下降，曲线呈抛物线型。由于交滑移在第Ⅲ阶段的开始与材料的堆垛层错能有关，具有高层错能的材料，如铝在较小的应力下就能容易地发生交滑移，故硬化曲线的第Ⅱ阶段非常短而且很快进入第Ⅲ阶段，对于低层错能的材料则因交滑移难以发生而具有明显的第Ⅱ阶段。

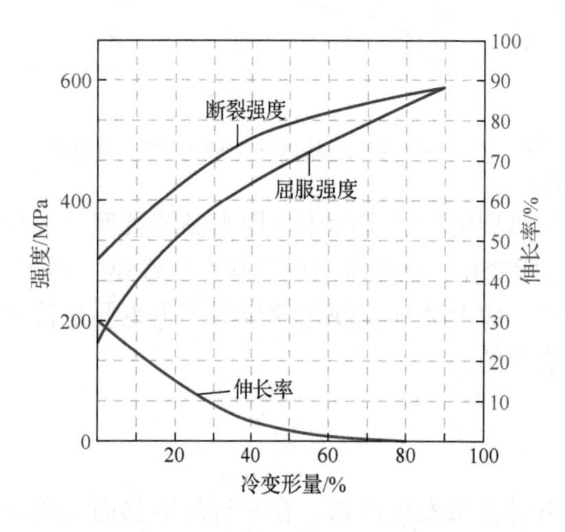

图 9.4　形变对钢性能的影响

一般情况下，未经历冷加工的金属材料中的位错密度约为 10^6cm/cm^3，而经历了冷加工的金属材料中的位错密度可增殖至 10^{12}cm/cm^3，比初始的位错密度大近百万倍。位错密度越大，位错之间的相互作用也越大，对位错进行滑移的阻力也随之增大，因此可以说，形变强化主要是通过位错增殖(提高位错密度)实现的。而金属材料的位错密度 ρ 对其塑性和韧性的影响是双重的，图 9.4 是冷变形对工业纯铜性能的影响，随着变形量的增加，铜的屈服强度与抗拉强度提高，而塑性下降。

需要注意的是，金属材料的塑性和韧性是受屈服强度 σ_s、裂纹形核应力 σ_τ 和裂纹扩展临界应力 σ_c 等因素控制的。对典型钢材来说，在室温下，α-Fe 在流变过程中易于发生交滑移，同一滑移面上的位错密度不会提高很快，塞积程度不高，σ_τ 就会提高，而当 σ_τ 与 σ_s 相差较大($\sigma_\tau > \sigma_s$)时，在裂纹形核前可出现明显的塑性变形，σ_τ 的数值对塑性来说是十分重要的，在平面应力状态下有以下关系：

$$\sigma_c = \left(\frac{2E\gamma_p}{\pi\alpha}\right)^{\frac{1}{2}} \tag{9-7}$$

式中，α 为裂纹长度的一半；γ_p 为比表面能，表示在裂纹扩展时产生新表面的单位面积表面能。γ_p 值反映了 σ_c 的大小，如位错密度高，但部分位错可动，特别是其中的螺型位错有一定的可动性，则在裂纹尖端塑性区内的应力集中会因位错运动而缓解，而且塑性区中可动的位错越多，有效比表面能就越高，σ_c 值更大。

当σ_τ很小时，材料表现为脆性；若σ_c足够高，则可转化为韧性状态，因此提高σ_τ且使之高于σ_s，又有足够高的σ_c，材料就会具有好的塑性与韧性，即提高可动位错密度对塑性和韧性都是有利的。

9.2.3　加工硬化的意义

加工硬化的原理在实际生产中得到了广泛应用，如轧制、锻造、冲压、拉拔、挤压等加工技术都是利用加工硬化以达到提高金属材料强度的目的。

加工硬化在实际生产中具有重要意义，主要有以下几个方面：

(1) 它是提高金属材料强度、硬度和耐磨性的重要手段之一，特别是对那些不能进行热处理强化的金属材料，此方法尤为重要。如冷卷弹簧、高锰钢制作的坦克或拖拉机履带、破碎机颚板、低碳钢、奥氏体不锈钢和有色金属等。

(2) 加工硬化是某些工件或半成品能够成形的重要因素。如在冲压过程中金属薄板弯角处变形最严重，因而首先产生加工硬化，当该处变形到一定程度后，随后的变形就转移到其他部分，这样就可以得到厚薄均匀的冲压件。

(3) 加工硬化还可以保证零件或构件在使用过程中的安全性等。零件在使用过程中，某些薄弱部位因偶然过载会产生局部的塑性变形，如果此时材料没有形变强化能力去限制塑性变形继续发展，变形就会一直继续下去，因变形使截面面积减小，过载应力越来越大，最后导致颈缩而产生韧性断裂。但是，由于材料有加工硬化能力，会尽量阻止塑性变形继续发展，使过载部位的塑性变形发展到一定程度便会停止，从而保证了零件的安全使用。

但有时候加工硬化现象的出现却不是我们希望看到的，它会直接导致金属材料难以继续深加工。因为金属材料冷加工到一定程度，积累了一定程度的塑性变形后，变形抗力就会增加，要进一步变形就必须提高应力，这增加了动力消耗。另外，金属经加工硬化后，塑性大大降低，若继续变形则容易开裂，这时可以对材料进行退火，以消除加工硬化现象，恢复材料的塑性。

应当指出，加工硬化有一定的局限性：一是对某些形状较大的工件无法进行冷变形；二是它的强化作用是有限度的，它对强度的提高是以损失一部分塑性和韧性储备来获得的。

9.3　第二相颗粒强化

9.3.1　第二相强化的基本概念

绝大多数金属材料由两种以上元素组成，各元素之间可能发生相互作用而形成不同于基体的第二相。体积分数大且连续分布的相称为基体，第二相则是指在金属基体相(通常是固溶体)中还存在另外的一个或几个相，这些相的存在使金属的强度得到提高。如果合金组织中含有一定数量分散的第二相颗粒，其强度往往会有很大的提高。例如，碳钢中碳化物对钢性能的影响，随着碳含量的增加，热轧钢材的抗拉强度从10钢的300MPa急剧上升到共析钢的800MPa。金属材料通过基体中分布的细小弥散的第二相颗粒而产生强化的方法称为第二相强化。

第二相的强化作用同它的形态、数量、大小以及其在基体中的分布方式有密切的关系。在弥散强化合金中，使金属中有第二相的方法很多，可以在浇铸时的熔融状态下加入异相颗粒制成复合材料，也可以通过合金化使得冷却过程中有第二相析出等。因为主要是第二相和基体的性质决定材料的性能，所以在研究强化机理时可不考虑材料的加工过程。

9.3.2 第二相颗粒的分类及原理

按第二相颗粒特性不同，第二相颗粒强化分为可变形颗粒强化和不可变形颗粒强化。

1. 可变形颗粒强化(沉淀强化)

可变形沉淀相颗粒从固溶体中沉淀或脱溶析出引起的强化效应，常称作沉淀强化，又称析出强化或时效强化。沉淀强化的条件是第二相颗粒能在高温下溶解，并且其固溶度随温度降低而下降。沉淀强化的基本途径是合金化加淬火(固溶)时效，合金化可以为理想的沉淀相提供成分条件。

沉淀过程中第二相颗粒会发生与基体共格向非共格的过渡，使强化机制发生变化：

(1) 当第二相颗粒尺寸较小并与基体保持共格关系时，位错以切过的方式同第二相颗粒发生交互作用。

(2) 而当沉淀相颗粒尺寸较大并已丧失与基体的共格关系时，位错以绕过的方式通过颗粒。

(3) 位错切过沉淀相颗粒的最大临界尺寸为

$$r_c = \frac{2Gb}{\pi\gamma} \tag{9-8}$$

式中，G 为剪切模量；γ 是颗粒界面能；b 为伯氏矢量大小；r_c 为可变形颗粒半径。

一般对共格颗粒而言，颗粒直径小于 15nm，位错绕过颗粒滑移；对非共格颗粒而言，颗粒直径大于 1μm 时，位错绕过颗粒滑移。

非共格颗粒强化方式同不可变形颗粒的强化机制有共同之处，故常将过时效状态下非共格沉淀相颗粒的强化作用归于不可变形颗粒强化一类。

可变形颗粒强化机制取决于颗粒本身的性质及其与基体的关系，主要通过共格应变效应、化学强化、有序强化、模量强化、层错强化、派-纳力强化等效应产生强化作用。

沉淀强化时第二相颗粒与基体之间的共格关系，将产生共格应变场，并与位错发生交互作用。同固溶强化中溶质原子与位错的交互作用相似，引起基体点阵膨胀的沉淀相颗粒与刃型位错的受拉区相吸引，而引起基体点阵收缩的沉淀相颗粒与刃型位错的受压区相吸引。因此，即使滑移位错不直接切过沉淀相颗粒，也会通过共格应变场阻碍位错运动。化学强化则是当滑移位错切过沉淀相颗粒时，会在颗粒与基体间形成新的界面，形成新界面使系统能量升高，进而产生强化效应。

许多沉淀相是金属间化合物，呈有序点阵结构并与基体保持共格关系。当位错切过这种有序共格沉淀颗粒时，会产生反相畴界而引起强化效应；模量强化、层错强化、派-纳力强化分别是由于沉淀相颗粒的弹性模量、层错能、派-纳力与基体相的不同，使位错难以切过沉淀相而导致的强化效应；沉淀强化是多种强化效应综合作用的结果。在一般情况下，常以共格应变强化为主。

综上所述，沉淀相可变形颗粒的强化效应与以下几方面因素有关(综合作用使合金的强度提高)。

(1) 第二相颗粒具有与基体不同的点阵结构和点阵常数，当位错切过共格颗粒时，在滑移面上造成错配的原子排列，增大位错运动的阻力。

(2) 沉淀相颗粒的弹性应力场与位错的应力场之间产生交互作用，对位错的运动有阻碍作用。

(3) 位错切过颗粒后形成滑移台阶，增加界面能，阻碍位错的运动。

(4) 当颗粒的剪切模量高于基体，位错进入沉淀相时，增大位错自身的弹性畸变能，引起位错的能量和线张力变大，位错运动受到更大的阻碍。

(5) 若颗粒是有序结构，则位错切过颗粒时将在滑移面上产生反相畴界，反相畴界能高于颗粒与基体间的界面能。

与基体完全共格的沉淀相颗粒具有更为显著的强化效应。Al0.4%Cu 合金是通过时效处理获得沉淀强化效果的典型例子。时效处理要经过三个步骤(图 9.5)。

(1) 将合金加热至固溶度曲线以上的α单相区保温，以获得均匀的α固溶体。

(2) 采取急冷的方法使原子来不及扩散，不能形核形成θ相，急冷后合金中只含α相，但α相中的 Cu 含量大大超过了其固溶度，形成非平衡结构的过饱和固溶体。

(3) 过饱和α固溶体加热至低于固溶度曲线的某一温度进行保温时效，形成新相。

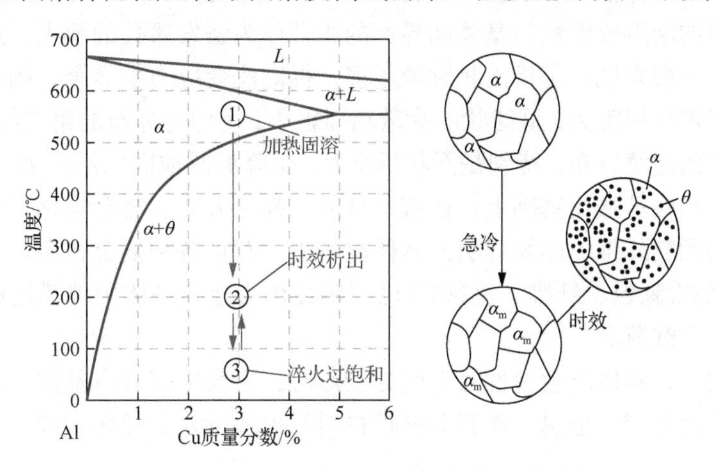

图 9.5　Al0.4%Cu 合金的时效处理与沉淀强化

2. 不可变形颗粒强化(弥散强化或分散强化)

获得弥散强化相的方法有内氧化、烧结以及人为地在金属基体中添加弥散分布的硬颗粒等方法。此外，常将合金时效或进行回火，产生弥散强化。

弥散强化时，位错难于切过弥散分布的不可变形硬颗粒时，将以绕过的方式与颗粒发生交互作用。第二相硬颗粒的强化机理以图 9.6 说明。基体与第二相的界面存在点阵畸变和应力场，从而成为位错滑动的阻碍。滑动位错遇到这种阻碍后变得弯曲。随着外加切应力的增大，位错弯曲程度加剧，并逐渐形成环状。由于两个颗粒间位错线的符号相反，它们将互相抵消形成包围小颗粒的位错环，原位错则从此越过第二相颗粒而继续向前滑动。每个越过第二相颗粒的位错有一定的斥力，使滑动位错所受阻力增大。颗粒周围积累的位错环越多，位错通过的阻力越大。这一机制是由奥罗万(Orowan)首先提出的，通常称为奥罗万机制。

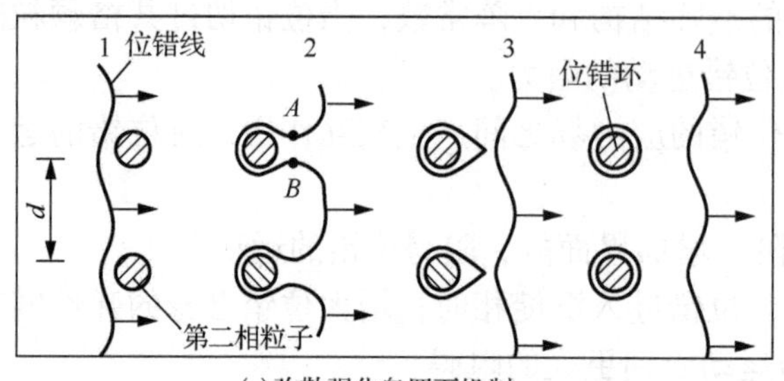

(a)弥散强化奥罗万机制

(b)小变形量时Cu-30%Zn晶体中的Al_3O_2颗粒周围的位错环

图 9.6　弥散强化奥罗万机制及小变形量时 Cu30%Zn 晶体中的 Al_3O_2 颗粒周围的位错环

位错线绕过间距为 λ 的颗粒时，所需的切应力 $\tau=2T/b\lambda$，其中 $T=1/2Gb^2$，$\tau=Gb/\lambda$。因此，λ 越小，τ 越大，即减小颗粒尺寸或提高颗粒的体积分数可使合金的强度提高。

9.3.3　第二相颗粒尺寸控制

需要注意的是，弥散相有效提高材料强度的同时也将降低其本身塑性，这是因为弥散相颗粒常以本身的断裂或颗粒与基体间界面的脱开作为诱发微孔的地点，从而降低塑性应变，直至断裂。一般来说：①析出相颗粒越多，提高流变应力越显著，则塑性越低；②呈片状的弥散相对塑性损害大，呈球状的弥散相损害小；③均匀分布的第二相对塑性损害小；④弥散相沿晶界的连续分布，特别是网状析出时，会降低晶粒间的结合力，明显危害塑性。

在上述第二相颗粒强化基础上，还有一种复合强化方式。复合强化是将具有高强度的金属或非金属的颗粒纤维、晶须等引入基体材料中，获得各种复合材料。同前述两种强化方式不同，增强相(颗粒、纤维、晶须)等已不单纯作为金属基体中位错运动的障碍，其本身还要能直接承受载荷。

在外力作用下，基体产生弹性乃至塑性变形时，会发生应力由基体向增强相转移的现象，从而产生强化效应。金属、陶瓷等各种材料都可通过复合强化方式，形成高强韧性的多种复合材料。

9.4　固 溶 强 化

9.4.1　固溶强化的基本概念

固溶强化是指金属经过适当的合金化后，强度、硬度等提升的现象。其原因主要可归结于溶质原子和位错的交互作用，这些作用起源于溶质引发的局部点阵畸变。溶质原子溶入基体中产生原子尺寸效应、弹性模量效应和固溶体有序化作用，从而导致材料强化。

固溶体和纯金属都是单相组织，但是它们的强度不同，固溶体高于纯金属。图 9.7 表示的是碳含量对α-Fe 屈服强度的影响，可以看到很少量的碳(几个 ppm)就使屈服强度由 50MPa 升到 100MPa，提高了一倍。图 9.8 表示的是一些置换式合金元素对α-Fe 拉伸强度的影响，纵坐标为拉伸强度增加值。可以看到，若要提高 50MPa，大约需要 1at.%(原子分数)的 Mo、Ni，而对于 Cr、Co、V 则就要大约 10at.%，这种加入合金元素形成固溶体而使强度增加的现象称为固溶强化。由图 9.7 和图 9.8 所示结果的比较可知，间隙元素固溶强化的效果大于置换式固溶元素的强化效果。

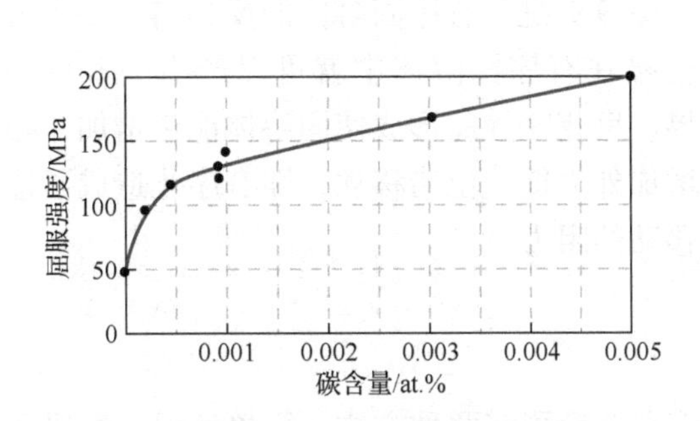

图 9.7　碳含量对α-Fe 屈服强度的影响

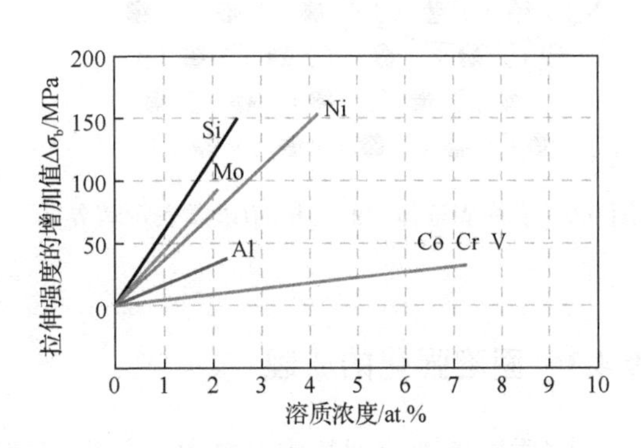

图 9.8　溶质对α-Fe 拉伸强度的影响

9.4.2　固溶强化的效应

1. 原子尺寸效应

由于溶质原子和溶剂原子之间的尺寸差异，在溶质原子周围晶体内会产生晶格畸变，形成以溶质原子为中心的弹性应变(力)场。该应变场会和位错应力场发生弹性交互作用。

溶质原子移向位错线附近时,尺寸小于溶剂原子的溶质原子移向位错周围的受压区域；尺寸大于溶剂原子的溶质原子移向受张区域，形成原子气团。位错的运动将会受到原子气团的钉扎作用，从而提高材料的强度。

2. 弹性模量效应

固溶体中的溶质元素与基体材料的弹性模量不同时，在溶质原子周围会形成一个半径约两倍于溶质原子的区域，此区域的弹性模量 E_p 与基体的弹性模量 E 不同。在产生相同的应变时，此区域与基体所需要的外加应力将不同，外力所做的功(能量)也不一样。两者之间存在一个能量差值，此能量差将对位错线产生一定的力。

当 $E_p>E$ 时，该力为阻力，将使通过溶质原子区域的位错受到阻碍；当 $E_p<E$ 时，该力为吸力，将促使位错线向溶质原子区域运动。无论哪种情况，都需要增大外力才能使位错脱开此区域而继续向前运动，相应地提高固溶体的强度。

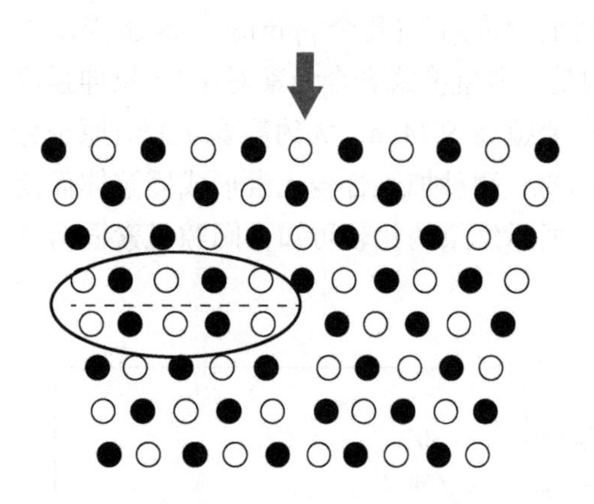

图 9.9　有序固溶体中的反相畴(虚线表示畴界)

3. 固溶体中的有序化及强化

当材料中同类原子的结合力比较弱而异类原子间的结合力比较强时，固溶体就会产生有序化。当位错从这种有序化区域移动时，有序度受到破坏，使位错滑动面两侧原来为 A-B 对的原子对变为 A-A 对和 B-B 对的原子对，从而形成反相畴。

图 9.9 是一有序固溶体的反相畴。一个刃型位错在有序固溶体中就可以产生一条反相畴界。反相畴界的形成使固溶体能量增加，必须增加外力促使位错移动，即有序化造成了位错移动的阻力。

9.4.3　固溶强化的原理

溶质原子固溶到基体材料中，分为间隙固溶和置换固溶两种方式。简单地说，溶质元素可以使材料得到强化的微观机制在于，无论是间隙式固溶原子还是置换式固溶原子，都会使溶剂金属的晶格产生畸变，产生一内应力场，位错在该内应力场中运动会受到阻力。应力场的大小一方面与溶质原子和溶剂原子的尺寸差别有关，尺寸相差越大，应力场越强；另一方面也与它们两者弹性模量的大小有关。可以说，置换式或间隙式溶质原子对位错的运动起着原子尺寸障碍的作用。

1. 间隙固溶强化

一些原子半径较小的非金属元素受原子尺寸因素的影响，可进入溶剂晶格结构中的某些间隙位置，形成间隙固溶体。对金属铁而言，其间隙固溶体是由 Fe 与较小原子尺寸的 C、N 等间隙元素所组成的。间隙元素的原子半径(r_x)通常小于 0.1nm(表 9.1)。

表 9.1　一些间隙元素的原子半径

间隙元素	B	C	N	O	H
原子半径/nm	0.091	0.077	0.071	0.063	0.046

间隙固溶体的形成条件必须满足 Hägg 定则，即 $r_x / r_M<0.59$(r_M 为溶剂原子半径)。间隙固溶体总是有限固溶体，其固溶度取决于溶剂金属的晶体结构和间隙元素的原子尺寸。间隙固溶体的有限固溶度决定了它仍然保持溶剂金属的点阵类型，间隙原子仅占据溶剂金属点阵的八面体间隙或四面体间隙。

间隙原子进入溶剂点阵中必将引起晶格畸变。间隙原子的固溶度随其原子尺寸的减小而增大，即按 B、C、N、O、H 的顺序增大。

间隙固溶体中，间隙原子 C、N 与刃型位错交互作用形成科氏气团(Cottrell atmosphere)，与螺型位错形成斯鲁克(Snoke)气团。当位错被气团钉扎时，位错移动阻力增大。为使位错挣脱气团而运动，就必须施加更大的外力，因此增加了钢的塑性变形抗力，达到强化的目的。

综合考虑各种效应，可以把间隙原子尺寸对铁(体心立方)的屈服强度的影响表达为下面的通式：

$$\Delta\sigma_s = k_i c_i^n \tag{9-9}$$

式中，σ_s为屈服强度；k_i为由间隙原子性质、基体晶格类型、基体的刚度、溶质和溶剂原子直径差及两者化学性质的差别等因素决定的数值；c_i为间隙原子的固溶量(摩尔分数)；n为0.33～2.0变化的一个指数。

溶质原子对金属的强化作用与晶体点阵结构有关。在面心立方晶格中间隙原子造成的畸变呈球面对称，其强化属于弱强化。

2. 置换固溶体强化

当溶剂原子与溶质原子的半径差超过15%时，原子尺寸因素将不利于形成固溶体，固溶度将很小。组元在置换固溶体中的固溶度取决于溶剂与溶质的点阵类型、原子尺寸以及组元的电子结构，即组元在周期表中的相对位置。

例如，不同合金元素在α-Fe和γ-Fe中的固溶情况是不同的。其中，Ni、Co、Mn形成γ-Fe基的无限固溶体，而Cr、V则形成α-Fe基的无限固溶体。形成无限固溶体必须符合溶质与溶剂点阵相同的条件。

形成置换固溶体的第二个影响因素是原子尺寸。当形成无限固溶体或有限固溶体时，溶质与溶剂的原子半径差应不大于±15%。置换式溶质原子在基体晶格中造成的畸变大都是球面对称的，因而强化效果比间隙式溶质原子约小两个数量级，产生弱强化，而且置换式固溶原子在面心立方晶体中的强化作用更小。置换式固溶原子对铁素体屈服强度的影响可表示为

$$\Delta\sigma_s = 2A\delta\varepsilon^{4/3}c_s \tag{9-10}$$

式中，σ_s为屈服强度；A为常数；δ为错配度，是表示溶质原子半径和溶剂原子半径差别的参数；c_s为溶质摩尔分数。

置换式溶质原子除与位错发生弹性相互作用产生科氏气团或斯鲁克气团外，还可能通过化学吸附或反吸附与位错产生化学交互作用，主要表现是晶体中层错区内溶质原子的浓度。置换式溶质原子在层错区的特殊分布或特殊平衡浓度的组态，称为铃木气团。

铃木气团同样可以钉扎位错，造成金属强化。化学交互作用的强化能力远小于弹性交互作用，但该作用对温度不敏感，因而在高温下显得比较重要，可以提高材料的高温强度。

因此，固溶强化效果主要取决于以下两个因素：

(1) 溶剂原子与溶质原子的直径、电化学特性差异越大，则强化效果越明显。

(2) 溶质的加入量越高，强化效果越明显。但当溶质的加入量超过其固溶度时，会析出新相，产生另外一种强化机制——弥散强化。

9.5 其他强化方法

9.5.1 相变强化

相变强化主要通过热处理等方式改变材料的内部组织结构来达到强化材料的目的。相变强化是固溶强化、细晶强化、弥散强化和形变强化的综合效应。

通常金属材料的相变强化包括马氏体强化与贝氏体强化。以共析钢为例，共析钢的室温平衡组织为珠光体，加热到 A_1 温度以上时，组织转变为奥氏体。

奥氏体形成过程中生成的晶粒大小会影响冷却后的组织，较细小的奥氏体晶粒使冷却后的产物也较细密，因而钢的强度、塑性和韧性也较高；反之，则性能较差。奥氏体化后采用不同的工艺参数可得到不同的冷却产物，下面主要讨论生成贝氏体和马氏体时材料的强韧化机理。

奥氏体在冷却过程中形成珠光体和贝氏体。其中，在稍高温度下形成上贝氏体，晶粒比较粗大，呈羽毛状；较低温度下形成的下贝氏体晶粒细小，称为针状贝氏体。图 9.10 为共析钢珠光体、贝氏体性能与转变温度的关系。

总体趋势是，转变温度越高，则强度越低，塑性越高。这主要是由于在较低温度下的转变产物较细，Fe_3C 颗粒会有明显的弥散强化作用(对贝氏体而言)；或者铁素体 F/Fe_3C 相界面积较大，有细晶强化作用(对珠光体而言)。由图 9.10 可以看出，下贝氏体具有良好的强度、塑性配合。

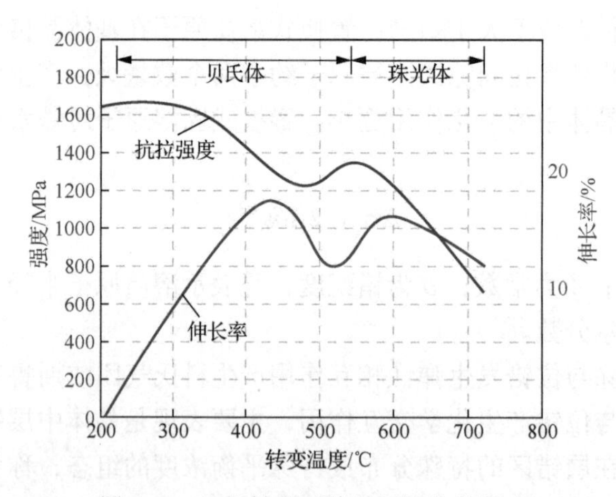

图 9.10 组织转变对共析钢性能的影响

9.5.2 形变热处理强化

形变热处理是指与热加工成形过程结合的热处理工艺。换言之，形变热处理是将塑性变形同热处理有机结合在一起，获得形变强化和相变强化综合效果的工艺方法。形变热处理的主要优点：①将金属材料的成形与获得材料的最终性能结合在一起，简化了生产过程，节约能源及设备投资。②与普通热处理相比，形变热处理后金属材料能达到更好的强度与韧性相配合的力学性能。有些钢特别是微合金化钢，唯有采用形变热处理才能充分发挥钢中合金元素的作用，得到强度高、塑性好的性能。20 世纪 80 年代以后，由于形变热处理多采用将钢材的轧制控制与轧后控制冷却相结合，现代多称为热机械控制工艺(thermo mechanical control process，TMCP)，即在热轧过程中，在控制加热温度、轧制温度和压下量的控制轧制基础上，再实施空冷或控制冷却及加速冷却的技术总称。

形变热处理强化其实也是一种综合强化，有多种强化机制协同作用。形变热处理可以改变金属组织状态，显著提高金属强度，尤其能改善金属的塑性和韧性，是一种综合强化方法，亦是把塑性变形与相变强化结合在一起的强化手段。例如，通过对过冷奥氏体进行塑性变形，使其转变成马氏体，经回火可使其抗拉强度达到 3000MPa。

9.5.3 界面强化

在金属材料中常见的界面有晶界、亚晶界、相界和外表面等，强化这些界面对于提高材料强度的意义显然是不言而喻的。由于这些问题涉及的内容很多，目前已逐渐形成了一个独立的领域，如金属基复合材料(metal matrix composite materials，MMC)中的界面强化，故在此仅就合金元素对强化界面的作用进行概括性介绍。

多相合金中的相分布和相界强度都可以通过添加合金元素加以改进，如 Al-Zn-Mg-Cu 时效合金为了消除晶界上的贫化区所添加的 Ag，Al-Cu 合金中为了减小 θ 相的接触角所加的微量 Cd 即典型例证。

合金元素与晶界的作用，原则上可分成气团作用和表面吸附作用两种。关于气团作用，最早由 Webb 从弹性相互作用出发进行了严格的处理。他得到的结论是在小角度晶界范围内，溶质原子与晶界的相互作用存在一个饱和浓度，其值与晶界角度大小无关，约为 10^{14} 原子/cm^2，但却是温度的敏感函数。此外，还存在一个与晶界角度大小无关的晶界移动临界速度，大于此值时，气团将拖在晶界的后面运动。但 Thomas 和 Chambers 的同位素试验却指出，在晶界的位错模型适用范围以内溶质原子的集聚和位错数目成正比，其浓度与温度的关系近似线性，而不是指数一类的敏感函数。由此看来，合金元素与晶界的相互作用应不仅限于弹性一种。关于表面吸附作用，一般认为，因为析出的新相表面能较小，所以表面活性金属与基体互溶性很小。新相析出后导致应力松弛，增加晶界的流动性，从而使合金强度有所削弱，如 Ga 对 Cd 和 Sn 即如此，尤其是 Ga 在 Sn 中甚至可将嵌镶块完全分开。但众所周知，Pb 与 Zn 是互不相溶的，彼此都没有表面活性，故表面吸附作用的内在机制是很复杂的。卢柯等提出了运用纳米技术实现材料界面强化的新思路——纳米尺度共格界面强化。除此之外，还有空位强化，如一些金属经高能颗粒辐照(原子反应堆所用材料)后屈服强度提高，就是因为金属受辐照会产生大量空位和间隙原子，这些都构成位错运动的障碍，由此使金属强化。同时发现，经辐照的金属其塑性、韧性降低，脆性增加，即造成金属损伤，亦称为辐照脆性。至今，关于辐照对金属性能(强化和脆化)的影响尚未有统一认识。

9.5.4 复合强化

金属基复合材料是20世纪60年代末才发展起来的，它的出现弥补了其他复合材料耐热性差(使用温度小于300℃)及导电导热性等方面的不足，使复合材料具有了金属材料性能的某些优点。金属基复合材料就是以金属及其合金为基体，由一种或几种金属或非金属增强的复合材料。金属基复合材料所选用的基体主要有铝、镁、钛及其合金，镍基高温合金及金属间化合物等，增强体则主要是颗粒和纤维。

1) 颗粒增强金属基复合

颗粒增强金属基复合材料是由一种或多种陶瓷颗粒或金属颗粒增强体与金属基体组成的先进复合材料，这种复合强化机制与前文提到的弥散强化机制非常相似。该材料一般选择具有高模量、高强度、耐磨及良好的高温性能，并在物理、化学上与基体相匹配的颗粒作为增强体，通常为碳化硅、氧化铝、碳化钛、硼化钛等陶瓷颗粒，有时也用金属颗粒作为增强体。相对于基体，这些增强颗粒可以是外加的，也可以是经过一定的化学反应而形成的。其形状可以是球状、多面体、片状或不规则状。颗粒增强金属基复合材料具有良好的物理性能和力学性能，其性能的高低一般取决于增强颗粒的种类、形状、尺寸及数量，基体金属的种类、性质以及材料的复合工艺等。

2) 纤维增强复合

纤维增强复合材料主要由纤维承受载荷。其强化作用能否充分发挥出来，既与基体性质有关，也取决于纤维的排列形式以及与基体间的结合强度等因素。并不是任何纤维和任何基体都能进行复合，它们必须满足下列条件。

(1) 增强纤维的强度和弹性模量应远远高于基体，这样可以使纤维承担更多的外加载荷。

(2) 增强纤维与基体应做到相互湿润，具有一定的界面结合强度，以保证基体所承受的载荷能通过界面传递给纤维。如果结合强度过低，纤维极易从基体中滑脱，不仅毫无强化作用，反而使材料的整体强度大大降低；但是若结合强度过高，纤维不能从基体中拔出，就会发生脆性断裂。适当的结合强度会使复合材料受力破坏时，纤维能够从基体中拔出以消耗更多能量，从而避免发生脆性破坏。为了提高纤维与基体的结合强度，常用空气氧化或硝酸处理纤维等方法使其表面粗糙，以增加两者之间的结合力。

(3) 增强纤维的排列方向应与构件受力方向一致，这样才能充分发挥强化作用。

(4) 增强纤维和基体的线膨胀系数要匹配。相差过大会在热胀冷缩过程中引起纤维和基体结合强度的降低。

(5) 增强纤维和基体之间不能发生使结合强度降低的化学反应。

(6) 增强纤维所占体积分数越高，纤维越长、越细，则强化效果越好。窄短纤维及晶须增强金属基复合材料是以各种短纤维或晶须为增强体，以金属为基体形成的复合材料。

晶须不仅本身的力学性能优越，而且具有一定的长径比，因此比颗粒对金属基体的强化效果更显著。所用晶须主要是碳化硅晶须，其性能较好，但价格昂贵。最近发展的硼酸铝晶须，性能与碳化硅晶须相当，而价格仅为其 1/10，但存在与铝基体发生反应的问题。碳化硅晶须增强 6061 铝合金的强度为 608MPa，弹性模量为 122GPa，可见其强化效果明显高于颗粒。但目前碳化硅晶须增强铝基复合材料仍存在成本高、塑性与韧性低的缺点。

虽然金属基复合材料集合了金属和其他材料的优点，但由于其生产加工工艺不完善，成本较高，故还没有形成大规模大批量的生产，但其仍拥有巨大的应用潜力和发展前景。

9.6　应用案例分析

9.6.1　晶粒细化诱导纯镁力学性能的大幅提升

镁合金具有比强度高、比刚度大、电磁屏蔽性能优异等突出特点，在航空航天、交通运输、电子信息等迫切需求轻量化制造领域具有广阔的应用前景。但镁合金具有密排六方晶体结构，在室温变形条件下独立的滑移系少，其室温塑性变形主要由临界分切应力最低的$\{0001\}\langle 11\bar{2}0\rangle$基面滑移和$\{10\bar{1}2\}\langle 10\bar{1}1\rangle$拉伸孪晶承担，导致其绝对强度和室温塑性都较低，这严重阻碍了镁合金作为高性能结构材料的广泛应用。

近期研究学者根据经典的 Hall-Petch 关系，采用剧烈塑性变形技术，成功地在大范围内调控了商业纯 Mg 的晶粒尺寸(从亚微米到数十微米范畴)。图 9.11(a)～(h)为通过高压扭转和后续热处理技术制备的纯 Mg 样品的微观组织。通过改变热处理温度和保温时间，可以在较大范围内对晶粒尺寸进行精确调控。EBSD 反极图和晶界图表明，这些样品均是由高度再结晶的等轴晶粒构成的，并且具有变形镁合金的典型基面织构。图 9.11(i)是不同晶粒尺寸纯 Mg 样品在室温准静态拉伸条件下获得的应力-应变曲线，随着晶粒尺寸的减小，材料的强度和塑性同步提高。平均晶粒尺寸为 1.57μm 的样品具有最高的屈服强度和较好的伸长率(25%以上)。进一步细化晶粒，反而会导致材料的软化。特别地，超细晶样品(d = 0.65μm)的屈服强度和抗拉强度仅为 87MPa 和 135MPa，产生了反 Hall-Petch 效应，这是由于在 1μm 尺寸下，晶界介导的变形机制，即晶界滑移取代常规的基面滑移和孪晶变形，成为其主导的变形机制，使原本滑移系不足的缺陷变得不那么重要，最终使断裂伸长率高达 60%以上，是常规粗晶纯 Mg 样品的 6 倍。

图 9.11 显示了具有不同平均晶粒尺寸的完全再结晶微观组织，其中图 9.11(a)和(b)为超细晶组织，平均晶粒尺寸为 0.65μm；图 9.11(c)和(d)中平均晶粒尺寸为 2.46μm；图 9.11(e)和(f)为平均晶粒尺寸为 7.27μm 的粗晶；图 9.11(g)和(h)为平均晶粒尺寸为 59.7μm 的大晶粒组织；图 9.11(i)为晶粒尺寸 d 与拉伸性能关系。

综上所述，通过改变晶粒尺寸，可以大幅调控纯 Mg 的强度和塑性。尤其当晶粒尺寸细化到 1μm 以下时，晶界滑移取代常规的基面滑移和孪晶变形，成为其主导的变形机制，并带来材料室温塑性的巨大提高。未来，通过进一步调控超细晶纯 Mg 的晶界稳定性，有望设计和制备性能超常的新型镁合金。

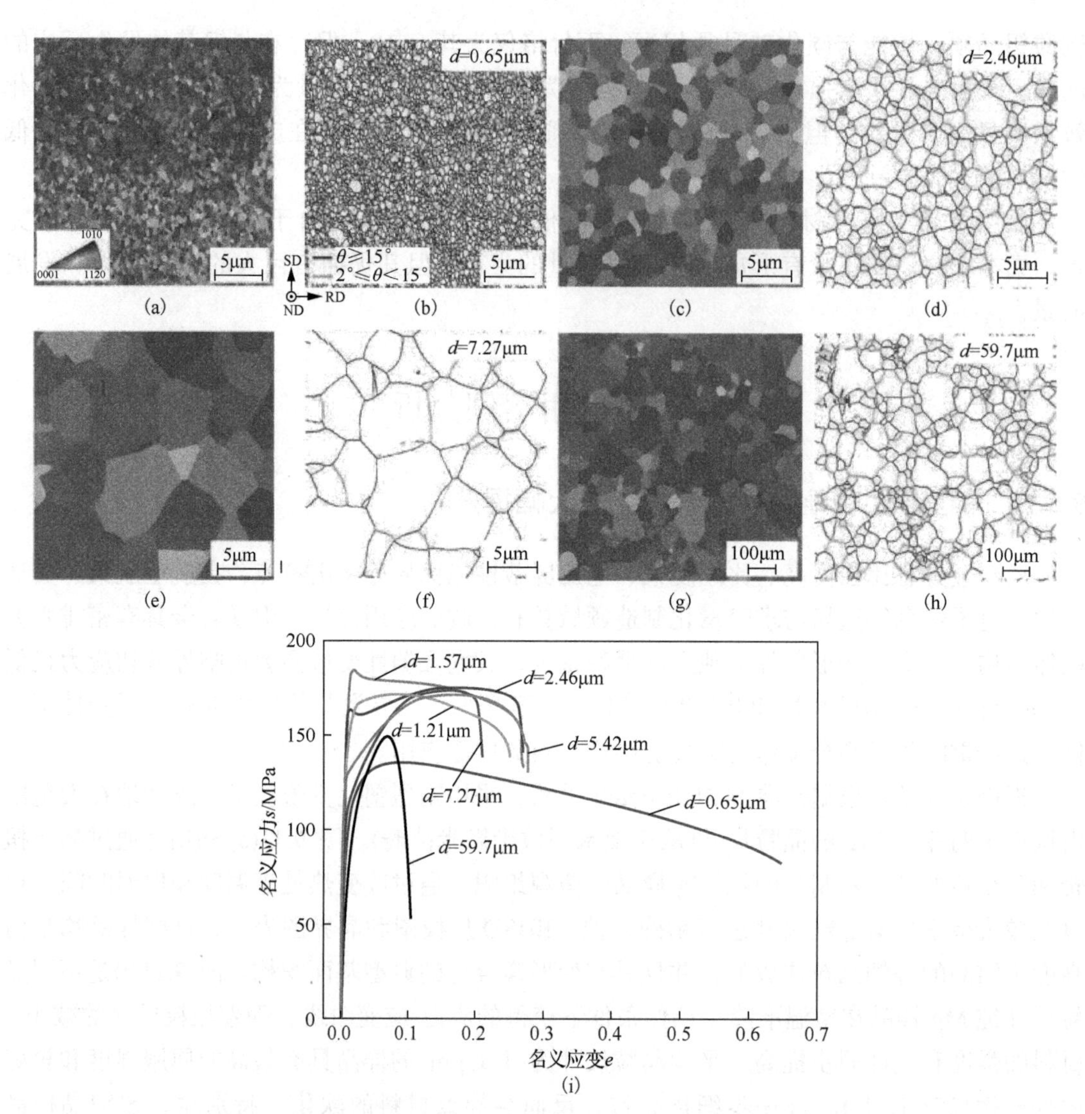

彩图 9.11

图 9.11　大变形加热处理后几种代表性样品的 EBSD 反极图和晶界图以及不同晶粒尺寸绳 Mg 样品的应力-应变图

9.6.2　激光冲击强化诱导多种强化机制复合的材料性能提升

在机械工程中，通常经过冷拉、辊压和喷丸等工艺，能够显著提高金属材料、零件和构件的表面强度。在零件受力后，某些部位局部应力常超过材料的屈服极限，引起塑性变形，加工硬化限制了塑性变形的继续发展，因此可以提高构件的安全度。

其中，激光冲击强化技术作为一种新兴的表面强化技术，最早可以追溯到 20 世纪 60 年代，应用于航空发动机部件抗疲劳制造。近年来，激光冲击强化技术也逐渐应用于提高强度、耐磨损、耐腐蚀等高性能材料的制备后处理工艺中。在此过程中，当高能脉冲激光辐照金属材料时，所产生的高压冲击波会向材料内部传播，引起超高应变率的塑性变形，并产生一定深度的加工硬化层，显著提升材料及表面硬度，如图 9.12 所示，且随着冲击次数的增加，位错密度累积效果明显，峰值硬度和影响层深度也不断增加。

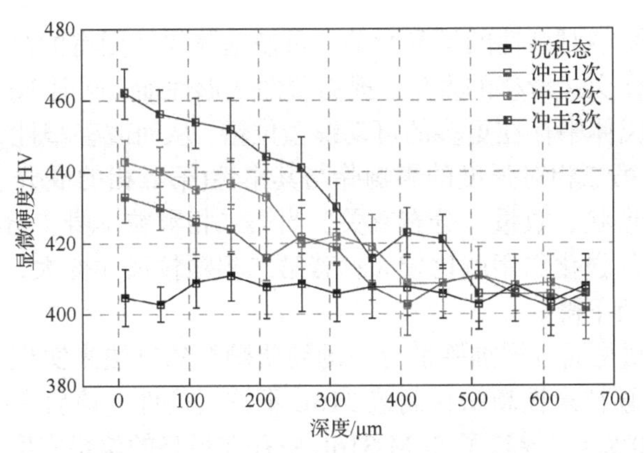

彩图 9.12

图 9.12 不同激光冲击次数下 Inconel 625 合金近表层显微硬度变化趋势

在一项研究中发现，高能脉冲激光冲击能够诱导位错重排，使材料最表层发生连续动态再结晶演变，达到细化晶粒的作用。研究指出，在具有高堆垛层错能材料的金属 LY2 铝合金中，位错运动是冲击波作用下材料变形的主要方式。其层错能较高，位错的可动性就高，因此其变形的主要机制是滑移。激光冲击时，高应变速率易使材料中产生大量位错，且不易分解，能借助交滑移来克服移动时遇到的障碍，位错滑移、积累、交互作用、湮灭和重排等形成位错墙和位错缠结，当冲击次数和冲击能量不断增加时，在冲击波的持续作用下，位错的缠结区将原始晶粒分割成尺寸较小的位错胞，位错胞和亚晶发生转动，并逐渐演变成小角度亚晶界、大角度亚晶界，最终形成新晶界，晶粒得到细化(图 9.13)，这也为利用加工硬化提升构件性能、改善微观组织状态提供了理论指导。

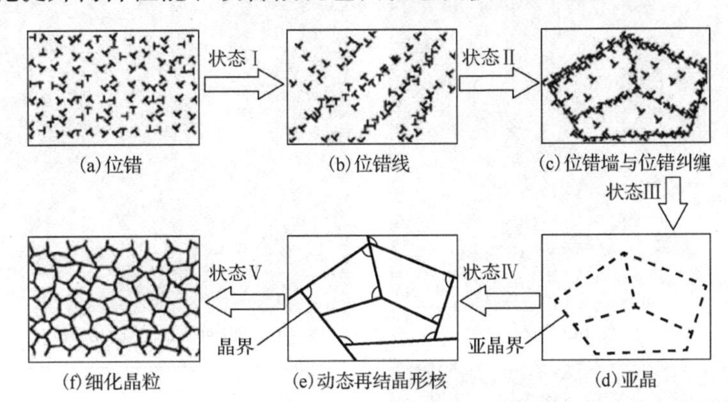

图 9.13 多重激光冲击引起的 LY2 铝合金微观组织演变示意图

9.6.3 第二相颗粒强化在材料制造工艺中的应用

马氏体时效钢是运用弥散强化理论的一个典型例子。这类钢的一个重要特点是不依靠碳来强化。研究表明，当碳含量超出 0.03%时这类钢的冲击韧性陡然下降。马氏体时效钢的强韧化思路是：以高塑性的超低碳位错型马氏体和具有高沉淀硬化作用的金属间化合物作为组成相，将这两个在性能上相差甚远的相组合起来就构成了具有优异强韧性配合的钢种。

马氏体时效钢加入 Ni、Mo、Ti 和 Al 等元素，可形成 A_3B 型的 η-Ni_3Mo 或 Ni_3Ti、γ-$Ni_3(Al、Ti)$和 Ni_3Nb 等金属间化合物，在时效过程中沉淀析出起到强化作用。加入 Co 有利于促进沉淀相形成，而且能够细化沉淀相颗粒，减小沉淀相颗粒间距。由于低碳马氏体时效钢消除了 C、N 间隙固溶对韧性的不利影响，可使基体保持固有的高塑性性质。Ni 能使螺型位错不易分解，保证交叉滑移的发生，提高塑性变形性能；同时 Ni 降低位错与杂质间交互作用的能量，使马氏体中存在更多的可动螺型位错，从而改善塑性，降低解理断裂倾向。

需要指出的是，第二相对强度的影响除与其本性(第二相的成分、结构)有关外，还与第二相颗粒的尺寸、形状、数量、分布有关。当第二相颗粒本身十分细小，彼此间距离也很小时，这种第二相的强化作用就比较大；若第二相颗粒尺寸变大，间距也变大，第二相颗粒的强化作用就有所下降。

此外，还有一类则是通过添加弥散分布的硬质颗粒的方法来实现合金强化效应，例如，有学者通过添加 TiC 颗粒来提高增材制造 316L 不锈钢构件。该研究指出，SLM 过程极快的冷却速率(可达到 10^6K/s)，导致了 SLM-316L 中存在很高的位错密度。这是 SLM 可以强化 316L 的主要原因。一般来说，SLM 制造的 316L 的屈服强度可达到 600MPa 左右，伸长率可达到 50%以上，高于 ASTM 规定的 316L 不锈钢屈服强度 > 170MPa，拉伸强度 > 485MPa，伸长率 > 40%的标准。

为了进一步实现构件的强化效应，添加 1wt.%TiC 和 3wt.%TiC 微米颗粒，其中 TiC 与不锈钢的润湿角仅为 30°，因此在凝固的过程中，316L 可以比较容易地依附在 TiC 颗粒上生长。使打印后的 316L-1TiC 和 316L-3TiC 的屈服强度达到 660MPa 和 832MPa。

SLM 后的 EBSD 结果如图 9.14 所示。可以很直观地看出，添加 TiC 颗粒后，316L 的晶粒发生了较大幅度的细化。尤其是 316L-3wt.%TiC，晶粒从 25.9μm 细化到 6.1μm。

彩图 9.14

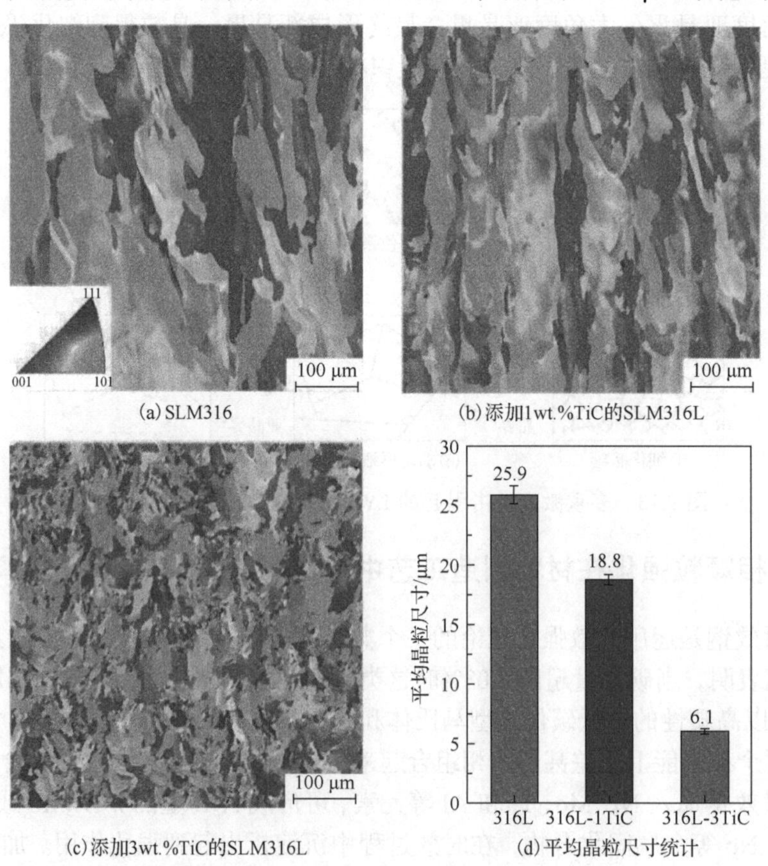

(a) SLM316　(b) 添加1wt.%TiC的SLM316L

(c) 添加3wt.%TiC的SLM316L　(d) 平均晶粒尺寸统计

图 9.14　SLM 后样品 EBSD 结果

图 9.15 展示了添加 3wt.%TiC 后 EBSD 的相分布的研究结果。可以看出，添加 TiC 颗粒后，TiC 沿着奥氏体晶界分布在 316L 基体中。这也是 TiC 在晶粒细化中起到异质形核、抑制晶粒长大作用的直接证据。

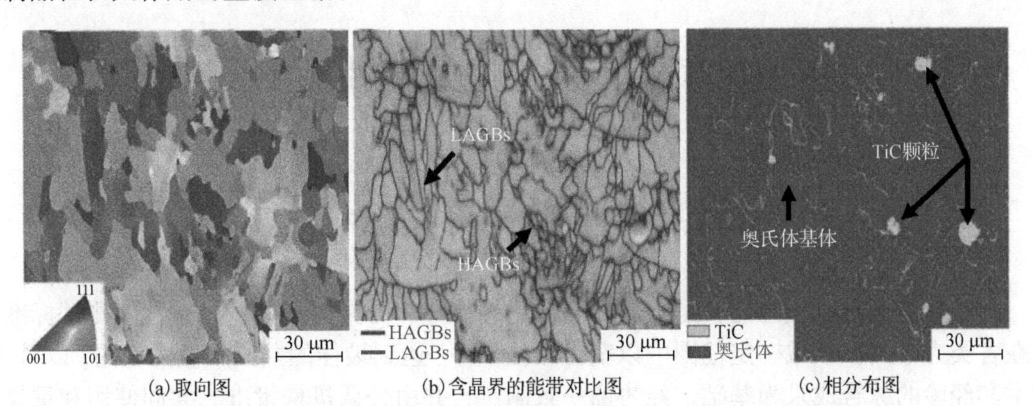

彩图 9.15

(a) 取向图　(b) 含晶界的能带对比图　(c) 相分布图

图 9.15　EBSD 图显示 SLM 316L-3wt.%TiC 中 TiC 颗粒的分布状况

箭头分别指向大角度晶界(LAGBs)和小角度晶界(LAGBs)，包含奥氏体基体和 TiC 颗粒

图 9.16 展示了 SLM 制造强化后的 316L-TiC 的拉伸应力-应变曲线，可以看出，通过这种方法制作的 316L-TiC 拉伸强度远高于传统锻造(Wrought 316L)的不锈钢。同时，塑性也维持在较高的水平。据报道，SLM 316L 的位错密度达到 $1.14\times10^{15}m^{-2}$，而传统合金小于 $10^{14}m^{-2}$，这是 SLM 316L 强度高于常规方法的一个重要原因，而添加的 3wt.%TiC 颗粒则能够将室温下 SLM 316L 的屈服强度提高约 230MPa。这是因为结合良好的 TiC 颗粒可能会成为阻碍位错运动的固定点；除此之外，累积的高密度位错和 TiC 颗粒均为晶粒生长的潜在形核点，这种强化现象主要源于晶界强化(Hall-Petch 关系)和奥罗万强化(基体中弥散分布的颗粒)。此方法有望克服奥氏体不锈钢低强度的短板，进一步扩大其在工业领域的应用。

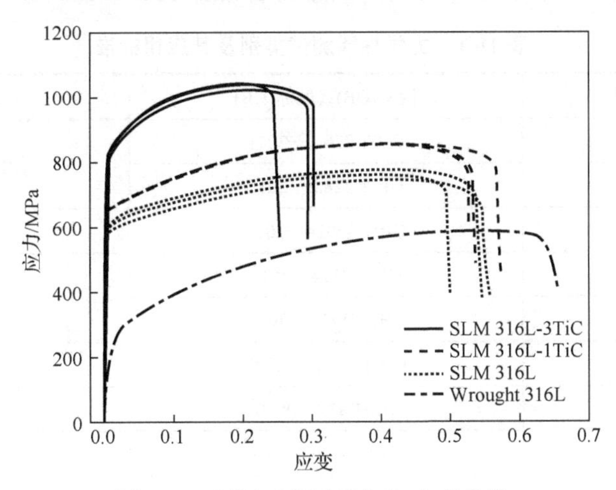

图 9.16　不同工艺下的应力-应变曲线

第 10 章　金属材料力学性能测试

10.1　材料力学性能测试标准

力学性能又称机械性能，是金属材料使用性能好坏的常用指标。力学性能测试标准是指在各类力学测试领域一定范围内以获得最佳秩序、达到最佳的共同效益为目的，以科学、技术和经验的综合成果为基础，经协商一致制定，并由公认机构批准，共同使用和重复使用的一种规范性文件。以标准为基础和参照进行的试验，具有良好的可参考性与较高的可信度。

按照颁布与施行的国家与地区分类，常用的力学性能测试标准包括美国材料与试验协会标准(ASTM)，国际标准化组织标准(ISO)，英国统一标准(BSEN)，德国标准化学会标准(DIN)等。在我国国内常用的有中华人民共和国国家标准(GB)，中华人民共和国航空工业标准(HB)等。

中华人民共和国国家标准，简称国标，由国家标准化管理委员会发布，强制性国家标准的代号为“GB”，推荐性国家标准的代号为“GB/T”。本章主要介绍目前国内具有最主要参考价值的国标，可与世界范围内应用最广泛的 ASTM 标准对比。材料的力学性能测试，包括拉伸、压缩、剪切、疲劳、冲击等，可参考标准如表 10.1 所示。

表 10.1　力学性能测试类别及其应用标准

<table>
<tr><th>力学性能测试类别</th><th>国标(GB)或航标(HB)</th><th>美标(ASTM)</th></tr>
<tr><td>室温拉伸</td><td>GB/T 228.1—2021</td><td rowspan="2">ASTM E8/E8M-16a</td></tr>
<tr><td>高温拉伸</td><td>GB/T 228.2—2015</td></tr>
<tr><td>双向拉伸</td><td>GB/T 36024—2018</td><td>—</td></tr>
<tr><td>室温压缩</td><td>GB/T 7314—2017</td><td rowspan="2">ASTM E9-19</td></tr>
<tr><td>高温压缩</td><td>HB 7571—1997</td></tr>
<tr><td>室温扭转</td><td>GB/T 10128—2007</td><td>—</td></tr>
<tr><td>室温弯曲</td><td>GB/T 232—2010</td><td>ASTM E290-22</td></tr>
<tr><td>线材、铆钉剪切</td><td>GB/T 6400—2007</td><td rowspan="3">ASTM B769
ASTM B831
ASTM B565</td></tr>
<tr><td>销剪切</td><td>GB/T 13683—1992</td></tr>
<tr><td>板材剪切</td><td>HB 6736—1993</td></tr>
<tr><td>布氏硬度</td><td>GB/T 231.1—2018</td><td>ASTM E10-18</td></tr>
<tr><td>洛氏硬度</td><td>GB/T 230.1—2018</td><td>ASTM E18-20</td></tr>
</table>

续表

力学性能测试类别	国标(GB)或航标(HB)	美标(ASTM)
维氏硬度	GB/T 4340.1—2009	ASTM E92-17
显微硬度		ASTM E384-17
夏比冲击	GB/T 229—2020	ASTM E23-18
单轴拉伸蠕变	GB/T 2039—2012	ASTM E139-11
旋转弯曲疲劳	GB/T 4337—2015	—
轴向力控制疲劳	GB/T 3075—2021	ASTM E466-15
应变控制疲劳(恒幅且应变比为 1)	GB/T 26077—2021	—
轴向等幅应力或应变低循环疲劳	GB/T 15248—2008	ASTM E606/E606M-19
扭转疲劳	GB/T 12443—2017	—
疲劳试验设计和结果数据的统计分析方法	GB/T 24176—2009	—

10.2 金属材料力学试验的取样

力学性能试验是对材料的各种力学性能指标进行测定的试验过程，其测定的对象称为试样。试样，指的是经过加工后具有合格尺寸且满足试验要求状态的样坯。由于很多力学性能试验都带有破坏性，不可能将一批材料都作为试样进行试验来评价该材料的质量，而只能抽取一批材料中的一部分进行试验，根据试验的结果对这批材料的质量做出某种判别。因此，试样的真正意义在于它能代表其所在的一批材料。这样，正确取样就成了准确评定材料性能的重要环节。

用于力学性能试验的试样根据取样的不同也有一些区别。第一类是从原材料上取样，这类试样直接从原材料上切取并加工成标准试样。对于原材料是棒材、板材、管材等不同情况，依据相关标准，在一定的部位取样并加工成标准尺寸的各类力学试验所需试样。第二类是从某一结构、某一部位上取样，加工成标准尺寸的试样，如零部件薄弱结构、塑性变形后的不同部位等。针对不同的位置取样能更全面地评价力学性能，校正设计的正确性，同时在失效分析和安全评估中有重要的作用。第三类是将某一结构或零部件整体作为试样，直接进行力学性能试验，如弹簧螺栓、齿轮轴承等。

一般而言，取样的部位、方向和数量这三个因素会对材料性能试验结果产生较大影响。金属材料在塑性变形过程中，变形量的不均匀导致材料缺陷、组织的分布不均匀，在不同部位取样的力学性能试验结果必然不同。轧制或锻造时，沿主要加工变形方向晶粒被拉长成行排列，且夹杂也沿相同方向排列，造成材料性能的各向异性，如薄板纵向试样的抗拉强度、断面收缩率高于横向试样。一些力学性能指标对试验条件和材料特性相对敏感，如冲击试验、疲劳试验，单次的试验结果分散度大，一般需要制取多个样品试验。

对应于各类工况下的受力情况，不同的力学试验具有不同的应力状态，选择合适种类

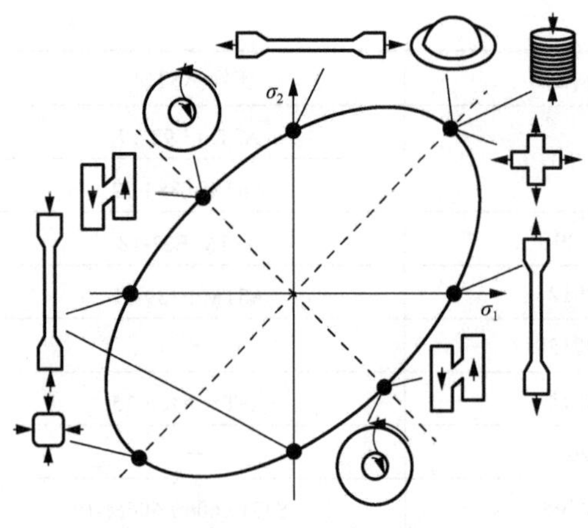

图 10.1　不同应力状态下的板材试样

与规格的试样进行试验尤为重要。图 10.1 所示为板材在不同应力状态下开展力学试验的对应试样：例如，对于一个主应力为零的应力状态，可开展单向拉伸与压缩试验；对于主应力等大且反号的应力状态，可开展面内剪切试验；对于主应力等大且同号的应力状态，可开展双向拉伸试验、双向压缩试验、拉深试验。试验与对应试样的选择应依据实际工况、测试需求来确定，选择合适的试验与试样，才能得到有参考价值的结果。

10.3　应变的测量

在材料的力学性质试验中，应变是使用最广泛的参量。材料的弹塑性力学关系、各种力学行为指标、工程构件中应力的测定大部分都基于应变的测量，因此应变的测量是力学试验最基本的技术。

10.3.1　宏观应变的测量

1. 位移测量法

位移测量法测量试样或试验机某个机件(夹头、拉杆、试验台等)上的一个位置在试验中移动的距离，再将距离换算成应变。由于变形量包含了试样剩余部分的变形、加载系统的弹性变形等，只有试样的计算长度足够大并产生大塑性变形时，才能忽略这种系统误差。在测量金属微量塑性变形时，误差较大。

2. 变形测量法——引伸计法

为了避免位移测量法中出现的系统误差，可以直接测量试样计算长度整段或某一段长度的变化，这需要用引伸计来实现。

引伸计是用来放大并测量微小变形的工具。通过感受变形，传递和放大变形，最后可以指示或记录变形。各种引伸计感受变形的部件大致相似，但放大变形时原理有些差别。根据放大原理的不同可以分为杠杆式引伸计、表式引伸计、光学引伸计等。引伸计灵敏度不高，但是量程较大，在弹性范围和塑性范围都可使用。基本规格是标距、放大倍数和量程。

3. 电阻应变测量法

把电阻应变片固定到变形物体表面，受载时弹性元件随同物体一起变形，变形使元件内部的电阻发生改变，通过特定的电路转换成电压或电流的变化。电阻应变测量灵敏度高、测量范围广、便于显示和自动记录。

4. 数字图像相关法

数字图像相关法(DIC)属于一种非接触光学测量方法。试验前需要在待观察试样表面制备好散斑，三维 DIC 使用两个固定的相机拍摄被测物表面变形前后的数字图像，如图 10.2 所示，通过图像匹配算法计算得到变形前后数字图像中待测点的图像坐标，再结合事先标定好的两个相机的参数和相对位置关系，计算得到变形前后待测点的三维空间坐标，最后以此解算得到全场三维应变。

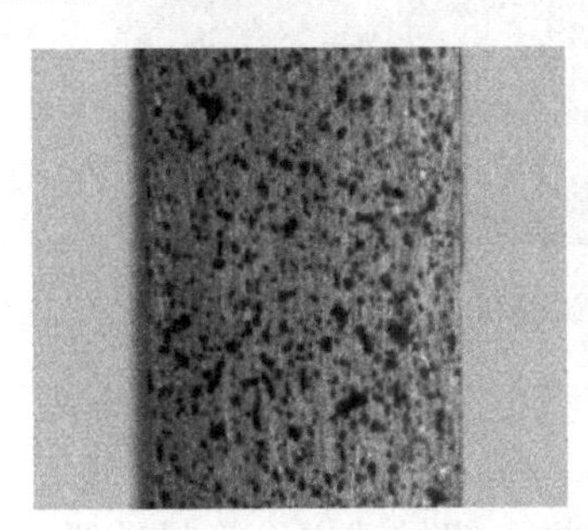

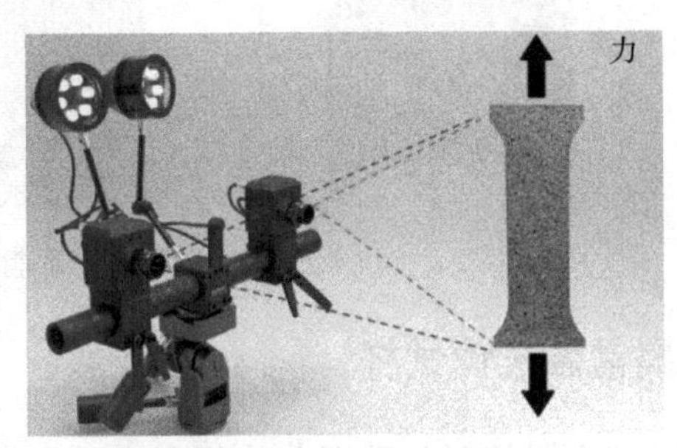

图 10.2　双目 DIC 测量系统

10.3.2　微观应变的测量

微小区域内的应变测量，主要应用于测量显微组织中的晶界等附近的变形，或用于检验裂纹和缺口附近的应变集中，这些微区可以在一个毫米的长度范围内产生百分之几的塑性应变增量。微区塑性应变的测量方法主要有两大类：一类只做表面应变测量，包括网格法、光弹性表面覆膜、波动光栅法、干涉法，通过各种光学现象把表面上的位移予以放大。另一类可以测量内部应变，包括位错的缀饰、位错的透射电子显微镜观察、X 射线技术、显微硬度法。

10.4　金属材料的拉伸试验

10.4.1　试验原理和试验设备

1. 试验原理

试验即用拉力拉伸试样，一般拉至断裂，测定一项或几项力学性能。进行试验之前，应设定力测量系统的零点。夹持过程应尽可能确保试样受轴向拉力的作用，尽量减小弯曲。材料试验机可以自动记录并生成力-位移变形曲线。

2. 试验设备

拉伸试验机是拉伸试验和压缩试验的主要设备。它主要由加载机构、夹持机构、记录机构和测力机构四部分组成，目前主要分为机械式、液压式、电子万能、电液式几类。图 10.3 所示为美国 INSTRON 公司电子万能试验机。

图 10.3 电子万能试验机

10.4.2 金属常温拉伸试样

拉伸试样按金属的形状可以分为板材(薄带)试样、棒材试样、管材试样、线材试样等种类。本章主要介绍板材、棒材的拉伸，这两类也是应用范围最广的试验类型。

1. 圆截面试样

圆截面试样用于棒材的拉伸试验。GB/T 288.1—2021 中规定的圆截面试样见图 10.4。

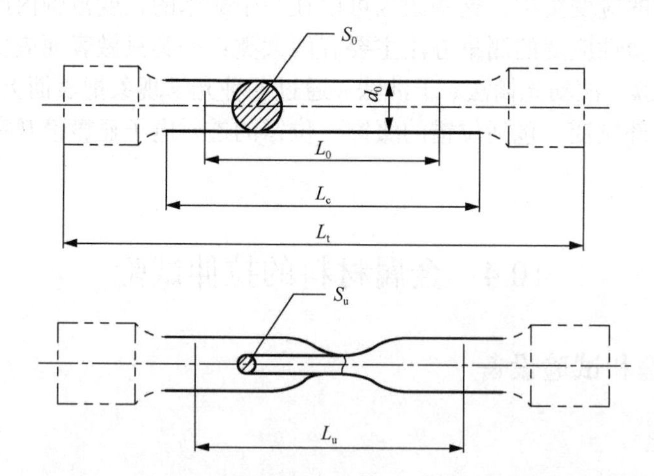

图 10.4 圆截面拉伸试样-国标(试样头部形状仅为示意性)

d_0-圆试样平行长度的原始直径；L_0-原始标距；L_c-平行长度；L_t-试样总长度；L_u-断后标距；S_0-平行长度的原始横截面积；S_u-断后最小横截面积

2. 矩形截面试样

矩形截面试样一般用于板材的拉伸试验。GB/T 288.1—2021 中对矩形截面试样的形状尺寸与试样编号进行了规定，见图 10.5。厚度为 0.1～3mm 的薄板与厚度大于 3mm 的板材适用的规范不同。

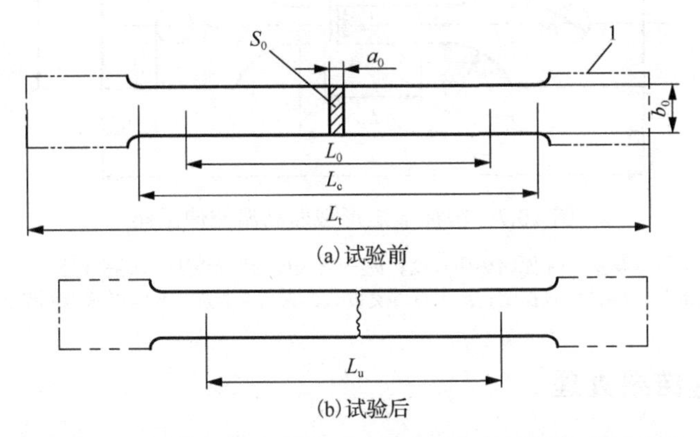

图 10.5 矩形截面拉伸试样-国标(试样头部形状仅为示意性)

L_t-试样总长度；a_0-板试样原始厚度或管壁原始厚度；b_0-板试样平行长度的原始宽度；L_u-断后标距；L_0-原始标距；S_0-平行长度的原始横截面积；L_c-平行长度：1-夹持头部

10.4.3 金属高温拉伸试样

上述试样用于在常温下进行拉伸试验，除非另有规定，常温试验一般在室温 10～35℃范围内进行。对温度要求严格的试验，试验温度应为(23±5)℃。

高温条件下金属材料的拉伸试验，国标 GB/T 228.2—2015 对试样进行了规定。

1. 圆截面试样

图 10.6 为国标中的圆截面试样。试样的头部在高温条件下通常采用螺纹夹持。

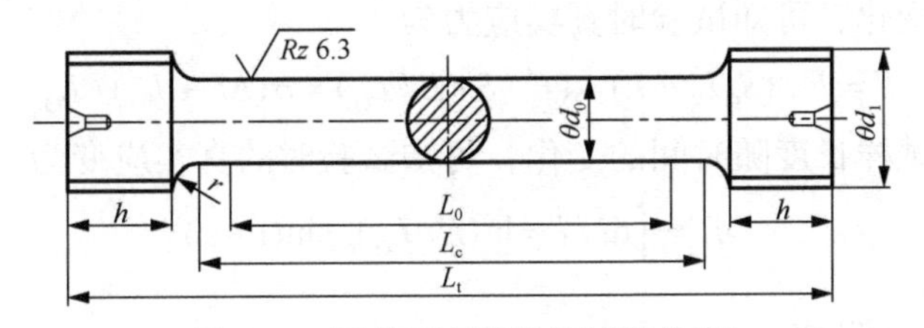

图 10.6 圆截面高温拉伸试样-国标

d_0-平行长度的原始直径；d_1-螺纹公称直径；r-过渡圆弧；h-夹持端长度；L_0-原始标距长度(L_0=5d_0)；L_c-平行长度($L_c \geq L_0+d_0$)；L_t-试样总长度

需要注意的是，使用大尺寸试样可能会超出加热装置的均热带，因此应使用较小尺寸的试样进行试验。

2. 矩形截面试样

图 10.7 给出了国标下的矩形截面试样。类似地，摩擦夹持(楔形夹头、平推夹头)在高温(T>250℃)条件下极不牢固，因此试样采用销钉或套环夹持固定。若试样采用套环卡具夹持，则不需要销孔。

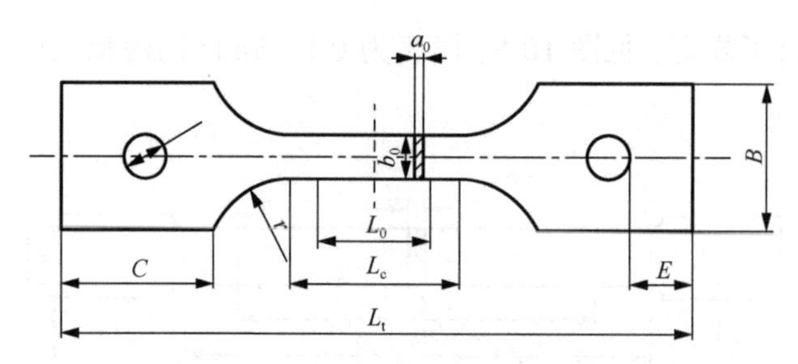

图 10.7　国标下矩形截面高温拉伸试样

a_0-原始厚度；L_0-原始标距长度；b_0-平行长度的原始宽度；L_c-平行长度；
r-过渡圆弧；L_t-试样总长度；B-夹持端宽度；C-夹持端长度；E-试样顶端到销孔距离

10.4.4　拉伸试验结果处理

1. 工程应力应变与真实应力应变

定义工程应力为

$$\sigma = F / S_{\mathrm{O}}$$

式中，F 为拉伸力；S_{O} 为原始截面面积。

定义工程应变为

$$\varepsilon = \Delta L / L_{\mathrm{O}}$$

式中，ΔL 为标距段的伸长量；L_{O} 为原标距。

工程应力、应变相当于在力、位移的基础上除以常数，因此可以将力-位移曲线变换为工程应力-应变曲线，曲线的大体形状不变，数值与单位发生变化。

工程应力与工程应变没有考虑拉伸过程中试样横截面与长度的变化。根据体积不变原理，考虑横截面的变化，可知试验时真实应力为

$$\sigma_{\mathrm{T}} = F / S = F / (S_{\mathrm{O}} L_{\mathrm{O}} / L) = (F / S)(L / L_{\mathrm{O}}) = \sigma(\Delta L + L_{\mathrm{O}}) / L_{\mathrm{O}} = \sigma(1+\varepsilon)$$

类似地，考虑试样长度随时间的变化，可知试验时的真实应变为

$$\varepsilon_{\mathrm{T}} = \int \mathrm{d}l / l = \ln(L / L_{\mathrm{O}}) = \ln(1+\varepsilon)$$

2. 弹性模量的测定

一般可用图解法测定拉伸弹性模量。由于金属材料在弹性阶段变形很小，弹性模量的确定，一般利用载荷-位移曲线或工程应力-应变曲线直接测定。图 10.8 为拉伸试验后得到的力-位移曲线，可据此计算拉伸弹性模量：$E = (\Delta F / S_{\mathrm{O}}) / (\Delta L / L_{\mathrm{cl}})$，选取的两点间距应尽可能大。

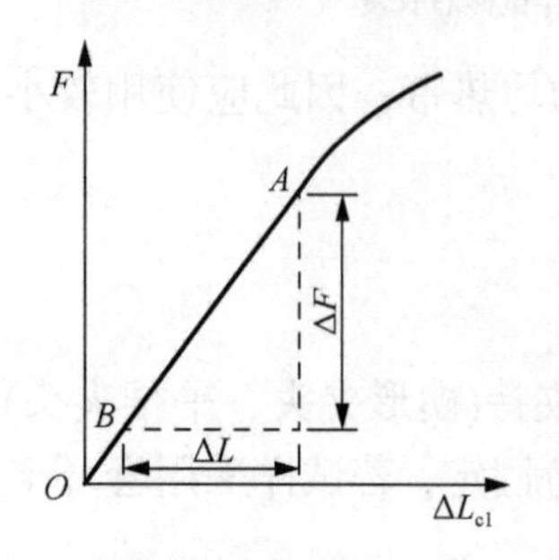

图 10.8　拉伸试验后得到的力-位移曲线

3. 塑性参数的测量

材料进入塑性硬化阶段后，使用不同的本构方程表征需要测定不同的参数。

最基础的本构方程为幂指数硬化模型：$\sigma_{\mathrm{T}} = k\varepsilon_{\mathrm{T}}^{n}$。本构方程中应力和应变均为真实应力和真实应变，应变一般需要在总应变的基础上减去弹性应变，只考虑塑性应变。将式子两端取对数：

$$\lg S_{\mathrm{T}} = \lg k + n\lg e$$

设 $\lg S_{\mathrm{T}} = y, \lg e = x, \lg k = b$，有 $y=b+ax$，这是一个线性方程，利用最小二乘法直线拟合，可得

$$n = \frac{N\sum xy - \sum x\sum y}{N\sum x^2 - (\sum x)^2}$$

式中，N 为数据对个数。

利用真实应力-应变数据，即可拟合出相应的本构方程。本构方程越复杂、参数越多，拟合方程需要的曲线数量越多，往往需要在不同应变速率、不同温度下进行多次试验，得到足够数量的应力-应变曲线数据，以拟合本构方程。

例如，考虑了温度、应变、应变速率综合影响的 Hansel-Spittel 本构模型为

$$\sigma = A\mathrm{e}^{m_1 t}\varepsilon^{m_2}\dot{\varepsilon}^{m_3}\mathrm{e}^{\frac{m_4}{\varepsilon}}(1+\varepsilon)^{m_5 t}\mathrm{e}^{m_7\varepsilon}\dot{\varepsilon}^{m_8 t}t^{m_9}$$

式中，σ 为流变应力；A 为材料常数；e 为自然常数；t 为变形温度；ε 为应变；$\dot{\varepsilon}$ 为应变速率；m_1 为温度相关系数；m_2 为应变强化指数；m_3 为应变速率强化指数；m_4 为应变软化系数；m_5 为温度相关应变强化系数；m_7 为应变相关系数；m_8 为温度相关应变速率强化指数；m_9 为温度指数。

对上式两边取对数：

$$\ln\sigma = \ln A + m_1 t + m_2\ln\varepsilon + m_3\ln\dot{\varepsilon} + \frac{m_4}{\varepsilon} + m_5 t\ln(1+\varepsilon) + m_7\varepsilon + m_8 t\ln\dot{\varepsilon} + m_9\ln t$$

(1) 当温度、应变(t、ε)一定时，本构方程可以化为

$$\ln\sigma = (m_3 + m_8 t)\ln\dot{\varepsilon} + K_1$$

对不同条件下的试验数据以 $\ln\dot{\varepsilon}$-$\ln\sigma$ 为坐标作图，可以得到一系列成线性关系的直线，直线的斜率为不同应变条件下 $m_3 + m_8 t$ 的值，得到这个斜率的值后，又因为不同应变下 $m_3 + m_8 t$ 的值与 t 同样成线性关系，直线的斜率与截距即为 m_3 和 m_8，取其平均值。

(2) 当应变、应变速率(ε、$\dot{\varepsilon}$)一定时，本构方程可以化为

$$\ln\sigma = K_2 + \left[m_1 + m_5\ln(1+\varepsilon) + m_8\ln\dot{\varepsilon}\right]t + m_9\ln t$$

对某一应变速率下 t 和 $\ln\sigma$ 的关系分别用 $y=kx+m_9\ln x+K_2$ 进行拟合，得到 m_9 平均值。简化的本构方程中 $k = m_1 + m_5\ln(1+\varepsilon) + m_8\ln\dot{\varepsilon}$，在某一应变速率下，$\ln\dot{\varepsilon}$ 为一个定值，在不同的应变条件下将 k 的值用函数 $y=K_3+m_5\ln(1+x)$ 拟合，其中 $K_3 = m_1 + m_8\ln\dot{\varepsilon}$ 为常数，可得 m_1 和 m_5 的平均值。

(3) 当温度、应变速率(t、$\dot{\varepsilon}$)一定时，本构方程可以化为

$$\ln\sigma = K_4 + m_2\ln\varepsilon + \frac{m_4}{\varepsilon} + m_5 t\ln(1+\varepsilon) + m_7\varepsilon$$

对某一温度和应变速率下的 $\ln\sigma$ 和 ε 的关系用函数 $y = k_4 + m_2 \ln x + (m_4/x + m_7 x) + M_5 \ln(1+x)$ 进行拟合，其中 $M_5 = m_5 t$ 为常数，类似地可以得到所有温度下 m_2、m_4、m_7 的平均值。

将上述所有得到的参数值代入原始的本构方程，可以得到 A 的平均值。至此，所有未知参数均已得到，即得到了相应的 Hansel-Spittel 本构方程。

10.4.5　双向拉伸试验

材料在单轴拉伸下的力学行为能用于表征材料或结构的强度和变形。但实际上，作用在部件上的应力通常是多轴的，部件材料也可能是各向异性的(如轧制薄板)，单轴拉伸试验在这些情况下会不准确。通过在试验过程中引入双轴载荷条件，可以更准确地表征材料的力学行为。目前，应用较广泛的是金属薄板的双向拉伸试验。

1. 试验原理

在厚度均匀的平板制备而成的十字形试样上，施加平行于试样平面的正交拉伸力，同步连续测量十字形试样测量区域的应力和应变，绘出应力-应变曲线。应力-应变曲线用来确定试样的单位体积塑性功等值线(面)。

2. 试验试样

国标 GB/T 36024—2018 对金属材料薄板薄带的十字形试样双向拉伸试验进行了规定。十字形试样的尺寸要求见图 10.9。

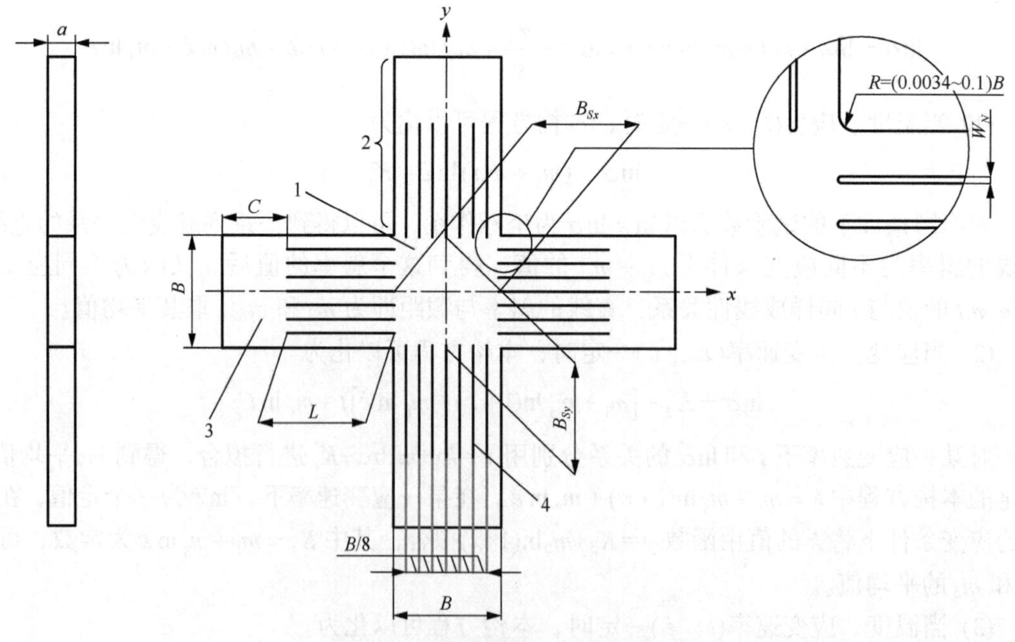

图 10.9　国标规定的双向拉伸试样

1-测量区域；2-拉伸臂；3-夹持端；4-狭缝

3. 试验设备

双向拉伸试验使用双向拉伸机进行试验。图 10.10 为一种伺服控制双向拉伸试验机。双向拉伸机一般均包含四个正交排列的作动器、连接作动器的夹头和安装在每个轴上的载荷传感器。每个加载方向有一个传感器。采用伺服作动器控制的试验机能实现应力比控制和应变速率比控制。

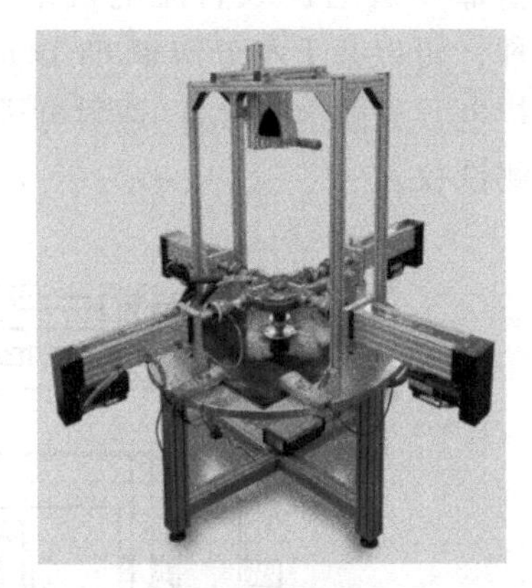

图 10.10　伺服控制双向拉伸试验机

4. 结果处理

根据测量得到的数据(F_x, F_y)和(e_x, e_y)，确定十字形试样 x 方向和 y 方向的应力-应变曲线。这些曲线用来确定试验材料的单位体积塑性功等值线(面)。

图 10.11 为金属板材塑性变形功的测量方法，首先进行沿材料轧制方向的单向拉伸试验，确定单向拉伸的真实应力 σ_0，以及通过预先确定的单向拉伸的真实塑性应变 ε_0^P 的值，来确定单位体积的塑性功 W_0，在这种情况下，W_0 由真实应力-真实塑性应变曲线的投影面积确定。保持特定比值的力值比 $F_x : F_y$，或真实应力比 $\sigma_x : \sigma_y$ 进行双轴拉伸试验；垂直于金属板材轧向进行单拉试验；最后，将多组真实应力点(σ_0, 0)、(σ_x, σ_y)及(0, σ_{90})绘制在主应力空间上，与相应的塑性应变 ε_0^P 形成塑性功，其中可确定相同数量的单位体积的塑性功 W_0。当 ε_0^P 足够小时，相应的塑性功实际上可作为材料的初始屈服面。

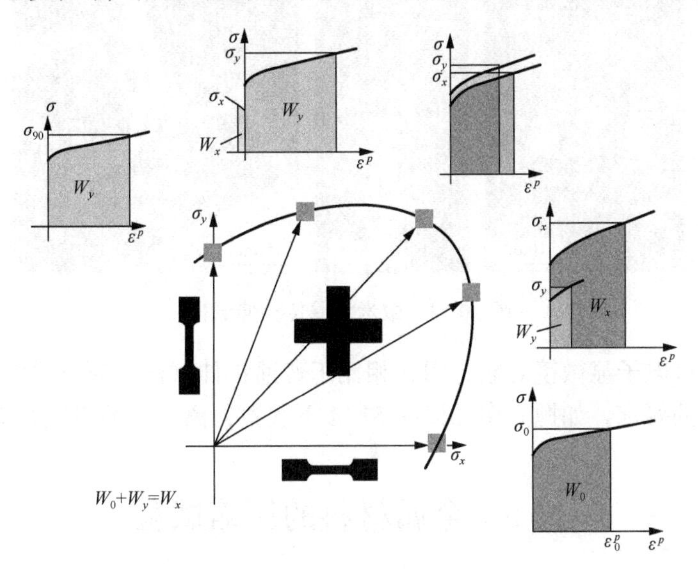

图 10.11　板材塑性变形功的测量方法

10.4.6　原位拉伸试验

原位拉伸试验是将拉伸试验与电子显微学等技术结合，对拉伸载荷下材料微观变形损伤和组织结构演化进行高分辨率可视化动态监测。

为满足拉伸测试装置大载荷/位移加载行程和慢速加载的需要，现有测试装置多数依靠步进电机或直流电机结合减速机构实现驱动加载。结合的观测成像设备也有多种，可以基于高分辨率 CCD 成像设备、X 射线衍射仪(XRD)、原子力显微镜(AFM)、扫描电子显微镜(SEM)、透射电子显微镜(TEM)等，如图 10.12 即一种 SEM 下块体材料拉伸测试仪。

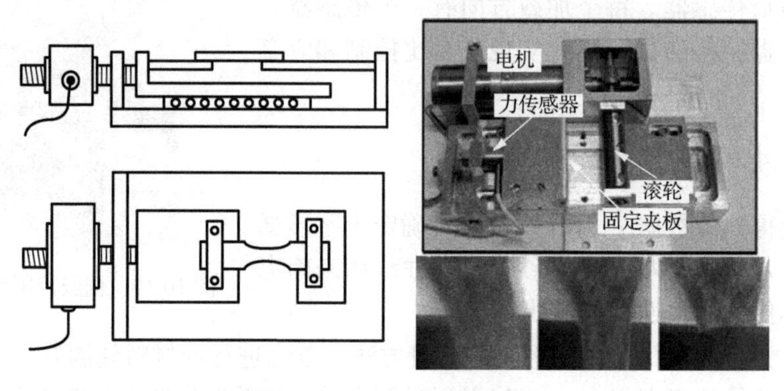

图 10.12　SEM-拉伸测试仪

用于原位拉伸的试样一般要与拉伸装置相配合，拉伸装置往往是自行设计，因此试样基本使用非标件。试样尺寸一般很小，可以达到微米级，因而一般可以使用聚焦离子束加工试样。图 10.13 即一个几微米尺寸的拉伸试样。

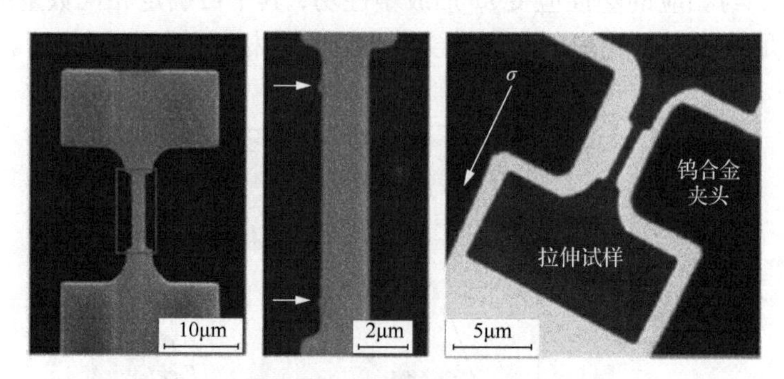

图 10.13　微米级原位拉伸试样

试样需要通过电子显微镜观察，因此相比于普通拉伸试样，原位拉伸试样还需要满足电子显微镜观测的要求，如抛光腐蚀以在 SEM 下观察，离子减薄以通过 TEM 观察等。

10.5　金属材料的压缩试验

10.5.1　压缩试验的基本特点

在工程实际中，存在大量承受压缩载荷的结构与加工过程，因此压缩试验也是一种常用的试验方法。压缩试验可以分为单向压缩、双向压缩和三向压缩等。工程中最常见、最简单的是单向压缩，这里主要研究材料的单向压缩试验。

对于塑性材料，一般只能被压扁而不会破坏。此外，压缩试验时试样端面存在很大的摩擦力，阻碍试样端面的横向变形，影响准确性。试样高度与直径之比(L/D)越小，端面摩擦力对试验结果的影响越大。为减小其影响，可适当增大 L/D。

压缩试验有时需要用到约束装置，例如，在板状试样压缩时，约束装置可以保证试验过程摩擦力为定值。

10.5.2　压缩试验试样

1. 室温压缩试样

国标 GB/T 7314—2017 对金属材料在室温下的单向压缩试验进行了规定。试样的设计应保证：在试验过程中标距内为均匀单向压缩，引伸计所测变形应与试样轴线上标距段的变形相等；端部不应在试验结束之前损坏。国标推荐图 10.14 所示的四种试样，满足要求的其他试样也可以使用。板状试样需要夹在约束装置内试验。

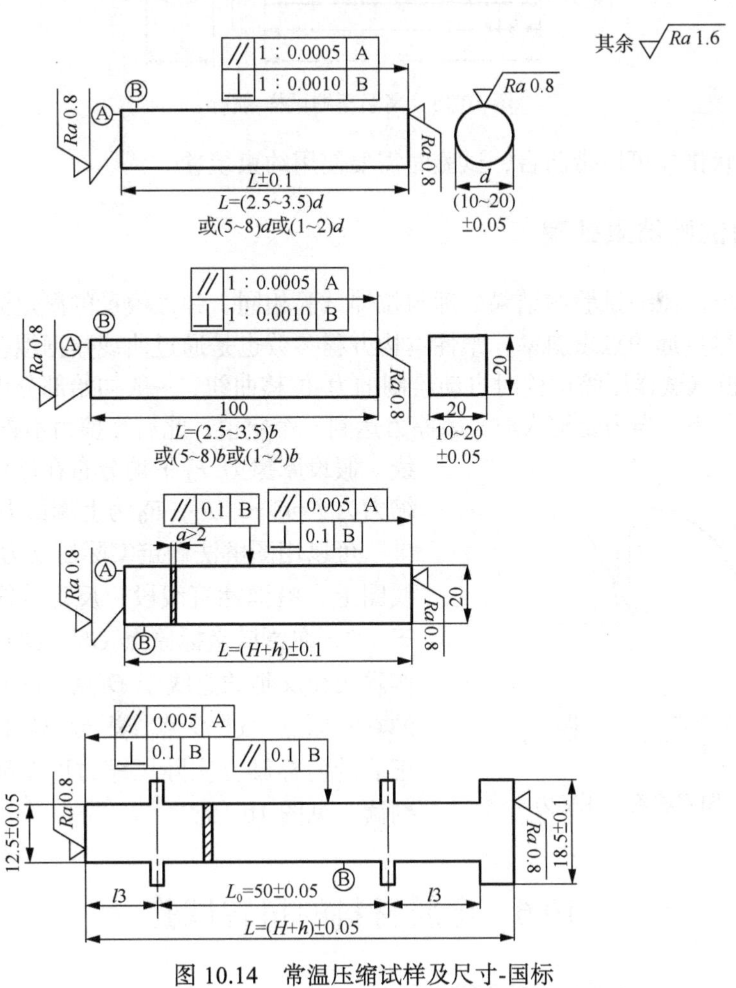

图 10.14　常温压缩试样及尺寸-国标

H-约束装置的高度；*h*-试样无约束部分的长度

2. 高温压缩试样

国标并未对高温下的压缩试验作出规定，航空工业标准 HB 7571—1997 作出了规定，试样设计见图 10.15。

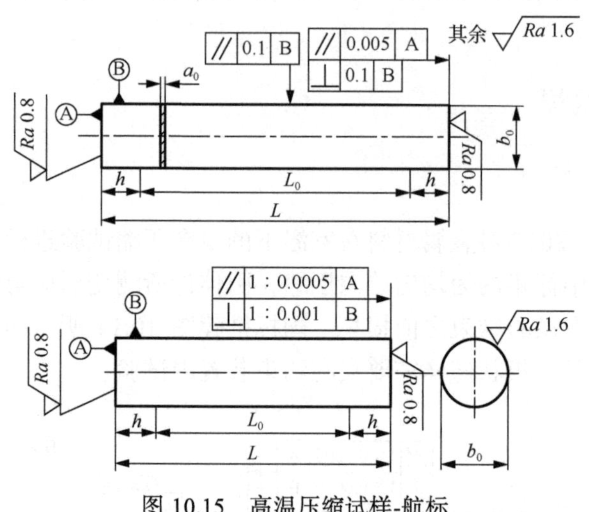

图 10.15　高温压缩试样-航标

同样，板状试样可以带凸台，试验时需要使用约束装置。

10.5.3　压缩试验结果处理

总体上，单向压缩试验的结果处理与拉伸试验相同。弹性模量的测定同样是在曲线直线段选定两个尽量远的点求斜率，塑性本构方程参数也是通过曲线数据拟合得到的。

特别地，板状试样压缩试验时自动绘制的力-位移曲线，一般初始部分因为受摩擦力影响而成非线性关系，当力足够大时，摩擦力达到一个定值，此后摩擦力不再影响力-位移曲线。假设摩擦力 F_f 平均分布在试样表面，实际压缩力为 $F=F_0-0.5F_f$，F_0 为上端面力。

可以用图解法确定实际压缩力 F。在力变形曲线图上，沿弹性直线段，反延直线交原横坐标轴于 O''，在原横坐标原点 O' 与 O'' 的连线中点上，作垂线交反延的直线于 O 点，O 点为力变形曲线的真实原点。过 O 点作平行原坐标的直线，为修正后的坐标轴，实际压缩力可在新坐标系上直接判读，见图 10.16。

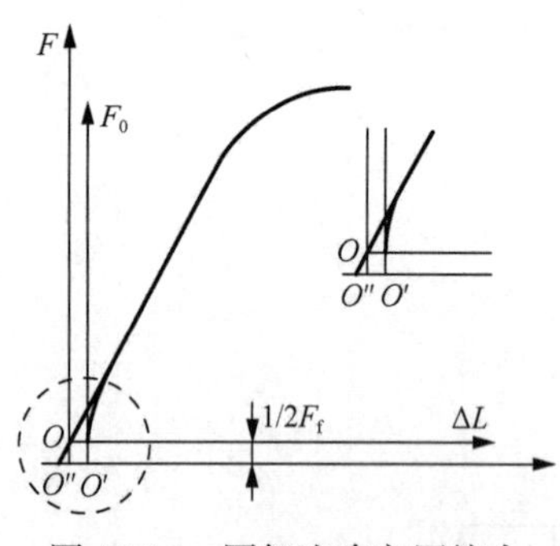

图 10.16　图解法确定压缩力

10.6　金属材料的扭转试验

扭转试验是测定材料抵抗扭矩作用的试验，在工程实际中，通过扭转试验可以获得材料的扭转变形本构关系，进行失效形式判断及断口特征观察。扭转试验可以实现高的应变，易于显示金属的塑性行为，特别是在拉伸时呈现脆性的金属材料的塑性性能，它还能比较敏感地反映出金属表面缺陷及表面硬化层的性能。

10.6.1　扭转试验试样

国标 GB/T 10128—2007 对金属材料室温扭转方法作出了规定，扭转试验试样主要分为圆柱形试样与管试样，圆柱形试样的形状与尺寸见图 10.17。

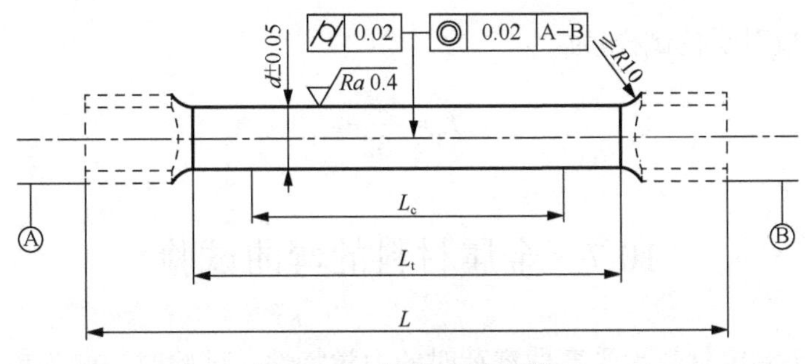

图 10.17　扭转试样(国标)

室温扭转试验一般在 10～35℃范围内进行。对于塑性较好的材料，屈服后的扭转过程通常将持续较长时间，因此一般对扭转速度作出一定规定：屈服前应在 3～30(°)/min 范围内，屈服后不大于 720(°)/min，且速度的改变应无冲击。

10.6.2　扭转应变

如图 10.18 所示，不同于拉伸压缩试验，扭转应变通过扭转角度规定：

$$\gamma_{\max}(\%)=\left(\frac{\phi_{\max}d}{2L_{\mathrm{e}}}\right)\times 100\%$$

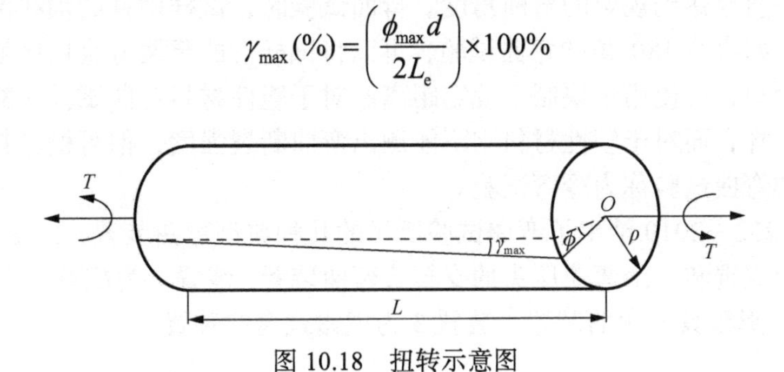

图 10.18　扭转示意图

扭转强度通过扭矩 T 与截面系数 W 确定：

$$\tau_{\mathrm{p}}=\frac{T_{\mathrm{p}}}{W}$$

式中，截面系数 W(对圆柱试样)为

$$W=\frac{\pi d^{3}}{16}$$

10.6.3　剪切模量的测定

同样利用图解法，在测试记录的扭矩-扭角曲线上读取扭矩增量 ΔT 和相应的扭角增量 $\Delta\phi$，则剪切模量为

$$G=\frac{\Delta TL_{\mathrm{e}}}{\Delta\phi I_{\mathrm{p}}}$$

式中，极惯性矩 I_{p}(对圆柱试样)为

$$I_{\mathrm{p}}=\frac{\pi d^{4}}{32}$$

10.7　金属材料的弯曲试验

弯曲试验用于测定材料承受弯曲载荷时的力学特性。试验时一侧为单向拉伸，另一侧为单向压缩，最大正应力出现在试样表面。试验一般对试样的表面缺陷敏感，因此弯曲试验常用于检验材料表面缺陷，如渗碳或表面淬火层质量等。另外，对于脆性材料，因为对偏心敏感，利用拉伸试验不容易准确测定其力学性能指标，所以常用弯曲试验测定其抗弯强度，并相对比较材料的变形能力。

10.7.1　弯曲试验的原理与装置

弯曲试验是以圆形、方形、矩形或多边形横截面试样在弯曲装置上经受弯曲塑性变形，不改变力方向，直至达到规定的弯曲角度。弯曲试验时，试样两臂的轴线保持在垂直于弯曲轴的平面内。如弯曲 180°角的弯曲试验，可以将试样弯曲至两臂直接接触或两臂相互平行且相距规定距离，可使用垫块制定规定距离。对于脆性材料弯曲试验一般只产生少量的塑性变形即可破坏，而对于塑性材料则不能测出弯曲断裂强度，但可检验其延展性和均匀性。塑性材料的弯曲试验称为冷弯试验。

国标 GB/T 232—2010 给出了弯曲试验所用的几种典型弯曲装置，如图 10.19 所示：装置 1 为配有两个支辊和一个弯曲压头的支辊式弯曲装置，装置 2 为配有一个 V 形模具和一个弯曲压头的 V 形模具式弯曲装置，装置 3 为虎钳式弯曲装置。

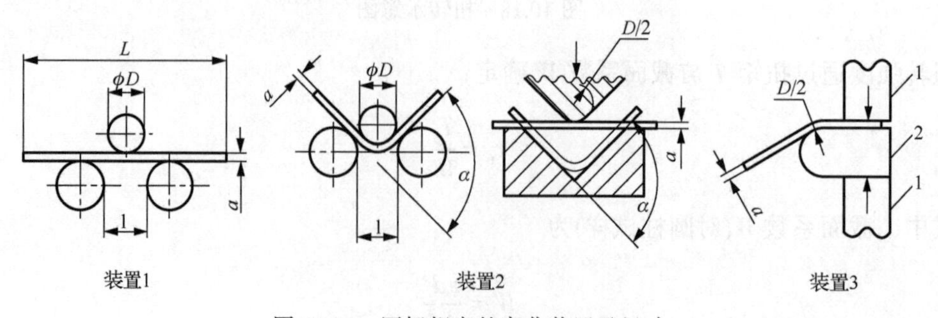

图 10.19　国标规定的弯曲装置及尺寸

10.7.2　弯曲试样的形状与尺寸

国标 GB/T 232—2010 中给出了对试样尺寸与形状的具体要求。试样表面不得有划痕和损伤。若试验结果受试样棱边影响，则方形、矩形和多边形横截面试样的棱边应倒圆。

对于板材、带材和型材，试样厚度应为原零件的厚度。若原零件厚度大于 25mm，试样厚度可以机加工减薄至不小于 25mm 并保留一侧为原表面。弯曲试验时，试样保留的原表面应位于受拉变形的一侧。直径(圆截面)或内切圆直径(多边形横截面)不大于 30mm 的原零件，试样横截面应为原零件的横截面。对于直径或多边形截面内切圆直径大于 30mm 且不大于 50mm 的原零件，可以将其加工成横截面内切圆直径不小于 25mm 的试样。直径或多边形横截面内切圆直径大于 50mm 的原零件，应加工成横截面内切圆直径不小于 25mm 的试样。试验时，试样未经机加工的表面应置于受拉一侧。

试样的长度应根据试样的厚度(或直径)和使用的试样装置确定。

10.8　金属材料的剪切试验

10.8.1　剪切试验的原理

在工程实际中，有大量的结构件、连接件等主要承受剪切载荷。在这些情况下，构件的设计和制造都需要格外注意材料的剪切性能，因此需要对材料进行剪切试验。剪切试验常见的有平移剪切试验、旋转剪切试验。

1. 平移剪切试验

试样在平移剪切载荷下，受到大小相等、方向相反的力，材料沿着与施力方向平行的受剪面发生错动。剪切试验的目的是测出相应的应力，以获得材料或构件的抗剪强度。

平移式剪切试验从形式上又可以分为单剪试验、双剪试验等。材料有一个受剪面为单剪试验，有两个受剪面为双剪试验，见图 10.20。

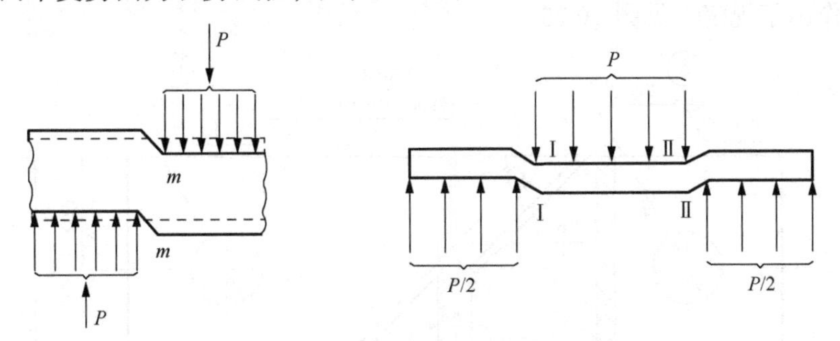

图 10.20　平移单剪试验与双剪试验原理

在受剪面上，试样受力的合力即为剪力，根据试验情况下的力平衡条件，可以确定剪力 Q 的大小与方向。例如，单剪试验的剪力为 F，双剪试验的剪力为 $F/2$。

实际上，由于图中外力不在同一直线，根据力矩平衡，试样还需要受到其他外力，从而使试样也产生挤压、弯曲等变形，造成受剪面上的应力分布很复杂。因此，在实际计算中，假设切应力在受剪面内均匀分布，S_0为剪力 Q 作用的面积，切应力为 $\tau = Q/S_0$，抗剪强度即最大载荷下的切应力。

2. 旋转剪切试验

在旋转剪切试验中，载荷为旋转扭矩，不会产生额外的反作用力矩，典型的旋转剪切试验如图 10.21 所示。

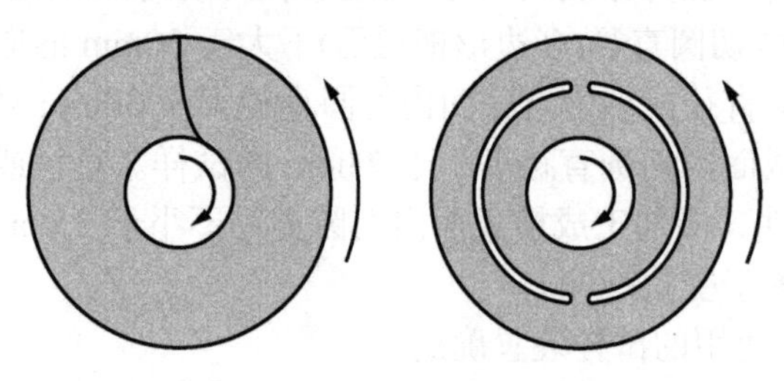

图 10.21　旋转剪切试验原理

试验时，将圆盘内部和外部分别用夹具夹持固定，然后使内外夹具相对运动，使试件未与夹具接触的圆环部分发生旋转剪切变形。试验是测量整个变形过程中的力，因而不能用于测量材料的各向异性，但是在整个变形过程中，剪切区变形量与半径有关，半径不同，会出现不同的应变，因而可以提取不同半径的扭矩和位移，在一次试验中得到多条应力-应变曲线，尤其在进行材料的随动强化分析时，同时提取不同半径的材料性能可得到不同应变情况下的强化规律。

10.8.2　剪切试验试样

国标仅在 GB/T 6400—2007 中对金属材料线材与铆钉剪切试验的试样作出了规定。切取试样时，每一部位、每一取向的试样数量不少于 3 个。试样的尺寸要求见图 10.22。

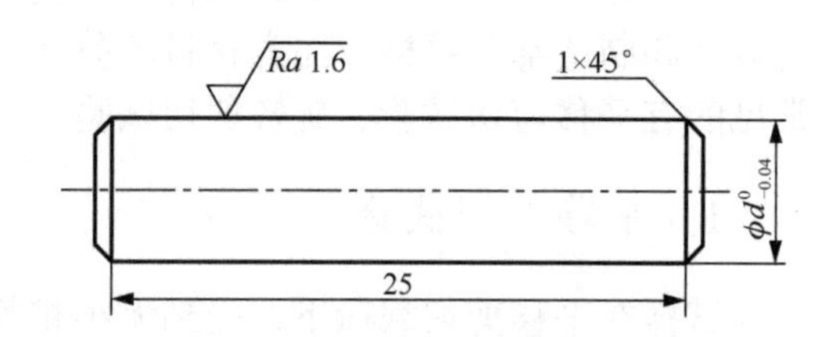

图 10.22　剪切试样-国标

除了上述圆柱形剪切试样，常见的还有整体零件剪切试样，如铆钉、销等。其中，销的剪切试验在 GB/T 13683—1992 中给出了规定。另有一大类是板材剪切试样。航空标准 HB 6736—1993 对厚度 0.8～6.0mm 的金属板材剪切试样作出了规定，见图 10.23。

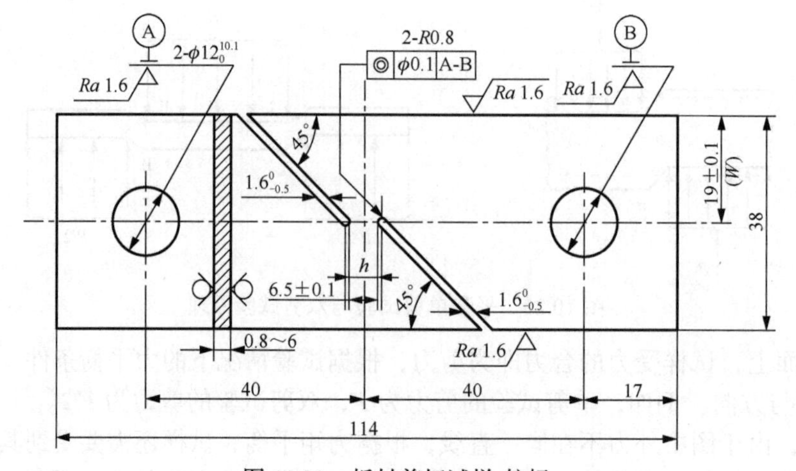

图 10.23　板材剪切试样-航标

不同的是，这种试样采用轴向拉伸加载将板材受剪面剪断。相应的抗剪强度 $\tau_S = Q_S/(B \cdot h)$，B 为厚度，h 为槽间距。试样剪断后，剪切断口平面应与试样轴线夹角不超过 15°，否则无效；若角度超过 15°，可以改变试样尺寸，使 $W/h > 6 \sim 10$。

剪切试验试样设计灵活，往往可以根据试验需求、应力状态来设计试样，图 10.24 是几种其他样式的试样。

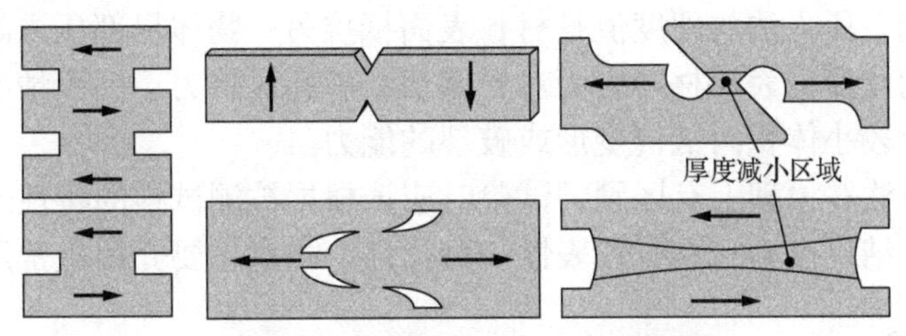

图 10.24　各种设计形式的剪切试样

剪切试样形式多样，根据测量数据计算应力的基本方法都遵循前述 $\tau = Q/S_0$ 的规则，但需要根据具体试样的几何形状、尺寸、加载方式确定剪力 Q 和剪切面积 S_0 的表达形式。应变一般直接由设备测量得到。

10.8.3　剪切试验设备

1. 试验机

常用的各类拉、压、万能试验机都可以进行剪切试验。

2. 剪切试验装置

剪切试验一般还需要用于承载、夹持的试验装置，以下介绍几种试验装置。

图 10.25 为典型剪切试验装置，通过移动夹具相对于固定夹具的运动，使试件中间变形区域发生相对上下错动，从而产生剪切变形。

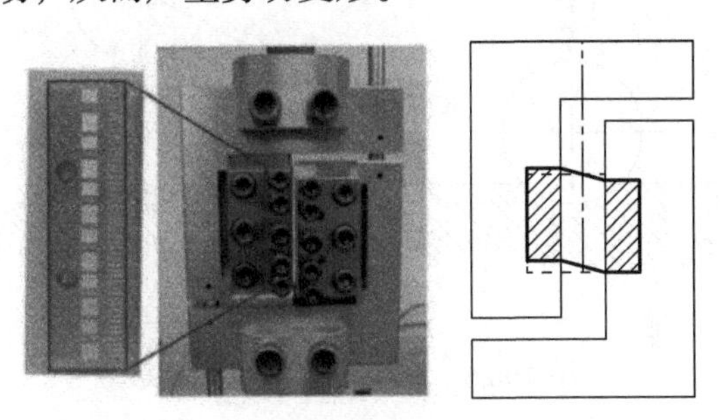

图 10.25　典型剪切试验装置

10.9　金属硬度试验

硬度是衡量材料软硬程度的力学性能指标，金属的硬度受到合金成分、金相组织、加工工艺等因素的影响，广泛地用于衡量各种条件下金属的性能。根据受力方式，硬度试验方法一般可分为压入法和划痕法两种，在压入法中，按加力速度不同又可分成静力试验法和动力试验法。其中，以静力试验法应用最为普遍。常用的布氏硬度、洛氏硬度和维氏硬度等属于静力试验法；肖氏硬度、里氏硬度、超声波硬度等属于动力试验法。划痕法包括莫氏硬度顺序法和锉刀法等。

硬度是一种技术指标，不是一个确定的力学性能指标，其物理意义随硬度试验方法的不同而不同。例如，压入法的硬度值是材料表面抵抗另一物体局部压入时所引起的塑性变形能力；划痕法的硬度值表征材料表面对局部切断破坏的抗力。一般情况下可以认为，硬度是指材料表面上较小体积内抵抗变形或破裂的能力。

不同的试验方法在原理上有区别，试验时应该根据被测试样的特性选择合适的硬度试验方法，保证试验结果准确且具有代表性和可比性。本章主要介绍最常用的压入硬度。

10.9.1　布氏硬度

1. 试验原理

用一定大小的载荷，将直径为 D 的钢球或硬质合金球压入试样表面，经规定的保持时间后，卸除载荷，测量出表面压痕的直径 d，见图 10.26，求得压痕球形表面积 A。布氏硬度定义为单位压痕面积承受的平均压力，用 HB 表示。

$$\mathrm{HB}=\frac{P}{A}=\frac{P}{\pi Dh}=\frac{2P}{\pi D(D-\sqrt{D^2-d^2})}$$

式中，布氏硬度单位为 $\mathrm{kgf/mm^2}$，若载荷单位为牛顿(N)，则布氏硬度的单位变为 MPa，上式应乘 0.102。

当压头为钢球时，用 HBS 表示，当压头为硬质合金球时，用 HBW 表示。布氏硬度表示方法，一般为“硬度值+HBW 或 HBS+球体直径/载荷/保压时间”。

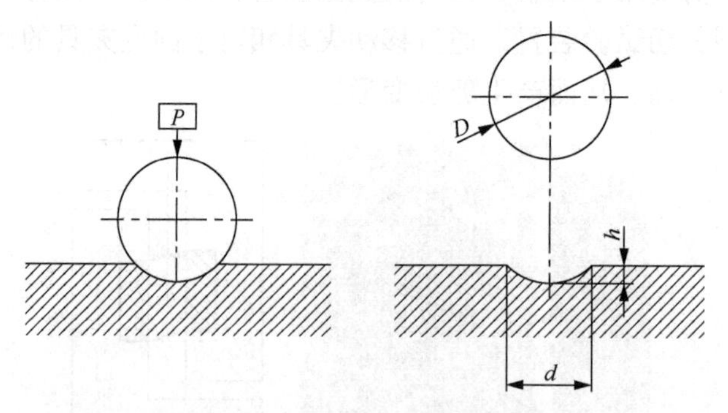

图 10.26　布氏硬度原理及压头

2. 布氏硬度试验规程

布氏硬度试验中，只有在载荷和压头直径恒定的条件下所测得的硬度才具有可比性。实际上，各个试验材料硬软、试件厚薄大小均不同，不可能只采用一种标准载荷和压头直径。因此，为了使得同一材料的试样所测得的布氏硬度相同，或在不同的试样上所测得的结果具有可比性，需要应用压痕形状相似性原理来解决。

图 10.27 为两个不同直径 D_1 和 D_2 的球体，分别在不同的试验力 F_1 和 F_2 作用下压

入试样表面的情况。只有在压入角φ相等的条件下，所测定的硬度值相同。容易看出，有 $d = D\sin(\varphi/2)$，因此布氏硬度表示为

$$\mathrm{HB} = 0.102\frac{F}{D^2}\frac{2}{\pi(1-\sqrt{1-\sin^2\varphi/2})}$$

可以看出，需要使 F/D^2 为常数。生产中会提供若干种固定的 F/D^2 系列，GB/T 231.1—2018 布氏硬度试验方法的国标给出了不同材料推荐的 F/D^2。

试验还应该在尽可能大的有代表性的试样区域进行，应尽可能地选取大直径压头。任一压痕中心与试样边缘距离至少应为压痕平均直径的 2.5 倍；两相邻压痕中心间距至少应为压痕平均直径的 3 倍。

GB/T 231.1—2018 未对试样的尺寸形状作出具体规定，但都要求试样表面光滑平整以便能清楚地观测和测量。国标中规定试样厚度至少应为压痕深度的 8 倍。

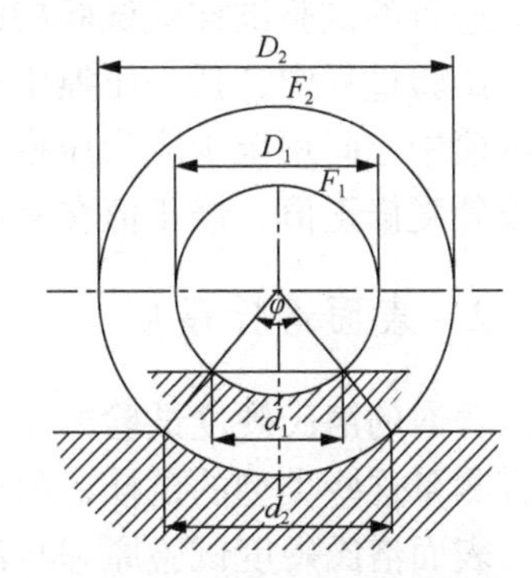

图 10.27　布氏硬度测量原理

3. 优缺点和适用范围

布氏硬度测试操作相对简单，仪器易于操作，测试过程相对快速。压头直径大、压入载荷高，因此试验的压痕面积大，能反映出较大体积范围内材料各组成相的综合平均性能，而不受个别相和微区不均匀性的影响，且试验数据稳定、分散性小及重复性好。布氏硬度测试对试样尺寸有一定限制，较小的试样可能难以进行准确测试，另外不宜在零件表面测试布氏硬度，也不能测定薄壁件和表面硬化层的布氏硬度。它适用于硬度较低的金属材料，如退火、正火、调质钢、铸铁及有色金属的硬度。

10.9.2　洛氏硬度

1. 试验基本特点

洛氏硬度是以一定载荷将压头压入试样表面，以表面的压痕深度来表征材料硬度的。洛氏硬度的压头采用顶角为 120°的金刚石圆锥体或一定直径的钢球。试验时，先施加初试验力 F_0，使试样表面产生一个初始的压入深度 h_0，以此作为测量压痕深度的基准然后施加主试验力 F_1，压痕深度的增量为 h_1。试样在 F_1 作用下产生的变形量 h_1 中既有弹性变形又有塑性变形，经过规定保持时间后卸除主试验力 F_1，弹性变形量恢复，压头随之恢复一定高度 h_1-e，试样上可得到主试验力产生的压痕深度的残余增量 e，见图 10.28。

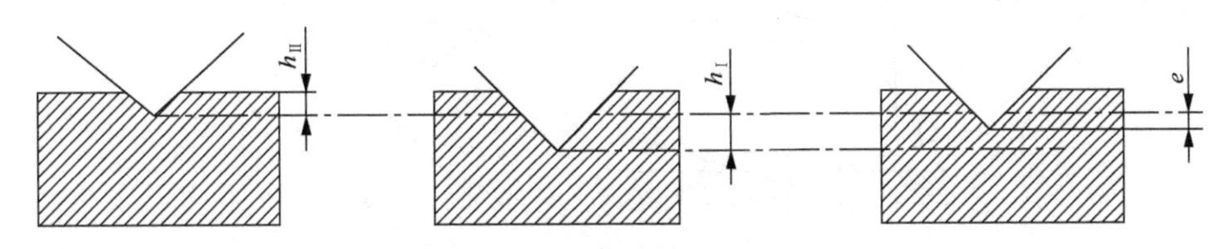

图 10.28　洛氏硬度原理

使用不同的压头施加不同的载荷，可以组成多种洛氏硬度标尺。如最常用的 A、B、C 三种标尺，记为 HRA、HRB、HRC。

试样同样要保证平坦光滑，具体尺寸形状没有规定。GB/T 230.1—2018 规定，对于用金刚石圆锥压头进行的试验，试样或试验层厚度应不小于残余压痕深度的 10 倍；对于用球压头进行的试验试样或试验层的厚度应不小于残余压痕深度的 15 倍。

试验过程中，任一压痕中心距离试样边缘距离至少应为压痕平均直径的 2.5 倍；两相邻压痕中心间距至少应为压痕平均直径的 3 倍。如果在凸圆柱面和凸球面上试验，应采用洛氏硬度修正值，修正值在标准中均已给出。

2. 表面洛氏硬度

普通的洛氏硬度试验方法载荷较大，不宜用于测定极薄工件和表面硬化层的硬度，为适宜测量这些类型的试样，需要用到表面洛氏硬度试验。

表面洛氏硬度试验原理与洛氏硬度试验完全相同，但与普通洛氏硬度相比，表面洛氏硬度预载荷较小，总载荷较小，标尺常数为 0.001mm；无论是金刚石圆锥体压头，还是钢球压头，表面洛氏硬度的全量程常数均为 100。GB/T 230.1—2018 中也给出了表面洛氏硬度的各种标尺与相关技术要求。

3. 优缺点和适用范围

洛氏硬度通过选择不同的试验标尺可以测量高硬度材料，但是洛氏硬度的压痕较小，代表性差，这造成了测量的硬度值重复性差、测量结果分散度大。不同的标尺之间也不能直接比较。它在工业生产中很常用，适用于硬度较高的金属材料，如淬火钢及调质钢。

10.9.3　维氏硬度

1. 试验基本特点

与布氏硬度相似，维氏硬度也通过压痕单位面积承受的试验力表征硬度值，但维氏硬度试验使用的压头是锥面夹角为 136°的金刚石正四棱锥体，见图 10.29。试验时，压头压入试样表面，经过一定时间后卸载，测量压痕两对角线的长度，取平均值 d，压痕面积为

$$S=\frac{d^2}{2\sin(\alpha/2)}=\frac{d^2}{2\sin(136°/2)}$$

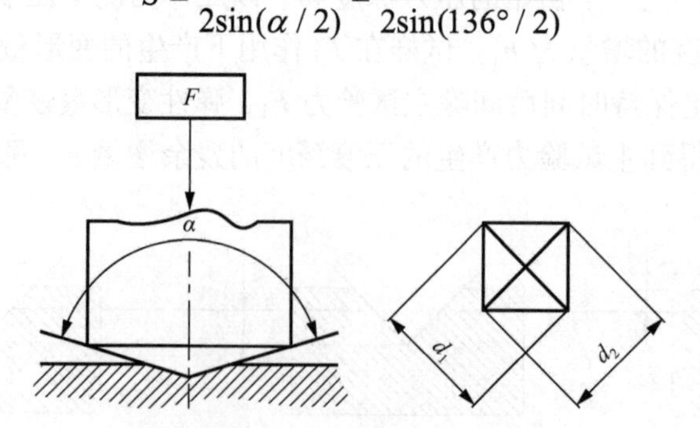

图 10.29　维氏硬度原理及压头

类似于布氏硬度，可以得到

$$HV = 0.102\frac{F}{S} = 0.1891\frac{F}{d^2}$$

GB/T 4340.1—2009 给出了试验时用于选取的试验力系列，规定试样或试验层厚度应至少为压痕对角线长度的 1.5 倍。

2. 优缺点和适用范围

维氏硬度采用四方角锥压头，当载荷改变时压入角不变，因此载荷可以任意选择，这是维氏硬度试验最主要的特点，也是最大的优点。

维氏硬度试验法测量范围较宽。与洛氏硬度相比，没有不同标尺的硬度无法统一的问题，并且能更好地测定薄件或薄层的硬度。

维氏硬度的压痕为一轮廓清晰的正方形，其对角线长度易于精确测量，故精度较布氏硬度高。

特别地，使用维氏压头在 9.8×10^{-3}～9.8N(1～1000gf)的测试力下进行的微压痕测试又称为显微硬度试验。维氏硬度测量范围大，可测量硬度为 10～1000HV 范围的材料，可用于几乎所有硬度适中的金属和非金属材料。

10.9.4 肖氏硬度试验

1. 试验原理

肖氏硬度是一种动力试验法。用规定形状的金刚石冲头从一定高度自由下落到试样表面，根据冲头回弹高度来衡量硬度大小。

冲头下落初始高度 h_0 冲击试样产生弹性变形和塑性变形。弹性变形恢复时，冲头第一次回弹到一定高度 h，回弹高度与材料硬度有关。材料越硬其弹性极限越高，冲头回弹高度增加，试样的硬度较高。肖氏硬度用符号 HS 表示：

$$HS = K\frac{h}{h_0}$$

式中，K 为肖氏硬度系数，与仪器有关。

2. 肖氏硬度试样

肖氏硬度试样的试验面一般为平面，对于曲面试样，试验面的曲率半径不小于 32mm。

试样的质量至少为 0.1kg。试样的厚度一般不小于 10mm。试样的试验面积应尽可能大，两相邻压痕中心距离不小于 1mm，压痕中心距试样边缘的距离不小于 4mm。试样不能带有磁性。

3. 优缺点和适用范围

肖氏硬度试验几乎不产生压痕，可在成品上试验，但是测试精度低，重复性差。对于弹性系数相差较大的材料，测得的肖氏硬度不能相互比较。并且肖氏硬度试验操作简单，测量迅速，试验力小，基本不损坏工件，适合现场测量大型工件，广泛应用于轧辊及机床、大齿轮、螺旋桨等大型工件。肖氏硬度是轧辊重要指标之一。

10.10　金属夏比冲击试验

一般的金属材料，除去强度和塑性的要求，还应有足够的韧性。韧性表征材料在变形与断裂过程中吸收能量的能力。良好的韧性能防止材料在载荷作用下突然脆断。

韧性一般可以划分为静力韧性、冲击韧性和断裂韧性，最常被考察的是冲击韧性。冲击韧性的试验方法也有多种，包括金属夏比冲击试验、艾氏冲击试验、冲击拉伸试验等。夏比冲击试验测定冲击吸收功 A_k值，虽然数值缺乏明确的物理意义，不能作为表征金属实际抵抗冲击载荷能力的韧性判据，但试验试样加工方便，试验时间短，且试验对材料组织和缺陷敏感，因此夏比冲击试验的应用最为广泛。

夏比冲击试验主要用于评价材料在一次冲击载荷下的缺口敏感性、检查材料加工质量、研究韧脆转变特性等方面。

10.10.1　试验原理

将规定几何形状的缺口试样置于试验机两支座之间，缺口背向打击面放置，将摆锤举到一定的高度 H_1，释放摆锤，下落至最低位置打击一次试样，冲断后摆锤又上升到高度 H_2，如图 10.30 所示。

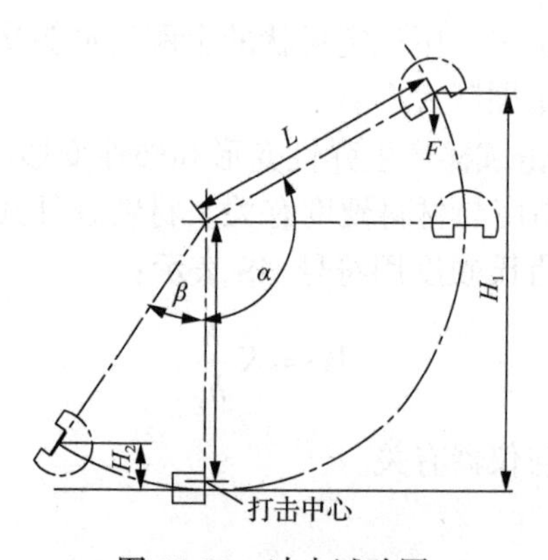

图 10-30　冲击试验图

F-摆锤的重力；*L*-摆长；*α*-冲击前摆锤扬起的最大角度；*β*-冲击后摆锤扬起的最大角度

试样变形和断裂消耗的能量通过摆锤冲击前后的势能差测定，即试样的冲击吸收功 $A_k=mgH_1-mgH_2$。根据缺口形状的不同，冲击功可以分表示为 A_{KU} 和 A_{KV}。用 A_k 除以试样缺口处的截面面积 S_N，就能得到试样的冲击韧性α_K，α_K是一个综合力学性能指标，受各种因素影响，只是材料抵抗冲击载荷的一个参考指标。

冲击值是指金属材料抵抗冲击载荷时的能力。由于大多数材料冲击值随温度变化，因此试验应在规定温度下进行。当不在室温下试验时，试样必须在规定条件下加热或冷却，以保持规定的温度。

10.10.2　冲击试样与设备

标准的夏比缺口冲击试样一般根据缺口的类型分为缺口深度为 2mm 的 V 形缺口试样和缺口深度为 2mm 及 5mm 的 U 形缺口试样。

GB/T 229—2020 对夏比冲击试验进行了相关规定，试样的形状见图 10.31。当材料不够制备标准尺寸试样时，可使用宽度 7.5mm、5mm 或 2.5mm 的小尺寸试样。

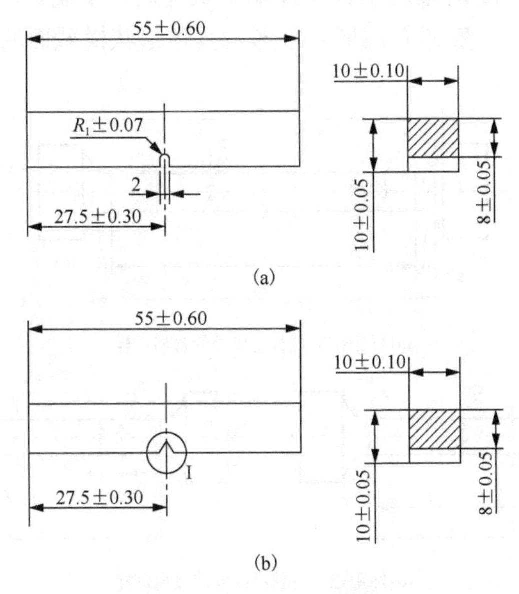

图 10.31　缺口冲击试样(国标)

冲断后的试样可以参照 GB/T 12778—2008 进行断口测定。

冲击试验的设备主要由冲击试验机、温度控制设备、温度测量系统组成。与控制测量温度相关的设备主要用于在高温和低温条件下进行的冲击试验。试验机摆锤的刀刃半径应为 2mm 和 8mm 两种。

10.11　金属材料蠕变试验

金属材料蠕变试验需要在长时间的恒温和恒应力作用下进行。蠕变试验可在单一应力(拉力、压力或扭力)，也可在复合应力下进行，但通常的蠕变试验是在单向拉伸条件下进行的。

10.11.1　试验原理

将试样加热至规定温度，沿试样轴线方向施加恒定拉伸力或恒定拉伸应力并保持一段时间获得规定的如下结果：蠕变伸长(连续试验)、适当间隔残余塑性伸长值(不连续试验)、蠕变断裂时间。

对于蠕变试验，引伸计的标距不应小于 10mm，且优先选择双侧引伸计。

由于蠕变试验对温度恒定有较高要求，因此蠕变试验的加热装置温度精度应满足一定的条件。试样应在试验力施加前至少保温 1h，对于连续试验保温时间不得超过 24h，对于不连续试验，试验保温时间不得超过 3h，卸载后试样保温时间不得超过 1h。

10.11.2　试样形状和尺寸

国标 GB/T 2039—2012 对金属单轴拉伸蠕变试样进行了规定。图 10.32 为国标中的试样。除圆截面试样以外，一般还有矩形、方形或其他形状横截面的试样。

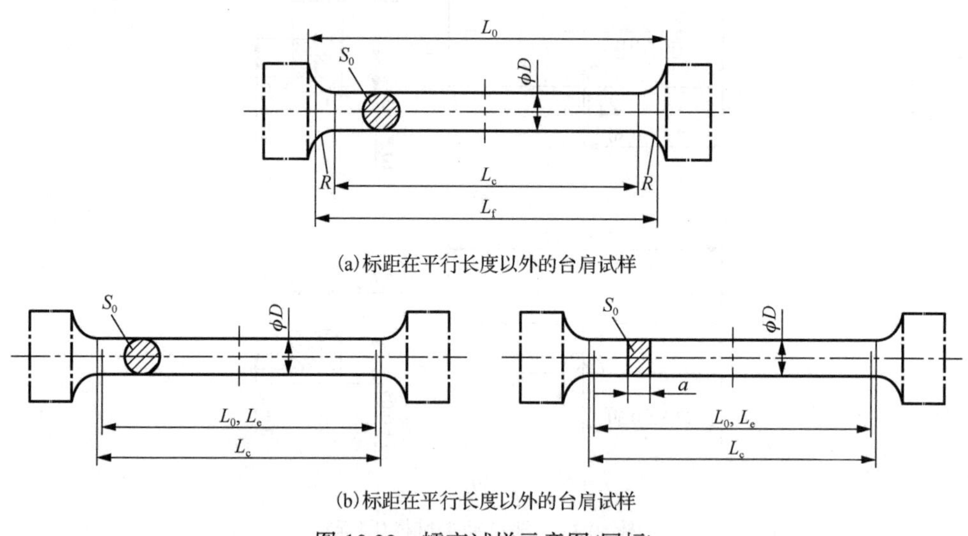

图 10.32　蠕变试样示意图(国标)

10.12　金属疲劳试验

10.12.1　疲劳试验简述

1. 疲劳试验分类

在机械工程中，多数零部件在循环载荷下服役，工作应力往往低于材料的屈服强度。零部件在变动应力或应变的长期作用下，损伤的累积导致失效的现象称为金属的疲劳。在零部件的疲劳试验中，要消耗大量的零部件试样，一般多用结构简单造价低廉的标准试样进行疲劳试验，以提供疲劳性能数据和疲劳设计数据。

疲劳试验有各种分类方法。根据试验应力的大小和失效时应力(应变)循环周次的高低，可分为高周疲劳试验和低周疲劳试验。

按试样的加载方式可以分为拉压疲劳试验、弯曲疲劳试验、扭转疲劳试验、复合应力疲劳试验。

按应力循环的类型可以分为等幅疲劳试验、双频疲劳试验、变频疲劳试验、程序疲劳试验、随机疲劳试验，如图 10.33 所示。

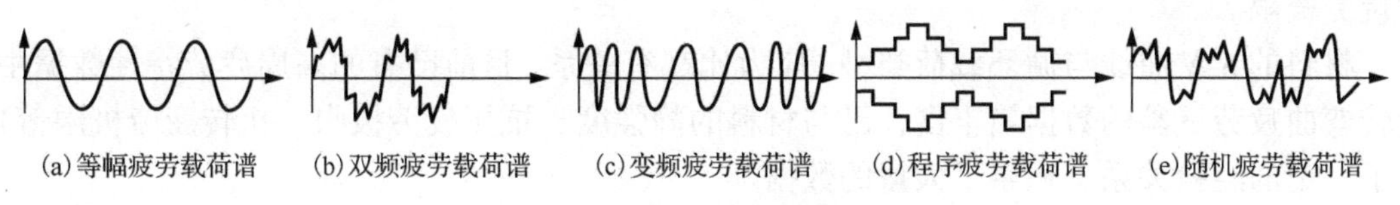

图 10.33　疲劳载荷谱

2. 循环应力

循环应力指应力大小、方向随时间发生变化的应力。循环应力下应力-时间函数的最小单元称为应力循环，一个应力循环需要的时间为一个周期。应力循环中，有最大代数值的应力为最大应力σ_{max}，最小的为最小应力σ_{min}，以拉应力为正，压应力为负。

应力幅$\sigma_a=(\sigma_{max}-\sigma_{min})/2$，是疲劳失效的决定因素。

平均应力，以拉应力为正，压应力为负，$\sigma_m=(\sigma_{max}+\sigma_{min})/2$，是疲劳失效的次要因素。

应力比$r=\sigma_{min}/\sigma_{max}$，表征应力循环的不对称性，$r$又称为应力循环对称系数。

平均应力$\sigma_m=0$的循环称为对称循环，这时$r=-1$，应力幅$\sigma_a=0$时为静应力，这时$r=1$。除静应力和对称循环以外的其他循环都称为非对称循环。

3. 高周疲劳试验

高周疲劳是指小型试样在变动载荷下，疲劳断裂寿命$\geqslant 10^5$周次的疲劳过程。一般的机械零件如传动轴、齿轮等，发生疲劳失效都属于高周疲劳。

高周疲劳中变动应力通常处于弹性变形范围。实际试验中，控制应力要比控制应变容易，因此高周疲劳试验都是在控制应力条件下进行的，也称为应力疲劳试验。金属的循环应力和断裂循环周次之间的关系，通常用疲劳-寿命曲线(*S-N* 曲线)来描述，见图 10.34。最大循环应力越大则断裂时应力循环周次越少。同理，控制应变的情况下，可以得到应变-寿命曲线。

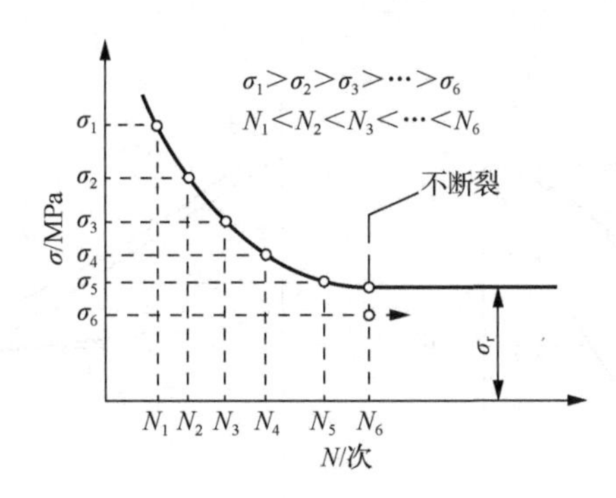

图 10.34　*S-N* 曲线

当应力低于一定值时，试样经受无限周次循环也不被破坏，此应力值为材料的疲劳极限，用σ_r表示。对于对称循环，$r=-1$，故疲劳极限用σ_{-1}表示。常温下的钢铁材料、钛及其合金等，S-N 曲线出现平行于横轴的水平部分，疲劳极限有明确的物理意义。而非铁金属、非常温下的钢等 S-N 曲线只是逐渐趋近于横轴，这时规定循环基数 N_0 对应的应力为条件疲劳极限。

材料的 S-N 曲线与循环载荷类型、应力比都有关系，目前已有的高周疲劳特性数据中，旋转弯曲疲劳试验的数据最丰富，已与材料的静强度、抗压疲劳极限、扭转疲劳极限等建立了一定的经验关系，积累了大量的数据。

4. 低周疲劳试验

金属在变动载荷作用下，由塑性应变的循环作用导致的失效称为低周疲劳。循环应力接近或超过其屈服强度，因此应力变化带来的应变改变很大，选用应力作为控制参量时测得的疲劳寿命精确度低，故通常选用应变为控制参量。低周疲劳试验又称为应变疲劳试验。

在应变疲劳试验中，材料会产生迟滞回线，进而从各条稳定滞后回线可以得到循环应力-应变曲线，见图 10.35。

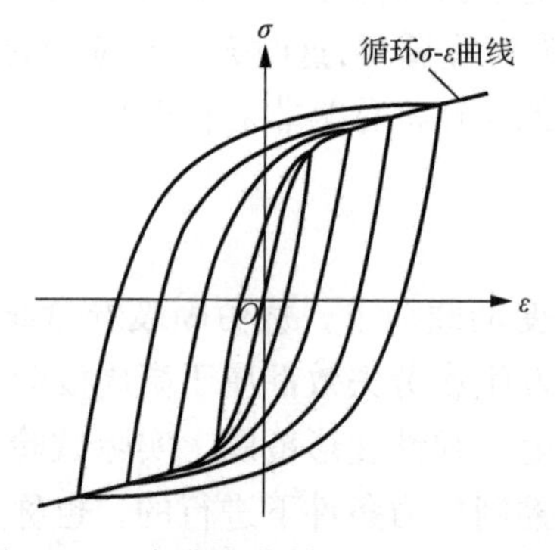

图 10.35 应变疲劳循环应力-应变曲线

曲线是低周疲劳寿命计算时的主要性能数据之一。从曲线可以得到弹性应变幅、塑性应变幅、应力幅，得到应变-寿命曲线，见图 10.36。

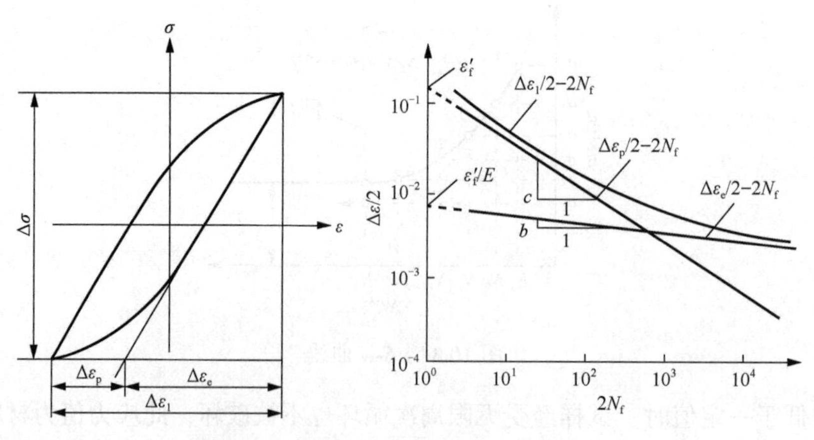

图 10.36 应力幅曲线与应变-寿命曲线

10.12.2　疲劳试验要求

1. 旋转弯曲试验

GB/T 4337—2015 对金属材料疲劳试验的旋转弯曲试验方法作出了相关规定。

试样旋转并承受一个弯矩。产生弯矩的力恒定不变且不转动。试样可装成悬臂，在一点或两点加力或装成横梁，再四点加力。图 10.37 为旋转弯曲疲劳试验装置，试验一直进行到试样失效或超过预定应力循环次数。

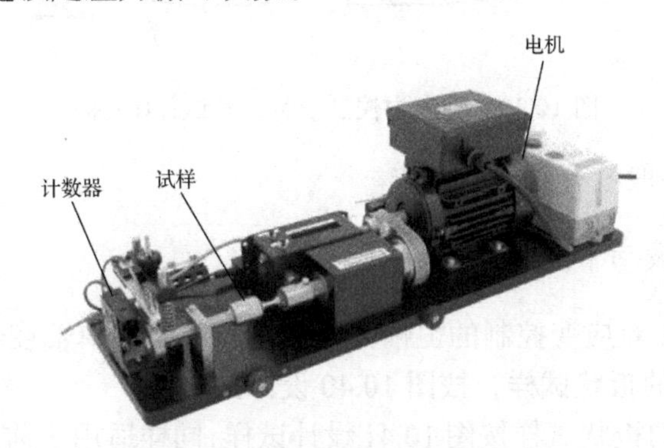

图 10.37　旋转弯曲疲劳试验装置

同一批疲劳试验所使用的试样应具有相同的直径、相同的形状和尺寸公差。图 10.38 为 GB/T 4337—2015 给出的一种光滑圆柱形试样，该国标中还给出了其他的试样形式——圆柱形、圆锥形、漏斗形，试验部分都应是圆形横截面，形状根据使用的试验机的加力方式设计，不一一列出。

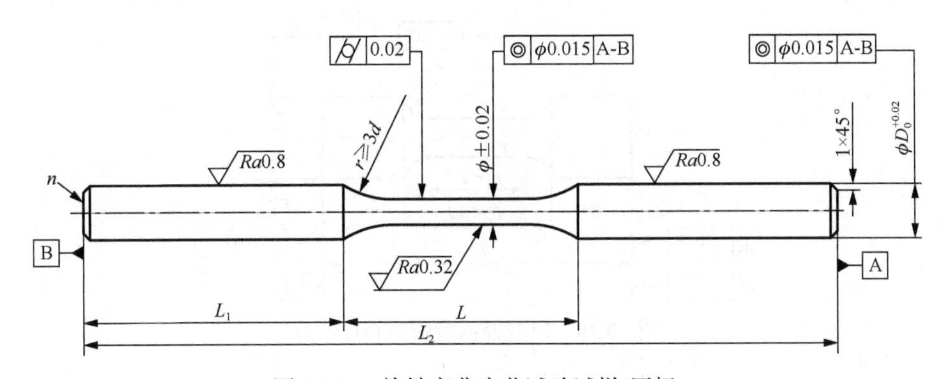

图 10.38　旋转弯曲疲劳试验试样(国标)

试样的夹持部分与试验部分横截面积之比应不低于 3∶1。推荐试样直径 d 为 6.0mm、7.5mm、9.5mm。

2. 轴向力控制试验

GB/T 3075—2021 规定了试验的常用试样。采用矩形横截面试样进行的疲劳试验，其结果一般与圆形横截面试样没有可比性。

图 10.39(a)为适用于棒材和厚度大于 5mm 的板材的试样，图 10.39(b)适用于厚度小于等于 5mm 的板材。

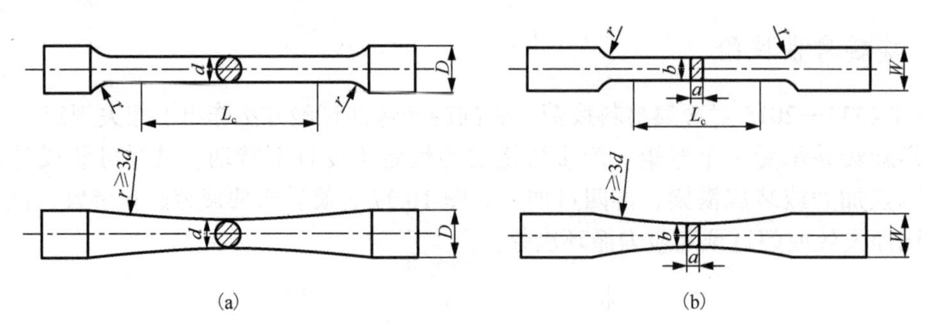

图 10.39　轴向力控制疲劳试验试样(国标)

对于缺口试样，一般没有明确的规定。

3．应变控制的疲劳试验

GB/T 26077—2021 对应变控制的恒幅且应变比 $r=-1$ 的单轴疲劳试验作出了规定。圆棒和厚度在 5mm 以上的板状试样，按图 10.40 设计试样。

厚度在 5mm 以下的板状试样按图 10.41 设计试样，同样适用于前述的尺寸和精度要求。但是这些试验需要使用特殊的装置避免弯曲。

4．扭转疲劳试验

GB/T 12443—2017 对给定扭矩、恒定幅值、弹性应力、不引起应力集中下的疲劳试验给出了规定。适用于圆形截面试样，见图 10.42。

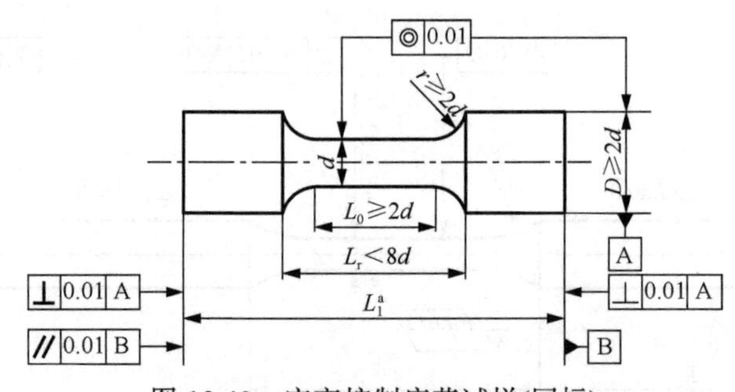

图 10.40　应变控制疲劳试样(国标)

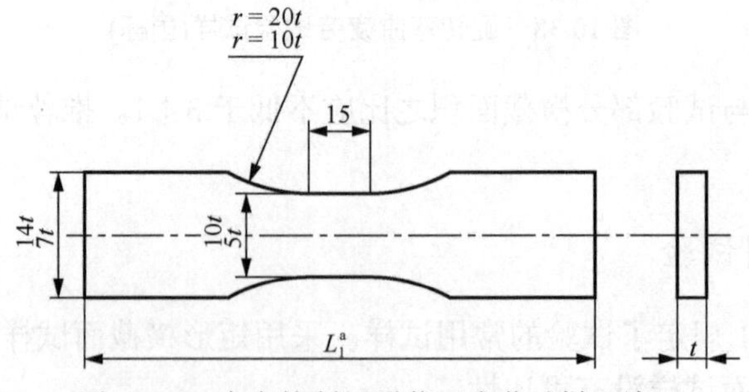

图 10.41　应变控制矩形截面疲劳试样(国标)

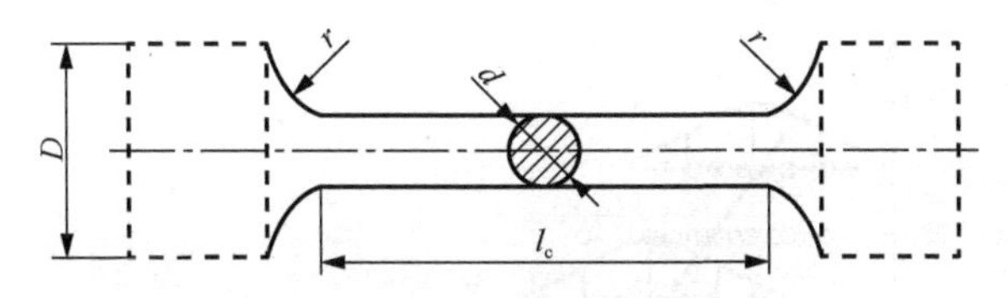

图 10.42　圆形截面扭转疲劳试样(国标)

10.12.3　设计与结果处理

即使疲劳试验控制得非常精确，试验结果也会显示出很大的分散性。这种差异部分来自试样化学成分、热处理、表面状态等方面的细微差别，部分来自疲劳失效的随机过程。对以上固有差异的精确量化对评价机械设计和结构用材料的疲劳性能是非常必要的。GB/T 24176—2009 规定了疲劳试验设计和结果数据的统计分析方法，以期在高置信度和试样数下尽可能准确地测定疲劳性能。

试验结果的可靠性主要依赖被测试样数，疲劳寿命、疲劳强度可以呈正态分布等不同分布。根据概率统计相关知识，有

$$n = \frac{\ln \alpha}{\ln(1-P)}$$

对于疲劳寿命试验，上式显示了置信度为$1-\alpha$，真实疲劳寿命大于从 n 个试样观测到的最小寿命时总样本的失效概率为 P。表 10.2 给出了一些典型试样数，95%置信度下的试样数用于可靠性设计，50%置信度下的试样数用于解释试验，其他置信度用于工程应用。

表 10.2　指定失效概率不同置信度下试验数据被期待落在总样本真值以下的最少试样数

失效概率 P/ %	置信度($1-\alpha$)/ %		
	50	90	95
	试样数 n		
50	1	3	4
10	7	22	28
5	13	45	58
1	69	229	298

1. 给定应力下的疲劳寿命统计估计

推荐一套试样至少有 7 个试样用于解释试验，至少有 28 个试样用于可靠性设计。图 10.43 为给定应力水平下的疲劳寿命分布图示例。

对于 n 个试样，给每一个数据编一个顺序号，对 i 级数失效概率可以估计为

$$P_i = (i-0.3)/(n+0.4)$$

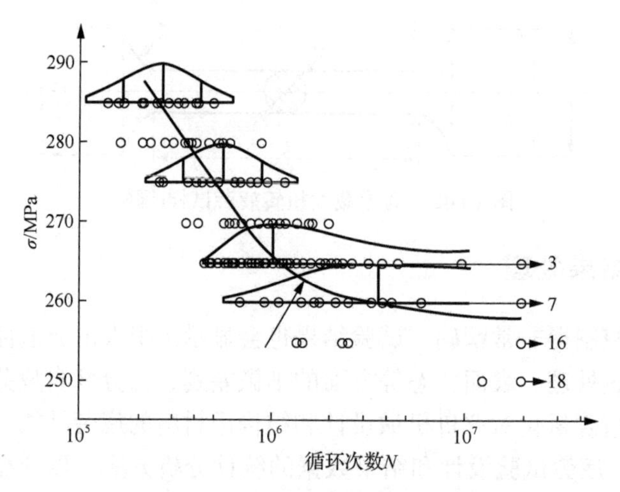

图 10.43 给定应力水平下疲劳寿命分布

定义 $x(P)$值为从曲线上可以得到的失效概率 P。平均值 μ_x 和标准偏差 σ_x 的估计，根据 $x(10)$和 $x(90)$的下面两个关系式获得：

$$\tilde{\mu}_x = \frac{x_{(10)} + x_{(90)}}{2}$$

$$\tilde{\sigma}_x = \frac{x_{(90)} - x_{(10)}}{2.56}$$

疲劳寿命变动系数为

$$\tilde{\eta}_x = \sqrt{\exp\left[(\ln 10)^2 \tilde{\sigma}_x{}^2 - 1\right]}$$

平均偏差和标准偏差通过下列计算公式来估计：

$$\tilde{\mu} = \frac{\sum_{i=1}^{n} x_i}{n}$$

$$\tilde{\sigma} = \frac{\sqrt{\sum_{i=1}^{n} (x_i - \tilde{\mu})^2}}{n-1}$$

可在对数坐标系下绘图，检查数据是否符合正态分布。

在正态分布，$1-\alpha$ 的置信度下，疲劳寿命的下极限为

$$\tilde{x}_{(p,1-\alpha)} = \tilde{\mu}_x - k_{(p,1-\alpha,\nu)} \tilde{\sigma}_x$$

式中，$k_{(p,1-\alpha,\nu)}$ 为正态分布的单边误差限。得到 $x = \log N$，即可以得到相应置信度、失效概率下的疲劳寿命下极限。

2. S-N 曲线的统计估计

为了得到 S-N 曲线，在 50%的失效概率、不同应力水平下进行疲劳试验。假定疲劳寿命对数变量遵循正态分布，并且是应力的函数。

最少选取 8 根试样用于解释试验，建议在 4 个等间距的应力水平下，每个应力水平测试两个试样。为了可靠性设计的目的，至少需要 30 个试样，这时在 5 个等间距的应力水平下，每个应力水平测试 6 个试样。

对于通常的高周疲劳试验，应力水平通常选取疲劳寿命介于 3 个量级之间，例如，从 5×10^4 到 1×10^6 周次。

S-N 曲线关系：$x = b-ay$，其中 $x = \log N$，a 和 b 是常数。

对总样本平均 S-N 曲线的估计如下：

$$\tilde{\mu}_x = \tilde{b} - \tilde{a}y$$

$$\tilde{a}_x = \frac{\sum_{i=1}^{n}(x_i - \overline{x})(y_i - \overline{y})}{\sum_{i=1}^{n}(y_i - \overline{y})^2}$$

$$\tilde{b} = \overline{x} + \overline{\tilde{a}y}$$

总样本的平均 S-N 曲线的对数疲劳寿命的标准偏差根据下式估计：

$$\tilde{\sigma}_x = \sqrt{\frac{\sum_{i=1}^{n}\left[x_i - (\tilde{b} - \tilde{a}y_i)\right]^2}{n-2}}$$

S-N 曲线的下极限值为

$$\tilde{x}_{(p,1-\alpha)} = \tilde{b} - \tilde{a}y - k_{(p,1-\alpha,\nu)}\tilde{\sigma}_x\sqrt{1+\frac{1}{n}+\frac{(y-\overline{y})^2}{\sum_{i=1}^{n}(y_i-\overline{y})^2}}$$

相关的示例，以及给定疲劳寿命下疲劳强度的统计估计与示例，在 GB/T 24176—2009 中均已给出。

参 考 文 献

马志超, 2013. 块体材料原位拉伸-疲劳测试理论与试验研究[D]. 长春: 吉林大学.

张宏凯, 李岩, 肖豪, 等, 2020. 金属热变形微观组织精密控制的研究进展[J]. 精密成形工程, 12(6): 49-59.

朱张校, 姚可夫, 2011. 工程材料[M]. 5 版. 北京: 清华大学出版社.

ALEXANDER J M, 1960. An approximate analysis of the collapse of thin cylindrical shells under axial loading[J]. The quarterly journal of mechanics and applied mathematics, 13(1): 10-15.

ASHBY M F, BUSH S F, SWINDELLS N, et al., 1987. Technology of the 1990s: advanced materials and predictive design, philosophical transactions of the royal society of London[J]. Series A, Mathematical and physical sciences, 322: 393-407.

BOBBILI R, MADHU V, 2018. A modified Johnson-Cook model for FeCoNiCr high entropy alloy over a wide range of strain rates[J]. Materials letters, 218: 103-105.

CALLADINE C R, 1983. Theory of shell structures[M]. Cambridge: Cambridge University Press.

CAO Y, NI S, LIAO X, et al., 2018. Structural evolutions of metallic materials processed by severe plastic deformation[J]. Materials science and engineering R: reports, 133: 1-59.

CHEREPANOV G P, 1967. Cracks propagation in continuous media[J]. Journal of applied mathematics and mechanics, 31(31): 503-512.

HARIHARAN K, MAJIDI O, KIM C, et al., 2013. Stress relaxation and its effect on tensile deformation of steels[J]. Materials & design, 52: 284-288.

LEE K, KIM J H, KANG B, 2017. Development of the Hansel-Spittel constitutive model gazed from a probabilistic perspective[J]. Journal of the Korean society for industrial and applied mathematics, 21(3): 155-165.

LIANG Z L, ZHANG Q, 2018. Quasi-static loading responses and constitutive modeling of Al-Si-Mg alloy[J]. Metals, 8(10): 838.

LIANG Z L, ZHANG Q, NIU L Q, et al., 2019. Hot deformation behavior and processing maps of As-Cast hypoeutectic Al-Si-Mg alloy[J]. Journal of materials engineering and performance, 28(8): 4871-4881.

LIU L, YU Q, WANG Z, et al., 2020. Making ultrastrong steel tough by grain-boundary delamination[J]. Science, 368: 1347-1352.

MCCLINTOCK F A, IRWIN G R., 1965. Plasticity aspects of fracture mechanics[J]. ASTM STP, 381: 84-113.

RICE J R, 1968. A path independent integral and the approximate analysis of strain concentration-n by notches and cracks ASME[J]. Journal of applied mechanics, 35(2): 379-386.

TAN L, CHENG Y Q, SHAN Z W, et al., 2012. Approaching the ideal elastic limit of metallic glasses[J]. Nature communications. 3: 609.

WANG J W, ZENG Z, WEN M, et al., 2020. Anti-twinning in nanoscale tungsten[J]. Science advances, 6(23): Keyi 2792.

WANG S X, HUANG Y C, XIAO Z B, et al., 2017. A modified Johnson-Cook model for hot deformation behavior of 35CrMo steel[J]. Metals, 7(9): 337.

WIERZBICKI T, ABRAMOWICZ W, 1983. On the crushing mechanics of thin-walled structures[J]. Journal of applied mechanics, 50(4a): 727-734.

ZHANG C L, BAO X Y, HAO M Y, et al., 2022. Hierarchical nano-martensite-engineered a low-cost ultra-strong and ductile titanium alloy[J]. Nature communications, 13: 5966.

ZHANG H K, MA H C, CHANG T X, et al., 2023. Deformation mechanisms of primary γ' precipitates in nickel-based superalloy[J]. Scripta mater, 224: 115109.

ZHANG H K, XIAO H, FANG X W, et al., 2020. A critical assessment of experimental investigation of dynamic recrystallization of metallic materials[J]. Materials & design, 193: 108873.

ZHENG R, DU S, GAO H, et al., 2020. Transition of dominant deformation mode in bulk polycrystalline pure Mg by ultra-grain refinement down to sub-micrometer[J]. Acta materialia, 198: 35-46.